富氧技术
在冶金和煤化工中的应用

赵俊学　李小明　崔雅茹　编著

北　京
冶金工业出版社
2013

内 容 简 介

本书从富氧技术的基础理论入手，介绍了氧气的制取，结合氧气在燃烧、冶金反应中的特点，讨论和分析富氧在钢铁冶金、有色冶金和化学工业中的应用及其进展。主要内容包括：概述、氧气的制备、富氧燃烧技术、氧气在钢铁冶金中的应用、富氧技术在有色金属冶金中的应用、氧气在煤化工中的应用等6章。书中有大量具有操作性的实例和图表，内容丰富、实用。

本书不仅可供钢铁冶金、有色冶金、化工领域的工程技术人员参考，也可用于冶金、化工专业本科生和研究生的教学参考书。

图书在版编目（CIP）数据

富氧技术在冶金和煤化工中的应用/赵俊学，李小明，崔雅茹编著. —北京：冶金工业出版社，2013.5
ISBN 978-7-5024-6238-3

Ⅰ.①富…　Ⅱ.①赵…　②李…　③崔…　Ⅲ.①富氧熔炼
②富氧喷煤　Ⅳ.①TF111　②TF538

中国版本图书馆 CIP 数据核字（2013）第 104479 号

出 版 人　谭学余
地　　址　北京北河沿大街嵩祝院北巷 39 号，邮编 100009
电　　话　(010)64027926　电子信箱　yjcbs@ cnmip. com. cn
责任编辑　李 梅 李 臻　美术编辑　彭子赫　版式设计　孙跃红
责任校对　王永欣　责任印制　牛晓波
ISBN 978-7-5024-6238-3
冶金工业出版社出版发行；各地新华书店经销；三河市双峰印刷装订有限公司印刷
2013 年 5 月第 1 版，2013 年 5 月第 1 次印刷
787mm×1092mm　1/16；16.75 印张；403 千字；257 页
48.00 元
冶金工业出版社投稿电话：**(010)64027932**　投稿信箱：**tougao@cnmip.com.cn**
冶金工业出版社发行部　电话：**(010)64044283**　传真：**(010)64027893**
冶金书店　地址：**北京东四西大街 46 号(100010)**　电话：**(010)65289081(兼传真)**
（本书如有印装质量问题，本社发行部负责退换）

前　言

在冶金和煤化工行业，富氧技术（包括纯氧气）的使用已经是一个普遍现象。在有氧参与反应的场合，用纯氧或富氧后的气体代替空气，不仅使得一些过去无法实现的工业过程变为可能，也是强化生产、降低能耗、治理环境污染、提高技术水平、增加经济效益的有效技术措施。本书从氧气制备、冶金和化工用氧基础理论、工业用氧工程实践等方面对氧气在冶金和煤化工上的应用进行了总结和分析，希望能通过不同专业领域之间的结合，增强彼此的了解与相互借鉴，为推进富氧技术在这些领域更好地应用提供参考。

本书是在参考了国内外大量的专著、文献资料，并结合编者长期从事相关教学的经验以及部分科研实践成果的基础上编写而成的。编写过程得到了陕西省冶金物理化学重点学科的支持，在此表示感谢，同时对所有引用文献的作者，以及在本书编写过程中帮助资料收集及整理的研究生表示感谢。

本书第 1 章、第 2 章由赵俊学、崔雅茹编写，第 3 章由李小明编写，第 4 章由赵俊学、李小明编写，第 5 章由崔雅茹、赵俊学编写，第 6 章由赵俊学编写。全书由赵俊学统稿。

由于编者能力水平有限，书中的不足在所难免，恳请读者批评指正。

编著者

2013 年 2 月于西安

目　　录

1 概 述

1.1 氧气的性质

围绕在地球周围的气体称为大气，大约有 1000km 厚。人类生活在地球大气的底部，一刻也不能没有空气，其中对人类最重要的是空气中的氧气。

氧具有能与除了贵金属——金、铂、银及稀有气体——氩、氦、氙、氖、氦以外的其他所有物质急剧化合生成化合物的性能。氧元素是地球上丰度最高、分布最广泛的元素。大量的氧以游离的形式存在于大气中，占空气总量的 20.946%（体积分数），许多生化过程和化学变化都是在空气中进行的。

1.1.1 氧气的物理性质

氧元素在元素周期表中属于第二周期第ⅥA族，其电子层结构为 $1s^2 2s^2 2p^4$，氧气的相对分子质量为 31.9988。在常温及大气压力下，氧气为无色透明、无臭、无味的气体，氧气比空气略重。在温度为 0℃、压力为 101325Pa 时，$1m^3$ 氧的质量为 1.43kg。在温度为 20℃ 及上述压力下，$1m^3$ 氧气的质量为 1.33kg。氧在大气压力下冷却至 -183℃ 时，就变成天蓝色、透明而且易于流动的液体。1kg 液态氧在蒸发时，可以得到相当于温度为 20℃、压力为 101325Pa 状态下的气态氧 $0.75m^3$。当将液态氧继续冷却至 -218℃ 时，就形成蓝色的固态结晶。如果经过长时期的弱放电，液态氧就部分地变为一种新的化学物质——液态臭氧——一种深蓝色易爆炸的液体，转变过程需热量为 7.98kJ/mol。和氮相同，气态氧可溶解于水。氧还具有感磁性，是顺磁性气体，也就是说，其质点在磁铁的作用下可带磁性，并可被磁铁所吸引。其容积磁化率在常见气体中是最大的。氧气的主要物理性质见表1-1。

表 1-1 氧气的主要物理性质

性 质	数值	性 质	数值
一阶电离势/eV	12.059	密度(0℃)/kg·m^{-3}	1.43
分子直径/nm	0.28~0.42	声速/m·s^{-1}	315
气体常数/J·(mol·K)$^{-1}$	8.31434	热导率(280K)/W·(m·K)$^{-1}$	0.1528
沸点/K	90.188	介电常数	1.00053
表面张力/N·m^{-1}	13.2×10^{-3}	溶解率/cm^3·(100gH$_2$O)$^{-1}$	4.89

1.1.2 氧气的化学性质

氧是典型的非金属元素，其化合价一般是 -2 价，只有和氟化合时，才为 +2 价（OF_2），氧在过氧化钠（Na_2O_2）中呈 -1 价。氧气的化学性质比较活泼。除了稀有气体、活性小的金属元素如金、铂、银之外，大部分的元素都能与氧反应。

所有燃烧、缓慢氧化的化学反应，即物质与氧化合的反应，在纯氧气中都可非常迅速且急剧地进行，同时放出大量的热。例如，若将只发烟而未燃烧的木棒放入盛有氧的容器中时，木棒会燃起明亮的火焰。如将在空气中呈白色火焰燃烧的硫块置入盛有氧的容器中时，则会骤然起火并燃起美丽的紫色火焰。除了不能与氮、氖、氩等稀有气体及一些不活泼金属反应外，氧与其他所有的金属元素和非金属元素都能化合成氧化物。

（1）氧气与金属反应。例如：

$2Mg+O_2=2MgO$，剧烈燃烧发出耀眼的强光，放出大量热，生成白色固体。

$3Fe+2O_2=Fe_3O_4$，红热的铁丝剧烈燃烧，火星四射，放出大量热，生成黑色固体。

$2Cu+O_2=2CuO$，加热后亮红色的铜丝表面生成一层黑色物质。

（2）氧气与非金属反应。例如：

$C+O_2=CO_2$，剧烈燃烧，发出白光，放出热量，生成能使石灰水变浑浊的气体。

$S+O_2=SO_2$，发出明亮的蓝紫色火焰，放出热量，生成有刺激性气味的气体。

$4P+5O_2=2P_2O_5$，剧烈燃烧，发出明亮光辉，放出热量，生成白烟。

（3）氧气与一些有机物反应，如甲烷、乙炔、酒精、石蜡等能在氧气中燃烧生成水和二氧化碳。例如：

$CH_4+2O_2=2CO_2+2H_2O$，剧烈燃烧。

$2C_2H_2+5O_2=4CO_2+2H_2O$，剧烈燃烧。

（4）氧与活泼金属（如Li、Na等）元素反应时可以形成过氧化物和超氧化物。

（5）氧还可和惰性气体氙反应间接生成氧化物。例如：

$$XeF_6+3H_2O=XeO_3+6HF$$

1.2　氧气的工业应用

氧气在工业上的应用，主要是利用其上述的化学性质，用作燃烧助剂和氧化剂。通过发生氧化反应等，可以实现如下目标：

（1）实现所需要的反应，如氧化等；

（2）得到需要的热量；

（3）强化生产过程，提高设备的生产效率；

（4）减少污染和更有效的废物处理；

（5）降低能源消耗和运行成本；

（6）使得原来无法在工业上实现的过程变为可能。

在冶金和化工行业的技术进步中，氧气扮演的角色将会越来越重要。

1.2.1　制氧技术的发展及氧气在工业中的应用概况

早在19世纪中、后期就有过在工业上利用氧气强化冶金过程的设想，但由于当时缺乏高效价廉的制氧方法和设备，这种设想并未实现，直到用低温蒸馏法从空气中制氧取得成功后，才在美国和德国建立起了第一批小规模的制氧站（每小时产几十立方米氧气）。1905年，首次进行了富氧吹炼铜锍的研究，旨在强化冶金过程。

20世纪50年代后，由于氧气炼钢和高炉富氧炼铁获得广泛应用，氮肥工业迅速发展，加速了制氧机制造工业发展的进程，拥有各种大型机组的制氧站相继建立，氧的价格随之降低，从而有力地促进了冶金工业更大规模地使用氧气。当前，国外制氧机生产氧气的能力已达 $7\times10^4\mathrm{m^3/h}$。

1913～1914 年，比利时在日产 100t 的高炉中首次进行了富氧（含氧 23%[❶]）冶炼试验。

1940 年，苏联氧气生产能力已居欧洲的首位。第二次世界大战后，由于水力、火力发电工程和制氧技术的发展，用氧规模日益扩大，制氧机的电耗和成本不断下降，用氧更为经济合理，进一步扩大了氧的应用范围。1970 年，苏联用于有色冶金中的氧量由 $2.2\times10^4\mathrm{m^3/h}$ 增长到 1980 年的 $22.4\times10^4\mathrm{m^3/h}$。20 世纪 80 年代初，苏联主要工业部门用氧比例为：钢铁工业用氧占氧气产量的 60%，化学工业用氧占 35%，有色冶金工业用氧占 2.5%，其他部门用氧占 2.5%。

美国 1978 年氧气产量为 $17.8\times10^6\mathrm{t}$，其中 70% 用于钢铁工业，12% 用于化学工业，6% 用于有色冶金业。

1979 年，日本制氧机工业氧气年产量为 $70.92\times10^4\mathrm{m^3}$，钢铁和有色冶金用氧量占 45%，化学工业用氧量占 32%。

中国在 20 世纪 50 年代中期开始研究制氧机技术，制氧机的质量和制造水平也在逐步提高，氧气主要用于化工和钢铁行业。直到 1979 年，中国才在铜厂的密闭鼓风炉上进行含氧 24.2% 的富氧熔炼试验。1981 年以后，国家为发展有色金属工业，把富氧熔炼作为节能、控制污染、强化冶金过程的重要技术政策，从而推进了富氧在有色冶金中的应用。

现在大规模的制氧技术已经成熟，制氧成本不断降低，可根据用氧质量和用量要求为用户提供不同的供氧方案以满足工艺要求。

可以看出，氧气的使用是随着制氧技术的发展而不断发展的。现在，氧气已广泛应用于冶金、化学等工业中。

1.2.2 现代工业用氧状况

1.2.2.1 冶金工业

在人类冶金发展史中，从炼金术到现代冶金，始终和能源消耗密不可分，冶金离不开燃料与空气。早期的冶金过程完全依赖于燃料在自然的空气中燃烧以维持所需的热量。由矿物中提取金属就在此状况下进行，从而为人类提供各种所需的金属材料，对人类文明做出了重要的贡献。

早期的冶金都是利用空气，火法冶金更是如此。一方面需要燃料供热，耗费大量能源（近代随着燃料资源的减少，矛盾更加突出）；另一方面又产出大量的燃烧炉气，有时炉气中含有毒成分，如 SO_2、As_2O_3 等，若不回收利用，会对环境造成严重污染。

20 世纪 70 年代初，富氧在冶金中得到了广泛的应用，遍及炼钢、炼铁与铜、铅、锌、镍、钴、锡等。目前，世界上大多数国家如美国、英国、日本、俄罗斯、德国、法国、加拿大等均已广泛推广和应用了富氧技术，使用范围越来越广。

---

❶ 本书中涉及的气体含量，如无特殊说明，均为体积分数。

面对能源资源的减少及环境污染，未来的冶金工业必须做出较大的技术改进，以同时满足社会发展对冶金材料的需求和人类对生存环境的质量要求。冶金上富氧的应用便是最有效的解决办法之一，该项技术已被认为是近半个世纪以来冶金界的"四大发明"之一。

1.2.2.2　钢铁工业

A　高炉

高炉富氧鼓风能够显著地降低焦比，提高产量。一般使用的富氧浓度为 24% ~ 25%（体积分数）。据统计，富氧浓度提高 1%，铁水产量可以提高 4% ~ 6%，焦比降低 5% ~ 6%。喷煤作为与富氧鼓风配套技术已经在现代化的钢铁企业中得到广泛的应用，在节能、高效生产的同时，大幅度降低了焦比和生产成本，提高了企业的竞争力。在当每吨铁水的喷煤率达到 300kg 时，相应的吨铁耗氧量为 300m³，由于富氧程度目前仍然有限，氧气纯度可以稍低。从技术发展看，不断提高喷煤比例，发展煤基炼铁工艺是一个研究热点，氧气的使用量将会进一步增加。曾有全氧高炉的概念，该技术将会消耗更多的氧气。

B　转炉

铁变为钢的过程主要是一个氧化过程。氧与碳、磷、硫、硅等元素发生氧化反应，这不仅降低了钢的含碳量，除去了磷、硫、硅等杂质，而且还可以用反应热来达到冶炼所需要的温度。早期的冶炼采用空气作为氧化介质，为了达到需要的高温，采用预热空气、喷吹重油、提高铁水中氧化放热元素含量如硅含量等措施。氧气转炉炼钢法（LD 法）从 20 世纪 60 年代初开始推广使用，是炼钢工艺的一大变革，此法是在转炉中吹入高纯氧气，从而使冶炼时间大幅缩短，产量大幅度提高，吨钢耗氧量通常为 50 ~ 60m³，其氧气纯度要求大于 2 级。目前，氧气转炉已经成为炼钢最主要的设备，其产钢量已占钢总产量的 75% 以上。按照我国 2011 年产钢量 6.8 亿吨，吨钢耗氧 55m³ 计，年总耗氧量可达 374 亿立方米。

C　电弧炉

传统电弧炉采用电弧熔化废钢，冶炼电耗高、效率低。电炉吹氧可以加速炉料的熔化以及杂质的氧化，达到提高生产能力和特种钢质量的双重目的。电炉吨钢耗氧量依照冶炼钢种的不同而有所差异。如冶炼碳素结构钢的吨钢耗氧量为 20 ~ 25m³，而合金钢吨钢耗氧量为 25 ~ 30m³。在现在的高效电弧炉工艺中，已经普遍装配了强化吹氧及氧燃烧的助熔装置，尤其是部分企业配加铁水作为电弧炉冶炼原料，耗氧量更大。

此外，在钢铁企业中钢材的加工清理、切割等都需要耗氧，平均吨钢耗氧为 11 ~ 15m³。

由于钢铁产量巨大，在所有的氧气消耗中，钢铁冶炼消耗占 50% 以上。

1.2.2.3　有色冶金

富氧技术在有色金属冶金中的推广应用比钢铁冶金晚，这主要是因为有色金属的多品种及冶炼处理的复杂性所致。有色冶金中富氧的使用量占总富氧消耗量的 6% 以上。主要用于如熔池熔炼炉、反射炉、鼓风炉、闪速熔炼炉及吹炼转炉和精炼过程中的各种炉型（如精炼反射炉）中。

在有色冶金方面，为了节能增产，发展自热冶炼，综合利用资源和保护环境，正在推广氧气冶炼法。有色金属矿中的铜、铅、锌、镍、钴、锑、汞等元素，大都以硫化物的形式存在，冶炼反应多为氧化放热反应。一般有色金属的硫化矿含硫20%~30%，硫本身就是一种燃料，1kg硫相当于1.32kg的标准煤。在有色金属冶炼过程中通入氧气，可将硫充分燃烧以维持冶炼温度、提高冶炼速度。以铜为例，富氧炼铜可节能50%，即在同样的燃料下，铜的产量可以增加1倍，同时烟气中的二氧化硫含量增加，可回收制造硫酸以减少硫化物的排放量，保护环境。

对铜冶金，世界上已有60%以上的工厂采用了富氧技术。目前新的技术有荷兰的Outokumpu闪速炉、加拿大的Horne熔炼厂采用的Noranda法、日本Naoschirma熔炼厂用的Mitsubishi法、苏联Balhash厂采用的熔炼法、智利Caletones厂采用的改良转炉熔炼法（CMT）及中国的白银炼铜法。Inco式富氧熔炼法是当今节能的新型富氧炼铜法，有逐渐取代传统炼铜方法的趋势。传统的密闭鼓风炉（据统计，吨铜耗氧量大于300m³）正在被取代或采用新的富氧熔炼技术进行相应的改造。

炼铅工业中已采用的比较新的技术，如QSL炼铅法、基夫赛特炼铅法、艾萨熔炼法等都已采用富氧技术。世界各国正在逐步推广应用这些节能降耗的炼铅新方法。在含铅烟尘的处理中，富氧的使用能明显节能降耗。如瑞典Ronnskar熔炼厂在TBRC炉上采用富氧炼铅，即TBRC（卡尔多）法。世界上60%以上的炼铅企业都采用了富氧技术。

锌冶金厂是最早采用富氧技术的有色冶金工厂，富氧最早应用于锌的沸腾焙烧。目前锌冶炼主要采用焙烧浸出工艺流程，甚至全湿法流程。而锌精矿的高压湿法浸出工艺早在1958年就开始应用富氧技术，20世纪80年代Cominco公司的特雷尔厂就采用了富氧浸出的全湿法工艺。目前在锌焙烧、锌渣挥发、锌烧结、锌鼓风炉熔炼及处理铅锌混合矿的ISP法都采用了富氧技术。

目前世界上50%以上的镍是通过采用富氧技术冶炼所得，如火法工艺中的Outokumpu闪速熔炼法和镍鼓风熔炼法都采用了富氧技术。

总之，富氧技术已经应用于空气参与的冶金过程。在冶金过程中，特别是火法冶金过程，由于富氧技术具有节省能源、降低能耗、增强处理能力、降低生产成本、减少炉气量从而有利于炉气的处理等优点，传统的凡有空气参与的冶金过程都可以使用富氧技术，如烟化炉、贫化炉等冶金炉中均有希望采用富氧技术。

未来铜、铅、锌、镍、锡、锑等有色金属的火法冶金中，凡不采用富氧技术的工艺均将被淘汰。

富氧技术在冶金应用中的发展过程见表1-2。

表1-2 富氧技术在冶金应用中的发展过程

年 份	研究、应用的单位、个人，处理矿物形态、方法及应用的设备
1920~1930	富氧冶金处理低品位精矿的试验研究
1931	Besemer转炉上采用富氧
1933	Cominco对富氧锌沸腾焙烧进行研究测试
1937	Cominco富氧锌沸腾焙烧实现工业化应用
1945	Inco对铜精矿富氧熔炼进行研究测试
1949	Cominco在铜鼓风炉、烟化炉进行富氧操作
1951	日本Hitachi熔炼厂对富氧转炉熔炼进行研究，同奥地利富氧顶吹转炉技术（LD技术）实现工业化生产

年 份	研究、应用的单位、个人，处理矿物形态、方法及应用的设备
1952	加拿大 Inco 富氧闪速炉熔炼投产
1958	日本 Hitachi 熔炼厂富氧转炉投产
1960	苏联伊尔库茨克进行富氧铜鼓风炉熔炼
1961	日本 Ashio 熔炼厂在 Outokumpu 闪速炉上进行富氧熔炼研究
1962	Asarco 对铅鼓风炉进行富氧技术研究
1963	苏联在 Almalsk 和 Balkhash 厂采用富氧技术
1966	日本采用 Noranda 法的 Saganoseki 熔炼厂在鼓风炉和 Pierce-Smith 转炉上进行富氧熔炼研究生产
1967	苏联在 Almalsk 熔炼厂的铜反射炉中试验采用富氧，同时 Inco 在反射炉、TBRC 炉、转炉上开始使用富氧，Nkana 对富氧炼铜反射炉进行研究，Hoboken 对鼓风炉、转炉进行富氧应用研究
1968	芬兰在 Hajavaltad 的 Outokumpu 闪速炉上进行富氧应用研究
1970	加拿大在 Home 熔炼厂对 Noranda 法的试验厂进行富氧熔炼研究，同年日本在 Outokumpu 闪速炉上富氧技术投入应用，苏联 Kiveet 厂对 Cu-Zn-Pb 的复杂精矿进行富氧技术的熔炼
1971	日本的 Onahama 熔炼厂对 Mitsubishi 法进行富氧技术研究，智利在 Harjavata 的 Caletone 熔炼厂的铜镍闪速炉上使用富氧
1974	日本 Naoshima 熔炼厂对 Mitsubishi 法使用富氧
1976	智利 Caletones 熔炼厂在 CTM 熔池熔炼炉上使用富氧
1978	瑞典 Ronnskar 熔炼厂处理铜精矿上采用富氧
1980	澳大利亚在 Mount Isa 的 Isamelt 的铅试验厂中采用富氧
1982	美国 Morenci 熔炼厂对富氧喷射熔炼进行研究
1986	Ismelt 试验厂用富氧技术处理铜精矿
1987	澳大利亚用苏联法的铅厂投入生产
1990	大量的有色金属生产中使用富氧

1.2.2.4 化学工业

在化学工业中，氧主要用作合成氨及其他化工产品的原料造气汽化剂，造纸行业中氧气漂白及脱水和用于制造硝酸、硫酸、尿素、甲醇、甲醛以及石油炼制等。以合成氨工业为例，我国 2011 年的合成氨产量约为 6000 万吨，当氧气纯度为 98% 时，固体燃料造气吨氨耗氧量为 $500 \sim 880 m^3$（每吨合成氨耗煤约 1.66t）；液体燃料造气的吨氨耗氧量为 $600 \sim 760 m^3$；气体燃料造气的吨氨耗氧量为 $250 \sim 700 m^3$。煤化工已经成为重要的工业氧大户，在以煤汽化为基础的现代煤化工中，大量使用富氧技术，如 Texaco 水煤浆汽化、Shell 干粉煤汽化等。根据相关资料，我国到 2020 年，煤制甲醇产能将可达 3000 万 ~4000 万吨，煤制油产品可达 3600 万 ~3900 万吨，每吨甲醇煤耗 1.65t，每吨油品煤耗 6.04t，综合煤耗及氧气消耗巨大。

1.2.2.5 富氧燃烧

燃料在富氧助燃空气中燃烧时具有下列特点：

（1）燃烧速度加快，燃料燃烧完全。

（2）空气过剩系数降低，空气过剩系数在 1.05～1.10 之间，可获得较高的火焰温度。

（3）所需的助燃空气量减少，烟气排放量和热损失降低，对热量的利用率有所提高，提高燃料燃烧效率。

（4）火焰温度提高，火焰强度增大，传热效果增强。火焰温度随着氧浓度的增加而升高，但火焰温度增加的幅度是随着氧浓度逐渐提高而逐渐下降的。

氧浓度越高，加热温度越高，可利用热量所占的比例也越大；同时富氧助燃降低了空气过剩系数，燃料消耗相应减少。根据已有的测试结果，燃料消耗降低 8% 以上，相应地减少了对大气的污染，烟气排放低于国家排放标准。

总之，在冶金和化工过程中使用氧气可以取得各种有益的效果，在不同行业中有许多典型工艺流程已经开始或正在考虑用氧气代替空气，因此氧气会在工业生产中扮演越来越重要的角色。

1.3 氧气的制备

鉴于氧元素在自然界中以单质的形式存在于空气中，还以化合物的形式存在于水、岩石和动植物体内，因而制备氧气的主要方法包括由空气中分离出氧气和从含氧化合物中分解出氧气两种，前者是物理法，后者是化学法。制取氧气的原料可为空气、水及氧化物，因而相应的制取方法有空气分离法、水电解法、化学法等，其中空气分离法还可细分为深冷法（低温精馏法）、变压吸附法、膜分离法及集成耦合法等，它们具有不同的机理，也适用于不同的要求。

对工业应用要求而言，主要是采用空气分离法制氧。在空气分离领域中，低温法是传统的制氧方法，变压吸附法和膜分离法是新兴的制氧方法。变压吸附法在近 10 年来迅速普及，技术日臻成熟；而膜分离法正处在进一步研究和发展之中。

目前中国的空气分离技术仍以低温精馏法为主，未来的空气分离技术的发展因不同行业的工艺要求，将会出现深冷、变压吸附和膜分离法并驾齐驱的格局，随着能源紧张加剧，节能型的非低温技术将发展更快。联合工艺，包括深冷-变压吸附、膜-变压吸附、膜-化学催化反应等工艺，它们将比单一工艺更节能、成本也低，将成为气体分离的主要方法。

1.4 氧气的标准

在 GB/T 3863—2008 中对工业氧的产品质量作了具体规定，产品氧的纯度分为两级，详见表 1-3。在工业应用中，可根据用途确定不同的氧含量水平。

表 1-3 工业氧技术要求

项　　目	指　　标	
氧（O_2）含量（体积分数）/%	≥99.5	≥99.2
水（H_2O）	无游离水	

1.5　氧气工业应用展望

如前所述，氧气在工业上主要是利用其氧化及与元素氧化的放热特性，用作燃烧助剂和氧化剂，氧气已经在燃烧、冶金及化工过程等获得了大规模的应用，不仅使得原来无法在工业上实现的过程变为可能，而且取得了强化生产过程、提高设备的生产效率、减少污染、降低能源消耗和运行成本等效果，氧气已经成为冶金及化工过程不可或缺的重要原料及手段之一。

氧气主要用于过程工业，用于有氧参与反应或需要燃烧提供热量的工业过程。在早期，人们更多地关注用氧成本是否足以使得整体生产成本降低，具有直接经济效益。在节能环保要求日益提高的今天，还应考虑环境及社会效益。在许多工业部门的工程实践已经表明采用富氧技术（包括纯氧气的使用）可以很好地兼顾这两个方面，这也为富氧技术的进一步推广及开发利用展示了良好的应用前景。

工业用氧是伴随着制氧技术的发展而发展的，氧气及富氧气体的大规模低成本制备是富氧技术应用的基本前提，大规模工业化应用又为制氧技术的进步提供了强大的推动力。因此，氧气工业应用将会围绕这种相互依存与促进的关系不断强化及进步。预计将会在如下几个方面展开：

（1）低成本制氧技术的开发。不仅包括氧气的获得，还将围绕制氧过程副产品的制备及利用等，构建更为有效的综合利用工艺，在更高的层次上实现高效、节能、减排。

（2）多种制氧工艺与技术的选择与优化。根据不同的工业需求配置合理的制氧工艺，并综合考虑经济及环保等因素，实现整体效果的最优化。

（3）工业部门的用氧技术开发。在采用空气作为载氧介质的过程中，改用富氧技术后，要求对整体工艺上的许多环节进行调整。其中第一个就是局部温度大幅度升高的问题，这可以通过配加冷却剂及增大冷循环气量的方式加以解决；第二个是反应器热量及气流分布变化的问题，可以通过改变反应器设计及改变循环气量等方式解决。随着这些问题的解决，将为富氧技术的应用打开空间。

围绕地球且富含氧气的大气，为人类提供了源源不断的氧的供给。对工业过程采用空气或富氧技术的工艺属性（包括能量利用及化学反应物利用）上讲，前者是先应用后分离，后者是先分离后应用，而大量的工程实践表明先分离后应用可取得更加有益的效果。现在不同行业中有许多典型工艺流程已经或正在用氧气（包括富氧后的气体）代替空气，氧气将会在过程工业生产中扮演越来越重要的角色。

参 考 文 献

［1］张阳，等. 富氧技术及其应用［M］. 北京：化学工业出版社，2005.
［2］毛月波. 富氧在有色冶金中的应用［M］. 北京：冶金工业出版社，1988.
［3］张霞，童莉葛，王立. 富氧燃烧技术的应用现状分析［J］. 冶金能源，2007，26（6）：41～44.
［4］刘庆才，陈淑荣. 富氧燃烧的主要环境影响因素概述［J］. 节能与环保，2004（5）：26～28.
［5］李华. 氧气炼钢技术的里程碑与挑战［J］. 世界金属导报，2006.
［6］秦民生，张建良，齐宝铭. 全氧鼓风高炉冶炼钒钛铁矿石的优越性［J］. 钢铁钒钛，1991，12（2）：6.
［7］徐凤琼. 富氧在冶金中的应用和发展［J］. 云南冶金，1999（2）：3.

［8］张洪常，尤廷晏，孙子虎. 富氧侧吹熔池熔炼的工业生产实践［J］. 中国有色冶金，2009（6）：12～15.

［9］周民，万爱东，李光. 镍精矿富氧顶吹熔池熔炼技术的研发与工业化应用［J］. 中国有色冶金，2010（1）：9～14.

［10］杨华锋，翁永生，张义民. 氧气底吹-侧吹直接还原炼铅工艺［J］. 中国有色冶金，2010（4）：13～16.

［11］李志强，李胜利. 富氧顶吹炼铅试生产实践［J］. 中国有色冶金，2010（2）：14～18.

［12］郝临山，等. 洁净煤技术［M］. 北京：化学工业出版社，2005.

［13］谢克昌. 煤化工发展与规划［M］. 北京：化学工业出版社，2005.

［14］郭小杰，李文艳，张国杰，等. 现代煤气化制合成气的工艺［J］. 能源与节能，2011（7）：14～17.

［15］倪维斗. 建立以煤气化为核心的多联产系统［J］. 山西能源与节能，2009（4）：1～6.

［16］赵俊学，袁媛，李慧娟，等. 低变质煤低温富氧干馏研究［J］. 燃料与化工，2012，4（1）：14～17.

［17］中华人民共和国国家质量监督检验检疫总局，中国国家标准化管理委员会. GB/T 3863—2008 工业氧［S］. 北京：中国标准出版社，2008.

2 氧气的制备

2.1 氧气的来源

氧气主要来源于空气，下面介绍空气的相关性质。

2.1.1 空气的成分

空气的主要成分为氮和氧，少量惰性气体——氦、氖、氩、氪、氙以及氢、氡（氡放射分裂的气态产物）。空气中的氧是工业用氧中的主要来源。通常干燥空气的主要成分如表 2-1 所示。在距离地表面 70km 的空间，空气成分几乎不变。

表 2-1　空气的组分　　　　　　　　　　　　　　　　　（%）

组　分	分子式	体积分数	质量分数
氧	O_2	20.93	23.01
氮	N_2	78.10	75.51
氩	Ar	0.9325	1.286
二氧化碳	CO_2	0.0300	0.040
氖	Ne	$(1.5 \sim 1.8) \times 10^{-3}$	1.2×10^{-3}
氦	He	$(4.6 \sim 5.3) \times 10^{-3}$	7×10^{-3}
氪	Kr	1.08×10^{-4}	3×10^{-4}
氙	Xe	8×10^{-5}	4×10^{-4}
氢	H_2	5×10^{-5}	3.6×10^{-4}

2.1.2 空气中的杂质

天然空气中含有许多杂质。其去除的程度直接影响到制氧机的寿命和设备的生产能力。主要杂质有：

（1）水分：空气中水分的含量与其温度、压力有关。在大气压下，空气中最高水分含量（饱和水蒸气量）随温度而变，见表 2-2。

表 2-2　空气中的水分与温度的关系

温度/℃	+30	+20	0	-20	-30	-60
水分/g·m^{-3}	30.21	17.22	4.89	1.05	0.44	0.011

将空气恒温压缩，饱和水蒸气含量相应降低，如 30℃时，由 101.3kPa 压缩到相同温度下的 20260kPa，空气中最高水蒸气含量由 30.21g/m³ 降至 0.15g/m³。由此可见，在加压冷冻制氧过程中，若不预先使空气脱水干燥，残余的水分会在低温部分冻结，从而影响

制氧设备正常工作。

（2）二氧化碳：它是空气中常见的杂质，一般含量为 0.03% ~ 0.04%（体积分数），工业区的空气中含量较高，当温度为 -60℃，压力为 425.46kPa 时，二氧化碳成为雪状体，再冷则变为"干冰"，固态二氧化碳在制氧设备中析出，可导致交换器及膨胀活门的低温部分的堵塞。

（3）有机化合物：在工业区的大气中，一般含有甲烷（高达 1.5mL/m³）、乙炔（一般为 0.001mL/m³）和不同数量的碳氢化合物、氮的氧化物、二硫化碳等气体，其中危害最大的是乙炔，因固体乙炔是强烈的爆炸物质。它在制氧设备中积聚、固化，往往成为制氧机爆炸的主要原因。

（4）机械尘埃：尘埃以灰尘、炭黑等形式存在于空气中，一般含量为 0.01g/m³，工业区含量更高。尘埃进入制氧设备中，会增加活塞环、汽缸壁、气瓣的磨损量。

可以看出，为了减少空气中有害杂质的影响，制氧设备吸入的空气中一般要求含尘量少于 20mg/m³，二氧化碳少于 0.04%（体积分数），乙炔低于 0.25mg/m³。

2.1.3 空气的液化

空气的液化是深冷法制氧的基础。空气中各种气体的液化温度与压力有关。每一种气体都有一个临界温度，超过该温度，无论多大的压力均不能使其液化；在临界温度时，气体液化的相应压力称临界压力。表 2-3 是各种气体在大气压力（10^5Pa）下的液化温度、临界温度及临界压力。

表 2-3　各种气体在大气压力下的液化温度、临界温度及临界压力

气　体	在大气压力下的液化温度 /℃	临界温度/℃	临界压力/MPa
水蒸气	100	347.15	22.0
二氧化碳	-78.2	31.2	7.4
乙炔	-83.9	36.2	6.2
氙	-108.0	-16.8	5.9
氪	-153.2	-63.6	5.5
甲烷	-161.4	-82.5	4.8
氧	-182.8	-118.2	5.1
氩	-185.7	-122.3	4.9
空气	-191.2 ~ -194.2	-140.53	3.8
氮	-195.7	-146.9	3.4
氖	-245.9	-228.6	2.7
氢	-252.7	-239.9	1.3
氦	-268.8	-267.8	0.2
氨	-33.4	132.4	11.7

如前所述，在常温、常压下，氧是无色透明、无臭、无味的气体，比空气略重。在压力为 101.3kPa 时，20℃时气态氧的密度为 1.33kg/m³，0℃时密度为 1.43kg/m³。

在 101.3kPa 的压力下，冷却到 -183℃ 时，氧气就能转变成蓝色透明且易于流动的液体，1L 液态氧重 1.13kg，在该压力下，于 20℃ 蒸发，可得到 850L 气态氧（相当于 1kg 液氧可得到 750L 气态氧）。

液态氧继续冷却至 -218℃ 时，就形成蓝色的固态结晶。

这些特性是氧分离，尤其是深冷法制氧的基础。

2.2　制氧方法分类

制备氧气的主要方法包括空气分离和含氧化合物分解两种，前者是物理法，后者是化学法。制取氧气的原料有水、氧化物及空气，因而相应的制取方法有水电解法、化学法、空气分离法等。

2.2.1　电解法

水是自然界中普遍存在的一种物质，众所周知，水由氢、氧元素组成，有时为了制取纯度比较高的氧气，可以采用电解水的方法来制取氧气。

纯水是电的不良导体，但是少量的酸、碱或盐溶于水中所形成的溶液可以导电。若将直流电通过稀硫酸、氢氧化钠或硫酸钠水溶液时，电极的阴极有氢气逸出，阳极有氧气逸出。电解水生成氢气和氧气的原理为：

阳极反应 $\qquad 2OH^- === H_2O + \frac{1}{2}O_2 \uparrow + 2e$ （2-1）

阴极反应 $\qquad 2H_2O + 2e === 2OH^- + 2H_2 \uparrow$ （2-2）

总的电解水反应 $\qquad 2H_2O === 2H_2 \uparrow + O_2 \uparrow$ （2-3）

电解法制取氧气的优点有如下几个方面：

（1）电解法制取氢气和氧气的纯度较高，可达到 99.8% ~ 99.9%；

（2）生产规模可大可小，生产速率容易调节。规模大的装置生产能力可达到 1×10^4 m^3/h，供合成氨厂用；规模小的装置生产能力仅为 $2 \times 10^{-3} m^3/h$，可用于气相色谱；

（3）生产过程无公害，无污染；

（4）可以作为一种现场发生器使用。

但电解水法致命的缺点是能耗高，每生产 $1m^3$ 的氧气，其电耗为 8 ~ 10kW·h，能耗太高，所以这种方法只适用于水力发电较为发达的地区，而且此法主要是为了制取纯氢，氧仅作为副产品获得。在实验室里，常用稀硫酸溶液作为电解质来制取氧气。例如以铁或镍为电极，电解 20% 的 NaOH 溶液，可得很纯的氧气。

2.2.2　化学法

化学氧源（又称化学法制氧）是经由化学反应，使富氧化合物分解获得氧气的一种方法。国内外化学法研制和应用氧源的种类很多，归纳起来可分为两大类：一类是以碱金属的过氧化物和超氧化物为主的产氧剂；另一类是以氯酸盐和过氯酸盐为主的产氧剂。

（1）过氧化物制取氧气的原理。过氧化物和水与二氧化碳反应产生氧气，其反应如下：

$$Li_2O_2 + 2H_2O === 2LiOH + H_2O_2$$ （2-4）

$$H_2O_2 =\!=\!= H_2O + \frac{1}{2}O_2 \uparrow \tag{2-5}$$

$$Li_2O_2 + CO_2 =\!=\!= Li_2CO_3 + \frac{1}{2}O_2 \uparrow \tag{2-6}$$

（2）超氧化物制取氧气的原理。超氧化物产氧的原理是利用 CO_2 和水蒸气与其反应释放出氧气。以 KO_2 为例，其化学反应如下：

$$2KO_2 + H_2O =\!=\!= 2KOH + \frac{3}{2}O_2 \uparrow \tag{2-7}$$

$$2KOH + CO_2 =\!=\!= K_2CO_3 + H_2O \tag{2-8}$$

（3）氯酸盐制取氧气的原理。氯酸盐（如氯酸钠），在加热条件下，能分解成氯化物和放出氧气，其反应式为：

$$NaClO_3 =\!=\!= NaCl + \frac{3}{2}O_2 \uparrow \tag{2-9}$$

除了这三种制取氧气的方法外，还有其他一些方法，如过碳酸钠制取氧气、Bosch 法、Sabatier 法、熔盐电解法、过氧化氢分解法等。

一般来说，化学法制备氧气最突出的特点是：

（1）技术成熟，产氧量较高；

（2）原料来源广，生产成本低；

（3）生产方法简单，使用方便，易工业化生产。

化学法制氧目前主要用在耗氧量相对较少且分散的场合。

2.2.3 空气分离法

空气分离法是制备大量氧气的主要方法，可细分为深冷法（低温精馏法）、变压吸附法、膜分离法及集成耦合法等。其中低温法是传统的制氧方法，变压吸附法和膜分离法是新兴的制氧方法。变压吸附法在近 10 年来被迅速普及，技术日臻成熟，而膜分离法正处在进一步研究和发展之中。

（1）深冷法（低温精馏法）。深冷法（低温精馏法）的工作原理是将空气压缩液化，除去杂质并冷却后，根据氧、氮沸点的不同（在大气压（$1 \times 10^5 Pa$）下，氧的沸点为 90K，氮的沸点为 77K），在精馏塔板上进行气、液接触。由于氧的沸点较高，所以空气中的氧组分将会不断地从蒸气中冷凝出来进入下流液体之中，而低沸点的氮组分则不断地转入上升的蒸气当中，这就使得上升蒸气中氮的含量不断提高，下降液体中氧的含量也越来越高，最终实现氧、氮的分离。由于此法中空气的液化与精馏都是在 120K 以下的温度条件下进行的，所以也称为低温精馏法。

大规模生产氧气以此法最为经济，而且氧气和氮气的纯度高。其主要优点是：

1）主换热器只起低温产品气体和环境温度原料气热交换作用，其冷损失可尽可能低；

2）所需交换的热量减少到最小，所以换热器的面积也最小。

因此深冷法在空气分离方法中占据着牢固的统治地位。目前深冷法空气分离的流程有两种：一种是生产氧、氮的双塔流程；另一种是能同时生产氧、氮和氩的三塔流程。并且这种制氧方法日趋成熟，正向超低压、节能、大型化、全自动化方向发展。

（2）变压吸附法。变压吸附法是基于分子筛对空气中的氧、氮组分选择性吸附而使空气分离获得氧气的方法。其工作原理是利用吸附剂对不同气体在吸附量、吸附速度、吸附力方面的差异以及吸附剂的吸附容量随压力的变化而变化的特性，在加压条件下完成混合气体分离的吸附分离过程，降压解吸所吸附的杂质组分，从而实现气体分离及吸附剂循环使用的目的。

变压制氧气、氮气是在常温下进行的，工艺过程有加压吸附、常压解吸；常压吸附、真空解吸等。为了能够连续提供一定流量的氧气，装置通常设置两个或两个以上的吸附塔，一个作为吸附塔，另一个作为解吸塔，并按适当时间切换使用。这种方法能迅速、便捷地生产廉价氧气，并可完全自动化，而且产品纯度可达 99.99% ~ 99.999%，吸附率从 26% 提高到 40%。但是因为空气中有近 79% 的氮，所以用此法生产氧气，需要的分子筛量较大，一般适用于提供小于 $6000m^3/h$ 氧气的场合。

（3）膜分离法。膜分离法的工作原理是基于有机聚合膜的渗透选择性，使膜与混合气体相接触，在膜两侧压力差驱动下，由于不同气体分子透过膜的速率不同，渗透速率快的气体在渗透侧富集，而渗透速率慢的气体则在原料侧富集，从而最终达到分离混合气体的目的。

膜技术的关键是制造高通量、高选择性、使用寿命长又易于清洗的膜材料，同时将它们制成大透气量和高分离效能的膜组件。但膜分离制氮流程的能耗还高于变压吸附流程，只在小型规模上有投资成本较低的优点。由于膜分离具有效率高、能耗低、设备简单、流程短、操作方便、无运转部件、占地面积小、工艺过程无相变也无需再生、适应性很强等特点，发展前景及应用领域广阔。但是此法只能生产纯度为 40% ~ 50% 的富氧，并且随着生产量的增大，所需膜面积也跟着增加，由于膜价格较高，所以其工业应用还需要进行进一步研究。

（4）集成耦合法。为了充分发挥不同制氧方法的特点，克服其不足，取得更好的技术经济指标，可以将以上两种或两种以上的制氧方式结合，形成新的组合方法。具体组合方式有变压吸附-低温精馏法（深冷法）联合、膜法-低温精馏法（深冷法）联合、变压吸附-膜分离法联合。

采用变压吸附-深冷法制氧技术，既保持了产品氧和产品氮的高纯度，又做到了装置简单，结构紧凑，启动出氧时间大为缩短，运行经济指标方面和单独使用深冷法制氧技术相同的情况下相比明显改善，设备投资大大降低。

对（1）、（2）、（3）三种方法的比较见表 2-4。

表 2-4　三种空气分离制氧方法的比较

项　目	深冷法	变压吸附法	膜分离法
原　理	液化后根据沸点差蒸馏	根据吸附剂对特定气体进行吸附与解吸	根据膜对特定气体的选择透过
技术成熟度	成熟技术	技术革新中	技术开发
装置规模	大规模（每小时数千立方米以上）	中小规模（1 ~ 1000 h/m^3）	中、超小规模（1 ~ 100 h/m^3）
产品气浓度（O_2）	高纯度（99%以上）	中等纯度（90% ~ 99%）	低纯度（25% ~ 40%）

项 目	深冷法	变压吸附法	膜分离法
产品形态	液态、气态	气态	气态
能耗/kW·h·m⁻³ （按30%氧浓度换算）	0.04~0.08	0.05~0.15	0.06~0.12
其他特点	适用于大规模生产，产品气为干气	可无人运行，吸附剂寿命10年以上，有噪声，产品气为干气	简单连续过程，装置及操作简单，可无人运行，无噪声，清洁，产品气为干气
用 途	焊接、切割、炼铁、纸浆、漂白等	电炉炼钢、排水处理、发酵、医疗等	医疗、燃烧等

2.2.4 不同制氧方法的比较

不同制氧方法的比较见表2-5。

表 2-5 电解水法制氧、化学法制氧和深冷法制氧的比较

项 目	电解水法	化学法	深冷法
原 料	水，价格便宜	化学产品，价高	空气，价格便宜
生产厂房面积	可大，可小	小	大
生产设备投资	可大，可小	有限	巨大
生产动力	大	很小	很大
生产工艺	复杂	简单	复杂
产 量	可以调节	有限	巨大
氧气质量	99.8%~99.9%	99%以上	99%以上
氧气使用情况	使用有限	适合特殊地方使用	使用面广
产氧方式	固定	随意性强，操作简单方便	固定且瓶装
产氧设备	固定	产氧钢瓶、乙烯发生器、药柱及焊枪等，一人可背，非常方便	巨大且固定

由表2-5不难看出，三种制氧方法，虽然制取的氧气纯度均在99%以上，但三种制取方法均有其自身的特点。就化学法而言，具有原料来源广，投资少，制作简单，使用方便，易于工业化，不产生污染等优点，适用于氧气用量比较小的场合。氧气用量大时需要采用其他方法。

目前中国的空气分离技术是以低温精馏法为主，20世纪90年代变压吸附法得到发展，膜分离法处于试验阶段，化学吸收法研究不多。未来的空气分离技术的发展因不同行业的工艺要求，将会出现深冷法、变压吸附法和膜分离法并驾齐驱的格局，随着能源紧张的加剧，节能型的非低温技术将发展更快。联合工艺，包括深冷-变压吸附、膜-变压吸附、膜-化学催化反应等工艺，比单一工艺更节能，成本更低，将成为气体分离的主要方法。

本章重点介绍深冷法、变压吸附和膜法制氧的原理，以及氧的贮存、运送和安全技术等问题。

2.3 深冷法制氧

2.3.1 深冷技术发展概况

2.3.1.1 深冷法的发展及其应用

低温法空气分离工业自 1902 年德国制成第一台 $10m^3/h$ 的单级精馏空气分离装置以来，迄今已有 100 多年的发展历史。在此期间，分离空气的技术及设备得到不断改进。

到了 20 世纪 90 年代初，国外大型空气分离设备的单套生产能力已达 $7.5 \times 10^4 m^3/h$（98.5% O_2）。

2004 年 3 月，法国液化空气公司为世界上最大的以煤为主要原料进行液体燃料和化学品商业化生产的 SASOL 公司制造了 15 套大型制氧装置。安装在南非 SECUNDA 的化工联合企业的新装置每天的产量超过 4000t（约 $1.2 \times 10^5 m^3/h$），是目前世界上已投产的最大的制氧装置。

2.3.1.2 我国深冷技术的发展及应用

新中国成立后 1952 年，制成第一套 T-6800 型空气分离装置。

1990 年 10 月，我国自行开发了第一套常温分子筛净化增压膨胀流程的 KDON6000/13000 Ⅲ 型空气分离设备，其性能达到 20 世纪 80 年代中期世界先进水平。

目前我国大、中、小型深冷空气分离装置设备在工艺设计、计算机控制水平和配套范围及处理能力等方面均达到国外 20 世纪 80 年代末期水平，制造大型低温空气分离设备在技术上已进入成熟阶段。

2.3.1.3 深冷法的发展方向

随着压缩机加工制造工艺的发展，深冷法已逐步由复式压缩机向离心式和螺杆式压缩机发展，使用寿命已增加到 $10^4 h$ 以上。空气净化技术也由化学溶液处理发展为分子筛纯化。这样既可提高效率，又能改善操作环境。深冷法的发展趋势为：

（1）大型化；

（2）采用规整填料，流量大、阻力小、操作弹性大、效率高；

（3）与其他过程相耦合，降低能耗，达到提高整体效率的目的。

2.3.2 深冷空分制氧基本原理

空气是以氮气和氧气为主要成分的多种气体的混合物。在深冷法制氧机中，空气分离出氧气和氮气的基本原理是基于空气中氧和氮组分的沸点不同，利用液化、精馏的方法而进行的。深冷法制取 O_2 时主要经历两个步骤：首先使空气液化，继而利用 O_2、N_2 等组分的沸点差，再采用精馏的方法使空气分离获得 O_2 和 N_2。得到液态空气需要液化循环，必须消耗液化功，所消耗功的大小与过程的类型有关。

从表 2-3 可知，水蒸气在通常的大气压力和温度低于 100℃下是液体。二氧化碳在通常的室温（27℃左右）下，等温压缩到 7.4MPa 可以液化。而空气中的氧、氮等就必须首先使它们的温度达到各自的临界温度以下，再等温压缩到各自的临界压力，它们方能液化。若在通常的大气压力下，氧须冷到 -183℃，氮须冷却至 -190℃ 才能液化，两者的沸点相差 13℃，这就是用低温精馏分离空气中氧、氮的基础。要液化空气就必须使空气的温度降到其临界温度以下。在制氧机中，空气的液化是利用空气的液化循环经过压缩、冷却、膨胀等一系列热力学过程实现的。

根据氧和氮等组分的沸点不同，液态空气在精馏塔中经多次蒸发和冷凝从而实现氧和氮的分离。

从空气分离系统出来的氧气压力一般为 117.7kPa，如果此压力不能满足用户要求时，可经氧压机加压至所需压力后，再通过供氧设施，向用户供氧。

从空气中制取氦、氖、氪、氩、氙等惰性气体的基本原理与制取氧、氮相同。

在一般情况下，由于空气分离设备多用来生产氧气和氮气，所以，人们习惯地称它为"制氧机"。如配备制氩设备、氖-氮分离设备、氪-氙分离设备，也可相应地制取高纯度（99.99% 以上）的氦、氖、氪、氩、氙等气体。

2.3.3 制氧设备

空气制氧设备包括：（1）用于脱除空气中所含机械杂质和其他杂质，以保证分离过程和装置长期安全运转的净化设备；（2）用于空气分离过程中换热的设备；（3）用于实现空气混合物完全分离，制取纯 O_2 和纯 N_2 的精馏设备。

（1）空气净化设备。空气净化的目的是脱除空气中所含的灰尘等机械杂质、水分、二氧化碳、乙炔等主要杂质，以保证分离过程顺利进行和装置长期安全运转。一般情况下，空气中机械杂质的含量见表 2-6。

表 2-6　空气中机械杂质的含量

机械杂质/g·m⁻³	水蒸气（体积分数）/%	二氧化碳（体积分数）/%	乙炔/μL·L⁻¹
0.005 ~ 0.01	2 ~ 3	0.03	0.001 ~ 1.0①

①此为工业区中乙炔含量范围。如有乙炔站、焊接或电石等工厂，乙炔含量可能达到 3μL/L，瞬时可高达 15 ~ 30μL/L。乙炔含量一般为 0.04μL/L。

1）空气中机械杂质的脱除。由于空气中的机械杂质进入装置后，会损坏压缩机并造成设备堵塞。故常用设置在空气压缩机入口管道上的空气过滤器来脱除空气中的机械杂质。常用的空气过滤器有湿式和干式两类。

2）空气中所含水分、二氧化碳、乙炔的脱除。空气中的水分、二氧化碳进入装置后，在低温下会冻结、积聚，堵塞设备和阀门。当乙炔进入装置后，在含氧介质中受到摩擦、冲击或静电放电等作用时，会引起爆炸。视装置的不同特点，采用不同的方法来脱除水分、二氧化碳和乙炔。常用方法有吸附法和冻结法等。

（2）换热器。空气分离装置中的换热器主要有：氮水预冷器、主换热器、蓄冷器或可逆式换热器、冷凝蒸发器、过冷器、液化器等。氮水预冷器为混流式换热器，蓄冷器为蓄热式换热器，其余均为间壁式换热器。低压空气分离装置换热器趋于采用全部板翅式结构，即以可逆式换热器来代替蓄冷器；高、中压空气分离装置上广泛采用管式换热器。

1）氮水预冷器。氮水预冷器主要由水冷却塔和空气冷却塔组成，它的作用是降低空气进入分离装置的温度，减少可逆式换热器或蓄冷器等换热设备的热负荷，同时对空气进行一次水洗，以利于脱除空气中的杂质。

氮水预冷器是利用从分离装置出来的温度较低、含湿量较小的污氮与冷却水进行热交换。同时，由于污氮的吸湿作用，带走水分而使冷却水温度降低：冷却水由于水分的蒸发放出潜热使本身温度降低，是冷却水温度降低的主要原因。因此污氮的含湿量是影响冷却效果的关键。降温后的冷却水再与空气换热，使空气温度降低，并析出其中的水分。氮水预冷器的传热系数约为 $25.2 \sim 58.8kJ/(m^2 \cdot h \cdot K)$。经氮水预冷器冷却后的空气温度，对设有末级冷却器的能降低 $10 \sim 20℃$；对未设末级冷却器的能降低 $70 \sim 80℃$。

2）主换热器。主换热器是指高、中压空气分离装置的氧氮换热器。用于高、中压空气与返回的氧、氮以及馏分等气体进行热交换，并将高、中压空气冷却到膨胀机前及节流前所需的温度，同时回收氧以及馏分等气体的冷量。主换热器一般为盘管式换热器，根据返回气体种类，设有氧、氮以及馏分分隔层，高、中压空气在隔层的盘管内流动，而氧、氮以及馏分则在管外空间流动。

3）蓄冷器。蓄冷器用于促进空气与氧、氮及污氮之间进行热交换，并使空气中的水分、二氧化碳冻结脱除。

4）可逆式换热器。可逆式换热器用于代替蓄冷器，以实现空气和污氮、纯氮、纯氧之间的热交换，并使空气中的水分、二氧化碳冻结脱除。空气中的水分主要在热段析出，二氧化碳则在冷段析出，冷段设有环流空气通道，以保证其不冻结性，热、冷段以环流出口划分。为使空气中析出的水分能自动下流到温度较高的区域，可逆式换热器在保温箱中是倒置安装。

5）冷凝蒸发器。冷凝蒸发器的作用是使下塔顶部的氮气和上塔底部的液氧进行热交换，以实现氮气冷凝和液氧蒸发，提供下塔回流液和上塔上升蒸气，保证上、下塔精馏过程正常进行。冷凝蒸发器有列管式和板翅式两大类，列管式又有短管式和长管式两种。

6）过冷器。过冷器的作用是利用上塔氮气冷量过冷液态空气、液氮和液氧，以减少液态空气、液氮节流后的汽化率，增加上塔回流液和减少液氧的汽化。

（3）精馏塔。空气分离装置精馏塔一般有单级精馏塔和双级精馏塔两种。

单级精馏塔只能制取一种纯产品，图2-1所示为单级精馏塔，冷凝蒸发器中空气压力不低于 $3.5 \times 10^5 \sim 4 \times 10^5 Pa$，液态空气经过冷凝器后节流到 $0.3 \times 10^5 Pa$ 后送入塔顶，该塔可制得高纯度氧气。但由于塔顶氮气与液态空气处于平衡，氮中含氧量为6.6%（实际上含氧量大于8%），因此氮纯度很低。单级精馏塔提取率低，经济效果差，仅用于某些小型空气分离装置和制取液态产品的装置。

双级精馏塔如图2-2所示，由上塔、下塔和冷凝蒸发器组成。上塔压力为 $0.3 \times 10^5 \sim 0.4 \times 10^5 Pa$，下塔压力为 $4.5 \times 10^5 \sim 5 \times 10^5 Pa$。双级精馏塔可制取较高纯度的氧、氮，其优点是提取率高，经济效果好，广泛用于各种类型的空气分离装置。

由于空气中含有沸点介于氧、氮之间，数量为0.932%（体积分数）的氩，致使一般的双级精馏塔不能同时制得高纯度的氧和氮。为此，必须根据纯产品的数量与纯度，采取相应措施。

小型空气分离装置在需同时制取纯氧和纯氮时，采取从上塔抽氩馏分的措施。这种措施可减少排出氮中氩的含量，同时增加上塔的回流比，但氮和氧的产量会相应减少。为了

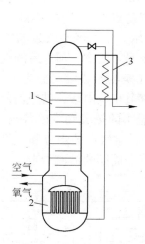

图 2-1　单级精馏塔

1—塔；2—冷凝蒸发器；3—过冷器

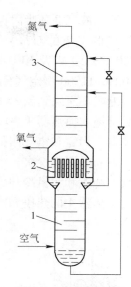

图 2-2　双级精馏塔

1—下塔；2—冷凝蒸发器；3—上塔

减少氧和氮的损失，氩馏分应在氩浓度最高的地方抽取。馏分中含氩约 5% ~ 10%。抽取数量愈多，氮纯度愈高。抽氩馏分数量一般以不超过加工空气量的 8% ~ 10% 为宜。当需保证氧的产量时，氩馏分应在精馏段抽取，当需保证氮的产量时，氩馏分则应在提馏段抽取。

中、大型空气分离装置，根据制取不同数量和纯度要求的产品所采取的措施，可参见表 2-7。

表 2-7　制取不同数量和纯度要求的氮、氧时，精馏塔采取的措施

序号	适应场合	适应条件	所用措施	优缺点
1	制取大量纯氮和高纯度氧	$\dfrac{V_{纯氮}}{V_{氧}} \geqslant 1.1$	上塔上部加辅塔①	流程简单，电耗较大
2	制取少量纯氮和高纯度氧	$\dfrac{V_{纯氮}}{V_{氧}} \approx 0.2 \sim 0.6$	另设纯氮塔	下塔压力降低，能耗小，流程复杂
3	制取工艺氧和少量工业氧	$\dfrac{V_{工业氧}}{V_{工业氧} + V_{工艺氧}} < \dfrac{1}{3}$	另设工业氧塔	下塔压力降低，能耗小，流程复杂
		$\dfrac{V_{工业氧}}{V_{工业氧} + V_{工艺氧}} > \dfrac{1}{3}$	上塔同时抽工艺氧和工业氧	流程简单，下塔压力高，能耗大

①一般 $\dfrac{V_{纯氮}}{V_{氧}} = 1$ 时，多采用此措施。

2.3.4 深冷法典型装置及流程

2.3.4.1 KDON-10000/11000 型空气分离装置

产品规格为：氧气（99.5%）$1.0 \times 10^4 \text{m}^3/\text{h}$，液氧（99.5%）$200\text{m}^3/\text{h}$（折算成气体，塔内状态），氮气（99.99%）$1.1 \times 10^4 \text{m}^3/\text{h}$。

装置特点为：采用可逆式换热器代替蓄冷器，以环流保证其不冻结性，板翅式换热器

代替管式换热器，液氧循环吸附保证安全，高效率透平膨胀机低压冷冻循环制冷和膨胀空气进入具有辅塔的上塔的双级精馏塔分离空气。KDON-10000/11000、KDON-1500/1500-1、KDON-3200/3200-1 以及 KFD-41000 型等空气分离装置特点与它基本相同。

　　KDON-10000/11000 型空气分离装置流程如图 2-3 所示。空气经空气过滤器 1 脱除杂质，至透平压缩机 2 压缩到 $5.3×10^5$Pa 后，进入氮水预冷器 3 预冷。预冷后的空气分两路分别进入两组可逆式换热器 4 热段和冷段。每一组可逆式换热器热段又分为上、下两层，并有纯氧、纯氮、污氮和空气四种流道。热段和冷段的流道相应串联，其中污氮或空气流道每经过 10 ~ 15min 切换一次。当空气进入可逆式换热器 4 的热段和冷段各空气流道时，被返流的纯氧、纯氮和污氮冷却到 -172℃ 左右进入下塔 5，空气中的水分和二氧化碳分别凝结在可逆式换热器 4 的热段和冷段的空气流道上，被下一周期的污氮带走。

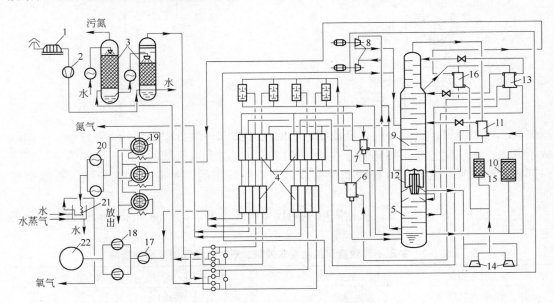

图 2-3　KDON-10000/11000 型空气分离装置流程

1—空气过滤器；2—透平压缩机；3—氮水预冷器；4—可逆式换热器；5—下塔；
6—污氮液化器；7—氧气液化器；8—透平膨胀机；9—上塔；10—液态空气吸附器；
11—液态空气过冷器；12—冷凝蒸发器；13—液态氮气过冷器；14—液泵；
15—液氧吸附器；16—液氧过冷器；17—透平式氧压机；18—活塞式氧压机；
19—液氧贮槽；20—多段液氧泵；21—液氧蒸发器；22—氧气贮罐

　　自下塔 5 底部引出经洗涤的空气，一部分进入可逆式换热器 4 冷段作环流；另一部分分两路分别进入污氮液化器 6 和氧气液化器 7，液化后流回下塔 5 底部；再一部分旁通。环流和旁通空气汇合后进入透平膨胀机 8，然后，进入上塔 9 中部。

　　下塔精馏得到液态空气和液态氮气，含氧 37% ~ 39% 的液态空气，自底部引出，经液态空气吸附器 10 脱除乙炔和液态空气过冷器 11 过冷后，节流送至上塔 9 中部；液态氮气自冷凝蒸发器 12 引出，一部分流回下塔 5 作回流液；一部分经液态氮气过冷器 13 过冷后，节流送至上塔 9 顶部。为保证安全，自冷凝蒸发器 12 底部引出部分液氧，经液氧泵 14 增压和液氧吸附器 15 吸附乙炔后，送至上塔 9 下部，形成液氧循环。为使上塔 9 能制取高纯度氮，由下塔 5 中部第 18 块塔板引出部分污液态氮气，经液态氮气过冷器 13 过冷后，节流送至上塔 9 上部中段第 60 块塔板。

上塔精馏得到氧气、纯氮和污氮。氧气自下部引出，经氧气液化器 7，可逆式换热器 4 复热后，送至透平式氧压机 17 压缩到 $5×10^5$Pa，再经活塞式氧压机 18 压缩到 $3×10^6$Pa，并经氧调节系统后，导出作产品；纯氮自塔顶引出，经液态空气过冷器 11，可逆式换热器 4 复热后导出为产品；污氮自辅塔底部引出，经液态氮气过冷器 13、液氧过冷器 16 和可逆式换热器 4 复热，并带走热周期空气凝结的二氧化碳和水分，再经氮水预冷器 3 后放空。该装置的液氧贮存系统由三台 $100m^3$ 的液氧贮槽 19、两台多段液氧泵 20 和一台液氧蒸发器 21 组成。自液氧过冷器 16 来的液氧导入液氧贮槽 19，经多段液氧泵 20 压缩到 $3×10^6$Pa，至液氧蒸发器 21 加热汽化后，导入氧气贮罐 22，或经氧调节系统送往顶吹转炉炼钢等用户。

2.3.4.2 100t O_2/d 空气分离装置

产品规格为：氧气（99.5%）100t/d（2950m^3/h）和氮气（99.99%）88t/d（2950m^3/h）。

装置特点为：采用分子筛吸附水分和二氧化碳以及低温吸附乙炔净化空气，板翅式换热器换热，高效率透平膨胀机污氮低压冷冻循环制冷，上塔具有辅塔的双级精馏塔分离空气。

100tO_2/d 空气分离装置流程图如图 2-4 所示。空气在压缩机 1 中压缩到约 $1.0×10^6$Pa；经后冷却器 2、氟利昂蒸发器 3 冷却和水分离器 4 脱除大部分水分后，进入分子筛吸附器 5，脱除残余的水分和二氧化碳以及部分乙炔等碳氢化合物。预冷、干燥后的空气进入主换热器 6 冷却，乙炔吸附器 7 脱除乙炔，液化器 8 液化后进入下塔 9。

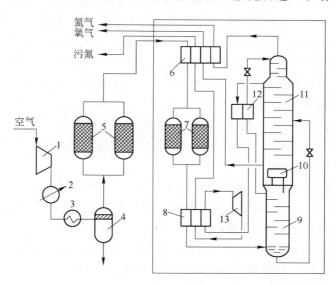

图 2-4 100t O_2/d 空气分离装置流程

1—压缩机；2—后冷却器；3—氟利昂蒸发器；4—水分离器；5—分子筛吸附器；
6—主换热器；7—乙炔吸附器；8—液化器；9—下塔；10—冷凝蒸发器；
11—上塔；12—液态氮气过冷器；13—透平膨胀机

下塔精馏得到液态空气和液态氮气。液态空气自底部引出，节流后送至上塔 11 的中部；液态氮气自液态氮气槽引出，经液态氮气过冷器 12 过冷后，节流送至上塔 11 顶部作回流液。

上塔精馏得到氧气、纯氮和污氮。氧气自下部引出，经主换热器 6 复热后导出作为产品；纯氮自塔顶引出，亦经主换热器 6 复热后导出作为产品，氧气和纯氮的压力均为 $1.75 \times 10^5 Pa$；大量的污氮自辅塔底部引出，经液态氮气过冷器 12，液化器 8 复热，至透平膨胀机 13 膨胀后，再经液化器 8 和主换热器 6 复热后，供吸附器再生或放空。

该流程制取 $1 m^3$ 氧需耗电 0.64kW 和水 $0.115 m^3$（25℃，温差 10℃）。

2.4 吸附分离法

2.4.1 吸附分离的发展概述

吸附分离是一门古老的学科，很早就被人们发现和利用。20 世纪 60 年代初，吸附分离还仍局限在空气和工业排气的净化方面。60 年代中后期，由于世界能源短缺、对环境污染治理的要求愈来愈高，以及钢铁工业、气体工业、食品和轻工业等各行业的要求，使吸附分离技术日益得到重视。另外，性能优越的优先吸附氮的能力约为吸附氧的 3 倍的合成沸石或分子筛等新型吸附剂的开发和新变压循环法的发明，使情况发生了戏剧性的变化，促使吸附发展为分离气体和液体混合物的重要方法。吸附分离过程成为化学工业及石油化学工业中气体分离的关键过程，并在化工、炼油、轻工、食品和环保等领域得到广泛应用。

在 20 世纪 60 年代，美国联合碳化物公司（UCC）首先采用变压吸附技术从含氢工业废气中回收高纯氢，1966 年第一套变压吸附回收氢气的工业装置投入运行。到 1999 年为止，全世界至少已有上千套变压吸附制氢装置在运行，装置产氢能力为 $20 \sim 1.0 \times 10^5 m^3/h$ 不等。中国西南化工研究设计院于 1972 年开始从事变压吸附气体分离技术的研究工作，1982 年在上海建成第一套从氨厂弛放气中回收纯氢的变压吸附工业装置。

与其他气体分离技术相比，变压吸附技术具有低能耗、产品纯度高且可灵活调节、工艺流程简单、装置调节能力强，操作弹性大、投资小，操作费用低，维护简单等特点。目前，在 O_2、N_2、H_2 等的分离和提纯领域已占重要地位。此外，变压吸附技术还可以应用于气体中 NO_x 及硫化物的脱除、某些有机有毒气体的脱除与回收等，在尾气治理、环境保护等方面也有广阔的应用前景。

进入 20 世纪 90 年代以来，变压吸附制氧（氮）量每年以 30% 左右的幅度递增。预计在今后 10 年还会有更大的发展。变压吸附气体分离技术的发展趋势表现在以下几方面：

（1）装置量逐年增长，规模越来越大。

（2）装置规模向大型化发展，以大型制氧为例，在该领域内通常认为深冷法较为经济，比较具有竞争优势，但随着变压吸附技术的进步，目前变压吸附制氧已开始进入大型制氧市场同深冷法相竞争。

（3）从辅助工艺进入化工工艺主流程。

（4）新型吸附剂的研制、吸附性能和分离效果的提高，将使变压吸附技术的能耗更低、投资更省、应用领域更广阔。

（5）采用一套装置同时生产多种产品的变压吸附新技术将投入工业运行，变压吸附技术能耗低、投资省的特点将得到更充分的体现。

（6）变压吸附技术与深冷技术或膜分离技术相结合，推出复合型的气体分离技术。

2.4.2 吸附分离方法的分类

吸附分离过程包括吸附、解吸与再生两大部分。解吸与再生的目的有二：第一，如吸附质是有用的物质，通过解吸回收有用的物质；第二，使吸附剂回复原状，重新循环使用。由吸附平衡等温线可知，在同一温度下，吸附质在吸附剂上的吸附量随吸附质分压的上升而增加；在同一吸附质分压下，吸附质在吸附剂上的吸附量随吸附温度的上升而减少，也就是说，加压降温有利于吸附质的吸附，而降压升温有利于吸附质的解吸或吸附剂的再生。于是按照吸附剂的再生方法又将吸附分离循环过程分成两类：一类是变温吸附；另一类是变压吸附，如图 2-5 所示，图中横坐标为吸附质的分压 p，纵坐标为单位吸附剂的吸附量 Q。

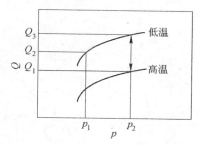

图 2-5 变压、变温吸附概念图

（1）变温吸附法（TSA）。变温吸附常在较低温度（常温或更低）下进行吸附，在较高温度下解吸吸附的组分。

在变温吸附（TSA）循环中，吸附剂主要是靠加热法（一般是借预热清洗气体来实现）再生的。每个加热-冷却循环通常需要数小时甚至一天以上的时间，因此 TSA 大多用于净化待处理的吸附气体量很小的场合。

（2）变压吸附法（PSA）。在体系的温度维持不变的情况下，升高体系的压力，床层吸附容量增高，反之，体系压力下降，其吸附容量相应减少，此时吸附剂解吸再生，得到气体产物，这一过程称为变压吸附。

变压吸附很适宜于快速的吸附循环过程，优点是可减少吸附剂和设备的用量，从而节省投资费用，提高提取物的纯度，但比变温吸附过程的回收率低，因部分的提取物产品会消耗于冲洗吸附床层。

以上两种吸附方法当中发展最快的方法是变压吸附法（PSA），此法中吸附剂的再生是靠降压来完成的。

2.4.3 真空变压吸附（V 变压吸附）制氧流程和主要设备

变压吸附循环操作是由吸附、均压、降压、抽真空、冲洗，然后再充压、吸附等几个工作阶段组成的循环操作过程。由于吸附和解吸的方式以及辅助阶段采用方法的不同，操作压力、温度和塔内气流的方向、产品的数目（一个或多个）及其质量（压力和纯度等）、组分的回收率、吸附塔的个数、附属机器（压缩机、真空泵）及有关附件和控制系统、分离用吸附剂的性质等是造成各种变压吸附循环操作的差别原因。在一定的原料气处理量、产品纯度和回收率的要求下，可采用各种不同的阶段和组合顺序以及方法，其分离效果则由所设计的程序而定。

V 变压吸附 ZY590/90 型装置的工艺流程见图 2-6。原料空气经鼓风机增压后，通过温度控制调节和压力调节，使工艺空气达到设计所要求的温度、压力后进入其中的 A 吸附床，空气流经吸附床内的吸附剂后，空气中的 H_2O、CO_2、N_2 等气体被吸附，未被吸附的氧气富积在吸附床顶部作为产品气输出。同时，B 床处于真空解吸和真空清洗状态。之后，两吸附床均压，原料气进到 B 床，A 吸附床转入解吸工况。两床每隔大约 110s 交替重复相同步骤，实现连续制取氧气的目的。从吸附床顶部流出的氧气进入氧气缓冲罐，再经过滤、分析、流量调节和压力调节送往用户使用。送往用户的氧气压力约 18kPa，温度约 30℃，纯度 91.7%。

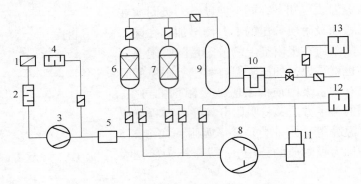

图 2-6　变压吸附 ZY590/90 型装置工艺流程
1—入口空气过滤器；2—风机进口消声器；3—鼓风机；4—风机出口旁路消声器；
5—工艺空气温度调控装置；6，7—吸附床 A、B；8—真空泵；9—氧气平衡器；
10—氧气精过滤器；11—湿式消声器；12，13—废气放空消声器

吸附塔一般有两个以上，其中一些塔处于吸附状态时，另一些塔处于再生和准备吸附状态，几个塔由计算机程序控制交替变换，这样就可以连续产出富氧气体。

通常变压吸附采用的工艺是 0.3～0.4MPa 加压吸附和常压解吸。1983 年 A. G. Bager 首先开发了真空变压吸附（V 变压吸附或 VSA）工艺，并申请了专利。所谓 V 变压吸附的制氧工艺就是在压力小于 0.1MPa 下吸附，真空下解吸。真空变压吸附（VPSA）制氧流程能耗主要有两部分，即鼓风机鼓风和真空泵解吸。实践表明，真空再生法的性能优于常压再生法，又由于解吸用真空泵的能耗要比原料空气压缩机能耗低得多，从而降低了单位能耗。在这以后所公布的很多专利，都是以提高氧纯度及回收率为目的。日本酸素工业株式会社即开发了低压吸附、均压、抽空、产品冲洗再生的生产工艺。据报道，用该工艺制取的氧气纯度为 93%～95.5%，产量为 1000m³/h 时的单耗为 0.42kW·h/m³。

2.5　膜分离

2.5.1　气体膜分离技术概述

1950 年 S. Weller 和 W. A. Steiter 用厚度为 25μm 的乙基纤维素板式平膜，从空气中分离出含氧 32.6% 的富氧空气。1976 年美国通用电气公司（GE）在超薄膜技术方面获得重大突破，制得了商品名为 P-11 的复合型富氧膜，实现了富氧膜的工业化。从此，富氧膜技术呈现出乐观的前景，实用产品逐渐被开发出来。膜分离技术的快速发展和工业应用是在 20 世纪 60 年代以后，现在已成为解决当代能源、资源和环境污染等问题的重要实用高

新技术并在各工业领域中得到广泛应用。国际上的膜技术产业已初具规模。目前，西方发达国家都已将膜技术列入21世纪优先发展的高新技术之列，我国的科学家在2002年中国工程院院士年会中也一致认为"21世纪将是膜科技的世纪"。

目前已商业化的膜技术有反渗透、纳滤、超滤、微滤、渗析、气体分离、渗透汽化等。

其中气体膜分离的发展速度最引人注目，气体膜分离从20世纪70年代才开始进入工业应用阶段，现在的年增长率也高达15%。气体分离已成为与石油、冶金、电子、机械、运输、航天、医药、食品等重要工业密切相关的技术。

膜法富氧是在一定压力作用下将空气透过高分子富氧膜，由于膜对氧和氮的选择性不同，氧的透过速率大于氮的透过速率，这样在膜的另一侧得到比空气中氧浓度高的富氧空气。因富氧膜性能的差异，富氧空气中氧含量在28%~45%之间。膜法富氧技术与传统的深冷分离和变压吸附法相比，在获得中等氧含量的空气方面，具有设备简单、操作方便、投资少、费用低等特点。这些特点使得工业用富氧空气（其氧浓度多在35%以下）的制备变得切实可行。

欧美、日本、俄罗斯等对富氧膜技术极为重视，投入很大的力量，都有成型装置销售，成功用于高效节能、强化燃烧（航空发动机和船舶）、医疗、小型工业炉窑（如玻璃高温熔化炉）等方面。

2.5.2 气体分离膜的分离机理

膜法气体分离是根据混合气体中各组分在压力的推动下透过膜的传质速率不同而进行膜分离的过程，主要用来从气相中制取高浓度组分（如从空气中制取富氧、富氮）、去除有害组分（如从天然气中脱除 CO_2、H_2S 等气体）、回收有益成分（如合成氨弛放气中氢的回收）等，从而达到浓缩、回收、净化等目的。

用膜分离法工艺从空气中分离 O_2 的原理见图2-7。O_2 透过聚合物膜的速度比 N_2 或 Ar 快。但膜分离法工艺从空气中分离 O_2 的纯度有限，这是因为目前所采用的聚合物膜对 O_2-N_2 或 O_2-Ar 的选择性极低。因此，当用单级膜从空气中分离 O_2 时，即使是最好的情况，也无法生产纯度大于65%的富氧空气。要想生产纯度为99.5%的 O_2，只能靠多级串联来完成，这就必然导致操作烦琐并且成本较高。

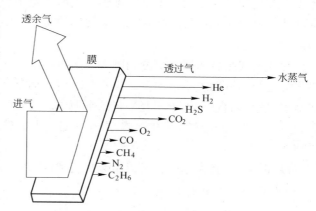

图2-7 混合气体透过 Sperex 膜的相对速度

气体通过膜的渗透情况非常复杂，对不同的膜，渗透情况不同，机理也有所不同。

膜的分离性能与气体的种类和膜孔径有关，有分离效果的多孔膜必须是微孔膜，一般必须具有与气体分子的平均自由程类同或者更小一点的细孔，同时空隙率要大，膜要薄，孔径一般为5~30nm。目前已知比较适用的膜材料有以下三类：（1）氧化铝、氧化硅系的陶瓷材料；（2）聚氯乙烯、聚砜、聚四氟乙烯等高分子材料；（3）镍、铝等金属多孔体。由于多孔介质孔径及内孔表面性质的差异，气体分子与多孔介质之间的相互作用程度有些不同，从而表现出不同的传递特征。目前工业应用的主要是高分子膜。

2.5.3　气体膜分离系统

2.5.3.1　气体膜分离系统构成

工业应用气体分离高分子膜分离系统一般由以下几部分组成。

（1）前处理。在膜分离过程中，必须除去原料气中可能对膜产生损害的物质，在进入膜分离器之前必须将游离的液体（润滑油等重烃类）、烃类（芳烃、卤代烃、酮类物质是醋酸纤维素膜的良溶剂）等都除去；同样，必须保证在膜分离过程中原料气中任何组分必须是不饱和的，以避免在膜上的冷凝。它们在膜表面上的积累会引起膜性能的损坏，甚至完全丧失。因此在膜分离单元上游必须安装用于前处理的分离和过滤设备，以去除游离的液体、固体粒子和有害物质。实际操作时原料气的温度要高于露点 20 ~ 40℃。

（2）膜。气体分离高分子膜除了应具有好的渗透性和选择性之外，还必须能够承受较大的压力差，具有高杨氏模量的高分子膜能承受大的压力差。

目前，高分子膜的制备材料分为橡胶态高分子和玻璃态高分子两大类。在前者中的气体或蒸气的渗透系数通常比在后者中的高几个数量级，对大的可凝性分子来说，扩散系数很少依赖于渗透分子的体积大小，渗透组分沸点越高，其溶解吸附性越大，选择性受控于吸附选择性，因此橡胶态材料为可凝选择性的。另外，玻璃态高分子的选择性主要受控于扩散选择性。

（3）膜分离器。膜做成有效的膜分离器后才具有价值。膜分离器要求在单位体积内有较大的膜的装填面积，并且气体与膜表面有良好的接触，气体分离过程中一般情况下应优先考虑用装填密度大的中空纤维膜，然后才是平板或螺旋卷式膜。这是因为前者的装填密度是后者的 3 ~ 10 倍。同时在非渗透侧的压力降要最小，可充分利用膜的固有传递性能和推动力。

螺旋卷式膜分离器装配图如图 2-8 所示。值得注意的是，在卷式膜器件中，原料气与渗透气之间的流动既不是逆流，也不是并流，而是在器内的每一点上，两种流体的流动方向是垂直的，而且约处于相互平行的平面中。这一结构特点使膜分离器的端面成为气流分布装置。另外，分离器多孔支撑层的厚度、中心管的尺寸对器内的流动特性都会产生影响。

以气体分离膜为基础，可以组装出分离膜组件。

2.5.3.2　富氧膜工艺流程

A　工艺流程

富氧膜装置根据其运行方式的不同，可分为加压式、减压式、加/减压式。图 2-9 为减压式膜法富氧工艺流程图。

在这三种运行方式中，加压式能耗是最高的，是减压式的数倍。而减压式所需要的膜面积（即膜组件数量）要远远超过加压式，但它在能耗方面有一定的成本优势。加/减压式在以上两者之间。因此，采用何种运行方式的富氧膜装置，应该根据实际具体情况而

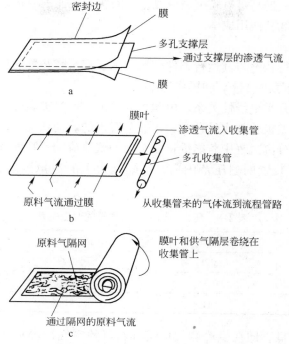

图 2-8 螺旋卷式膜分离器的装配步骤（a~c）

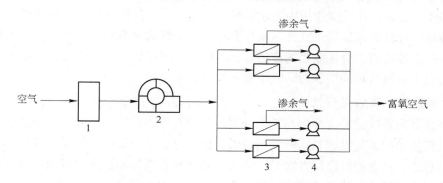

图 2-9 减压式膜法富氧工艺流程示意图

1—空气过滤器；2—离心通风机；3—膜组件；4—真空泵

定。以加压式运行的富氧膜装置从单位膜面积获得的富氧空气量是减压式的数倍以上，具有模块小型化的优点。但是，在加压式运行中，利用空气压缩机将空气加压至数倍大气压，只有少量压缩空气透过膜成为富氧空气，而剩下的大部分压缩空气被释放到大气中，所以加压式能源损失非常大，存在着运行动力费高的问题，比较适用于拥有已存的剩余压缩空气源的情况。中空纤维膜组件大都用加压式，而螺旋卷式膜组件用减压式的较多。

B 影响富氧膜装置运行的因素

a 富氧膜性能

提高富氧膜的性能是非常重要的。如果膜的渗透系数和分离系数提高了，即使膜两侧压差小也能获得充分的高浓度富氧空气，运行动力的减小将降低富氧空气成本，同时可以使装置小型化。另外，提高富氧膜抗衰退性，可减缓其性能的退化衰弱，从而延长富氧膜组件的使用寿命并降低其使用成本。

　　b　运行条件

　　富氧膜装置的运行状态与其运行条件密切相关，富氧膜装置的运行条件主要包括压比（压差）、回收率（空气供给量）和操作温度。

　　渗透通量与压力几乎呈线性关系。由此可以预测，通过提高驱动压力，产气量可以大大增加。另外由于浓差极化效应的存在，富氧装置内的流动状况对分离效果的影响是巨大的。所以富氧装置在分离过程中若能维持装置内的气流流动，将使富氧装置工作稳定，效果可靠。在所设计膜装置的耐压范围内，不同压力下的通量测定和分离效果检测见表2-8。

表 2-8　压力、通量与氧含量的对应关系

项　　目	指　　标		
压力/MPa	0.1	0.2	0.3
通量/mL·min^{-1}	0.35	0.61	0.97
富氧空气中氧含量/%	41	41	41

　　一般只有回收率低，即在供给侧大量送入新鲜的空气，才能全面体现出富氧膜的性能，相应获得较高氧浓度的富氧透过气。回收率的选取必须适当，根据用途通常取为10%～30%。总之，在实际应用中要注意保证最适当的运行条件，使得富氧膜装置运行动力费用最低，经济效益最佳。此外，操作温度是一个影响富氧膜选择性的重要因素。一般来说，操作温度提高，会提高膜的渗透性，但降低了其选择性。也就是说，如果操作温度提高，会由于透过气量的增加而降低了富氧浓度。

　　C　富氧膜分离的经济性

　　富氧膜分离系统的经济分析与其他分离过程没有大的区别。与其他竞争的富氧技术相比，富氧膜技术的系统投资和运行费用较低，但膜分离系统需要的能量一般比其他分离技术稍高。总之，在选择最经济方案时，主要对膜的投资费用和更换膜费用、压缩投资费和运行费用、产品损失的价值或增加产品价值这三个因素之间进行平衡。

2.6　集成耦合法

　　早期空气分离制氧的方法只有低温精馏法（深冷法）一种，该法生产的氧气一般来讲纯度都比较高，而且制氧的生产规模也比较大。后来，随着化工、化学和材料等学科的不断发展，再加上氧气应用范围的拓宽和工业上对氧气的需求增大的推动，出现了变压吸附和膜分离法等更具优势的富氧方法，尤其是变压吸附-低温精馏联合技术和变压吸附-膜分离联合技术这两种集成富氧技术的出现和发展，更是推动了当今制氧工业的极大发展。

2.6.1　变压吸附-低温精馏联合技术

　　到目前为止，大规模工业生产氧气仍以低温精馏法最为经济，在空气分离方法中占有牢固的统治地位。低温精馏法（深冷法）与变压吸附法的比较见表2-9。

表 2-9 变压吸附法与低温精馏法的技术经济指标比较

比较项目	氧气产量/$m^3 \cdot h^{-1}$	氧气纯度/%	投资/万元	建设周期/月	电耗/kW·h	水耗/$t \cdot h^{-1}$	副产品	氧气成本/元·m^{-3}	产量调整	运行人员	运行方式
吸附法	3200	92~95	800	8	0.4	5	可回收富氮气	0.385	易	少	任意开停机,开机30min可出产品氧
低温精馏法	3500	>99.5	4000	12	0.47	10	氮气氩气	0.64	难	多	开机后不能随意停机

对钢铁企业中的用氧大户——氧气顶吹转炉,自然希望能采用成本较低的变压吸附法制氧,但受氧气纯度的限制(要求氧纯度大于99.5%),因此只能采用低温精馏法制氧。事实上目前转炉炼钢使用的制氧机全部为低温精馏制氧。因此,如何实现对现在通用的制氧机做进一步的改进,既能保持产品氧的高纯度,又使装置更加简化,进一步缩短出氧的时间,并且更多地节约有色金属,仍是受到普遍关注的问题。

20世纪90年代,从事低温工程设备开发的美国公司 University Envirogentics Inc. (UEI) 研制出一种新型制氧机,兼容并包括了变压吸附和低温精馏两种装置,充分发挥两者的长处和优势,避免其不足,产生了1+1>2的效果。变压吸附和低温精馏两种技术的优缺点比较见表1-10。它利用变压吸附法的装置简单、结构紧凑、出氧时间快和低温精馏法的产品氧纯度高的优点,克服了低温精馏法要消耗大量昂贵有色金属的缺点。

这种联合制氧机以常温分子筛净化流程为基础,在分子筛纯化器与分馏塔之间再加入一套变压吸附法制氧装置,这也是本装置的精髓所在。首先原料气空气经过常温分子筛清除二氧化碳和水分,然后进入变压吸附法的吸附装置,由吸附剂 MA-5A 分子筛,吸掉大部分氮气,当进入下塔时,原料气空气已经变为含氧80%、含氮20%的富氧气体,分馏塔只承担将80%的富氧气体提纯到浓度为99.5%的高纯度富氧气体,因而大大减少了分馏塔的负荷,自然其结构也可以更为紧凑,提纯所用时间也相应减少。同时,变压吸附装置还可以迅速为分馏塔提供高含氧量的富氧气体,达到双方各自发挥优势的目的。这种制氧方法可用更低的投资,同样制出符合转炉吹炼所要求的高纯度氧气。据报道,这种联合工艺投资为常规机组的2/3,能耗与常规机组相当。

2.6.1.1 联合工艺流程

变压吸附-低温精馏联合工艺,是将低温精馏和变压吸附两种技术有机结合起来,它的工艺流程自然应该包括这两种工艺的主要部分,即经过预处理的空气首先经过变压吸附系统,这包括将空气中杂质过滤掉的滤尘器、空气压缩机、空气冷却系统(通常的冷却系统包括水冷却或者 NH_3/H_2O 冷却)、分子筛吸附装置(主要还是用于纯化空气,将空气中的二氧化碳和水分吸附脱除)和变压吸附装置(是变压吸附系统的主要装置,通过一定的分子筛,主要是沸石分子筛,根据沸石对氮气的吸附能力大于对氧气的吸附能力,吸附空气中的氮气,从而得到较高纯度的氧气)。得到一定纯度的氧气后,再经过低温精馏系统。富氧空气首先经过主换热器,由系统中的低温返流气体将其冷却到一定的温度;然后经过精馏塔的下塔、上塔;经深冷分离,可得到高纯度的富氧液体;最后通过空气膨胀机后得到高纯度的液氧。

参考美国公司 University Envirogentics Inc.（UEI）研制出的一种新型制氧机，变压吸附-低温精馏联合工艺主要工艺流程如图 2-10 所示。

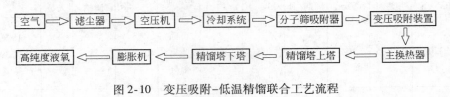

空气 ⟹ 滤尘器 ⟹ 空压机 ⟹ 冷却系统 ⟹ 分子筛吸附器 ⟹ 变压吸附装置

高纯度液氧 ⟸ 膨胀机 ⟸ 精馏塔下塔 ⟸ 精馏塔上塔 ⟸ 主换热器

图 2-10　变压吸附-低温精馏联合工艺流程

下面具体介绍如图 2-10 所示的主要流程。

（1）空气首先要经过袋式滤尘器，借助物理法去除空气中的杂质并得到比较干净的空气。再将这些空气通过空气压缩机压缩，使出口处的空气经过压缩后压力大约为 0.7MPa。

（2）从空气压缩机出来的压缩空气，经过冷却系统。常规的冷却系统为水冷却等，这套工艺中使用的就是两种冷却系统的组合：从空气压缩机出来的压缩空气除了用常规的水系统冷却外，还需经过氨冷却，氨由 NH_3/H_2O 吸收式制冷机循环供应。

（3）冷却后的空气进入分子筛纯化系统，分子筛纯化系统包含多种吸附剂，通过吸附作用去除空气中绝大部分的水分及二氧化碳，水分减少到使空气的露点温度低于 $-67℃$，二氧化碳的含量减少至 $5\mu L/L$ 以下。

（4）经过干燥和去除二氧化碳后的空气进入变压吸附装置。由于 MA-5A 分子筛对氮气的吸附能力要远远强于对氧气的吸附能力，在这里大部分氮气被吸附掉。在变压吸附装置的出口处，原空气已经成为含氧量达 80% 的富氧空气。另外，主要组分为氮气的废气经过膨胀机减压后，作为空气压缩机出口处空气的冷却媒体。膨胀机则用发电机制动以回收电能，达到资源回收的目的。

（5）从变压吸附装置出来的富氧气体进入主换热器，目的是进一步被冷却。在主换热器中富氧空气被来自上塔、上塔过冷器及氮循环回路中的低温返流气进一步冷却。

（6）经过主换热器，被冷却后的富氧气体出主换热器后被分为两段，一股流经膨胀机（以便更进一步冷却）后进入上塔；另一股经下塔间接冷却后节流膨胀进入下塔顶部。

（7）下塔产出的富氧液体作为基本产品，出塔后流经乙炔吸附器和过冷器，再节流膨胀进入上塔。与此同时，下塔提供液氮作为上塔精馏所必需的回流液。

（8）上塔底部的产品即纯度为 99.5% 的液氧，进入液氧贮罐。

（9）从贮罐流出的液氧经液压泵加压至 2.9MPa，再流经主换热器，将返流的冷量付给正流的压缩空气后，本身汽化为产品氧，送至用户。

（10）由于主换热器冷热端必定存在的温差，故另设有一氮循环回路，以补充原料空气所缺的冷量。此外，该系统还具有向上塔补充液氮等功能。

（11）产品氮主要由上述的氮循环回路产生，不足部分由下塔顶部的纯精馏液作为补充。参与主换热器内的热交换后，通过压缩机，再经增压膨胀机及蒸发冷凝器重新成为液氮。从液氮罐流出后，一部分再参与氮循环，另一部分则注入液氮贮罐，经液氮泵加压至 2.9MPa，返流氮通过主换热器付出冷量，本身汽化为产品氮，送至用户。

（12）与常规的精馏系统相同，上塔顶部送出的也是纯氮。但由于已经有了与产品氧数量相同的产品氮，故这部分氮仅参与主换热器内的热交换，付出冷量后放空。

（13）氩馏分从上塔中部抽出，经粗氩塔、氩净化、精氩塔进一步提纯为精氩，注入液氩贮罐，再经液氩泵加压，最后通过汽化器汽化为产品氩，送至用户。

变压吸附-低温精馏联合工艺主要工艺图如图 2-11、图 2-12 所示。

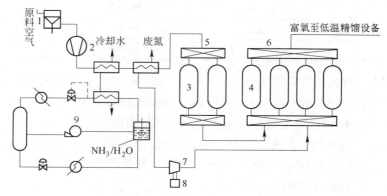

图 2-11　变压吸附–低温精馏联合式制氧机流程（一）

1—袋式滤尘器；2—空压机；3—分子筛 CO_2/H_2O 吸附器；4—变压吸附装置；5，6—切换阀组；

7—膨胀机；8—发电机；9—氨冷却系统

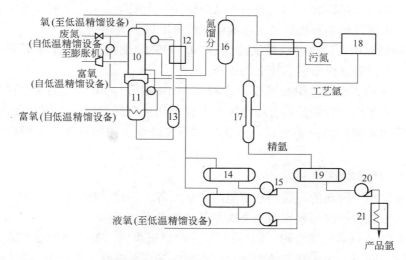

图 2-12　变压吸附–低温精馏联合式制氧机流程（二）

10—上塔；11—下塔；12—过冷器；13—乙炔吸附器；14—液氧贮罐；15—液氧泵；

16—粗氩塔；17—精氩塔；18—氩净化器；19—液氩贮罐；20—液氩泵；21—汽化器

2.6.1.2　变压吸附-低温精馏联合制氧机的特点

变压吸附-低温精馏联合工艺利用了变压吸附法的装置简单、结构紧凑、出氧时间快和低温精馏法的产品氧纯度高的优点，克服低温精馏法消耗大量昂贵的有色金属的缺点，因而这两种工艺的联合技术优于任何一种单一的富氧工艺。

以美国 UEI 公司的变压吸附-低温精馏联合制氧机为例。UEI 为转炉炼钢设计的 $20000m^3/h$ 机组的主要产品指标见表 2-10。

表 2-10   20000m³/h 组合式机组产品指标

产 品	产量/m³·h⁻¹	纯度/%	压力/MPa
氧气	19800	99.5	2.9
液氧	200	99.5	0.12
氮气	17700	99.999	2.9
液氮	300	99.999	0.105
液氩	700	99.999	

其他指标为，该机组运行，在表 2-10 状态下的全部产品总能耗为 0.79kW·h/m³；机组启动时间为 12h；停机后再启动时间为 6h；连续运转周期 18 个月。

变压吸附-低温精馏联合工艺与其他富氧工艺产品相比，优越性如下：

（1）充分发挥两种制氧方法的优势，所以在能耗指标相同的情况下，它与常规制氧机相比，具有投资省、占地少、启动时间快、氧气发生率低等多项优点，因而有着广阔的发展前景，对转炉炼钢最为适用。

（2）组合式制氧机的精髓，在于多串联了一组变压吸附装置。原料空气经其处理后，使氧气含量从原来的约 20% 增为 80%，从而减轻了分馏塔的负荷，使冷箱更小也更紧凑。

（3）以中压液氧泵、液氮泵取代氧压机和氮压机对产品加压，直到通过主换热器时才进行汽化，冷量全部回收，因此液态产品的使用不受限制，充分发挥了它们作为补充及贮存的功能，进而可使制氧机后部工序的中压气体贮罐大大减少。

（4）这种制氧机，同样可以提供纯度达 99.999% 的精氩产品，却不需要专设的氩气站。精简了工艺设备且可节省基建上的投资。

（5）在此之前，变压吸附装置仅用于规模较小的场合，用于大型制氧尚无先例，这中间有着相当的难度，特别是需有特殊措施来保证切换时间的可靠程度。在这方面，UEI 比之国际上较知名的低温制品公司，例如法国空气液化、德国林德、美国联碳等更领先一步。

2.6.1.3   能耗和投资分析

投资者在应用一种新的高效而且节能的产品或者工艺时，除了关注节能产品或工艺的节能效果，一般也将经济因素作为一个决策条件来考虑。

以美国 UEI 公司的变压吸附-低温精馏联合制氧机为例，制氧机的能耗和基建投资是用户最为关注的两点。为了获取最大效益，都要求选用低能耗、低投资的制氧机。组合式机组在低能耗上可与最先进的常规机组匹敌，在低投资上则是常规机组无法比拟的。

A   能耗分析

一台 20000m³/h 制氧机，当其产品氧、氮产能均为 20000m³/h，产品氩产能为 700m³/h，并且氧、氮均加压 2.9MPa 时，常规机组与组合式机组的能耗对比见表 2-11。

表 2-11   20000m³/h 制氧机能耗指标

对 比 项 目	常规机组	组合式机组
单位制氧电耗/kW·h·m⁻³	0.45	0.69
单位压氧电耗/kW·h·m⁻³	0.17	0.05

对 比 项 目	常规机组	组合式机组
单位压氮电耗/kW·h·m^{-3}	0.17	0.05
合　计	0.79	0.79

表 2-11 中常规机组的各项单位电耗取用目前这类机组最先进的指标，其中压氧、压氮电耗是按氧、氮压机均用离心压缩机一次加压到 2.9MPa 考虑的。组合式机组取用 UEI 的指标。两相对比，可知组合式机组的制氧电耗高于常规机组，原因是空压机除了要克服吸附水分和二氧化碳的分子筛的阻力外，尚需克服吸附氮气的分子筛的阻力，因此需要更高的出口压力（约 0.7MPa）。此外，辅助系统的低压电也比常规机组要多一些。但这部分多出的电耗可从压氧、压氮电耗上得到补偿。因为组合式机组以液氮、液氮泵取代常规机组的氧压机、氮压机，这部分电耗要低得多，总的平衡下来，两类机组的总能耗相同，所以组合式机组尽管多串联一组分子筛变压吸附装置，按能耗指标衡量，仍处于先进制氧机的行列。

B　投资

虽然多串联了一组变压吸附装置，但分馏塔冷箱更小也更紧凑，投资大幅度降低。

2.6.2　变压吸附-膜分离联合技术

生产纯度为 99.9% O_2 的传统方法是以空气低温精馏为基础的。近年来用膜分离的方法也日渐成熟，且具有竞争性。对需 O_2 纯度仅为 40% ~90% 的 O_2 市场，近几年已开发了具有竞争性的变压吸附和膜分离联合工艺。

联合变压吸附法-膜分离法（CMC）工艺从空气中分离 O_2，即变压吸附法工艺生产富 O_2 和富 Ar 气流，随后该气流透过聚合物膜进一步富集 O_2。

这两种工艺在富集氧气上各自的优势，见表 2-12。如果把它们有机地结合起来，也必将会得到比以上两种方法性能优越而且更加节能的新的富氧工艺。

表 2-12　变压吸附法和膜分离法气体分离的比较

气体分离方法	变压吸附法	膜分离法
原理	利用吸附剂对特定气体的吸附和脱附能力	利用某些膜对特定气体的选择透过性能力
技术阶段	处于技术革新阶段	处于技术开发和市场开发阶段
装置规模	中、小规模	小规模，超小规模也可以
可以分离的气体种类	O_2、N_2、H_2、CO_2、CO	O_2、N_2、H_2、CO_2、CO
产品气体浓度（氧气浓度）/%	中纯度（90~95）	低纯度（25~40）
产品形态	气体	气体
耗电量（按30%氧换算）/kW·h·m^{-3}	0.05~0.15	0.06~0.12
其他特征	产品气处于加压状态，塔阀自动切换，可以无人运行，吸附剂寿命10年以上，有噪声，产品气为干气	可以间歇或者连续式操作，操作简单，可以无人运行，膜寿命可以达数年，无噪声，清洁生产，产品气为干气或者未湿润气体
氧用途	电炉炼钢，排水处理，发酵，医疗等	医疗，助氧燃烧等

　　所得实验结果表明，利用联合变压吸附法-CMC 工艺从空气中分离 O_2 的程度超过了单用变压吸附法工艺或 CMC 工艺可达到的水平。变压吸附法-CMC 设备的 O_2 分离性能一般，主要是由于 CMC 中所用聚合物膜的 O_2-Ar 选择性相当低的缘故。

　　显然，当变压吸附法-CMC 工艺在极低流量下运行时，在产品气流中可从空气中获得高氪富集程度。利用这种工艺每生产 $1m^3$ 99.5% 的 O_2，就会产生 $1.8m^3$ 副产品（92.5% 的 O_2 和 7.2% 的 Ar）。变压吸附-膜分离联合技术在小批量生产高纯度 O_2 方面占有优势。

2.6.3　膜法-深冷法联合分离技术

　　膜分离法和低温精馏法，这两种工艺在富集氧气上，都有各自的优势，见表 2-13。如果把它们有机地结合起来，将会取得比使用单种方法性能优越并且节能高效的新的富氧气体制备工艺。

表 2-13　膜分离法和低温精馏法气体分离的比较

气体分离方法	膜分离法	低温精馏法
原理	利用某些膜对特定气体的选择透过性能力	利用空气液化后各个组分的沸点的差异来进行分离
技术阶段	处于技术开发和市场开发阶段	历史悠久，技术成熟
装置规模	小规模，超小规模也可以	大规模设备（费用大）
可以分离的气体种类	O_2、N_2、H_2、CO_2、CO	O_2、N_2、Ar、Kr、Xe
产品气体浓度（氧气浓度）/%	低纯度（25~40）	高纯度（99）
产品形态	气体	气体、液体
耗电量（按30%氧换算）/kW·h·m^{-3}	0.06~0.12	0.04~0.08
其他特征	可以间歇或者连续式操作，操作简单，可以无人运行，膜寿命可以达数年，无噪声，清洁生产，产品气为干气或者未湿润气体	适于大规模生产，具有液体冷却的功能，产品气为干气
氧用途	医疗，助氧燃烧等	电炉炼钢，排水处理，发酵，医疗等

　　膜法-深冷法联合分离技术是先利用卷式硅橡胶富氧膜来富集空气中的氧气和稀有气体等，再通过深冷法将它们进一步分离。利用硅橡胶膜分离器将空气的氧气、氩气、氪气和氙气等浓度提高，使氮气、氦气和氖气的浓度降低。再借助于深冷法提高空气分离过程中的氧气、氩气、氪气和氙气等的浓度和产量。

　　膜分离法与低温精馏法联合技术，是把两种空气分离工艺有机结合起来的新工艺。它在分离性能和能耗等多方面都明显优越于单一的空气分离技术，而且，能显著提高空气分离过程中的氧气、氩气、氪气和氙气等的产量和浓度，这对实际应用具有重要意义。

　　由于使空气透过高分子膜，为使所需组分气体的浓度增高，以改变组分比率的空气作为原料供给深冷空气分离装置。想要富集哪种空气成分，只要在膜分离装置处放相应的分离膜即可。例如，硅胶、聚碳酸酯、天然橡胶、聚苯乙烯、聚乙烯、聚氟氯乙烯等都可作为高分子膜。但在氧气生产中选择使用富氧化用高分子膜（即富氧用膜），在氩气生产中选择使用富氩用高分子膜。

2.7 制氧系统的评价及选择

2.7.1 制氧系统的评价

制氧机好坏可由下列指标评定：

（1）产品的产量和纯度（指产品中含纯氧或纯氮的比例，以%表示）。按预定要求进行设计、制造的制氧机，在投入工作运转时，必须考虑其产品产量和纯度是否达到预定要求。

产品若为气体时，其产量是指在 0℃、1.01×10^5 Pa 状态下的体积量，以 m^3/h 表示。但一般制氧机的工作条件都不是在这个状态，因而在评定时，应换算成这个标准状态。产品产量若为液体时，也可以单位时间的体积或重量表示。

（2）单位能耗。单位能耗，一般是指生产氧气所消耗的电能。在制氧机中，电能主要消耗在空气压缩机上，用下式表示：

$$N_k = \frac{RT_0 \ln P \gamma_B B}{427 \times 860 \eta_1 \eta_2 K}$$

式中　N_k——单位能耗，$kW \cdot h/m^3$（O_2）；

　　　R——空气的气体常数；

　　　P——空气压缩机最后一级排出压力，绝对大气压；

　　　γ_B——在标准状态下的密度，1.43 kg/m^3；

　　　T_0——大气温度，K；

　　　B——加工空气量，m^3/h；

　　　K——氧气产量，m^3/h；

　　　η_1——空压机的等温效率；

　　　η_2——空压机的机械效率。

由上式可以看出：

1）单位能耗随操作压力的升高而增加，并和压力的自然对数（ln）成正比，所以降低操作压力，可降低能耗。

2）单位能耗和单位空气耗量成正比，提高排氮纯度，使氧提取率（K/B）增加，可降低能耗。

3）提高空气压缩机的等温效率和机械效率，可降低能耗。

（3）单位材料消耗和其他消耗。单位材料消耗，是指生产氧气所需消耗的材料数量，一般以材料量/m^3（O_2）表示。

其他消耗包括制氧机运转时的冷却水、润滑油、蒸气、碱液等消耗的数量。一般也以生产 $1m^3$ 氧气的耗量多少来进行比较。

（4）连续工作时间。连续工作时间是指从投产工作正常出氧起，至停车加温或维修止的工作时间。制氧机连续工作的时间越长，停产的损失也越少，所以要求制氧机能长期连续运作。

（5）启动时间。启动时间是指从制氧机开车到正常出氧的时间。启动过程中没有产品输出，但此时的电耗比正常运转时大得多，因此，缩短启动时间有很大的经济意义。

（6）加温解冻时间。是指从停车加温到正常大气状态时的时间。加温解冻，一般是在制氧机出现事故而无法生产时进行的，是非生产性的时间，故要求尽量缩短，以便及时修复，恢复生产。

总之，评定一套制氧机的好坏，必须综合考虑以上方面，不可偏废。

制氧的主要费用为电费。随着制氧机生产规模的扩大，电能单位消耗降低，故此大型制氧机的生产成本较低。对深冷法制备氧气的工艺而言，一般生产 $1m^3$ 氧气耗电 $0.4 \sim 0.6kW \cdot h$，而氧气站的总电耗为 $0.6 \sim 0.8kW \cdot h$，故电能消耗占氧气单位成本的 $50\% \sim 70\%$。

2.7.2　制氧系统的选择

不同企业对氧气的质量、用量等有不同要求，制氧系统选择需要考虑如下几个方面：

（1）对氧气浓度的要求。钢铁企业多用纯氧，但在炼铁过程中可以采用低纯度的富氧气体。有色冶金企业一般多采用低浓度（25% ~ 60%）富氧，少数工艺如国际镍公司的纯氧闪速炉等也采用含氧95%的富氧。煤化工中造气一般也采用纯氧。

（2）对氧气压力要求。有色冶金企业使用的氧气压力一般在 $29.43 \times 10^4 Pa$ 以下，如闪速炉使用的氧压为 $29.43 \times 10^4 Pa$，卧式转炉使用的氧压为 $(9.81 \sim 12.75) \times 10^4 Pa$，当用卡尔多转炉（TBRC）吹炼高冰镍时，主枪的氧压达 $58.4 \times 10^4 Pa$，氧气浓度达95%，而且采用间断作业。而炼钢转炉、电炉使用的氧的压力往往达到 $(78.48 \sim 147.2) \times 10^4 Pa$。

（3）大多数冶炼过程要求连续均匀供氧，需设氧气贮罐。

选用制氧机时，应根据以上特点，着重于降低能耗、降低设备成本，并综合考虑以下因素：

（1）尽可能生产低浓度富氧空气，以降低能耗、节省投资。因为氧的浓度低，空压机的级数和驱动功率也相应减少，换热器的结构简单，可以采用塔板较少的简易分馏塔、阀门、管道，电器控制设备也相应减少。简化空压机和切换式换热器，可较多地降低造价。此外，氧气纯度降低，空分装置的压力降低，氧气分离更为容易，从而提高了氧气的提取率。氧气纯度与工作压力及氧的提取率的关系见图2-13。氧纯度和单位电耗的关系如图2-14所示。

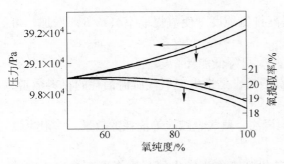

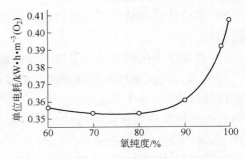

图2-13　氧纯度与工作压力及氧的提取率的关系　　　　图2-14　氧纯度与单位电耗的关系

（2）尽可能选用容量较大的空分设备，实行区域性供氧。空分设备容量大，电耗下降，设备使用的金属材料比小型设备低，运转和维修费用也降低。空分设备的容量与电耗、基建费用、制氧成本、运转费用的关系见图 2-15 ~ 图 2-18。

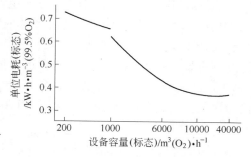

图 2-15 设备容量与单位电耗的关系

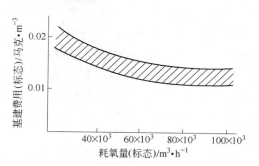

图 2-16 设备容量与单位基建费用的关系

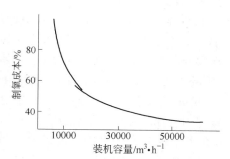

图 2-17 设备容量与制氧成本的关系

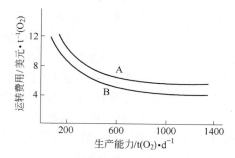

图 2-18 设备容量与运转费用的关系

A—含氧量 99.5% 的氧气由 3.43 ~ 34.3kPa 压缩到 3.1MPa；
B—压力为 3.46 ~ 34.5kPa

图 2-15 表明，制氧机的生产能力越大，单位能耗越低，但设备容量并不是越大越好，超过 30000m³/h 以上，能耗就渐趋平稳。

（3）选用较大的空分设备，力求能综合利用氮及惰性气体。由于冶金企业对高纯氮的用量不多，因此，可以不制造高纯氮气，这样氧气产量约可提高 10%，也可以向化肥厂提供纯氮，或生产液氮出售。在较大的空分设备中，配以相应的提取装置，可制取氩、氖、氦、氪、氙等惰性气体出售，以降低制氧成本。

（4）选用空分设备的负荷，要能在一定范围内（50% ~ 100%）进行调节，以避免冶金及化工过程限产或故障处理时，引起氧气过剩而放空的现象。

（5）在可能条件下，空分设备不配备氧压机，以降低电耗。有色冶金企业一般采用低压富氧，因此，在可能条件下不配备氧压机，而把制氧机空分塔排出的氧气直接送到冶金炉使用，仅在压力较高的用氧点才设氧压机。

（6）建设地点的大气压、温度和湿度的变化，影响空压机、氧压机的排气量和排气压力，进而影响氧气产量和送氧能力。因此，在高原、高温地区，建设氧站时，要按当地条件选配空压机和氧压机，或者增加设备的数量，或提高设备的转速。

2.8 氧气的贮存和输送

在大的氧气站，为了贮存低压氧气，使用的金属气罐容量达 30000m³。气罐是一充满水的容器，其中有漂浮的钟罩，氧贮存在钟罩下面，贮存氧气的数量取决于钟罩的升高度。气罐安装在室外，冬天用蒸气提高水的温度。气罐内的压力大小取决于钟罩及挂在其上的物体重量，气罐的扭力为 2~4Pa。气罐起备用作用，以保证氧气站突然停止工作时，能在 10~30min 内继续供氧。氧气站是利用相应类型的压缩机送氧，如自热熔炼的立式转炉和烧开炉子的熔体排放口是采用管道送氧，其压力为 600~1500kPa。送氧的管道是根据专门的标准设计安装的。根据氧气的压力，选择一定性能的钢、铜或黄铜管送氧，当气态氧的压力达 600kPa 时，氧气管道中最高允许流动速度应低于 120m/s，而当氧压为 1500~3400kPa 时，则为 6m/s。

　　地面上的氧气管道应铺设在不能燃烧的支架上，或挂在不易燃烧的建筑物墙上。严禁与电缆、电线一起铺设。其他气体的管道，与氧气管道的距离应不小于 0.250m，氧气管道应单独安装。空气管道应染为天蓝色，氧气管道染为蓝色，氮气管道染为黄色。

　　工业供氧方式大体上有四种：氧气钢瓶储送；液氧储槽及槽车贮送；氧气管道输送；就地建站。实践证明，使用大型制氧机更经济。用氧少的单位，可由区域性的大型制氧站经氧气管道输送。根据研究指出，如氧消耗量大于 400m³/h，氧站和用户的距离不超过 50km 时，最好由大型氧气站用管道送氧；当氧消耗量小于 150m³/h，其距离达 400km，气态产品用罐或瓶（其压力为 15~20MPa）以汽车或火车输送；而当氧气消耗量更小（20m³/h）时，以液态氧的方式输送最为经济。液氧是用特殊的绝缘容器输送的，输送体积达 10m³ 的容器使用汽车输送，更大的容器则安装在火车平台上。火车上容罐的体积为 30~60m³，每昼夜的蒸发损失为 0.3%。为用户安装的不动容器的体积为 67m³ 或 112m³。液氧由火车上的贮罐经泵送到用户的贮罐。对较小的容器，输送液氧可以不用泵，而利用氧的蒸气压力来倒入另一罐中。为了防止蒸发液态氧，采用专设的汽化器。当需要制取压力达 1600kPa 的氧时，则要用产量达 200~2000m³/h 的汽化器。当氧气消耗量为 20m³/h，则使用汽车式的汽化装置，这种装置由输送容器、汽化器和液氧泵组成，并安装在大型载重汽车上。国外工业发达国家的供氧方式主要是采用"专业化生产、社会化供应"方式，即使是大型冶金、化工企业，也是就近建立专门氧气站，各邻近的氧气厂之间以管网相连，管道输送。若不用管道输送，则要建立液氧汽化站。

2.9　用氧安全

　　制氧设备常因操作不当和管理不善发生整个设备毁坏性爆炸事件。爆炸原因有二：

　　（1）在制氧设备的零部件中积累起来的易爆物质引起爆炸；

　　（2）违反操作和修理规程引起爆炸。

　　爆炸和燃烧也可能发生在用氧的冶金或化工装置中。

　　进入空分设备中的易爆物的来源，是所处理空气和压缩机活动部件时所使用的润滑油。大量研究表明，由液态或固态碳氢化合物与液态氧组成的物质，特别容易发生爆炸，当碳氢化合物的浓度超过它在液氧中的溶解度时，就会发生爆炸。

　　空分设备的最大危险是空分塔的爆炸和氧气管道的燃烧。爆炸的破坏程度与爆炸力有关。小爆炸不易觉察，强爆炸会破坏空分塔及比邻的设备。

　　造成空分塔爆炸的原因如下：

　　（1）存在爆炸性的杂质。如乙炔的化学活性很高，它在液氧中的溶解度很小，在空分塔的液氧中，以固体析出的可能性很大，固态乙炔在无氧的情况下也可能发生爆炸，分解成碳和氢；在有氧气存在时，爆炸更为剧烈。乙炔以外的其他碳氢化合物，如乙烯、丙烯、丁烯等超过一定的含量，也有爆炸的危险。引爆炸源主要是气流和液体经冲击等产生的压力脉冲，爆炸性杂质固体微粒的碰撞以及与空分塔壁间的摩擦、静电放电等。

（2）化学活性较强物质的存在，如臭氧、氮的氧化物等能增大爆炸的敏感性。二氧化碳是不爆不燃的物质，但在液氧中含量较高时，不仅能使液氧产生静电，而且易于堵塞通道，为局部爆炸创造了条件。甲烷和乙烷的存在危险性不大，因为它们在液氧中的溶解度相当高。

（3）在液氧介质中的木材、绝缘材料也能爆炸；在氧气中的钢铁、铝等金属，在温度超过它们的沸点时，也能燃烧。

为了保证空分设备的安全使用，一定要尽力避免危险杂质的进入，避免积累在空分设备中。因此，进入空分设备的空气纯度极为重要。实践证明，氧气站最好建设在远离应用或生产碳化钙、乙炔、焦炉煤气设施，电冶金生产企业和重油贮存室的地方。

氧气站的空气进口与废渣堆之间，要有相当远的距离。根据前苏联标准，在使用低压制氧机时，吸入空气中的危险有害物质的最高允许含量（mg/m^3）为：乙炔 0.5，甲烷、乙烷、乙烯、丙烷各为 10，碳氢化合物的总量为 12.1，硫化碳含量（一般标准条件下）为 0.03。在专门的区域内，采用远距离摄取空气的方法，使空气中的有害杂质无论任何风向均不能超过规定的标准。比如前苏联南乌拉尔镍公司的氧气站，因附近的合成酒精厂经常排出碳氢化合物，故把摄取空气的设施建在离氧站 2km 远的地方。有时，为了避免高浓度碳氢化合物进入空分设备，建造两个摄取空气的设施以便交换使用，并定期化验空气中的碳氢化合物。由于建造远距离摄取空气设施的投资较大，近年来，在空气进入空分设备之前，采用净化空气的技术，以除去空气中的有害杂质。一般是在压缩机的空气吸入管道上，安装一个过滤器，滤去空气中的杂质（灰尘）。其中，除去空气中水分的方法有吸附法（利用硅胶和分子筛等）和冻结法；清除二氧化碳的方法有化学法、吸附法和冻结法；净化乙炔等气体只需把乙炔吸附剂放在下塔到上塔液态空气的管道上，或放在液氧循环的管道上。为了完全排除因碳氢化合物积累引起爆炸的可能性，在每个空分设备的组件中，均设有清除液氧中乙炔的吸附器，这些吸附器能保证将空气中的碳氢化合物清除到安全的限度。

氧气站采用的最主要安全技术措施之一是，经常检测液氧中的乙炔等碳氢化合物和易爆物的含量。由于油易爆，在设备启动时，要仔细地清除设备和氧气管道上的油，避免制氧机频繁停工和加热，并要避免设备快速启动。制氧装置周围的氧气浓度较大，应禁止明火和吸烟；饱和氧气的衣服应拿到室外通风，以防遇到明火时燃烧；禁止使用带油的工具；禁穿带油或化学合成料的衣服。

对冶金和化工设备中供氧管道的使用也有严格的规定，修理工作只能在有允许工作单的条件下，先将设备断氧再用空气吹洗设备和管道，当化验空气中的氧达到合格值时，关闭设备后，才能进行工作。

当空气中的氧含量小于 19% 时，可使人发生不同程度的氮中毒；当空气中氧含量为 14%~19% 时，血液会出现缺氧现象，使人的注意力降低，失去部分知觉，身体运动的调节受到一定程度的破坏；当空气中氧含量小于 10% 时，人会迅速出现疲劳和无力的感觉；

当空气中氧含量为 1% ~6% 时，人会出现肌肉疲劳现象，甚至活动能力遭到破坏，完全失去知觉；吸入纯氮时，人会因缺氧而窒息，大脑的机能被破坏，甚至立刻失去知觉，几分钟就能死亡。因此，环境中存在过量氮时，须戴氧气呼吸器。检修充氮的设备、容器、管道时，要先用空气冲洗，氧含量达 19% ~23% 后，方允许工作。严禁一个人操作。车间内应配备检测仪器和必要的救急用具。

在富氧熔炼时，为了避免纯氧进入冶金设施，需先开鼓风机送风入炉，然后才送氧气，停炉时应先停送氧气，然后停送空气。冶金工人应当接受使用氧的安全教育，在使用氧的过程中，发生断氧，或鼓风压力下降时，要先关闭氧气的自控系统。各控制阀门调好后，禁止非操作人员乱动，不得用铁器敲打阀门、管道和设备。在设备运转中，不得带负荷进行各种修理工作。开启高压阀门时，应站在侧旁慢慢开启，特别注意制氧设备和输氧系统的防火防爆，各种阀门仪表必须定期校正。生产车间和制氧站开车、停车时，应互用电话联系，并用声光信号联络。接触低温液体氮，要戴干燥棉手套，防止冻伤。

参 考 文 献

[1] 张阳，等. 富氧技术及其应用 [M]. 北京：化学工业出版社，2005.

[2] 李化治. 制氧技术 [M]. 北京：冶金工业出版社，2003.

[3] 李文波，毛鹏生，等. 空气分离技术进展 [J]. 石化技术，2000，7 (3)：173 ~175.

[4] 化工第四设计院. 深冷手册：上册 [M]. 北京：化学工业出版社，1973.

[5] 陈允恺. 小型空气分离设备基本知识 [M]. 北京：机械工业出版社，1993.

[6] 孙高年. 化学法制氧研究 [J]. 低温与特气，1997 (3)：51 ~56.

[7] Thomas Rathbone, Satish Chander Kler. 空气分离和过程综合展望 [J]. 深冷技术，1995，5：13 ~17.

[8] 曹卫平. 深冷分离法加膜分离法的空气分离装置 [J]. 低温与特气，1997，2：26.

[9] 冯孝庭. 吸附分离技术 [M]. 北京：化学工业出版社，2000.

[10] 蒋维钧. 新型传质分离技术 [M]. 北京：化学工业出版社，1992.

[11] 宋伟杰，等. 变压吸附空分富氧吸附剂进展 [J]. 低温与特气，2001，2 (19)：1 ~5.

[12] 叶振华. 化工吸附分离过程 [M]. 北京：中国石化出版社，1992.

[13] 王榆基，等. 真空变压吸附制氧装置工艺流程与安装调试 [J]. 深冷技术，2002 (5)：21 ~24.

[14] 彭永耀. 变压吸附制氧技术及其应用 [J]. 冶金设备，1998，4 (2)：45 ~46.

[15] 潘广通. 变压吸附制氧设备及其在双氧水生产工艺中的应用 [J]. 深冷技术，2001 (1)：23 ~25.

[16] 李杰. 变压吸附空分制氧的技术进展 [J]. 化学工业与工程，2004，(5)：201 ~205.

[17] 李文波，毛鹏生，等. 空气分离技术进展 [J]. 石化技术，2000，7 (3)：173 ~175.

[18] 陈勇，王从厚，吴鸣. 气体膜分离技术与应用 [M]. 北京：化学工业出版社，2003.

[19] 苏德胜，储明来，丁建林，等. 国内膜法富氧技术应用研究新进展 [J]. 膜科学与技术，1999，(19)：12 ~24.

[20] 李旭祥. 分离膜制备与应用 [M]. 北京：化学工业出版社，2003.

[21] 侯梅芳，崔杏雨，李瑞丰. 沸石分子筛在气体吸附分离方面的应用研究 [J]. 太原理工大学学报，2001，32 (2)：135 ~139 .

[22] 夏代宽，等. CMC 的模拟及其与 ISA 集成富氧过程 [J]. 高校化学工程学报，1998，(12)：90 ~95.

[23] 汪锰，等. 硅基分子筛富氧膜的研究 [J]. 膜科学与技术，2002，22 (3)：39 ~42.

［24］肖力光，王福平. 富氧膜富氧机理的研究［J］. 吉林建筑工程学院学报，2001，（12）4：13～18.

［25］王保国，袁乃驹. 膜法富氧技术的现状和未来［J］. 化工进展，1995，3（2）：19～23.

［26］杨顺成. 膜法空分制氮与富氧技术在舰船上的应用与前景［J］. 舰船科学技术，2004，3：63～65.

［27］李建军. 真空变压吸附制氧技术及其在电炉炼钢中的应用［J］. 现代机械，2001，4.

［28］蒋纪瑞. 变压吸附-低温精馏组合式制氧机［J］. 深冷技术，1994，5.

［29］沈光林. 膜法/深冷法联合空气分离的理论研究［J］. 膜科学与技术，1996，6.

［30］沈光林. 膜法富氧的应用研究［J］. 低温与特气，2003，3：26～31.

［31］毛月波. 富氧在有色冶金中的应用［M］. 北京：冶金工业出版社，1988.

3 富氧燃烧技术

3.1 富氧燃烧概述

燃烧是目前人类获取能量的一个最主要手段，通过燃烧矿物燃料所获取的能量占世界总能量消耗的90%以上。燃烧矿物燃料的同时，产生了大量的温室气体和酸性气体，是全球环境恶化的重要影响因素。因此，燃烧过程组织的合理与否在很大程度上影响到能源的利用程度和能耗的降低。能源和环境问题已成为21世纪人类面临的最大课题。目前我国工业生产中燃料消耗量较大，因而需要不断加强研究，提高燃料的利用率。

燃烧是由于燃料中可燃分子与氧分子之间发生高能碰撞而引起的，因而氧的供给情况决定燃烧过程是否充分。

普通空气中氧的成分只占20.94%，氮占78.09%，在空气助燃的燃烧过程中，不参与燃烧反应的氮吸收了大量热量，从废气中排掉，造成热损失。同时在高温下生成氮氧化物，造成大气污染。

富氧燃烧即用比空气（含氧21%）含氧浓度高的富氧空气进行燃烧（简称OEC，oxygen-enhanced combustion），也被称为O_2/CO_2燃烧方式，广泛应用在冶金、玻璃制备等领域。富氧燃烧是近代燃烧的节能技术之一。富氧燃烧技术能够降低燃料的燃点、提高燃烧效率、促进燃烧完全、提高火焰温度、减少燃烧后的烟气量、提高热量利用率和降低过量空气系数，使燃料燃烧迅速、完全，从而达到节约燃料、提高生产效率和保护环境的良好作用，利用富氧燃烧技术可以获得85%纯度的CO_2气流，通过液化处理，还能获得更高纯度的CO_2气流，方便CO_2的直接回收。因而，富氧技术被发达国家称之为"资源创造性技术"。

富氧的极限就是使用纯氧。

我国能源构成以煤为主，燃煤造成的环境污染已十分严重。据资料估算，燃煤排放的主要大气污染物，如粉尘、SO_2、NO_x、CO_2等，总量约占整个燃料燃烧排放量的96%。其中，燃煤排放的SO_2占各类污染源总排放量的87%，排放的粉尘占总排放量的60%，排放的NO_x占总排放量的67%，排放的CO_2占总排放量的71%。SO_2和NO_x使酸雨的形成更加严重，CO_2使温室效应加剧。因此，世界各国都在采取切实有效的措施控制SO_2、NO_x、CO_2的排放，其中最重要的是煤的高效低污染燃烧技术。煤的富氧燃烧具有明显的节能与环保效益，是煤的高效低污染燃烧技术之一。

富氧燃烧技术的开发与应用是和制氧技术的发展紧密相关的，只有当氧成本与燃料成本之比小于某值时，富氧助燃才有实际意义。由于传统富氧制备工艺复杂，投资大，能耗高，富氧燃烧的工业应用受到限制。随着新型富氧制备工艺的出现和发展，富氧燃烧逐渐应用于工业领域并受到越来越多的关注。发达国家早在20世纪60年代就开始研究这项技术，并在70年代末和80年代初取得了良好的效果。富氧制备除了低温分离和PSA制氧方法外，还有膜分离法。目前富氧燃烧的工业应用主要有高炉、电弧炉、有色金属的冶炼、玻璃熔窑、化铁炉、铸造炉、加热炉、内燃机的增氧燃烧、煤气发生炉等。此外，富氧燃烧还可以应用于生物质利用、废弃物焚烧、低热值可燃气的利用。

3.2 富氧燃烧及其热力学特性

3.2.1 富氧燃烧方法

富氧燃烧有空气增氧燃烧、吹氧燃烧、全氧燃烧以及空气-氧气双助燃剂等多种强化燃烧方法。

（1）空气增氧燃烧。空气增氧燃烧方法就是向助燃空气中掺入氧气，这是一种低浓度富氧的方法，可以使燃烧空气中的氧气浓度最高达到30%，一般常规空气助燃燃烧器都能适用，见图3-1。这种技术促使火焰变化均匀，适用于很多反射炉、均热炉、加热炉和耐火炉。将氧气加入燃烧器入口的空气流有不同设计，可加入引风机入口或出口管道。氧气管和空气主管的夹角应根据介质压力和安全用氧要求合理设计。这种低成本增氧可以缩短火焰长度并强化燃烧。但如果增氧过多，火焰长度会变得过短，温度升高后的火焰可能会损坏燃烧器或烧嘴砖。如果氧气掺入量大，为保证安全，空气管道也需要改造。

（2）吹氧燃烧。吹氧燃烧即向空气助燃火焰中射入氧气，见图3-2。也是一种低浓度富氧燃烧方法，属于分段燃烧的一种形式，能降低氮氧化物排放，特点是可用现有的空气助燃系统。向火焰和物料之间吹氧能使火焰向物料方向靠近，可提高传热效率，减少燃烧器、烧嘴砖以及燃烧室耐火材料过热的可能性。应用时通常从火焰下方吹入氧气，吹入点位于燃烧器和加热物料之间，热量集中于下游的加热物料上，可减少炉顶耐火材料受热，延长炉顶的寿命。

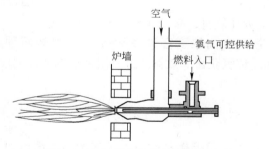

图3-1 空气增氧燃烧系统示意图

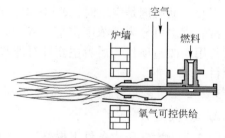

图3-2 吹氧燃烧系统示意图

（3）全氧燃烧。全氧燃烧，即用高纯氧气（O_2体积分数大于90%）替代助燃空气。全氧燃烧器内部氧气和燃料不进行混合，见图3-3。因为纯氧具有极高的反应性，氧气/燃气预混会有爆炸的可能性，不预混完全是出于安全的考虑。高纯氧的实际纯度取决于制氧方法，全氧燃烧强化加热的能力最高，但运行成本也最高。

（4）空气-氧气双助燃剂燃烧。空气-氧气双助燃剂燃烧，分别由两个不同的管道通过燃烧器射入空气和氧气，见图3-4，是空气增氧法的一种变化形式，相当于在常规燃烧器上增加一个全氧燃烧器。该方法的优点是比空气增氧燃烧和吹氧燃烧使用更高浓度的氧气，运行费用低于全氧燃烧，火焰形状和热释放可以通过控制氧气量调节。

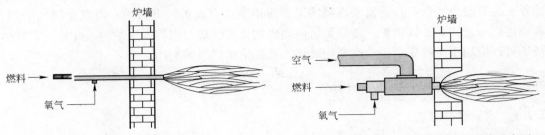

图 3-3　全氧燃烧系统示意图　　　　　图 3-4　空气-氧气双助燃剂燃烧系统示意图

在普通燃烧器上使用富氧助燃的缺点是：火焰长度变短，且因助燃剂体积减小，从而燃烧产物减少，降低火焰的动能，减弱了炉气在炉内的循环，导致炉温不均匀，影响加热质量。为使氧气得到最有效的使用，已开发出新一代富氧燃烧技术及喷嘴，并成功应用于均热炉、加热炉、钢包烘烤器、有色金属熔炼炉、玻璃熔炉等设备中。

3.2.2　富氧燃烧特性

下面以甲烷燃烧为例，分析富氧燃烧的热力学特性，分析方法同样适用其他燃料。

甲烷的基本燃烧反应可以写成：

$$CH_4 + (xO_2 + yN_2) \longrightarrow CO, CO_2, H_2O, N_2, NO_x, O_2 微量 \tag{3-1}$$

为了避免助燃剂组分发生变化引起化学计量比重新计算问题，在讨论富氧燃烧时，把化学计量比定义为一个独立于助燃剂组分的物理量。化学计量比 S，它是助燃剂中氧气的体积流量与甲烷的体积流量之比。显然，对于甲烷理论完全燃烧，$S = 2.0$；贫燃时，$S > 2.0$（贫燃指燃烧混合物中燃料与氧化剂之比小于理论当量比的燃烧过程）。

助燃剂的氧气摩尔分数可以按照方程定义为：

$$\& = x/(x + y) \tag{3-2}$$

因此，助燃剂是空气时，$\& = 0.21$；助燃剂为纯氧时，$\& = 1.0$。

富氧燃烧可分为低浓度富氧（$\& < 0.30$）燃烧和高浓度富氧（$\& > 0.90$）燃烧两种。前者常用于改造项目，后者主要针对那些使用高纯氧获得的效益超过其附加成本的高温应用项目。

3.2.2.1　点火特性

A　点火能量

图 3-5 为大气压力条件下燃烧甲烷的最小点火能与助燃剂组分的关系图。由图可知，随着助燃剂中氧气浓度的增加，甲烷的点火能在减少。氧含量在 21% ~33% 范围内增加时，甲烷的点火能急剧下降，而后下降速度减缓。因空气助燃时大量的能量被氮气所吸收，所以空气/甲烷系统的最小点火能是氧气/甲烷系统的几十倍。

B　点火温度

图 3-6 表示了不同助燃剂中 O_2 含量范围内（15% ~35%）甲烷的点火温度。由图可见，甲烷的点火温度随着氧气浓度的增加而降低。这表明富氧燃烧更容易点燃，主要原因是富氧燃烧条件下氮气浓度的下降。

C　可燃浓度范围

表 3-1 列出了几种常见燃气在空气和氧气中的可燃浓度范围。从表 3-1 可知，相对于

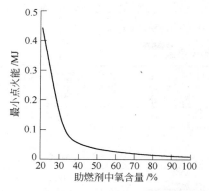

图 3-5　甲烷最小点火能与助燃剂组分关系图

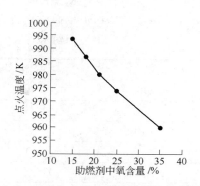

图 3-6　甲烷点火温度与助燃剂组分关系图

表 3-1　不同燃气在空气和氧气中的可燃范围

燃　料	在空气中的可燃浓度 / %		在氧气中的可燃浓度 / %	
	下限	上限	下限	上限
H_2	4.1	74	4	94
CH_4	5.3	14	5.4	59
C_2H_6	3.2	12.5	4.1	50
C_3H_8	2.4	9.5	—	—
C_2H_4	3	29	3.1	80
C_3H_6	2	11	2.1	53
CO	12.5	74	16	94

空气/燃气系统而言，氧气/燃气系统中各种燃气的可燃下限略有升高，但变化不大；上限则大幅升高，最大升到 4 倍以上。

3.2.2.2　火焰特性

A　火焰温度

图 3-7 是助燃剂中不同氧含量条件下，燃烧氢气、甲烷和丙烷的绝热平衡火焰温度图。由图可知，用氧气代替空气助燃，因作为稀释剂使烟温降低的氮气含量明显减少，火焰温度显著提高。从空气到纯氧助燃，甲烷的火焰温度从 2223K 升至 3053K。而且从空气到约 60% 氧含量的助燃剂之间，火焰温度升高较快；而氧气浓度进一步提高时，火焰温度上升速度变慢。30% 富氧空气时的绝热火焰温度为 2500K，比通常空气燃烧提高近 300K；氧浓度大于 80% 时的火焰温度接近 3000K，层流燃烧速度增大到近 3m/s，而普通空气的层流燃烧速度仅为 0.45m/s。通过富氧助燃可以提高燃烧强度，加快燃烧速度，获得较好的热传

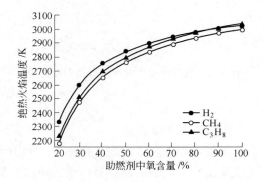

图 3-7　氢气、甲烷和丙烷绝热
平衡火焰温度图

导，同时温度提高有利于燃烧反应。表3-2列出了一些常见燃气的绝热火焰温度，各种燃气在氧气中燃烧的绝热火焰温度远远高于其在空气中的绝热火焰温度。

表3-2 常见燃气的绝热火焰温度

燃 料	在空气中的绝热火焰温度／K	在氧气中的绝热火焰温度／K
H_2	2370	3079
CH_4	2223	3053
C_2H_2	2535	3342
C_2H_4	2361	3175
C_2H_6	2259	3086
C_3H_6	2334	3138
C_3H_8	2261	3095
C_4H_{10}	2246	3100
CO	2381	2978

图3-8为使用三种不同的燃料燃烧时的理论火焰温度与氧浓度之间的关系。从图中可以看出，理论火焰温度随着空气中氧浓度的提高而增高。

图3-9是甲烷在4种不同氧含量的助燃剂（空气、30% O_2、50% O_2、100% O_2）条件下的绝热平衡火焰温度变化图。显然，最高火焰温度出现在化学计量工况（$S=2$）下。助燃剂的氧气浓度越低，在非化学计量工况下（无论是富氧或贫燃）、火焰温度下降越多，原因是高浓度的氮气吸收了热量，降低了总体温度。因为实际燃烧火焰不是绝热过程，有热损失，所以实际火焰温度要低于图3-7和图3-8给出的温度。

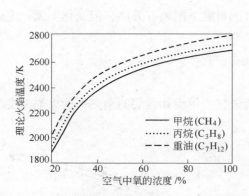

图3-8 氧浓度变化对理论火焰温度的影响

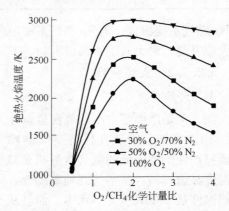

图3-9 甲烷绝热火焰温度-O_2/CH_4
化学计量比关系图

B 火焰传播速度

富氧燃烧提高了火焰传播速度，如图3-10所示。因为稳定燃烧时，火焰前锋面上的气流速度等于火焰向燃烧器传播的速度，所以燃烧器上的气体出流速度必须大于等于火焰速度，否则火焰会回火进入燃烧器内，导致熄火，甚至爆炸。由于富氧燃烧时火焰速度更快，富氧燃烧器的出流速度应比空气助燃系统更高。

3.2.2.3 富氧燃烧主要特点

A 可用热量提高

可用热量是燃料燃烧释放的热量与燃烧过程中热烟气带走能量的差值。空气中的氮气不参与燃烧，只是作为载体，随烟气一起把能量带走。图 3-11 是 3 种不同的排烟温度下，不同氧气浓度的助燃剂燃烧甲烷的可用热量图。由图可知，当助燃剂中氧气浓度增加时，可用热量在开始阶段迅速增加，排烟温度降低，可以显著提高效率。

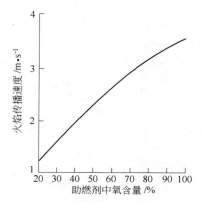

图 3-10 甲烷火焰传播速度与助燃剂组分关系图

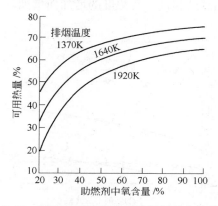

图 3-11 甲烷的可用热量与助燃剂组分关系图

图 3-12 为排烟温度 1644K 时化学计量平衡燃烧空气/甲烷和氧气/甲烷的可用热量与助燃剂预热温度关系图，表明提高助燃剂预热温度可增加可用热量。空气预热到 1400K，空气/甲烷反应的热效率可以增加一倍。所以高温加热过程必须预热空气，以提高热效率。对于氧气/甲烷反应，预热氧气的效率提高不明显，因为不预热的初始效率已经达 70%。另外，热氧气流通过管道、热回收设备以及燃烧器时会有安全问题。

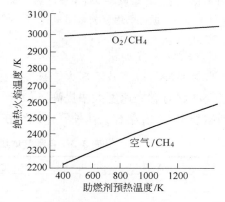

图 3-12 排烟温度 1644K 时空气/甲烷和氧气/甲烷的绝热火焰温度与助燃剂预热温度关系图

B 燃烧产物发生变化，有利于综合回收

燃烧反应产生烟气的实际组分取决于助燃剂的组成、气体的温度和化学计量比等因素。燃烧产物的实际组分由许多因素决定，包括氧化剂组成、气体温度等。一般天然气与空气的燃烧中，约 70% 体积的废气是氮气，而天然气与氧气的燃烧中废气的体积因氮气的去除而大大减少，纯氧燃烧时的烟气体积只有普通空气燃烧的 1/4，同时，烟气中的 CO_2 浓度增加，有利于回收 CO_2 综合利用或封存，实现清洁生产，烟气中高辐射率的 CO_2 和水蒸气浓度增加，可促进炉内的辐射传热。炉窑中的能量损失的大项是排烟损失，排出气体体积的减小使得烟气带出热量减小，增加了炉窑热效率。

图 3-13 表示甲烷绝热平衡燃烧时主要产物与助燃剂组分的预测关系。富氧燃烧减少了助燃剂中的氮气，结果烟气体积量明显减少。从空气助燃的 10.5m³/m³ 到纯氧燃烧的

$3m^3/m^3$。氧气/甲烷化学计量燃烧的产物中CO_2约占$1/3$，H_2O占$2/3$，而空气助燃时烟气中有10%的CO_2和19%的H_2O，其余约71%为N_2。同样，氧气/甲烷燃烧烟气中NO_x和SO_x污染物浓度可能更高一些，所以更容易去除。

随着氧气在助燃剂中所占比例减少，烟气中CO_2和H_2O的浓度出现增加。高浓度O_2的助燃剂会产生大量的CO。图3-14显示了与图3-12相同工况下烟气中微量组分的浓度。由于高温分解作用，自由基H、O和OH，未燃尽的燃料（H_2）和未反应的助燃剂（O_2）也随着助燃剂氧气浓度的增加而增加。

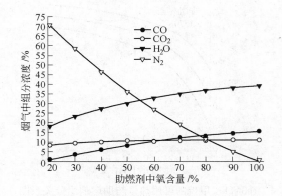

图3-13　化学计量燃烧甲烷主要产物浓度与助燃剂组分关系图

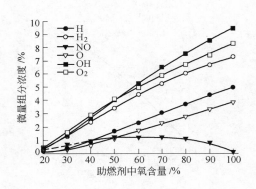

图3-14　化学计量燃烧甲烷微量组分浓度与助燃剂组分关系图

C　燃烧速度加快

富氧燃烧可以有效缩短火焰长度，强化火焰燃烧强度，促进燃烧完全。富氧燃烧速度比空气助燃时燃烧速度大幅提高，如氢气在纯氧中的燃烧速度是在空气中的4.2倍，天然气则达到10.7倍左右。几种气体燃料在空气中和纯氧中的燃烧速度对比情况见表3-3。

表3-3　各种气体燃料在空气和纯氧中的燃烧速度

燃　料	在空气中的速度 / $m \cdot s^{-1}$	在纯氧中的速度 / $m \cdot s^{-1}$
氢气	$250 \sim 360$	$890 \sim 1190$
天然气	$33 \sim 34$	$325 \sim 480$
丙烷	$40 \sim 47$	$360 \sim 400$
丁烷	$37 \sim 46$	$335 \sim 390$
乙炔	$110 \sim 180$	$950 \sim 1280$

D　降低燃料的燃点温度和减少燃尽时间

燃料的燃点温度随燃烧条件的不同而变化，表3-4为几种燃料在空气和氧气中的燃点。随着氧含量的增加，燃料的燃点温度明显降低，燃尽时间也明显缩短。

表3-4　各种气体燃料在空气和纯氧中的燃点　　　　　　　　（℃）

燃　料	空气（$21\% O_2$）	氧气（$100\% O_2$）
氢气	572	560
天然气	632	556
丙烷	493	468

燃 料	空气（21% O_2）	氧气（100% O_2）
丁烷	408	283
一氧化碳	609	399

E　降低过量空气系数，减少燃烧后的烟气量

在用富氧代替空气助燃的工程应用中，可适当降低过量空气系数，从而减少排烟体积。如锅炉的排烟损失占锅炉热损失比例很大，空气助燃时，占助燃空气近80%体积的氮气被同时加热，带走大量的热量。如使用含氧量为27%的富氧空气燃烧，与普通空气燃烧相比，过量空气系数等于1时，则烟气体积减小20%，排烟热损失也同时减少。

F　节约燃料提高产量

空气助燃时，氮气在燃烧过程中被加热，为了节约燃料，传给氮气的能量必须回收。富氧燃烧大大降低了对燃气和烟道中氮气的加热。对于生产中的炉子，通过对炉膛内热平衡测定与计算，可以反映出炉子热量利用的好坏并可确定燃料消耗量的大小。一般热平衡可表述如下：

$$\sum Q_{损} = \sum Q_{化} + \sum Q_{料} - \sum Q_{固产} - \sum Q_{气产} - \sum Q_{料温} \tag{3-3}$$

$$\sum Q_{料} = \sum Q_{料固} + \sum Q_{料气} \tag{3-4}$$

式中，$\sum Q_{损}$ 为加热过程中的热损失总和，就一定环境及过程条件而言，可以认其为定数；$\sum Q_{化}$ 为燃料等可燃物质在燃烧时所放出的能量；$\sum Q_{料}$ 为加热过程中各组分物料所带入的能量；$\sum Q_{固产}$、$\sum Q_{气产}$ 分别为固体产物（如炉渣等）及气体产物排放时所带走的热量；$\sum Q_{料温}$ 为钢坯在加热升温时吸收的热量，即有效热量。

对加热炉，若固体物料一定，只有气体成分可变，上述平衡关系变为：

$$\sum Q_{化} = x + \sum Q_{气产} - \sum Q_{料气} \tag{3-5}$$

而

$$\sum Q_{料气} = \sum Q_{煤气} + \sum Q_{空气} = \sum Q_{煤气} + Q_{O_2} + Q_{N_2} \tag{3-6}$$

$$\sum Q_{气产} = \sum Q'_{气产} + Q'_{N_2} \tag{3-7}$$

将式 3-6、式 3-7 带入式 3-5，化简为

$$\sum Q_{化} + \sum Q_{煤气} = x + \sum Q'_{气产} - Q_{O_2} + Q'_{N_2} - Q_{N_2} \tag{3-8}$$

式中，x 是与固体及热损失相关的量，为大于 0 的常数；$\sum Q'_{气产}$ 为气体产物（除氮气）排放所带走的热量；Q'_{N_2} 为产物中氮气排放所带走的热量；Q_{O_2}、Q_{N_2} 分别为空气中氧气与氮气所带入的能量，即物理热。采用富氧时，假定燃料量一定，所需纯氧量一定，$\sum Q'_{气产}$ 变化亦不大。因氮气量的大大减少，且气体产物的温度远高于进气的温度，所以 $Q'_{N_2} - Q_{N_2}$ 的值减少。由于 x 为定数，所以 $\sum Q_{化} + \sum Q_{煤气}$ 就减少，即燃料减少，能源消耗减少。

在均热炉上将空气中的氧含量由21%富化到23.5%，就可以提高加热速度24%，提高产量6%。在加热炉上采用2%~4%的富氧燃烧，可节约燃料10%~15%。在燃油加热炉上进行富氧燃烧，富氧1.4%，燃料消耗率为 1.189×10^6 kJ/t（钢坯），富氧之前为 1.30×10^6 kJ/t 钢坯，相对节油8.4%。在烟气出口温度一定的情况下，助燃空气中氧浓度

越高，炉窑热效率越高。

G 提高炉内辐射能力

炉内热交换过程是一个相当复杂的过程，传导、对流、辐射三种热交换方式同时存在，并且还有燃料性质、供热量、供热方式等多种因素复杂共存。对钢锭加热而言，最有意义的是钢锭获得的有效热量。高温炉气通过辐射加热钢锭。在某一温度下，炉气的辐射能量，即炉内热交换强度，是由综合辐射系数和温度所决定的。

烟气辐射发射率 ε_g 的计算公式为：

$$\varepsilon_g = 1 - e^{-kpL} \tag{3-9}$$

式中，p 为烟气总压力，MPa；L 为平均有效射线行程，m；k 为气体辐射减弱系数。

应用实验结果确定的减弱系数 k 的计算公式为：

$$k = 1.02 \times \left[\frac{0.78 + 1.6 r_{H_2O}}{\sqrt{1.2 p_{RO_2} L}} - 0.1 \right] \times \left[1 - 0.37 \frac{T_s}{1000} \right] r_{RO_2} \tag{3-10}$$

式中，r_{H_2O} 为烟气中水蒸气的体积分数；p_{RO_2} 为烟气中三原子气体的分压力，MPa；L 为平均有效射线行程，m；T_s 为烟气温度，K；r_{RO_2} 为烟气中三原子分子的体积分数。式 3-10 在烟气温度范围 450～1650℃ 内是足够精确的。

如图 3-15 所示，以混合煤气为例（煤气成分见表 3-5），计算得到烟气辐射率随氧气含量的增加而增加，当达到全氧燃烧时，烟气辐射能力提高近一倍。富氧燃烧产物的辐射能力是一般燃烧产物辐射能力的 2 倍多，综合辐射系数提高 2 倍多。

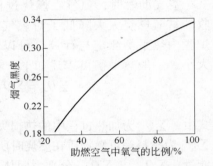

图 3-15　烟气黑度与助燃空气中氧气的比例关系

表 3-5　混合煤气成分

成分	CO	H_2	CO_2	N_2	CH_4	O_2	C_2H_6
含量 / %	22.2	19.6	13.4	33.5	10.1	0.2	1

H 降低炉顶温度，延长窑炉寿命

采用富氧燃烧，使火焰底部温度提高，上部温度降低，火焰长度相对缩短，减轻了炉顶、蓄热室的热负荷。

I 设备尺寸缩小，设备投资成本和维护费用降低

在有色冶金中，采用富氧燃烧可以增加烟气中 SO_2 的含量，增加硫酸的产量，从而提高经济效益。

富氧的关键技术问题在于合理控制火焰温度和火焰长度，有效组织炉气循环，确保炉内温度的合理分布。制造特殊形式的燃烧器是实现富氧燃烧关键。国外新型富氧燃烧的燃烧器的主要特点是：使炉气预先与氧气混合，使氧气的浓度降低至 20% 或 20% 以下，有效降低火焰温度，增加火焰动能。使用富氧燃烧还必须有充足的氧气来源。

综上分析，富氧燃烧的火焰温度高，可以提高传热效率和能源利用率；可以获得更好

的点火特性，提高火焰稳定性；火焰速度的提高，可以扩大燃烧负荷比，改进火焰特征和火焰形态控制；排烟量减少，可以增加生产的灵活性。

富氧燃烧除了可以应用在金属加热和熔化、玻璃融化和矿物焙烧等高温加热行业外，在那些因传热效率低下影响生产率，增加传热量但不影响产品质量以及因排烟系统受限无法提高生产率等情况的加热领域，富氧燃烧的应用潜力将越来越大。

3.2.2.4 富氧时降低 NO_x 措施

有效地进行加热和减少排放物一直是热工领域的研究主题。起初，富氧燃烧就是简单地把纯氧添加到助燃空气中，以减少燃料的消耗，但往往减少排放物的效果并不理想。全氧燃烧由于没有氮气参与燃烧，在减排方面具有很大优势。目前最新的富氧燃烧器技术研究重点就是如何同时降低 CO_2 和 NO_x 的排放。

随着国际社会对温室气体的排放限制越来越严格，世界各国均致力于研发采用 CO_2 稀释燃料来降低富氧扩散燃烧中 NO_x 排放的新方法。该方法提高了烟气中 CO_2 浓度，有利于 CO_2 的分离和回收。常规空气燃烧采用烟气再循环（相当于正常燃烧空气体积的 15% ~ 30%），烟道气中 NO_x 排放量减少 50% 左右。全氧燃烧对 NO_x 的减排亦有显著效果。采用烟气再循环结合富氧燃烧技术，一方面降低了由于理论燃烧温度提高对耐火材料的要求；另一方面由于减少了烟气带走的热量，具有显著的节能效果。

A 氮氧化物的排放

富氧燃烧使得火焰高温化，由此导致的氮氧化物（NO_x）排放增加是限制富氧燃烧技术推广的关键问题之一。反应区中 O_2 浓度是影响 NO_x 生成的关键因素。O_2 浓度的增加直接刺激了 NO_x 的产生。在燃烧装置中 NO_x 生成规律服从 Zeldovich 机理，主要反应有：

$$O_2 + M \Longrightarrow O + O + M；N_2 + O \Longrightarrow NO + N；N + O_2 \Longrightarrow NO + O；N + OH \Longrightarrow NO + H$$

$$(3-11)$$

总反应为：

$$N_2 + O_2 \Longrightarrow 2NO - Q$$

NO 的反平衡浓度：

$$[NO] = K_p(T)[O_2]^{1/2}[N_2]^{1/2} \qquad (3-12)$$

NO 的生成速率：

$$d[NO]/dt = 3 \times 10^{14}[N_2][O_2]^{1/2} \exp(-542000/RT) \qquad (3-13)$$

式中，$[NO]$、$[N_2]$、$[O_2]$ 分别为三种气体的浓度；T 为绝对温度；K_p 为平衡常数；R 为气体常数。

提高燃烧过程中的速度梯度，减少反应物在高温区的停留时间，可以有效降低 NO_x 的生成量。由富氧燃烧的特点可知，在保证高温、高效率火焰的基础上开发一种减少 NO_x 生成的技术是推动富氧燃烧的关键。目前在实际应用中主要采取以下措施：

（1）降低助燃氧中氮含量，但是提高氧气的纯度是有限的，因此降低 NO_x 浓度有限。

（2）充分利用 NO_x 的形成机理，尽可能不给 NO_x 提供生成的环境，如分级燃烧技术等。

（3）采用无催化选择性还原 NO_x 技术。

（4）提高流动速度可适当降低 NO_x 的形成。当燃烧空气高速喷射时，卷吸的气体到火焰带中，促进炉内气体再循环，限制炉内高温区的生成也可降低热力型 NO_x 的形成。

（5）采用烟气再循环结合富氧燃烧技术，一方面降低了由于理论燃烧温度提高对耐火材料的要求；另一方面减少了烟气带走的热量。采用烟气再循环结合富氧燃烧技术对 NO_x 排放的影响还有待进一步研究。

B　富氧时降低 NO_x 措施

NO_x 的形成有两个竞争性的因素：火焰温度及氮的浓度。在空气助燃时，炉子气氛的氮浓度约为 70%。空气中富氧后，高火焰温度效果占主导作用，导致 NO_x 急剧增加。随着富氧程度增加接近纯氧，氮浓度降低开始起作用。NO_x 的峰值出现在中间范围。NO_x 生成率与氮浓度成正比。如富氧燃烧时氮浓度减少 7%，火焰温度保持不变，NO_x 将降低至几十分之一。

a　低 NO_x 氧燃烧嘴

2001 年，Bethlehem Steel 与 Indiana 州及 Praxair 公司合作进行了低 NO_x 氧燃烧嘴的商业示范工作，开发的 DOC 烧嘴将燃料和纯氧分别高速地喷入炉内，燃料与氧气不会直接反应。高速的氧气迅速与炉气相混合，然后燃料与形成的高温低氧炉气反应，产生低的火焰温度。通过对温度、氮气及过量氧的控制，使用 DOC 烧嘴生成的 NO_x 非常低，减少60%。同时，运行费用减少 40%，燃料消耗减少 60%，并能保证加热质量。

b　富氧燃烧技术与烟气回流技术结合

烟气回流技术是通过高温风机或空气引射作为动力源，把烟气从烟气区送到燃料燃烧区。富氧燃烧技术与烟气回流技术结合即将氧气迅速与炉气相混合，然后再与燃料混合燃烧，适当降低火焰温度，降低 NO_x 生成量。

应用富氧燃烧还会有许多潜在问题，此类问题都和燃烧强度增强有关。如绝热材料的易损坏、不均匀加热现象、火焰扰动、增加污染排放、火焰回闪、增加潜热排放等。另外由于 OEC 大量去除助燃剂中的氮气，还会引起烟气流速下降、对流换热减弱。这些问题可以通过正确调节系统及供氧量来解决。

3.2.3　富氧燃烧的节能和环保效果

本节中富氧燃烧的节能和环保效果以烟煤燃烧为例进行说明。

3.2.3.1　节能效果分析

以某烟煤为例进行燃烧计算，空气氧含量 21%，富氧空气氧含量 22% ~ 29%，空气过剩系数为 1.2。烟煤的成分如表 3-6 所示。

表 3-6　烟煤的应用成分　　　　　　　　　　　　　　　（%）

C_{ad}	H_{ad}	O_{ad}	N_{ad}	S_{ad}	W_{ad}	A_{ad}
68.5	4.18	10.94	0.89	0.82	3.10	11.53

空气氧含量对空气需要量和燃烧产物量的影响如图 3-16 所示。从图 3-16 可以看出，空气需要量和燃烧产物量随空气氧含量的增加而减少。用普通空气燃烧，1kg 煤需空气量为 8.24m³，燃烧产物量为 8.60m³；当富氧空气氧含量为 25% 时，1kg 煤需空气量

6.92m³，燃烧产物量为 7.28m³，空气需要量降低 16.0%，燃烧产物量降低 15.3%；当富氧空气氧含量为 29% 时，1kg 煤需空气量 5.97m³，燃烧产物量为 6.33m³，空气需要量降低 27.6%，燃烧产物量降低 26.4%。

煤燃烧的理论燃烧温度与空气氧含量的关系见图 3-17。

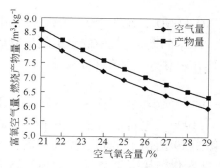

图 3-16　空气氧含量对空气需要量和
燃烧产物量的影响

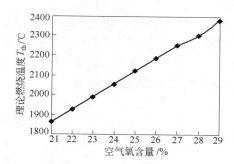

图 3-17　空气氧含量对理论
燃烧温度的影响

由图 3-17 可见，随着空气中氧含量的增加，煤的理论燃烧温度也随之增加。当用普通空气燃烧时，理论燃烧温度为 1860.8℃；当富氧空气氧含量为 25% 时，理论燃烧温度为 2126.3℃，温度升高 14.3%；当富氧空气氧含量为 29% 时，理论燃烧温度为 2374.8℃，温度升高 27.6%。

由此可见，煤在富氧状态下燃烧，燃烧温度大大提高，可强化炉内传热，提高生产率；随着助燃空气中氧气含量的增加，助燃空气量显著减少，空气量的减少导致烟气量的减少，排烟热损失也就大大减少，提高了热效率，节约了能源。对富氧燃烧的工业应用而言，不同的应用就有不同的节能效果。假设煤燃烧的排烟温度一致，富氧空气氧含量为 25% 时节能可达 15.3%；富氧空气氧含量为 29% 时节能可达 26.4%。因此，采用富氧燃烧的节能效果是很明显的。

3.2.3.2　环保效果分析

与普通的空气燃烧相比，富氧燃烧除了可以节约能源外，对环境的影响方面也具有不同特点。

（1）SO_2 的排放。工业领域产生大量难以经济回收的低浓度 SO_2 烟气，直接排到大气中，加剧了环境的酸雨污染。采用富氧燃烧，由于有效减少了烟气量，可以提高烟气中 SO_2 浓度，有利于 SO_2 的经济回收。因此，从减少烟气量和提高 SO_2 浓度的角度来说，采用富氧燃烧是有益于环境的。图 3-18 给出了不同空气氧含量燃烧产物中 SO_2 的浓度变化。从富氧空气燃烧和普通空气燃烧对比可以看出，富氧空气氧含量为 25% 时，烟气中的 SO_2 浓度是普通空气燃烧的 1.18 倍；富氧空气氧含量为

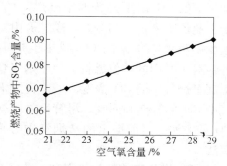

图 3-18　不同空气氧含量燃烧产物中
SO_2 的含量

29%时，烟气中的 SO_2 浓度是普通空气燃烧的 1.36 倍。对于燃用含硫燃料的普通工业炉窑来说，一方面，采用富氧燃烧可节能 15%以上，由于减少燃料消耗带来的 SO_2 减排是很可观的；另一方面，对于燃用的单位燃料，由于烟气量的减少相应提高了烟气中 SO_2 的浓度，一定程度上也有利于烟气中硫的脱除或回收。对于燃煤脱硫，目前已有较为成熟的方法。

（2） NO_x 的排放。烟气中的氮氧化物一般是指 NO 和 NO_2，统称 NO_x，燃烧过程中产生的 NO_x 主要是 NO，NO 在大气很快被氧化为 NO_2。NO_2 可以和空气中的水蒸气反应形成酸雨，破坏环境。日本、欧美等国在 20 世纪 70 年代开始对 NO_x 排放进行限制，之后又陆续颁布了更为严格的排放标准。

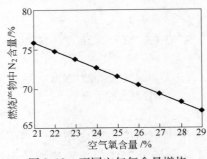

图 3-19　不同空气氧含量燃烧
产物中 N_2 的含量

我国于 1999 年颁布的《锅炉大气污染物排放标准 GB PB3—1999》也首次对锅炉的 NO_x 排放进行了限制。图 3-19 给出了不同空气氧含量燃烧产物中 N_2 的浓度变化。从富氧空气燃烧和普通空气燃烧对比可以看出，富氧空气氧含量为 25%时，烟气中的 N_2 浓度降低 5.8%；富氧空气氧含量为 29%时，烟气中的 N_2 浓度降低 11.5%。但富氧空气燃烧时烟气中的 O_2 浓度增大，富氧燃烧的火焰温度高，导致火焰中热力型氮氧化物产生量大量增加。因此从总体来看，在工业窑炉上采用富氧燃烧

技术，会明显增加氮氧化物的排放。为了控制富氧燃烧过程产生的 NO_x 排放，目前一方面考虑如何从烟气中脱除 NO_x，主要方法有选择性催化还原和选择性非催化还原干式流程法、氧化吸收湿式流程法；另一方面是研究如何控制燃烧过程中的 NO_x 产生，采用的方法主要有分级燃烧、低氧燃烧、烟气再循环和水蒸气喷射等。

（3） CO_2 的排放。CO_2 是一种温室气体，它对大气环境和全球变暖有相当大的影响。图 3-20 给出了不同空气氧含量燃烧产物中 CO_2 的浓度变化。从富氧空气燃烧和普通空气燃烧对比可以看出，富氧空气氧含量为 25%时，烟气中的 CO_2 浓度是普通空气燃烧的 1.18 倍；富氧空气氧含量为 29%时，烟气中的 CO_2 浓度是普通空气燃烧的 1.36 倍。对于工业炉窑来说，与 SO_2 一样，采用富氧燃烧由于减少燃料消耗带来的 CO_2 减排也是很可观的。另外，对于燃用的单位燃料，由于烟气量的减少相应提高了烟气中的 CO_2 浓度，一定程度上也有利于烟

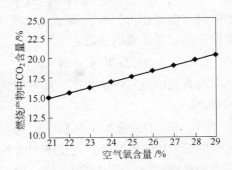

图 3-20　不同空气氧含量燃烧
产物中 CO_2 的含量

气中 CO_2 的分离和回收。尽管目前已有许多成熟的烟气脱硫脱硝技术，但还没有有效控制 CO_2 的方法。目前提出的从烟气中分离 CO_2 的方法主要有湿吸收法、干吸收法、薄膜分离法。

（4）煤的高效低污染燃烧。为了实现同时控制 SO_2、NO_x、CO_2 的排放目标，目前的发展趋势是，先将空气中的 N_2 分离得到高浓度 O_2，再和锅炉尾部再循环烟气（约 95%

CO_2）混合后作为一次风送煤粉入炉膛，大部分 O_2 与其余 CO_2 混合作为二次风使煤燃尽，这就是煤的再循环燃烧。实验证明，在 O/CO_2 的环境下，NO_x 的生成量由于 N_2 的分离而大大减少，在液化处理以 CO_2 为主的烟气时，SO_2 同时也被液化回收。这种循环燃烧方式具有向大气"零"排放的特点。

但对于富氧燃烧的工业炉窑来说，富氧空气中的氧含量一般不超过28%～30%。从富氧燃烧对环境的影响分析可知，采用富氧燃烧由于减少燃料消耗带来的 SO_2、CO 减排是很可观的。另外，对于燃用的单位燃料，由于烟气量的减少相应提高了烟气中 SO_2 及 CO_2 的浓度，一定程度上也有利于烟气中 SO_2 和 CO_2 的脱除或回收。然而，富氧燃烧会明显增加氮氧化物的排放。目前从烟气中脱除 SO_2、NO_x 有比较成熟的技术，从烟气中分离 CO_2 也有一定途径，普通空气燃烧炉内脱硫脱硝也有较成熟方法，但富氧燃烧炉内脱硫脱硝的基础研究还少见报道。

采用富氧燃烧可提高生产率和节能，还有利于减少和控制 SO_2、CO_2 的排放，但会明显增加 NO_x 的排放。因此，为了推广煤的富氧洁净燃烧技术，需要深入研究煤富氧燃烧时 SO_2、NO_x 的产生机理，特别是低硫煤富氧燃烧炉内脱硫脱硝的基础研究，寻找有效控制富氧燃烧 SO_2、NO_x 排放措施，以获得节能与环保的双重效益。

3.2.4 低氧燃烧

常规的燃烧技术是用氧浓度为21%的助燃空气与燃料混合燃烧。燃料燃烧存在一定的可燃范围，当超出可燃范围时，燃料不能实现稳定燃烧。低氧燃烧也称高温低氧燃烧（high temperature aircombustion）、无焰燃烧（flameless combustion），即采用氧含量低于21%的空气作为助燃剂与燃料混合燃烧。当助燃空气预热到1000℃以上时，燃烧区的含氧体积浓度降低到2%仍能稳定燃烧。20 世纪80 年代初英国 British Gas 公司开发了第一代蓄热式燃烧系统（RCB 技术），后来应用于美英等国的钢铁、铝和玻璃工业中。随着工艺的改进，实现"极限"节能和低 NO_x 的排放，形成了第二代蓄热燃烧技术即高温低氧燃烧技术（HTAC）。目前，我国的许多工业炉已采用了此项技术。

低氧燃烧与含氧体积浓度为21%的传统燃烧相比，具有显著不同的基本特性，主要表现在以下几个方面：

（1）高温低氧燃烧通常用扩散燃烧为主的燃烧方式，大量的燃料分子扩散到炉膛内较大的空间，与助燃空气中的氧分子充分混合接触后发生燃烧，火焰体积显著扩大。

（2）炉内火焰温度场分布均匀，炉内平均温度升高，火焰中峰值温度降低，加热能力提高，钢坯加热质量好，氧化烧损率低。

（3）低氧燃烧过程燃烧充分，不再存在传统燃烧的局部高温高氧区，燃烧过程中 NO_x 的生成量极少，燃料消耗量低。同时烟气中的 CO、CO_2 和碳氢化合物等气体含量降低，污染物排放量减少，环保节能效果显著。

（4）低燃烧噪声。燃烧噪声与燃烧速率的平方及燃烧强度成正比。由于燃料与氧气发生燃烧的区域扩大，形成与传统燃烧完全不同的热力学条件，化学反应速度得以延缓。因而，燃烧产生的噪声较低，通常只有70～80dB。

（5）高温度效率、高热回收率和高热效率，能满足不同生产方式的工业炉窑和不同热值燃料的工业要求。

但如果燃烧组织不良,低氧燃烧可能会造成烟炱污染,尤其是当空气预热温度越高,氧含量越低,混合越不均匀时,生成的烟炱就越多,增加了检查和维修工作,燃烧效果经常波动,热工操作复杂。

实现低氧燃烧的关键是要降低燃烧区的含氧浓度,使之低于 15%。良好混合的低氧燃烧气氛是基础,高温燃烧空间是必要条件,高温气氛是有利条件,空气的预热促成燃烧气氛的高温和节能。低氧燃烧在工业应用中主要有 5 种途径:

(1)有效地组织炉膛内的气流。选取合适的助燃空气与燃料气流的喷射速度,合理布局炉膛尺寸与内部结构及合理布置烧嘴位置、数目及燃料喷口与助燃空气喷口距离、喷射角度等。依靠助燃空气及燃料气高速射流的卷吸效应,使炉内大量燃烧产物回流,稀释燃烧区的含氧体积浓度。这是实现低氧燃烧的根本途径。

(2)燃料分级燃烧是实现炉内低氧燃烧的辅助措施,也是降低 NO_x 的措施。先将一小部分燃料与预热后的高温空气在烧嘴通道内燃烧,消耗掉一部分氧量。然后,将燃烧后的混合气流高速喷入炉内,卷吸炉内燃烧产物,稀释助燃空气的含氧体积浓度,燃料所占比例越低,排烟中的 NO_x 浓度也越低。

(3)用低热值燃料。低热值气体燃料,如高炉煤气、发生炉煤气、转炉煤气等,其发热量低于 $8360kJ/m^3$,利用率往往不高。若采用高效蓄热式换热技术,将助燃空气与低热值气体燃料双预热到高温,仅利用燃料中 CO_2、N_2 等气体的稀释作用,就可以实现炉内高温低氧燃烧。

(4)炉外排烟再循环,利用炉外排烟作稀释剂,将引风机输出管与送风机吸入管连接,通过阀门调节吸入烟气量,实现排烟再循环,也是获得低氧燃烧的一条途径。

(5)尽可能采用较低的过剩空气系数。在保证完全燃烧的前提下,尽可能采用较低的过剩空气系数,就可适当地降低助燃空气的喷射流速,减少炉内燃烧产物的回流比率,减少一次燃料量或减少炉外排烟再循环率等。

低氧燃烧高效节能,"极限"回收余热,燃料综合节约率可超过 60%,大气污染物排放极大降低。已建成投产的蓄热式工业炉生产实践表明:节能 30% ~ 70%,产量提高 30% 以上。表 3-7 是低氧燃烧与传统燃烧的对比情况。

表 3-7 高温低氧燃烧技术（HTAC）与传统燃烧方式的对比

项目名称	传统燃烧	HTAC	对高温空气燃烧评价
温度分布	火焰有温度峰值	火焰温度均匀,无峰值	无温差火焰
火焰界面	有火焰界面	无火焰界面	火焰传播快
颜色	碳氢燃料火焰蓝色	蓝绿色、绿色	辐射强度增加
噪声/dB	90 ~ 110	70 ~ 80	低噪声
NO_x 生成/%	$(100 \sim 200) \times 10^{-4}$	$(50 \sim 150) \times 10^{-2}$	低 NO_x
空气系数	1.05 ~ 1.8	0.5 ~ 5	易调节控制
炉膛温度/℃	150 ~ 200	30 ~ 50	炉温均匀
炉温水平	局部高温,整体较低	整体温度水平提高	提高传热和热效率

传统的燃烧方式能耗高，浪费大，不但增加产品的制造成本，而且也对环境造成了一定的污染。低氧燃烧和富氧燃烧都是在传统燃烧理论基础上发展起来的燃烧方式，虽然前者能在节能与环保方面略优于后者，但两者各有千秋。高温低氧燃烧可以使用低热值的燃料，降低燃料消耗，提高炉窑的热效率，实现炉窑的极限节能，大大降低了 NO_x 的排放，在实践中体现了强大的生命力。富氧燃烧在国外应用比较广泛，我国也有应用，其同样具有节约能源、降低污染、火焰辐射能力强、提高炉窑热效率等优点，对于有氧气耗散的冶金企业和玻璃浮法生产线来说非常有现实意义。在实际生产中，各企业应根据自身能源供给的实际情况选择适合自身特点的燃烧方式，以达到节能、环保、提高生产率的目的。

3.3 常用燃料及其燃烧

3.3.1 固体燃料

固体可燃物的种类较多，在工程燃烧中主要的固体燃料是煤。

煤不仅是可供利用的主要能源之一，而且是冶金和化工等行业原材料的重要来源。煤的分析包括工业分析和元素分析。通过工业分析，可以初步判断煤的性质、种类和工业用途，通过元素分析则可以了解煤的元素组成。煤的工业分析包括煤的水分、灰分、挥发分的测定和固定碳的计算四项内容，其中水分和灰分反映了煤中无机质的数量，而挥发分和固定碳则一定程度上反映了煤中有机质的数量与性质。

煤中固定碳含量随煤的变质程度的增高而增高，如在中国各种煤中，泥炭的干燥无灰基碳含量为 55% ~ 62%，褐煤为 60% ~ 77%，烟煤为 77% ~ 93%，无烟煤为 88% ~ 98%。

煤的元素分析包括五种主要元素，即碳、氢、氧、氮和硫，其中碳、氢、氧元素之和可能占到煤中有机质的 95% 以上。

氢在煤中的主要性仅次于碳。氢元素占腐殖煤有机质的质量分数一般小于 7%。氢含量与煤的煤化度也密切相关，随着煤化度增高，氢含量逐渐下降。在气煤、气肥煤阶段，氢含量可高达 6.5%；到高变质烟煤阶段，氢含量甚至可下降到 1% 以下。

煤中的硫通常以有机硫和无机硫的状态存在。有机硫是指与煤的有机结构相结合的硫，硫分在 0.5% 以下的大多数煤，一般都以有机硫为主。煤中无机硫主要来自矿物质中各种含硫化合物，主要有硫化物硫和少量硫酸盐硫，偶尔也有单质硫存在。中国煤中硫酸盐硫含量大多小于 0.1%，部分煤为 0.1% ~ 0.3%，也有少量硫酸亚铁等。煤中的硫对于炼焦、汽化、燃烧和贮运都十分有害。

煤的燃烧过程在很大的程度上取决于输送至煤粒表面处的氧浓度以及煤粒所处的温度高低。煤粒表面处氧的浓度首先取决于气体的流动工况，而温度高低则主要取决于燃烧设备的形式。根据煤在燃烧设备气流中的运动状态不同，其燃烧可分为层状（火床）燃烧、沸腾（流化床）燃烧和悬浮（火室）燃烧三种基本方式。如表3-8所示，它们的进煤和进气方式，煤层与炉体的相对运动、燃烧方向、煤的粒度、燃烧反应时间及工作特性均有较大差别。

表 3-8　各种燃煤方式的技术特征比较

参　数	层状燃烧	沸腾燃烧	悬浮燃烧
煤粒度/mm	50～5	5～1	<0.1
煤外观	块状	粗碎煤粒	粉状
燃烧介质	浓相	中间相	稀相
温度/℃	<800	800～900	>1200
加热速度/K·s^{-1}	约 1	10^3～10^4	10^3～10^6
挥发物逸出比率/%	约 100	10～50	<0.1
固、气流动方式	逆向	反向混合	顺向
反应控制要素	外部扩散	内部扩散	反应速度

　　层状燃烧的特点是将几十毫米大小的煤块置于炉排（或炉箅）上而形成具有一定厚度的煤层，大部分煤在该煤层中进行燃烧。悬浮燃烧时，煤粒呈悬浮状态在炉膛（燃烧室）空间中进行燃烧。为了实现悬浮燃烧，必须将煤粒破碎成细小的煤粉（粒径小于 0.1mm），并采用煤粉燃烧器组织煤粉气流，连续不断地喷入炉膛中。沸腾燃烧是 20 世纪 60 年代开始发展起来的新型煤燃烧技术，它利用空气动力使煤粒在沸腾状态下进行传热、传质和燃烧。沸腾燃烧时，加入炉膛的煤粒受到气流的作用迅速与灼热料层中的颗粒混合，并在上下翻滚运动中着火和燃烧。因此，即使是燃用高灰分、高水分、低挥发分的劣质燃料，也能维持稳定的燃烧。

　　由于沸腾燃烧的料层温度一般较低，可以控制在仅 850～1050℃ 范围内而保证稳定和高效的燃烧，因此它属于低温燃烧，热力 NO_x 生成量很少；燃烧所需空气可分为一、二次风分别供给，分段组织燃烧，可有效控制燃料型 NO_x 的生成。此外，床温 850℃ 左右是最佳的脱硫反应温度，将石灰石直接喷入床内，可有效地脱除燃烧过程中产生的 SO_2，脱硫效率可达 80%～90%。因此，沸腾燃烧是一种最经济有效的低污染燃烧技术。沸腾燃烧按流体动力学特性不同可分为鼓泡流化床和循环流化床燃烧两种形式，按工作条件不同又可分为常压和增压燃烧两种类型。

　　旋风燃烧是基于旋风分离器的一种燃烧方式，燃料和空气以高达 100～200m/s 的速度，沿切线方向喷入呈圆筒状的燃烧室，形成强烈的旋转气流。较细的煤粉在旋风筒中作悬浮燃烧，而较大的煤粒则在离心力的作用下被甩向筒壁。燃料颗粒在强烈旋转的气流中与空气紧密接触、良好混合，并迅速着火燃烧。切向喷入的二次风使旋风筒内气流强烈旋转，产生的一个气流的循环区，使得煤粒在旋风筒内有足够长的停留时间，加上筒内的燃烧温度可高达 1800℃ 以上，可使煤粒的燃烧相当完全。旋风燃烧不仅显著改善了燃料和空气的混合，而且大大延长了燃料在炉内的停留时间，燃烧和燃尽效果好。因此，采用旋风燃烧时，可将过量空气系数降低至 1.05～1.0，并可燃用粗煤粉或碎煤粒。

3.3.2　气体燃料

　　几种典型的单一气体燃料介绍如下：

　　（1）甲烷（CH_4）。无色气体，微有葱臭，相对分子质量为 16，密度为 0.715kg/m^3，难溶于水，临界温度为 190K，发热量为 35740kJ/m^3，爆炸范围为 2.5%～15%，着火温度范围为 803~1023K。

（2）乙烷（C_2H_6）。无色无臭气体，相对分子质量为 30，密度为 1.34kg/m³，难溶于水，临界温度 238K，发热量为 63670kJ/m³，空气中的爆炸范围为 2.5%~15%，着火温度范围为 783~903K。

（3）氢气（H_2）。无色无臭气体，相对分子质量为 2，密度为 0.09kg/m³，难溶于水，临界温度为 33K，发热量为 1079kJ/m³，空气中的爆炸范围为 4%~80%，着火温度范围为 783~863K。

（4）一氧化碳（CO）。无色无臭气体，相对分子质量为 28，密度为 1.25kg/m³，临界温度为 76K，发热量为 12630kJ/m³，空气中的爆炸范围为 12.5%~80%，着火温度范围为 883~931K。

（5）乙烯（C_2H_4）。具有窒息性的乙醚气味的无色气体，有麻醉作用，相对分子质量为 28，密度为 1.26kg/m³，难溶于水，临界温度为 283K，发热量为 58770kJ/m³，爆炸范围为 2.75%~35%，着火温度范围为 813~820K。

混合气体燃料具体情况如下：

（1）高炉煤气。是高炉炼铁过程得到的副产品，其主要可燃成分是 CO，含有大量的 N_2 和 CO_2（占 63%~70%）。所以发热量不大，只有 3762~4180kJ/m³。

（2）焦炉煤气。是炼焦的副产品，其可燃成分主要是 H_2、CH_4、CO。发热量为 15890~17140kJ/m³，经常和高炉煤气或发生炉煤气混合使用。

（3）发生炉煤气。是将固体燃料在煤气发生炉内进行汽化得到的气体燃料，可以分为空气发生炉煤气、混合发生炉煤气、水蒸气发生炉煤气。其发热量分别为 3780~4620kJ/m³、10080~11340kJ/m³ 和 5043~6720kJ/m³。

（4）天然气。是产生于油田或气田的天然气体燃料。主要成分是甲烷，其次为乙烷、一氧化碳和氢等。发热量为 33440~41800kJ/m³。

（5）液化石油气。液化石油气的成分主要是丙烷（C_3H_8）与丁烷（C_4H_{10}）的混合物，并含有少量的丁二烯及戊二烯。大致成分为 C_3H_8 80%，C_4H_{10} 20%。

气体燃料的燃烧依据燃烧前混合状态的不同和流动速度范围的不同，可以分为预混火焰和扩散火焰，层流火焰和湍流火焰。实际燃烧装置中，由于尺寸大，速度高，或雷诺数高，都是湍流火焰。燃料和氧化剂在燃烧区之前就预先混合完毕的火焰是预混火焰，反之成为扩散火焰。在扩散火焰中，控制燃烧速率的主要因素是燃料和氧化剂的扩散而不是化学反应动力学。

3.3.3 液体燃料燃烧方式和特点

液体燃料燃烧的一个突出特点是，液面处没有化学反应，燃烧只发生在气相中。因为液面的温度总是比沸点低，而沸点又比着火条件所要求的温度低得多。通常，碳氢燃料和空气混合物的着火条件要求的温度要超过 900K。各种石油产品的沸点是：汽油 360~380K，煤油 420~500K，变压器油 560~610K，润滑油 620~670K。

此外，蒸发的潜热比起反应的活化能来要小得多。因此，液体燃料总是先蒸发后燃烧，而且液面或液滴的燃烧常常是扩散控制的燃烧，因为燃料蒸气和氧在燃烧之前从相反的方向朝火焰区扩散。液体燃料的燃烧率反比于其密度。上述这些特点都表明，蒸发在液体燃料的燃烧中起重要作用。

　　液体燃料主要是天然石油产品，化学组成主要是四类碳氢化合物：（1）烷烃（C_nH_{2n+2}），以 $C_5 \sim C_{10}$ 为主。烷类亦称石蜡碳氢化合物。烷烃具有较高的氢/碳比，密度较低（轻），发热值高，燃烧通常没有排气冒烟及积炭。（2）烯烃（C_nH_{2n}），是不饱和烃，分子结构中含氢比最大可能的少，化学上活泼，容易和很多化合物起反应，原油中含烯烃不多，烯烃通常是由裂解过程产生的。（3）环烷烃（C_nH_{2n}），是饱和烃，分子结构中碳原子形成环状结构，热值和冒烟积炭的倾向和烷烃的相似。（4）芳香烃，是环状结构，含有一个或更多的 6 个碳原子的环状结构，与环烷烃有点类似，含氢少，因而单位质量的热值低很多。主要缺点是冒烟积炭的倾向很高。原油炼出的煤油中，烷烃占81% ~ 93%，烯烃（不饱和烃）只占0.3% ~ 13%。通常使用的典型液体燃料由多种烃混合组成，有汽油（用于内燃机）、煤油（用于航空发动机）、柴油（用于内燃机和地面燃气轮机）、重油（用于工业炉、冶金炉和锅炉）等。

　　液体燃料的物理性质有密度、相对分子质量、黏度、表面张力、潜热和沸点、比热容和热导率等。

　　液体燃料的燃烧性质有：

　　（1）热值（发热量）。单位质量或体积的燃料完全燃烧所放出的热量称为重量热值或体积热值。

　　（2）闪点。指的是燃料液面上方用小的明焰去引燃会出现闪火的温度，但不会着火。闪点比自燃温度低得多。表3-9列出了常见液体燃料的闪点。许多液体的闪点低于常温。闪点是使用液体燃料时必须掌握的一个性能指标。闪点低的油在加热时不仅易于引起火灾，而且影响人身健康。燃料油和焦油的着火温度一般为 500 ~ 600℃，燃烧室内的温度应高于着火温度，以保证燃料油可靠燃烧。

表 3-9　常见液体燃料的闪点

液体名称	闪点/℃	液体名称	闪点/℃
汽油	-58 ~ 10	乙醚	-45
煤油	28 ~ 45	丙酮	-20
酒精	11	乙酸	40
苯	-14	松节油	35
甲苯	5.5	乙二醇	110
二甲苯	2.5	二苯醚	115
二硫化碳	-45	菜籽油	163

　　（3）燃点（自燃着火温度）。自燃着火是在没有外界点火源时完全由加热使燃油温度升高而自动着火。着火温度也有上限和下限之分。着火温度下限是指该液体在该温度下蒸发出的蒸气浓度等于其爆炸浓度下限，即该液体的燃点；着火温度上限是指液体在该温度下蒸发出来的蒸气浓度等于其爆炸浓度上限。表3-10列出常见液体的着火温度极限。

　　（4）可燃浓度极限。通常有一个富燃极限和一个贫燃极限（亦称富油、贫油极限），见表3-11。

表 3-10 常见液体燃料的着火温度极限

液体名称	着火温度极限/℃		液体名称	着火温度极限/℃	
	下限	上限		下限	上限
车用汽油	−38	−8	乙醚	−15	13
灯用煤油	40	86	丙酮	−20	6
松节油	33.5	53	甲醇	7	39
苯	−14	19	丁醇	36	52
甲苯	5.5	31	二硫化碳	−45	26
二甲苯	25	50	丙醇	23.5	53

表 3-11 空气中某些可燃物质的着火浓度界限

可燃性物质名称	浓度的化学当量比		可燃性物质名称	浓度的化学当量比	
	下限	上限		下限	上限
甲烷	0.46	1.64	乙烷	0.50	2.72
丙烷	0.51	2.83	丁烷	0.50	2.85
戊烷	0.58	3.23	己烷	0.50	3.66
庚烷	0.56	3.76	辛烷	0.60	4.27
正丁烷	0.54	3.30	正己烷	0.51	4.00
正庚烷	0.53	4.50	正辛烷	0.51	4.25
正戊烷	0.54	3.59	正壬烷	0.47	4.34
正癸烷	0.45	3.56	环己烷	0.48	4.01
环丙烷	0.58	2.76	异辛烷	0.66	3.80
乙烯	0.40	8.04	丙烯	0.48	2.72
甲醇	0.46	4.03	乙醇	0.49	3.36
1-丙醇	0.48	3.40	1-丁醇	0.41	3.60
氢气	0.10	7.17	一氧化碳	0.34	6.80
苯	0.49	2.74	甲苯	0.52	3.27
1-戊烯	0.47	3.70	丙酮	0.59	2.33
甲醛	0.36	12.9	丙烯醛	0.48	7.52
二氧化碳	0.18	11.20	二乙醚	0.55	26.40
乙酸	0.61	2.36	氧化乙烯	0.44	无穷大

（5）凝固点。中国石油含蜡较多，燃料油凝固点一般在30℃以上，因此在输送过程中至少应将燃料油加热至凝固点以上温度。

（6）低发热量原油 $Q_d^y = 38873 \sim 43472 kJ/kg$；煤油 $Q_d^y = 39710 \sim 43472 kJ/kg$；燃料油 $Q_d^y = 40128 \sim 42218 kJ/kg$。

3.4 富氧燃烧技术的工业应用

西方发达国家早在20世纪70年代末就开始了富氧燃烧技术用于玻璃炉窑的研究，并在 70 年代末 80 年代初取得了良好的效果。富氧技术在工业上的早期研究与生产实践为其在冶金行业中大规模的生产应用建立了坚实的基础。目前，美国、英国、日本、俄罗斯、德国、法国、加拿大等均在各个用氧行业广泛推广和应用了富氧技术，节能效果显著。计算表明，纯氧燃烧在某些高温炉上使用，其节能范围在 40% ~ 60%。

近十多年来，从节能和减少污染排放的需要出发，富氧及纯氧燃烧技术在欧美、日本等国得到迅速发展，在钢铁工业炉窑、玻璃工业炉窑、燃煤锅炉、发动机上得到了广泛应用。

富氧在钢铁、有色和煤化工行业的应用将在后面章节介绍，本章简要介绍富氧在其他行业的应用。

3.4.1　富氧燃烧在玻璃炉窑中的应用

浮法玻璃工业是一个高能耗行业，节能降耗是生产成本降低的关键。富氧燃烧技术研究已经成为当今玻璃行业中最活跃的研究课题。富氧燃烧技术的推广应用将为浮法玻璃生产行业带来可观的经济、社会效益。

将富氧煤汽化技术应用于浮法玻璃生产工艺优点在于：提高可燃烧气体含量，使单位体积煤气热值增加，降低废气排放量；提高原煤利用率，降低能耗；提高煤气质量；节约燃料、增加产量；窑炉寿命延长；氮氧化物的生成量也相应减少，显著改善了环境状况。

富氧燃烧技术在浮法玻璃生产过程中应用的关键包括富氧燃烧工艺路线的设计、富氧气体的浓度控制、富氧气体的预热、富氧气体的收集、富氧喷嘴的安装和富氧气体的换向等问题。在玻璃窑炉熔化池的火焰空间中，其燃烧过程的进行，空气总在火焰的上部，燃料在火燃的下部，因此火焰下部相对是缺氧的部位，燃烧不充分，相对温度较低。如果从富氧喷管以一定的角度将富氧空气引入窑炉空间，冲击火焰底部，这样便在靠近玻璃料液面的一侧形成一个富氧层，使火焰底部充分燃烧，在靠近玻璃料液的一侧形成一个高温带，增加火焰向玻璃料液的热辐射。火焰的上侧温度并不升高，这样可使窑炉的碹顶免受由此带来的侵蚀加重。同时由于火焰强度增加，提高了火焰燃烧速度，火焰变短，有助于控制熔窑内温度分布，可防止火焰过长延迟到蓄热室内燃烧，延长蓄热式格子砖寿命。火焰长短，可通过控制富氧空气的流量来调节。

3.4.1.1　发生炉煤气马蹄焰玻璃窑炉富氧助燃系统的设计

为了使池内的火焰上下方向能形成梯度燃烧，即使近玻璃液面处的火焰温度高于火焰上部的温度，将富氧喷嘴设在小炉底板砖上，富氧空气随火焰下部同方向喷出，如图 3-21 所示，在池内与火焰下部混合，使火焰在熔化池靠近加料口处形成高温的底层火焰，从而加速化料，提高熔化率，克服跑料堆现象，且能保证马蹄焰的回火不致带料粉进入蓄热室，有利于延长格子砖寿命。

3.4.1.2　燃油（或天然气）马蹄焰玻璃窑炉富氧助燃设计

燃油窑炉在设计富氧助燃时，是将富氧喷嘴设计在每只油枪下部，见图 3-22。

1997 年 4 月在四川威远康达建材集团 63m^2 的高碱球窑上使用膜法富氧助燃技术及装置后，窑炉的大碹温度平均下降了 11℃，辐射温度平均下降了 22℃，窑炉寿命有所延长，平均节约天然气 12.6%，最高可达 17.8%，运行性能稳定，成品的产量和质量均有明显提高，烟气排放达到国家环保标准。

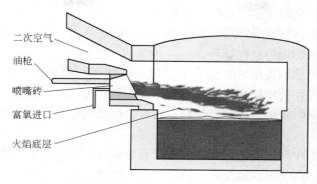

图 3-21　富氧燃烧示意图

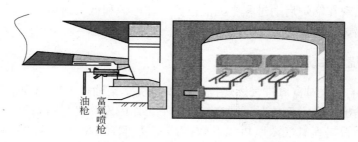

图 3-22　燃油窑炉的富氧助燃系统设计图

3.4.2　富氧燃烧在循环流化床中的应用

循环流化床燃烧技术是近二十年发展起来、商业化程度最好的清洁煤燃烧技术之一。目前我国有约 1100 台循环流化床锅炉处于运行调试、安装、制造当中，所以循环流化床富氧燃烧技术有相当大的潜在市场。

把富氧燃烧与循环流化床技术相结合的关键问题是：在变压吸附制氧与 CFB 锅炉结合过程中采取什么样的燃烧形式。

锅炉一次风的主要目的是为燃料提供动力，同时提供 65% 左右的燃烧空气；二次风的主要目的是对后续燃烧提供氧气的同时，调节炉膛温度。因此可以采取两种燃烧方式。

（1）空气和富氧混合燃烧形式。把富氧直接通入二次风系统，两者混合后进入炉膛，使燃料充分燃烧。炉膛温度通过调节燃料量来控制，使炉膛温度不超标，控制 NO_x 的生成。

（2）采用富氧喷枪直接注入炉膛。将富氧通过喷枪直接喷入炉膛。该方式需要合理设计注氧点的位置，防止炉膛局部温度偏高。

以上两种燃烧组织形式的目的都是使得燃料在富氧的状态下燃烧，提高热效率。方法（1）可以较精确地控制二次风入炉含氧量，方法（2）可以调整富氧分布，使炉膛温度均匀。

3.4.3　富氧燃烧在燃煤锅炉中的应用

在燃煤锅炉上使用的富氧燃烧技术有：预混富氧、射氧、纯氧燃烧、混氧燃烧。

预混富氧是指在进入燃烧器之前，空气便与氧气均匀混合，含氧量控制在 25% ～

30%，可以有效缩短火焰长度，增强火焰强度。

射氧技术是指在风粉混合物进入炉膛之后的一定距离内，射入富氧气流，形成局部富氧高温区，形成着火燃烧的良性循环。

纯氧燃烧技术是指直接用90%左右氧浓度的氧气进行燃烧，可以有效降低火焰热点和氮化物排放，但操作费用很高。

混氧燃烧是纯氧燃烧的变种，是指分别通过燃烧器送空气与氧气进入炉膛，这种方法效益比预混合射氧要高，操作费用低于纯氧燃烧。

在大型燃煤锅炉中采用富氧燃烧技术可以有效降低一次风粉混合物的着火温度，当锅炉启动及低负荷稳燃时，可在底层燃烧器采用富氧燃烧技术。有计算分析表明，当氧气浓度在30%~35%时，富氧空气流量占一次风量的15%~20%，即可达到理想的稳燃、助燃效果，从而实现在锅炉启动过程中提前投粉，在停炉和低负荷运行过程中减少燃油投用的目的，节省锅炉燃油消耗量。

3.4.4　富氧燃烧在发动机中的应用

P. N. Assanis 等人对富氧进气燃烧技术在铁路机车柴油机上的应用进行过研究，在总输出功率和静输出功率方面，对不同富氧水平下工作的发动机与高涡轮增压发动机进行了比较。结果显示，提高氧气浓度可以有效提高发动机净功率，并减少颗粒和可见烟的排放。Shiga Seiichi 等人将废气再循环和富氧进气技术应用于单缸四冲程直喷柴油机上，有效降低了 NO_x 等污染物的排放。

我国于20世纪80年代中期开始进行富氧技术在发动机上的研究。中科院大连化物所成功研制了"LTV–PS 富氧膜卷式组件及装置 I 型"，并与大连理工大学内燃机所合作，利用膜法富氧技术对 L195 型柴油机进行了富氧性能测试，结果表明，使用富氧技术后油耗下降，黑烟几乎消失，超负荷能力增加，大大提高了汽车爬坡、加速等能力。

朱旭和等人对富氧燃烧技术在发动机上的应用进行过综述性研究。研究证明了富氧燃烧技术在内燃机上的应用可行性及其在内燃机节约能源、提高动力性能等方面的优越性。

刘英书等人对富氧燃烧在汽油机上的应用进行了研究，分析了富氧燃烧对发动机参数的影响。结果表明，采用富氧燃烧技术，可以增加汽油机的指示功率，从而降低汽油机油耗，增加机械效率。且研究发现设计机械效率越低，油耗降低越显著。

澳大利亚在直喷式柴油机上采用富氧空气，使废气的排气量和碳烟颗粒排放量有了很大的改善（在城市、高速公路上降低60%~90%），制动热效率提高12%，全速时发动机转矩与功率增加40%。对于不同的工作条件下，富氧的最佳范围为24%~27%。国内在 S195 型柴油机上应用膜法富氧助燃技术后，油耗下降了4%~7%，烟度下降了75%以上，在超负荷运转、2000r/min 和25%的富氧时最大功率增加25.9%，并仍有潜力可挖。这对汽车加速、重载和爬坡非常有利。

中科院大连化物所和大连理工大学对 L195 型柴油机所进行的增氧性能试验的结果表明：（1）油耗下降4%~7%，特别是高负荷时更明显；（2）黑烟几乎消失，烟度一般在 1FSN 以下，而原机高负荷时在 4FSN 以上；（3）超负荷能力大增，在 2000r/min 和25%的富氧时，最大功率从 8.6kW 增加到 11.06kW，增加约25.9%。这对渔船拖网，特别是对提高舰艇的追击能力非常有利。另外，据美国阿尔贡试验所运输技术研究开发中心的试验表明，25%的富氧气流随燃料一起喷射入柴油机，不仅可减少 NO_x 的生成，且可减少70%固体粒子的排放，降低燃料消耗量5%~7%。

3.5 富氧燃烧技术发展趋势

制氧价格是富氧燃烧技术发展的重要影响因素，新一代制氧技术如变压吸附法、低温精馏法和膜分离法的工业应用减少了氧的费用，从而促进了富氧燃烧技术的发展。变压吸附法（PSA）利用分子筛生产氧气，系统结构简单，可靠性高，产量可调节性好，PSA 系统适合于中等的需求量并且氧气纯度小于95%的场合。低温精馏法安全性好、噪声低、技术成熟、产氧纯度高，可以同时生产氧气、氮气，但结构比较复杂，产量调节性差，维护困难。在氧气产量低时生产费用很高，产量大时生产费用下降很大。膜分离法的设备简单，操作方便，在产气能力较小时成本效益最好，但产氧纯度低，约为25%~40%。这三种方法使用的场合不同，可将它们结合起来使用，使得综合效应最佳。

另外，富氧燃烧使得火焰高温化，由此导致的氮氧化物（NO_x）排放增加是限制富氧燃烧技术推广的关键问题之一，积极开展降低 NO_x 排放的研究非常重要。目前，全氧燃烧器的发明使用已有报道，低 NO_x 富氧燃烧器的研究发展迅速。

全氧燃烧以及先进燃烧器在国内的推广还有很多工作要做，特别是在炉型设计、拓宽燃料使用范围以及炉压与炉气成分的控制等方面需要深入研究。

随着富氧燃烧中 NO_x 形成机理和抑制机理的研究逐步深化，以及应用技术的逐步成熟，富氧燃烧技术的应用领域将更加广泛。由此可以认为：

（1）富氧燃烧技术及全氧燃烧技术在工业炉窑中的成功应用，将给钢铁企业带来巨大经济效益和社会效益，具有广阔的推广应用前景。

（2）富氧燃烧方式与传统燃烧方式比较，具有节能、增加烟气辐射能力以及缩短加热时间、增加产量等优点。

（3）冶金工业炉窑应用富氧燃烧技术时应注意以下问题：高效、洁净富氧燃烧系统的最佳炉型；拓宽燃料使用范围，进行炉压与炉气成分有效控制；同时重点开发实用可靠的低 NO_x 排放的工程技术。其中稀释纯氧浓度的混合器和富氧燃烧器是技术上的关键，应开展有针对性的研究开发。

（4）全氧燃烧技术将在我国逐步得到推广。

参 考 文 献

[1] 曾汉才. 燃烧与污染 [M]. 武汉：华中理工大学出版社，1992.

[2] 曾令可，邓伟强，刘艳春. 富氧燃烧技术在陶瓷窑炉中的应用分析 [J]. 陶瓷学报，2007，28（2）：123~128.

[3] 戴树业，韩建国，李宏. 富氧燃烧技术的应用 [J]. 玻璃与搪瓷，2000，28（2）：26~29.

[4] 顾恒祥. 燃料与燃烧 [M]. 西安：西北工业大学出版社，1993.

[5] 顾学祁，王仲连，武立云. 工业锅炉与炉窑节能技术 [J]. 工业炉，2002，24（1）：1~5.

[6] 韩小良. 氧-燃料烧嘴——节能与环保效益好的燃烧器 [J]. 工业加热，1998（3）：12~15.

[7] 韩昭沧. 燃料与燃烧 [M]. 北京：冶金工业出版社，1994.

[8] 蒋绍坚，艾元方，彭好义. 高温低氧燃烧技术及其高效低污染特性分析 [J]. 中南工业大学学报，2000，31（4）：311~314.

[9] 蒋绍坚，彭好义，汪洋洋. 高温低氧空气燃烧火焰观察实验研究 [J]. 冶金能源, 2000, 19 (3)：14~18.

[10] 蒋受宝，蒋绍坚，张灿. 高温富氧空气燃烧加热时间和氧化烧损研究 [J]. 工业炉, 2007, 29 (2)：1~3.

[11] 刘光春，赵地. 循环流化床锅炉富氧燃烧技术应用的研究 [J]. 广州化工, 2009, 37 (5).

[12] 刘英书. 富氧燃烧对汽油机性能指标的影响 [J]. 热能工程, 2001 (6)：14~16.

[13] 罗国民，郭汉杰，温志红. 高温空气燃烧和富氧燃烧在加热炉生产应用中的对比研究 [J]. 工业加热, 2008, 37 (5)：44~48.

[14] 马晓茜，张凌. HTAC 的关键技术及其高效低污染特性分析 [J]. 钢铁, 1998, 64 (9)：60~63.

[15] 牟竹生，赵恩录，陈福. 全氧燃烧浮法玻璃熔窑的技术经济分析对比 [J]. 玻璃, 2008 (6)：13~16.

[16] 彭好义，蒋绍坚，艾元方. 低氧燃烧及其实现途径分析 [J]. 冶金能源, 2002, 21 (2)：18~23.

[17] 祁海鹰，李宇红，由长福. 高温空气燃烧的国际发展动态 [J]. 工业加热, 2003 (1)：1~7.

[18] 瞿国营. 热风炉富氧燃烧的经济性分析 [J]. 工业炉, 2008, 30 (3)：30~33.

[19] 沈光林. 膜法富氧技术用于节能研究 [J]. 节能, 1996 (9)：29~30.

[20] 苏俊林，潘亮，朱长明. 富氧燃烧技术研究现状及发展 [J]. 工业锅炉, 2008 (3)：1~4.

[21] 王沛法，杨新宇，王雪深. 富氧燃烧技术在燃煤电站锅炉中的应用分析 [J]. 山东电力技术, 2007 (6)：24~27.

[22] 王政民. 高温低氧燃烧方法的热工规律和扩大应用 [J]. 冶金能源, 2002, 22 (2)：24~29.

[23] 刑桂菊. 纯氧燃烧及其天然气-纯氧燃烧特性 [J]. 工业炉, 2002, 24 (1)：1~5.

[24] 张黎立. 富氧助燃对天然气汽油双燃料发动机动力性能与排放性能影响实验研究 [D]. 重庆大学：硕士学位论文, 2006.

[25] 张清，陈继辉，卢啸风，等. 流化床富氧燃烧技术的研究进展 [J]. 电站系统工程, 2007 (23)：4~6.

[26] 张霞，童莉葛，王立. 富氧燃烧技术的应用现状分析 [J]. 冶金能源, 2007, 26 (6)：41~44.

[27] 郑爱芝. 膜法富氧助燃技术在加热炉上的应用 [J]. 通用机械, 2003 (9)：52~53.

[28] 周慧，周耀来，李云鹏. 富氧燃烧技术及其对环境的影响研究综述 [J]. 华东电力, 2008, 39 (9)：111~112.

[29] 周力行. 燃烧理论和化学流体力学 [M]. 北京：科学出版社, 1986.

[30] 朱序和. 富氧燃烧技术在内燃机中的应用 [J]. 能源研究与信息, 2000, 16 (2)：56~59.

[31] 左承基，李海海，徐天玉. 富氧燃烧对柴油机排放特性的影响 [J]. 小型内燃机与摩托车, 2003, 32 (5)：15~18.

[32] 黄素逸. 能源科学导论 [M]. 北京：中国电力出版社, 1999.

[33] 李洪宇，王华. 低氧燃烧与富氧燃烧的性能比较分析 [J]. 工业加热, 2003, 32 (5)：9~12.

[34] 刘庆才，陈淑荣. 富氧燃烧的主要环境影响因素概述 [J]. 节能与环保, 2004 (5)：26~28.

[35] 韩才元，徐明厚，周怀春，等. 煤粉燃烧 [M]. 北京：科学出版社, 2001.

4 氧气在钢铁冶金中的应用

4.1 钢铁冶金中用氧概述

火法冶金过程由于需要燃烧燃料获得高温，所以从火法冶金技术发展初期就离不开氧的使用。但大规模采用富氧技术则是在大规模制氧技术获得突破之后。

钢铁冶金中氧的应用主要在三个方面：一是炼铁过程的富氧鼓风，主要是节能降焦和强化高炉冶炼，提高生铁产量；二是炼钢过程，通过氧化去除铁水中杂质元素，从而达到钢的质量要求，同时通过强化用氧，充分利用元素氧化放热，保障冶炼过程的顺利进行；三是在加热炉等的应用，以利用低热值煤气、节能降耗为目的。其中炼铁和炼钢的用氧是主要方面。我国 2011 年的粗钢产量达到了 6.8 亿吨，铁水产量约 6 亿吨。按照每吨钢耗氧 $50m^3$，每吨铁耗氧 $20m^3$（以纯氧或富氧气体配入的氧）估算，钢铁企业的氧气消耗可达 $480×10^8 m^3$，因此，钢铁工业是最大的耗氧行业。对钢铁冶金企业，目前主要采用大型空分制氧，炼钢富余的氧气作为高炉喷煤配合使用，随着高炉喷煤和富氧技术的不断推广和技术进步，部分钢铁企业已经对制氧能力进行了扩容，并结合炼铁对氧气的纯度要求不高的特点，尝试采用低成本的变压吸附、膜分离技术等制备氧气。

（1）在高炉炼铁方面，高炉富氧鼓风能够显著地降低焦比，提高产量。一般富氧浓度为 24% ~25% O_2（体积比）。富氧浓度提高 1%，其铁产量可以提高 4% ~6%，焦比降低 5% ~6%。尤其是煤基炼铁工艺进一步的发展，需要供应大量的氧气。当每吨铁水喷煤率达到 300kg 时，相应的氧气量可达每吨铁 $150m^3$（氧气浓度为 90% 左右）。

除此而外，在铁矿石直接还原、熔融还原等工艺中，也大量采用富氧燃烧来保证高温和还原要求。

（2）在电炉冶炼时向钢液中吹入的氧气大部分用来氧化杂质元素。大部分热用于加热铁液，小部分被炉衬和炉渣吸收间接地起到降低电耗的作用。所以电炉吹氧可以加速炉料的熔化及杂质的氧化，既可以提高生产能力，又能提高特种钢的质量。电炉吨钢耗氧量依照冶炼钢种的不同而有差异。例如，冶炼碳素结构钢的吨钢耗氧量（标态）为 10 ~15m^3，而高合金钢吨钢耗氧量（标态）为 20 ~30m^3。由于我国废钢资源短缺，部分电炉采用大量配入铁水的技术，氧气消耗量大幅度增加，有"转炉化"趋势。

（3）转炉中吹入高纯氧，氧与碳、磷、硫、硅等元素发生氧化反应，降低了钢的含碳量及磷、硫等杂质元素的含量，而且可以用反应热来维持冶炼过程所需要的温度。转炉炼钢熔炼时间短，产量高，吨钢耗氧（标态）通常为 50 ~60m^3，要求含氧量大于 99.2%。

（4）对于炉外精炼 AOD 法即氩氧脱碳法，是向精炼炉内吹入氩、氧的混合气体以脱除钢中的碳量、气体及夹杂物。AOD 法根据冶炼不同时期对氧气的不同需求，以不同的氩氧比的混合气体吹入钢液，是专门为冶炼不锈钢而设计的一种钢水炉外精炼方法。在

AOD 精炼中增大氧流量可加强搅拌，使熔池温度、成分更均匀等。

（5）对于轧钢加热炉，利用富氧燃烧产生高温，保证反应需要的温度和气氛要求，以利用低热值煤气，降低能耗，使钢坯加热均匀。

（6）在钢铁企业中钢材的加工清理、切割等吨钢耗氧量（标态）为 $11 \sim 15 m^3$。

可以看出，氧气已经在现代钢铁工业中成为不可或缺的资源及手段。

4.2　氧气在钢铁冶金中的应用基础

4.2.1　燃烧反应

4.2.1.1　燃烧基本反应

现代钢铁冶炼中，广泛采用含碳燃料焦炭和煤作为热源和还原剂，其燃烧过程的主要反应如下：

$$2C+O_2 \Longrightarrow 2CO \qquad \Delta G^{\ominus} = -223426 - 0.8431T \quad J/mol \qquad (4-1)$$

$$C+O_2 \Longrightarrow CO_2 \qquad \Delta G^{\ominus} = -394133 - 0.84T \quad J/mol \qquad (4-2)$$

$$2CO+O_2 \Longrightarrow 2CO_2 \qquad \Delta G^{\ominus} = -56480 + 173.64T \quad J/mol \qquad (4-3)$$

$$C+CO_2 \Longrightarrow 2CO \qquad \Delta G^{\ominus} = 170707 - 174.47T \quad J/mol \qquad (4-4)$$

炭素燃料可在过量氧的条件下或缺氧的条件下进行燃烧。在过量氧条件下，即氧化气氛下进行燃烧时，燃烧产物的最终成分由反应 4-3 的平衡条件确定。温度越高，气氛中 CO 的分压越高。这时的燃烧速度与燃料种类、燃料的表面状态及灰分率等因素有关。提高氧浓度，可以加快碳的燃烧速度、提高燃烧温度和气体中的 CO 的分压；如果是在过量碳的条件下，即还原气氛中燃烧，则燃烧产物的最终成分由反应 4-4 确定。

燃料中的 C 及燃烧产物 CO 是冶金还原反应的主要还原剂，各种氧化物在一定条件下，在有 C 或 CO 存在时，会发生以下还原反应：

$$MeO+C \Longrightarrow Me+CO$$

或　　　　　　　　　　$$MeO+CO \Longrightarrow Me+CO_2 \qquad (4-5)$$

这些反应为吸热反应，并且需要在高温下才能快速进行，因此金属氧化物（主要是铁氧化物）的还原需要消耗大量的能量及还原剂。这些能量和还原剂主要靠炭素燃料提供。

4.2.1.2　冶金窑炉中燃烧反应的作用及特点

冶金窑炉中一般采用天然气、重油、煤粉、焦炭等作燃料，燃料燃烧保证反应所需的高温，并造成一定的还原气氛。冶金中所消耗的燃料是巨大的，探讨最合理的燃料利用方式，是冶金工业中的重要课题。应用富氧技术就是强化燃烧过程，减少燃料消耗的一种有效手段。

燃料燃烧的理论温度，一般可按下式计算：

$$T_{理论} = \frac{q_{化学} + q_{物理} + q_{分解}}{i(CO_2 + H_2O + N_2 + O_2)} \qquad (4-6)$$

式中，$q_{化学}$、$q_{物理}$、$q_{分解}$ 分别表示燃料燃烧的化学反应生成热、燃料和空气本身的物理热、燃料分解所吸收的热量；$i(CO_2+H_2O+N_2+O_2)$ 为燃料分解产物的热焓之和。因为空气中的氮不仅不参与燃烧反应，而且本身的加热尚须耗热，所以采用富氧空气，减少氮气含量，无疑会提高其理论燃烧温度。

常用的燃料在空气、富氧空气及纯氧中燃烧时的温度变化曲线如图 4-1 所示。

从图 4-1 的燃烧曲线可以看出，初期的燃烧温度随氧浓度的提高而急剧上升，随后，温度上升渐趋平稳。因此，要在氧浓度不很大的范围内取得最佳效果，必然存在一个经济合理使用富氧浓度的问题。对于每个具体的熔炼过程，氧的最佳浓度需通过试验确定。

在确定最佳氧浓度时，须同时考虑熔炼过程中的有利因素和不利因素。如铁矿的还原熔炼过程中，用氧后炉温提高，可能使炉料的熔化过程发生在还原过程之前，从而影响整个工艺的技术经济指标。

各种燃料的燃烧温度的理论计算结果表明，燃料的热值高，单位体积的燃料燃烧所需空气量则增大，这样的燃料若采用富氧空气，单位体积燃料燃烧时所需要的空气量相应减少，即氮气体积下降，因此，燃烧温度可大大提高。

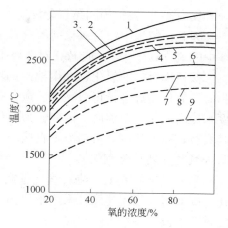

图 4-1　各种燃料在不同富氧浓度时燃烧的最高温度

1—焦炭；2—优质烟煤；3—重油；
4—焦炉煤气；5—褐煤；6—木材；
7—由烟煤产生的发生煤气；
8—由焦炭产生的发生煤气；9—高炉煤气

4.2.2　熔池精炼中的氧化反应

4.2.2.1　氧化剂的种类及氧的传递、反应的方式

钢和铁的主要区别是铁中含有过高的碳、硅、磷及硫等，需要通过精炼将这些元素去除到需要的水平，在此基础上通过添加合金元素等可使精炼后的金属获得设定的化学成分以保证其材料性能要求，这就是炼钢过程。炼钢是一个典型的氧化精炼过程。冶金中常用氧化剂有氧气、空气、含氧矿物等。如氧气转炉主要是从氧枪吹入的氧气；电炉是吸入炉内的少量空气、废钢带入的铁锈和装入的铁矿石以及吹入的氧气。

当气体氧与金属液面接触时，发生直接氧化反应：

$$\frac{2x}{y}[\text{Me}]+\text{O}_2 === \frac{2}{y}(\text{Me}_x\text{O}_y) \tag{4-7}$$

及
$$2\text{Fe}(1)+\text{O}_2 === 2(\text{FeO}) \tag{4-8}$$

另外，以溶解氧原子的形式［O］进入钢液中，去氧化其内的元素：

$$(\text{FeO}) === [\text{O}]+[\text{Fe}] \tag{4-9}$$

$$x[\text{Me}]+y[\text{O}] === (\text{Me}_x\text{O}_y) \tag{4-10}$$

即使溶解元素［Me］与氧具有较大的亲和力，但 Fe 的氧化仍占绝对的优势。因为熔池表面铁原子数远比被氧化元素的原子数多，所以在与气体氧接触的铁液面上，瞬时即有氧化铁膜形成，再将易氧化的元素氧化形成的氧化物和熔剂结合成熔渣层。在氧化性气体的作用下，这种渣层内的 FeO 又被氧化，形成 Fe₂O₃，向渣- 金属液界面扩散，在此，Fe₂O₃ 还原成 FeO。这样形成的 FeO，作为氧化剂去氧化从金属熔池中扩散到渣- 金属液界面上的元素：

$$[Me] + (FeO) \Longrightarrow (MeO) + [Fe] \qquad\qquad (4\text{-}11)$$

反应 4-11 被称为间接氧化反应。

因此，熔池中作为氧化剂的氧有三种形式：气体氧 O_2，熔渣中的 FeO 及溶解于金属液中的氧 [O]。[O] 或 FeO 对金属中元素的氧化被认为是主要的氧化反应方式。

被精炼金属的氧化物在熔池中的活度（浓度）愈大，杂质氧化物的活度（浓度）愈小时，氧化精炼进行得愈完全、愈彻底。实践中，需要及时消除浮渣以减小产物浓度或活度来提高氧化去杂程度。因此，为强化元素的氧化，渣中应保持有足够量的氧化铁，并使其具有较高的活度。可向渣中直接加入铁矿石（电弧炉炼钢法），更有效的是直接向熔池吹入氧气（转炉炼钢法）。

当采用富氧或工业纯氧气代替空气进行金属熔体氧化时，其氧化速度与氧浓度成正比，因而增大气流速度，采用熔池侧吹、底吹等方式，使熔池激烈翻腾，是提高氧化速度的重要手段。

4.2.2.2　脱碳反应

炼钢用的铁水是铁和碳以及其他一些杂质的熔液。脱碳是炼钢的重要任务之一。脱碳反应贯穿于炼钢整个过程，对炼钢具有举足轻重的作用，脱碳反应的产物 CO 气体在炼钢过程中也具有多方面的作用：

（1）碳氧化反应时放热反应，可以提供炼钢所需的热量，达到工艺温度要求。

（2）从熔池排出 CO 气体产生沸腾现象，使熔池受到激烈搅拌，起到均匀钢水成分和温度的作用。

（3）大量的 CO 气体通过渣层是产生泡沫渣，形成气-渣-金属三相乳化，反应动力学条件大大改善。

（4）上浮的 CO 气体有利于清除钢中气体和夹杂物，提高钢的质量。

（5）在氧气转炉中，排出 CO 气体的不均匀性和由它造成的熔池上涨往往是产生喷溅的主要原因。

碳在氧气炼钢中一部分可在反应区同气体氧接触而受到氧化，反应式为：

$$2[C]+O_2 \Longrightarrow 2CO \qquad \Delta G^{\ominus} = -281160-84.14T \quad \text{J/mol} \qquad (4\text{-}12)$$

碳也同金属中溶解的氧发生反应而氧化去除，反应式为：

$$[C]+[O] \Longrightarrow CO \qquad \Delta G^{\ominus} = -212550-39.18T \quad \text{J/mol} \qquad (4\text{-}13)$$

在通常的熔池中，碳的氧化产物绝大多数是 CO 而不是 CO_2。因为熔池中含碳量高时，CO_2 也是碳的氧化剂，发生以下反应：

$$[C]+CO_2 \Longrightarrow 2CO \qquad \Delta G^{\ominus} = -140170-125.4T \quad \text{J/mol} \qquad (4\text{-}14)$$

4.2.2.3　硅、锰的氧化反应

铁矿石中 SiO_2 和 MnO 在炼铁时被还原，硅、锰进入铁水中，废钢中也含一些硅和锰，因此，在炼钢中硅和锰是不可避免而存在的元素。硅和锰在炼钢中的氧化和还原反应也是炼钢炉内的基本反应。

硅和锰对氧均具有很强的亲和力，它们氧化时放出大量的热，因此在吹氧初期即进行氧化。其反应式如下：

$$[Si]+2[O] \Longrightarrow (SiO_2) \qquad \Delta G^\ominus = -139300+53.55T \quad J/mol \qquad (4-15)$$

$$[Mn]+[O] \Longrightarrow (MnO) \qquad \Delta G^\ominus = -58400+25.98T \quad J/mol \qquad (4-16)$$

$$[Si]+2(FeO) \Longrightarrow (SiO_2)+2[Fe] \qquad \Delta G^\ominus = -81500+28.53T \quad J/mol \qquad (4-17)$$

$$[Mn]+(FeO) \Longrightarrow (MnO)+[Fe] \qquad \Delta G^\ominus = -29500+13.47T \quad J/mol \qquad (4-18)$$

在有过量（FeO）存在时，结合成（Fe，Mn）$_2$SiO$_4$。随着渣中（CaO）的增加，（Fe，Mn）$_2$SiO$_4$逐渐向 Ca$_2$SiO$_4$转变。

4.2.2.4 脱磷反应

矿石中的磷在炼铁过程几乎全部还原进入铁水，在炼钢过程磷被氧化进入炉渣。对磷在渣中存在的形态，按分子理论从 CaO–P$_2$O$_5$相图分析知 3CaO·P$_2$O$_5$最稳定，4CaO·P$_2$O$_5$次之。

可将脱磷的反应写成下式：

$$2[P]+5[FeO]+3(CaO) \Longrightarrow (Ca_3P_2O_8)+5[Fe] \qquad \Delta G^\ominus = -1420886+594.55T \quad J/mol$$

$$(4-19)$$

或

$$2[P]+5(FeO)+4(CaO) \Longrightarrow (Ca_4P_2O_9)+5[Fe] \qquad \Delta G^\ominus = -1460634+608.35T \quad J/mol$$

$$(4-20)$$

碳、硅、锰、磷等元素的氧化放热，是炼钢获得高温的主要热源，如果采用空气吹炼，大量的氮气作为惰性介质不参与反应且带走大量的热量，体系无法达到足够高的温度。采用氧气吹炼，条件大为改善。现代转炉冶炼过程上述化学反应放热已经可以完全满足冶炼过程的工艺需要，并实现了"负能炼钢"。

4.3 氧气在炼铁中的应用

4.3.1 氧气在高炉中应用的技术背景

高炉炼铁是目前获得铁水的主要方式，其产量占铁水总产量的 90% 以上。高炉生产工艺的原理早在中世纪就为人知，但在近 200 多年来才得到快速发展。高炉是大型竖炉反应器，生产时，从炉顶装入铁矿石（烧结矿、球团矿）、焦炭、造渣用熔剂，从位于炉身下部沿周边布置的风口鼓入经过预热的空气（或富氧）。在高温下，焦炭以及喷吹的煤粉中的碳与鼓风中的氧燃烧，生成 CO 等还原性气体，它们在炉内上升过程中除去铁矿石中的氧，从而得到铁。高炉对原料相燃料要求很高，需要人造块矿和优质焦炭。因此，高炉生产需要有庞大的烧结、焦化等铁前系统，成为高炉炼铁系统的最大缺点。尤其是炼焦系统，不仅能耗高，污染严重，焦炭价格昂贵，而且正越来越受到焦煤资源短缺的制约，成为高炉炼铁工业发展的瓶颈。

在高炉生产发展过程中，高炉炼铁的燃料结构发生了几次重大变化。早期的高炉使用木炭作为燃料，吨铁耗用木材 4t 以上。随着高炉生产的发展，木炭的供应出现了危机，由此促进了焦炭的开发和应用。到 18 世纪，高炉炼铁改用焦炭。然而，焦炭价格昂贵，吨铁消耗的焦炭即焦比的高低对生铁的成本有决定性的影响。无论国内还是国外，降低焦比都是炼铁工作者不断努力的目标。高炉技术进步的许多措施，例如高炉大型化，改善原料质量，提高风温，改善操作等，是降低焦比的有效方法。然而，采用这些方法所能降低焦比的幅度是很小的。只有高炉喷吹辅助燃料，就是将辅助燃料从风口直接吹入高炉炉缸，代替高炉风口循环区燃烧的焦炭是降低焦比最有效的措施之一。从技术上讲，可以用于喷吹的辅助燃料主要有天然气、重油、煤粉和其他燃料。早期，由于喷吹天然气和重油工艺简单、投资小，前苏联等天然气丰富的国家喷吹天然气，许多国家喷吹重油，只有中国等少数国家喷吹煤粉。20 世纪 70 年代的石油危机爆发后，喷吹重油的高炉逐渐减少，许多高炉开始喷吹煤粉。进入 80 年代，世界各国高炉喷吹煤粉的技术发展很快，尤其在西欧和日本，高炉几乎全部装备了喷煤设备，每吨生铁消耗煤粉量即喷煤比平均达到170kg/t，有的高达 200kg/t 以上，焦比降到 300～450kg/t 的水平。今天，高炉喷吹煤粉的意义已不仅仅在于降低焦比、提高生产率和降低生铁成本，还在于，世界范围内钢铁企业的焦炉已经大量老化，由于环保和投资的原因，新建焦炉非常困难，为了保持原有或扩大钢铁生产能力，必须大量喷煤，以节约焦炭。此外，炼焦用煤的资源和产量有限，全世界都感到了炼焦用煤的危机。因此，采用大量喷煤技术已成为许多国家炼铁工业生存和发展的必由之路，成为钢铁工业结构优化的重大战略方向。

但是，由于高炉风口循环区极其狭小，煤粉在其中停留的时间很短，加上喷入的大量煤粉引起风口区温度下降，喷入高炉的煤粉在风口循环区难以完全燃烧。这不仅导致煤焦置换比（即单位重量的煤粉所能代替的焦炭量）下降，而且大量未燃煤粉在炉缸中堆积使渣铁流动性变差，充塞料层破坏其透气性，甚至导致炉况波动，破坏高炉顺行。反过来，这又会限制喷煤量的增加。为了解决上述问题，人们采用富氧喷吹煤粉技术，即通过加入工业氧气，在热风中提高煤粉周围的氧气浓度，促进煤粉燃烧，提高煤粉燃烧率。此外，每富氧1% 还可以增加约 3% 的生铁产量，所以，高炉富氧喷煤技术得到了迅速发展和应用。

除此而外，富氧在熔融还原及直接还原等方面也获得了应用。

4.3.2 富氧鼓风及富氧喷吹在高炉炼铁中的应用

4.3.2.1 富氧鼓风

富氧鼓风是往高炉鼓风中加入工业氧，使鼓风含氧量超过大气含氧量，其目的是提高冶炼强度以增加高炉产量。

富氧鼓风经过不断发展，现已成为提高产量和提高喷吹量降低焦比以提高经济效益的重要措施。富氧鼓风使鼓风中的氧浓度提高，燃烧单位质量的碳所需要的鼓风减少，降低N_2量，在风口带燃烧单位质量的碳生成煤气质量就减少了，单位生铁的炉腹煤气量减少，因而可以提高产量。富氧和喷吹燃料的结合可以取长补短，如果高炉鼓风不富氧，较高的喷煤比（大于 100kg/t），高炉难以接受；如果高炉不喷煤，富氧率也不能太高。只有保持合适的煤氧比，高炉才能实现强化冶炼、降低焦比、增加产量的目的。

高炉富氧工艺布置如图 4-2 所示，由制氧厂送来的高压氧气经过两级调压，降压后的氧气通过氧气环管送入鼓风机后的冷风管道进行混合，最后随高炉鼓风一起进入热风炉，其中氧气与鼓风分别计量，富氧前鼓风需要加湿处理。

A   富氧对高炉冶炼的影响

a   对风口前燃料燃烧的影响

随着鼓风中氧浓度增加，氮浓度降低，燃烧 1kg 碳所需风量减少，相应地风口前燃烧产生的煤气量也减少，而煤气中 CO 含量增加，氮含量减少。

同提高风温一样，富氧也会使理论燃烧温度大幅度升高，但是升高的原因并不相同。

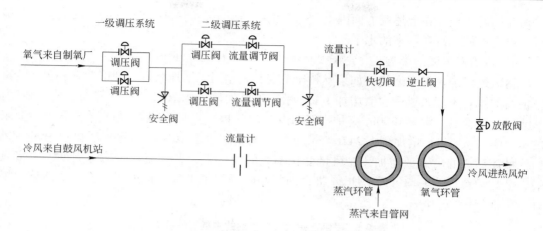

图 4-2 高炉富氧工艺布置示意图

提高风温给燃烧产物带来了宝贵的热量，富氧不仅不带来热量，而且因风量的减少使这部分热量的数值减小，理论燃烧温度的升高是由于煤气量的减少造成的。富氧 1%，理论燃烧温度提高 45~50℃，当风温为 1000~1100℃，鼓风湿度为 1%，富氧到 26%~28% 时，理论燃烧温度就超过 2500℃。生产实际表明，这样高的理论燃烧温度会导致冶炼十分困难，降低理论燃烧温度可以采用降低风温或增加鼓风湿度，显然这不利于焦比的降低，最好的办法就是向炉缸喷吹补充燃料。

富氧以后，风中 N_2 含量的降低和理论燃烧温度的提高大大加快了碳的燃烧过程，这会导致风口前燃烧带的缩小，并导致边缘气流的发展。但因富氧鼓风后提高了冶炼强度，因而燃烧带的缩小不明显。

b 对炉内温度场分布的影响

富氧后，由于风口前理论燃烧温度升高，炉料在炉内停留时间缩短，冶炼周期变短，高炉热量相对集中在炉身下部和炉缸区域，同时鼓风中氮含量下降，在热风温度不变的情况下，由热风带入的热量减少，煤气的物理热下降，不利于降低焦比。因此，大富氧后并没有为高炉增加新的热源，只不过是使热量由上部转移到下部，使炉顶温度下降，提高了煤气热能的利用率，这与提高热风温度有本质区别。

富氧对高炉内温度场分布的影响与提高风温时的影响相似，但是富氧造成的燃烧 1kg 碳发生的煤气量减少，对煤气和炉料水当量比值降低的影响；超过了提高风温的影响，因此富氧时炉身煤气温度降更严重，由于同时产生煤气量减少和炉身温度的降低，煤气带入炉身的热量减少，有可能造成该区域内的热平衡紧张，特别是炉料中配入大量石灰石在该区域分解时尤为严重。如同高风温的影响，富氧也降低了炉顶煤气温度。

c 对还原的影响

富氧鼓风因 N_2 量降低，炉内煤气 CO 浓度增加，在一定范围内有利于间接还原反应进行。但是 CO 浓度对氧化铁还原的影响是递减的，而且在焦比接近不变的情况下，富氧并没有增加消耗于单位被还原 Fe 的 CO 数量，而且 CO 浓度对氧化铁还原度的影响有递减的特性，所以对间接还原的影响是有限的；对间接还原发展不利的方面是炉身温度的降低，700~1000℃间接还原强烈发展的温度带高度的缩小，以及产量增加时炉料在间接还原区停留时间的缩短。在上述两方面因素共同作用的结果下，间接还原有可能发展，也可能削减，也有可能维持在原来的水平。

  d 对冶炼强度的影响

  富氧鼓风加速炭素燃烧，如果燃料比不变，则相当于增加风量。理论计算表明，若富氧前后的风量不变，风中含氧增加 1%，相当于增加风量 4.76%，从而提高了冶炼强度。从表 4-1 可看出，攀钢 1200m³ 高炉富氧率由 1.64% 提高到 3.0% 后，焦炭冶炼强度由原来的 1.103t/(m³·d) 增加到 1.242t/(m³·d)，增幅超过了 10%。大富氧后单位风量在风口区域使燃烧的炭素量增加，在风量变化不大的情况下，大大缩短了冶炼周期。大富氧后，某高炉料批数平均每天增加 24 批，即每小时增加了 1 批，很大程度强化了冶炼，提高了生铁产量。

表 4-1 攀钢高炉大富氧前后的主要冶炼参数

项 目	料批 /批·d⁻¹	冶炼强度/t·(m³·d)⁻¹	焦炭负荷 /t·t⁻¹	煤比 /kg·tp⁻¹	风量 /m³·min⁻¹	风口面积 /m²	批重 /t	炉顶温度 /℃	炉喉温度 /℃
大富氧前	271	1.103	4.162	123	2910	0.247	20.79	274	260
大富氧后	295	1.242	4.225	133	3014	0.261	21.23	243	237
差值	24	0.139	0.063	10	104	0.014	0.44	-31	-23

  e 对煤气流分布的影响

  对于相同的鼓风量，由于富氧率的增加，生成的炉缸煤气增多。相反，如果高炉冶炼燃烧相同碳量，则随着富氧率的增加，冶炼单位生铁所需的风量减少，炉缸煤气量减少。经验表明：大富氧后必然引起边缘气流发展，风口回旋区长度变短，在风量不变的情况下应采取缩小风口面积，开放中心的调剂措施。

  f 富氧鼓风对透气性的影响

  富氧是强化高炉冶炼的重要措施，但焦炭条件不允许进一步提高冶炼强度时，增加富氧就会恶化炉况。首先，随着富氧率提高和喷煤量增加，焦炭负荷增加，料柱透气性恶化。其次，高炉不接受加重焦炭负荷时，煤比受到一定的限制，此时，增加富氧会提高风口前理论燃烧温度，对顺行也是不利的。某高炉富氧率对透气性指数的影响见图 4-3 和图 4-4。

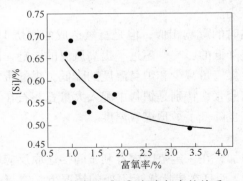 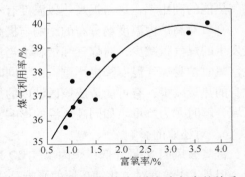

图 4-3 某高炉 [Si] 与富氧率的关系   图 4-4 某高炉煤气利用率与富氧率的关系

  g 喷煤量变化

  富氧鼓风使风口前理论燃烧温度升高，煤气量减少，高温区下移，炉顶温度降低，冶炼行程加快。而喷煤则使理论燃烧温度下降，煤气量增加，边缘气流发展，使炉缸温度分布均匀，高温、中温区域扩大，炉顶温度升高，焦比降低，矿焦比增大，使冶炼行程延长。可见富氧和喷煤对高炉的冶炼效果大部分是互补的。如果高炉不富氧，高炉则难以接受较大的喷煤量；如果不喷煤，大富氧鼓风会导致过高的理论燃烧温度，从而影响高炉冶炼行程。因此，结合两者的优势，能提高炉缸的中心温度，使炉缸工作均匀活跃，增强含钛炉渣的脱硫能力，取得更好的冶炼效果。

h　富氧鼓风对产量的影响

富氧鼓风对产量的影响，可以按以下公式计算：

$$\Delta V = \frac{a-a_0}{a_0} = \frac{\Delta a}{a_0} = \frac{0.01}{0.21} = 4.76\% \tag{4-21}$$

式中，ΔV 为风量增加率，%；a 为富氧后鼓风含氧量，%；a_0 为富氧前鼓风含氧量，%；Δa 为氧量增加值，%。

即富氧前后如果风量不变，在焦比一定的条件下，每提高鼓风含氧 1% 理论可增产 4.76%，实际生产中由于影响因素很多，很难达到。由于富氧后燃烧 1kg 碳消耗的风量减少，就可在不增加单位时间内通过炉子的煤气量，以及炉内压头损失的情况下，增加单位时间内燃烧的碳量，亦即可以提高冶炼强度。在焦比基本保持不变的情况下，某高炉富氧 1% 的实际增产效果为：风中含氧 21% ~ 25%，增产 3.3%；风中含氧 25% ~ 30%，增产 3.0%；冶炼铁合金时，由于焦比下降，增产效果增加到 5% ~ 7%。

i　富氧鼓风对焦比的影响

富氧鼓风对焦比的影响，有利因素和不利因素并存。富氧鼓风由于鼓风量减少，带入煤气的热量相对减少，不利于焦比降低。但由于煤气 CO 浓度提高，煤气带走的热量减少，有利于焦比降低。

综合效果为，如果原来采用难还原的矿石冶炼、风温较低、富氧量小时，因热能利用改善，焦比将有所降低。如果采用还原性好的矿石冶炼；风温较高、富氧量较大时，热风带入炉内的热量大幅度降低，将有可能使焦比升高。冶炼炼钢生铁和铸造生铁时采用富氧，由于富氧鼓风降低鼓风的焓，焦比不会降低，风温 1000 ~ 1100℃ 时焦比还有上升的可能。冶炼铁合金时，由于高温热量集中于炉缸有利于 Mn、Si 等还原，并且大幅度地降低炉顶温度，因此富氧 1% 可降低焦比 1.5% ~ 2.4%。

j　富氧鼓风有利于冶炼特殊生铁

富氧鼓风有利于锰铁、硅铁、铬铁的冶炼。Si、Mn、Cr 直接还原反应，在炉子下部消耗大量热量，富氧鼓风理论燃烧温度提高，且高温区下移，正好满足了 Si、Mn、Cr 还原反应对热量的要求。因此，富氧鼓风对于冶炼特殊生铁而言，将会促进冶炼顺利进行和焦比降低。

B　富氧鼓风的冶炼操作

高炉富氧鼓风大体可概括成三种操作方式：一是保持风量不变，提高氧气配入量，即稳定风量的富氧操作；二是增加氧气配入量，减少风量，以维持炉腹煤气量稳定，即稳定炉腹煤气量的富氧操作；三是保持氧气量不变，通过减少风量以应对炉内压差升高，使压差稳定以维持炉况顺行，即稳定压差的富氧操作。不同的富氧操作方式对炉况稳定及产量的影响存在差异。大型高炉研究表明：稳定风量的富氧操作有利于煤气流在炉缸的均匀分布以及有效煤气通道量增加，是提高高炉产能的有效措施。

稳定风量的富氧操作方式，不同于传统上的"减风富氧"操作方式，虽然两者均以提高高炉产量为主要目的，但对于炉内物质流的增大问题，前者重视"化解"，而后者则注重"控制"。

以减风富氧为特征的稳定炉腹煤气量或稳定压差的富氧操作方式，虽然能抑制炉腹煤气量，但其风口回旋区工作状态以及滴落带状况等很难满足高物质流高炉的顺行要求。

稳定风量的富氧操作方式下，炉腹煤气量相对大，具有鼓风能力高、回旋区工作状态良好和滴落带透气、透液通道增加等特征，对化解炉内物质流增大等高产顺行问题有重要作用，因而是高产能高炉富氧操作的较好方式。

富氧鼓风的具体冶炼特征及操作策略如下：

（1）富氧鼓风使煤气体积减小，要相应缩小风口面积。富氧 1%，风口面积减少 1% ~1.4%，控制炉腹煤气速度接近或略高于富氧前水平。

（2）富氧鼓风使理论燃烧温度提高，要相应增加喷煤量。

（3）高炉操作上，原则固定喷煤量，调整风温，但炉温较高，加风困难时，可加氧 $500 \sim 1000 m^3/h$，正常后减回到规定水平。

（4）炉况不顺，特别连续崩悬料时，要首先停氧、停煤，并相应减轻焦炭负荷。

（5）高炉临时故障放风 80% 以下，若鼓风机突然停风时，要迅速关闭切断阀，切断氧气来源。

（6）在氧气分配上风温低或风机能力不足的高炉，可优先供氧。相反，喷煤量较少，风温较高的高炉，应减少氧量或停止富氧。

（7）富氧鼓风炉缸、炉腹部位冷却设备水温差稍有升高，炉身降低，注意冷却水量的调整。

4.3.2.2　富氧喷吹（煤）

喷吹煤粉以替代资源少而价格昂贵的焦炭是高炉成本控制最有效的手段之一，得到了普遍的应用。采用富氧鼓风会直接导致炉缸尤其是风口区温度的上升，进而有利于硅等的还原，造成铁水硅含量增高和能耗的增加，而高硅含量铁水不符合炼钢生铁的需要。喷吹燃料后，燃料中的挥发分分解会吸收部分热，可有效抑制炉缸温度的上升，所以把富氧与喷吹燃料结合起来，可以有效克服彼此的不足，成为高炉冶炼中的固定组合，得到了大力的推广应用。喷吹燃料和富氧结合对高炉冶炼过程的作用表现在促使喷入炉缸的燃料完全汽化，以及不降低理论燃烧温度而扩大喷吹量，从而进一步降低焦比。

早期，前苏联应用这种结合达到相当于扩大高炉有效容积的增产效果（前苏联的经验在风中含氧 22% ~25%，每小时富氧 $50 \sim 65 m^3$ 相当于扩大炉容 $1 m^3$）。当时我国冶金企业制氧能力有限，很多高炉得不到足够的氧气，而且氧气成本太高，所以这项技术的应用受到限制。我国从 1949 年开始喷煤，也是世界上使用喷煤技术较早的国家之一，高炉喷煤代替昂贵的焦炭，取得了良好的技术与经济效益。

高炉喷煤比的提高受到以下几个因素的影响。首先，由于风口前燃烧温度随喷煤比的增加而降低，在一定的风温下，喷煤比达到一定限度后，风口燃烧温度降低，难以保证渣铁良好的流动，正常冶炼过程将被破坏。因此，若不采取相应措施，喷煤比就不可能有大幅度的提高。其次，由于高炉喷煤比增加，焦炭负荷必然增加。料层透气性变坏，且终将导致炉况顺行破坏。一般而言，高炉风口氧化区（煤粉燃烧区）长度即使为2m左右，煤粉在氮化区的停留时间也极短，大量喷煤时，煤粉在此时间内不能完全燃烧。未燃煤粉除少量随煤气逸出炉外，其余部分有的被料柱过滤，有的堆积在回旋区前端和下方。这些未燃煤粉的积聚，轻则降低煤气利用，燃料比升高，重则破坏高炉顺行。富氧可以大大地促进煤粉燃烧，提高煤粉喷吹率。此外，高炉富氧与喷吹煤粉有良好的互补性，两者配合后形成两个特点：一是富氧能有效地提高风口区燃烧温度，这可部分抵消大量喷吹煤粉的热解吸热效应；二是富氧减少了单位生铁的煤气量，可以适应大量喷吹煤粉后因焦炭减少而导致炉料透气性变坏的状况。

目前，高炉富氧常用的方式有两种：一种方式是提高鼓风含氧量，即在风机前或热风炉前加氧。高炉生产实践表明：在这种富氧方式下，即使用氧量很大，煤粉燃烧区域内的氧浓度也不会很高（一般低于40%）；另一种方式是把氧直接送到高炉炉前与煤粉射流一起喷入炉内，在煤粉燃烧区局部富氧。理论和实践都证明，在相同富氧量的情况下，采用氧煤喷吹的局部富氧方式比提高整个鼓风含氧量的方式更为合理，效果更好。有限的氧气高浓度地集中于煤粉燃烧区，使煤粉燃烧与汽化速度加快，燃烧率提高。特别是在当前我国炼铁厂氧气比较紧张的条件下，采用这种方法实现局部富氧，已成为一种少用氧、多喷煤的好方法。

高炉富氧喷吹煤粉作为一项新工艺，主要要解决好以下问题：（1）煤粉制备、煤粉喷吹及其安全与控制；（2）大喷煤量高炉操作；（3）煤粉与喷吹的计算机控制；（4）氧煤枪及氧气与煤粉的混合；（5）煤粉的燃烧；（6）高炉炉前供氧及安全控制。

煤粉制备是将原煤经过破碎和干燥制成煤粉，再将煤粉从干燥气体中分离、收集起来存入煤粉仓。煤粉喷吹是将制备好的煤粉在喷枪内充压流化，通过气力输送经过管道由喷枪喷入高炉风口。煤粉制备和煤粉喷吹是高炉喷煤的基本系统，应能满足原煤种类多、煤粉粒度小、喷煤量高、喷吹安全、喷煤量调节灵活、分配均匀等要求。为此需要解决原煤干燥磨碎、粒度分级、煤粉收集、煤粉充压、煤粉流化、喷煤量自动计量与调控、煤粉输送与分配、喷吹安全监控等问题。

高炉富氧喷煤时，由于鼓风中氧气浓度增加，煤粉喷吹量提高，高炉炉内冶炼过程会发生重大变化。例如，部分未燃煤粉会影响软熔带的形状、位置，影响炉渣的流动性；矿焦比增加使单位生铁煤气量减少，高炉炉内还原、热交换及炉内气流分布等亦相应发生变化。为使高炉富氧喷吹煤粉达到预期的增产节焦效果，应对下列技术难点和问题进行研究：富氧大喷煤对风口回旋区参数的影响；未燃煤粉在炉内的行为；高炉软熔带位置相应形状的变化；高炉块状带煤气与炉料形状变化；富氧喷煤对高炉炉料和煤气运动、温度分布、炉内还原和渣铁形成过程、生铁成分等的影响，以及高炉上下部调节和冶炼操作。

根据国内外经验，高炉理论燃烧温度应维持在（2050±50）℃左右。富氧可以提高风口理论燃烧温度，同时又可以提高煤粉的燃烧率，减少吨铁煤气量，提高炉料透气性。富氧率提高1.0%，理论燃烧温度升高40~50℃，允许多喷煤粉20.0~30.0 kg/t。同时富氧是强化冶炼、提高产量的手段。

采用大量喷煤技术已成为许多国家炼铁工业生存和发展的必由之路，成为钢铁工业结构优化的重大战略方向。

4.3.2.3　富氧喷吹中的几个问题

A　富氧喷吹的煤种和富氧比选择

富氧喷吹是高炉强化冶炼的主要技术手段。由于富氧提高了热风中的氧气过剩系数，即提高了反应的氧碳比（O/C）值，可以明显促进煤粉的燃烧过程。在煤粉燃烧过程中，除了煤粉热分解产物燃烧时需要耗用一部分氧气外，大部分氧气都用于固定炭的燃烧反应。因此，只要在煤粉温度不变的情况下增加煤粉颗粒附近的氧气浓度，就能提高固定炭的燃烧效果。

a　不同富氧条件燃烧的结果分析

某地无烟煤采用不同富氧方式燃烧时氧气浓度对燃烧率的影响见图 4-5。比较热风富氧和采用分离式氧煤枪富氧对应的燃烧率可以看出，当氧气浓度低于 24.5% 时，前者略高于后者；当氧气浓度在 24.5% ~ 27.0% 范围内时，前者随氧气浓度增加已不再变化，而后者还有较大的增长势头；当氧气浓度高于 27.0% 时，前者随氧气浓度增加开始缓慢下降，后者增加也很平缓。

从图 4-5 中还可以看出，燃烧率变化曲线在氧气浓度较高时都变得平缓，甚至有所下降。即采取不同富氧方式燃烧时存在最佳富氧率，即最佳的 O/C 比值，高于此值既不经济，燃烧率也不再增加。

b　不同粒度煤的燃烧效果

图 4-6 为某地不同粒度无烟煤在不同氧气浓度下的燃烧效果。由图可见，粒径范围为 150 ~ 180μm 的颗粒在氧气浓度从 21% 增加到 30% 的过程中燃烧率只增加了约 3%，颗粒中的固定碳基本上尚未开始燃烧；粒径范围为 80 ~ 120μm 的颗粒在氧气浓度较高时燃烧率开始有较明显的增加，氧气浓度大约在 26.5% 时，固定碳的燃烧率开始明显增加；粒径范围为 50 ~ 70μm 的颗粒，在氧气浓度约为 23.5% 时，燃烧率即开始显著增加。可见，不同粒径的无烟煤富氧时，燃烧效果差异很大，粗颗粒由于加热所需时间长，表面温度升高慢，使得热分解开始的时间晚，在有限反应空间和一定的停留时间内，只能进行其热分解过程，因此氧气浓度的增加只是加快了挥发分的燃烧速度，因固定碳的燃烧尚未进行而无法起到促进作用。中等颗粒一方面由于表面温度升高较快，加热时间较短，热分解过程可以较早完成，从而有时间进行固定碳的燃烧反应；另一方面，由于其外表面积比粗颗粒

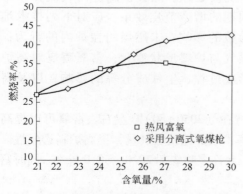

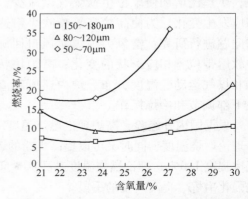

图 4-5　某无烟煤采用不同富氧方式燃烧时　　　图 4-6　氧气浓度对无烟煤不同大小颗粒
　　　　氧气浓度对燃烧率的影响　　　　　　　　　　　燃烧率的影响

明显增大，原煤颗粒内部微孔及热分解物质均较少，燃烧以层状燃烧为主，故外表面积增大即意味着反应有效面积的增大，所以此时增大氧气浓度即可加快固定碳的氧化反应，不过要到氧气浓度高于 26.5% 左右才有效果。小颗粒由于在表面升温速度及燃烧有效面积两方面都具有很大优势，所以增加氧气浓度，对燃烧效果有显著改善。用此结果还可以从粒径的角度解释图中混合粒度在热风中富氧燃烧的结果，即由于粒径越细，固定碳明显燃烧对应的氧气浓度越低，所以具有混合粒度的煤粉随着氧气浓度的增加，燃烧率开始由于细小颗粒的固定碳的剧烈燃烧而逐渐增加。当较细颗粒的固定碳大部分已烧掉，剩余颗粒由于热分解尚未完成或燃烧有效面积太低，使得其固定碳无法在氧气作用下燃烧时，混合颗粒其燃烧率高于相同氧气浓度下中等颗粒的燃烧率。另外，从粗颗粒和中等颗粒的燃烧率随氧气浓度的变化趋势来看，燃烧率在氧气浓度较低时增加并不明显，在氧气浓度较高时还有所降低，只有氧气浓度在 24% ~27% 时燃烧率才有明显的增加。因此，对于不同煤种和不同粒径，需要选择合适的富氧率。

B 高炉富氧喷煤中的富氧方式

高炉富氧喷煤中的富氧方式具体如下：

（1）提高氧气利用率。高炉生产在热风炉前富氧是一种常规富氧方法，其特点是简单易行。高纯度氧气（甚至达到 99.5% 的纯度）加入热风之中，使之氧浓度提高到 25% 左右。受到制氧机能力的限制，大型高炉采用热风富氧难以使富氧率达到更高，加上热风炉及管路漏风，常常有 8% ~10% 的氧气耗损，不利于发挥高纯度氧气的效率；此外，含氧 25% 的鼓风，对热风炉的阀门以热风管路具有一定的腐蚀作用。利用氧煤枪局部富氧，通过专用供氧系统将氧气送到高炉炉前，可以提高氧气的利用率。

（2）采用氧煤枪富氧，可以形成一个明显的局部富氧区域，以 3% ~5% 的富氧率可以在煤粉周围形成高浓度的富氧区域，有利于改善煤粉燃烧。与热风富氧相比，可以用少量氧气在燃烧区获得较高的氧势，实现少用氧、多喷煤的目标。

（3）相应调节氧煤枪结构，可以改善氧煤混合性能，改善煤粉燃烧的动力学条件，提高煤粉燃烧率。

（4）对氧煤枪来说，氧气具有冷却作用，这样既能保证氧煤枪的寿命，又能减小氧煤枪的结构尺寸。

C 供氧管路系统

应用氧煤枪富氧喷吹，需要把氧气输送到高炉炉前氧煤枪入口处。由于高炉炉前环境要求很高，供氧系统除满足常规用氧之安全规程外，还要满足下列要求：

（1）每一风口每一支氧煤枪应能均匀地供氧。在喷煤工艺中，为了使各风口的喷煤量均匀，煤粉输送系统中采取高精度分配器或其他方式进行煤粉分配。同样，也应力求各风口氧气的流量均匀，以便与均匀分配的煤粉相匹配，保证高炉操作稳定。

（2）当氧煤枪出现故障时，供氧系统能及时切断该氧煤枪的氧气并补吹氮气进行安全保护。因为随着高炉喷煤量的增加，通过每一支枪的煤粉和氧气分别达到 1000 ~2000kg/h 和 200 ~400m³ 甚至更高，即使一支枪出现故障，例如枪头烧损或堵塞，导致氧气和煤粉泄漏，都会带来不可估量的损失。

（3）供氧系统要有足够的灵敏度，可对每一支枪进行控制和保护。一般说来，高炉的每一风口配置 1~2 支氧煤枪,一座高炉的氧煤枪数量较多。这些氧煤枪一起出现故障的概率是很小的,可能性最大的是某一时间内有一支氧煤枪出现故障。因此,供氧系统应该具有高灵敏度,能对单枪进行保护,且对任何氧煤枪的保护是单独进行的。

(4) 当风口烧损或出现其他事故时,氧煤枪喷出的氧气和煤粉可能进入热风围管。粒度很细的煤粉在富氧的热风中可以剧烈燃烧,导致爆炸。因此,供氧系统应能在任何风口故障时及时切断相应支管的氧气并补吹氮气。

图 4-7 为总管供氧及控制系统示意图。

D　供氧方式选择

以往高炉富氧所需氧气均是由氧气厂空分设备提供的,机组的能力是根据氧、氮、氩的小时平均用量确定的。此种选型方式造成生产中经常见到氧气大量放散和设备偏离额定工况进行低负荷生产的情况,究其原因:一是平衡做得不准确,机组选择能力过大;二是用户的

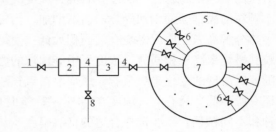

图 4-7　总管供氧及控制系统示意图
1—氧气主管道;2—调压站;3—控制单元;4—氧气总管;
5—氧气环管;6—氧气支管;7—高炉;8—氮气吹扫管路

作业率高,这样势必导致设备在 15%~30% 的时间内不能满负荷生产,从而使空分设备的提取率下降,单位生产的能耗上升。为缓解这一矛盾,需在氧气厂建大型贮罐来调解用氧量的不均衡,这样将导致基建投资增加,又由于炼钢与高炉富氧在用氧制度上的不同,且目前高炉富氧鼓风用氧量一般占氧气总产量的一半以上,而炼钢车间的小时用氧量是由它的生产工艺决定的,具有一定的用氧量波动。供氧的空分设备按照工艺规程,每班调节空分塔产量的操作是不允许的,更何况是每小时调节。因此,用氧量只能依靠贮罐来调节,这样将导致贮罐出现较大的压力波动。而高炉富氧鼓风对压力和含氧量均有较高的要求,否则有可能造成操作过程的失控。为减小贮罐的压力波动,需要缓冲罐的容积足够大,这样不仅增加了设备的基建投资,而且还扩大了占地面积,很不经济。

4.3.3　富氧喷吹的工程实践

4.3.3.1　攀钢 2 号高炉富氧喷吹

攀钢 2 号高炉有效容积为 1200m³,钟式炉顶布料,炉缸直径 8.12m,18 个风口,2001 年大富氧前(1~8 月)的富氧率为 1.64%,平均日产铁量为 2643t,利用系数为 2.202t/(m³·d),从 2001 年 9 月到 2003 年年底,2 号高炉平均富氧率达 3.0%,这期间的高炉平均利用系数达 2.458t/(m³·d),平均日产铁量达 2950t,取得了良好的效果。

大富氧后带来的变化有如下几个方面:

(1) 冶炼强度的变化。富氧鼓风加速炭素燃烧,如果燃料比不变,则相当于增加风量。理论计算表明,若富氧前后的风量不变,风中含氧增加 1%,相当于增加风量 4.76%,从而提高了冶炼强度。从表 4-2 可看出,2 号高炉富氧率由 1.64% 提高到 3.0% 后,焦炭冶炼强度由原来的 1.103t/(m³·d) 增加到 1.242t/(m³·d),增幅超过了 10%。大富氧后单位风量在风口区域使燃烧的炭素量增加,在风量变化不大的情况

下，大大缩短了冶炼周期。由表4-2可以看出，大富氧后，料批数平均每天增加24批，即每小时增加了1批，很大程度强化了冶炼，提高了生铁产量。大富氧前后各项指标的变化见表4-2。

表4-2 攀钢2号高炉大富氧前后的主要冶炼参数变化

项 目	料批 /批·d^{-1}	焦炭冶炼强度/t· (m^3·d)$^{-1}$	焦炭负荷 /t·t^{-1}	煤比 /kg·tp^{-1}	风量 /m^3·min^{-1}	风口面积 /m^2	批重 /t	炉顶温度 /℃	炉喉温度 /℃
大富氧前	271	1.103	4.162	123	2910	0.247	20.79	274	260
大富氧后	295	1.242	4.225	133	3014	0.261	21.23	243	237
差值	24	0.139	0.063	10	104	0.014	0.44	-31	-23

（2）理论燃烧温度的变化。富氧鼓风后，由于单位生铁所需风量及相应生成的煤气量减少，使风口前理论燃烧温度提高，使炉缸温度升高，不但与钒钛磁铁矿冶炼软熔带低且薄的特点相适应，也弥补了由喷煤引起的理论燃烧温度降低的影响。计算表明，在目前攀钢2号高炉的原燃料条件下，富氧率增加1%，理论燃烧温度上升41℃。而喷煤量增加对理论燃烧温度的影响相对要小一些，喷煤量增加10kg/tp，如果保持综合焦比不变，则理论燃烧温度下降12~15℃，因此大富氧率必须与大喷煤互相结合，才能维持适宜的理论燃烧温度，使炉缸热状态不致过高，以获得较好的冶炼效果。大富氧期间2号高炉的理论燃烧温度一般控制在2200~2250℃左右。

（3）煤气流分布。对于相同的鼓风量来说，由于富氧率的增加，生成的炉缸煤气增多，相反，如果高炉冶炼燃烧相同碳量，则随着富氧率的增加，冶炼单位生铁所需的风量减少，炉缸煤气量减少。经验表明：大富氧后必然引起边缘气流发展，风口回旋区长度变短，在风量不变的情况下应采取缩小风口面积，开放中心的调剂措施。从表4-2可看出，2号高炉富氧率增加后，因钒钛磁铁矿冶炼具有大风量操作的特点，没有采用减少或保持风量的操作方法，而是随着炉缸的活跃和炉况的顺行，采用了加风量的操作方法，风量比大富氧前增加了100m^3/min。随着风量、喷煤量的增加，单位时间产生的炉缸煤气量增加，加之风口前理论燃烧温度升高，炉缸煤气量膨胀，回旋区向中心延伸，使炉缸气流分布更加充沛，中心煤气流更加发展。因此操作上采用增大风口面积（风口面积0.247m^{2}增大为0.261m^2），降低风速（风速由196m/s下降到192m/s），来控制适宜的鼓风动能。同时，为了控制中心气流不过分发展，采用了增大批重和提高料线的上部调剂手段，控制好中心边缘两道气流，使煤气流分布更加合理，中心气流和边缘气流均有不同程度的发展，相对来说，边缘气流发展较多一点。这种边缘和中心气流均有不同程度发展的分布形式，对钒钛磁铁矿冶炼来说是较为理想的。

（4）炉内温度变化。大富氧后，由于风口前理论燃烧温度升高，炉料在炉内停留时间缩短，冶炼周期变短，高炉热量相对集中在炉身下部和炉缸区域，同时鼓风中氮含量下降，在热风温度不变的情况下，由热风带入的热量减少，煤气的物理热下降，不利于降低焦比。因此，大富氧后并没有为高炉增加新的热源，只不过是使热量由上部转移到下部，使炉顶温度下降，提高了煤气热能的利用率，这与提高热风温度有本质区别。

从表4-2可看出，大富氧后，2号高炉炉顶温度大幅下降，从大富氧前的274℃下降到大富氧后的243℃，下降了31℃，降幅达11%。同时通过上部装料制度调整，使炉喉温度分布也有不同程度下降。

（5）喷煤量变化。富氧鼓风使风口前理论燃烧温度升高，煤气量减少，高温区下移，炉顶温度降低，冶炼行程加快；而喷煤则使理论燃烧温度下降，煤气量增加，边缘气流发展，使炉缸温度分布均匀，高温、中温区域扩大，炉顶温度升高，焦比降低，矿焦比增大，使冶炼行程延长。可见富氧和喷煤对高炉的冶炼效果大部分是互补的。如果高炉不富氧，高炉则难以接受较大的喷煤量，如果不喷煤，大富氧鼓风会导致过高的理论燃烧温度，从而影响高炉冶炼行程。因此，结合两者的优势，能提高炉缸的中心温度，使炉缸工作均匀活跃，增强含钛炉渣的脱硫能力，取得更好的冶炼效果。从表4-2可看出，大富氧后，攀钢2号高炉煤比也相应提高了10kg/tp。

另外，富氧率的提高，可以控制钛和硅的还原，炉渣的流动性有所改善。

（6）增产效果分析。2号高炉大富氧后，冶炼强度和利用系数大幅上升，所取得的效果见表4-3。

表4-3　攀钢2号高炉大富氧前后部分指标

项　目	利用系数 /t·(m³·d)⁻¹	平均日产量 /t	风量 /m³·min⁻¹	入炉品位 /%
大富氧前	2.202	2643	2910	48.28
大富氧后	2.458	2950	3014	49.00
差值	0.256	307	104	0.72

从表4-3可看出，2号高炉大富氧后，平均日产量增加了307t，高炉利用系数提高了0.256t/(m³·d)，扣除因风量的增加、品位的提高增加的产量162.6t/d，平均日产量增加近144.5t。即2号高炉富氧率从1.64%提高到3%后，高炉产量增幅达5.47%，利用系数提高了0.12t/(m³·d)，富氧率增加一个百分点，产量增加［144.5/(3.0 - 1.64)］/2950 = 3.60%。

4.3.3.2　安阳钢铁集团9号高炉富氧喷吹

安阳钢铁集团有限责任公司（以下简称"安钢"）9号高炉2007年开炉投产，高炉容积为2800m³，设计风口30个，铁口3个，无渣口，配备3座卡鲁金顶燃式硅砖热风炉，串罐无料钟炉顶，集中控制上料。开炉以来，通过优化高炉操作，改善原燃料质量，选择合适氧煤比，提高喷煤量，降低能耗，提高产量，使高炉各项技术经济指标均取得长足的进步。

随焦炭负荷的不断加重和煤粉喷吹量的不断加大，9号高炉制定了以提高入炉风量、提高风速、提高鼓风动能、吹透中心、活跃炉缸、控制煤气圆周均匀分布为主的操作方针。即适当加大风口面积，采用下倾斜风口，灵活调整大风口的位置，增大风量可以满足高炉冶炼强化，利于吹透中心；采用高风温，根据相关经验，热风温度每升高100℃，可使风口理论燃烧温度升高60℃，允许多喷30～40kg/t煤粉。9号高炉风温基本保持1180℃，确保煤粉的燃烧率。在高喷吹尤其在配加了高挥发分烟煤时，风口温度下降较多，所以必须维持适宜的理论燃烧温度，保证煤粉在风口的燃烧率。根据国内外的经验，

9号高炉理论燃烧温度维持在（2050±50）℃左右。富氧可以提高风口理论燃烧温度，同时又可以提高煤粉的燃烧率，减少吨铁煤气量，提高炉料透气性。富氧率提高1.0%，理论燃烧温度升高40~50℃，允许多喷煤粉20.0~30.0kg/t。同时富氧是强化冶炼、提高产量的手段。9号高炉富氧用量基本维持在10000m³左右，富氧率3.5%~4.0%。安钢9号高炉的主要经济指标见表4-4。

表4-4 安钢9号高炉的主要经济指标

时 间	利用系数 /t·(m³·d)⁻¹	入炉焦比 /kg·t⁻¹	喷煤比 /kg·tp⁻¹	冶炼强度 /t·(m³·d)⁻¹	入炉品位 /%	风温 /℃	[Si] /%	[S] /%
2007-07	1.705	550	3.0	1.24	58.90	914	0.59	0.24
2007-08	1.980	415	105	1.05	59.97	1123	0.51	0.02
2007-09	2.051	400	108	1.07	58.64	1164	0.47	0.018
2007-10	2.114	381	134	1.04	59.14	1170	0.44	0.021
2007-11	2.239	385	139	1.10	58.49	1179	0.41	0.024
2007-12	2.231	390	136	1.12	58.64	1182	0.41	0.022

4.3.3.3 济南钢铁集团1~4号高炉富氧喷吹

济钢第一炼铁厂现有6座350m³高炉，1~4号高炉为BT型无钟炉顶，5号、6号高炉为双钟炉顶，炉体冷却系统采用软水闭路循环。炉料结构为烧结矿66%+球团24%+酸性块矿10%，焦炭80%外购。由于风机装备能力低，入炉风量小，平均风量只有950m³/min左右，严重制约了高炉的强化冶炼。2002年济钢20000m³/h制氧机投产，为高炉富氧提供了条件，高炉工艺操作克服富氧增加初期炉况稳定性差，有害元素循环富集，炉渣 Al_2O_3 含量高等困难，在原燃料质量下降的情况下，探索出高富氧冶炼特点和合理的操作制度。

提高富氧率对高炉强化冶炼的促进作用有以下方面：一是从根本上解决了高炉风机能力不足的矛盾，改善了炉缸工作状态，炉缸活跃程度提高；二是鼓风中含氧量增加，加快了焦炭燃烧速度，高炉冶炼强度得到明显提高；三是风口区理论燃烧温度升高，按照理论计算，富氧率升高1%，风口前理论燃烧温度提高35℃，实际采取富氧鼓风后，风口前温度明显提高，渣铁温度充沛，有利于增加喷煤量，在充分利用高风温基础上，有效提高了喷煤比；四是富氧后煤气中 N_2 含量减少，CO浓度提高，促进了间接还原，CO_2 含量由18.61%提高到19.28%；五是在炉渣 Al_2O_3 含量超过17%的条件下，高富氧率对改善炉渣流动性作用较明显，渣温充沛，能够降低高 Al_2O_3 炉渣对炉缸的不利影响。

根据理论计算，富氧率提高1%，可以增产4.76%。但实际生产中由于影响因素很多，很难达到理论计算值。济钢的生产实践表明，在焦比不变的情况下，富氧率提高1%的增产效果为：鼓风中含氧21%~25%，增产3.9%；鼓风中含氧25%~27%，增产3.2%。随着富氧率提高，增产率呈递减趋势。

喷煤率和主要技术指标达到全国同类型高炉先进水平。

表4-5为济钢第一炼铁厂2005~2008年高炉富氧后的主要技术指标。

表 4-5　济钢高炉富氧率及主要技术指标

年份	富氧率 /%	利用系数/t· (m³·d)⁻¹	入炉焦比 /kg·t⁻¹	喷煤比 /kg·tp⁻¹	风温 /℃	风量 /m³·min⁻¹	入炉品位 /%	CO_2含量 /%
2005	2.24	3.58	404	139	1057	973	59.03	18.61
2006	3.93	3.82	422	138	1044	960	59.40	18.92
2007	5.47	3.97	429	144	1072	948	58.52	19.17
2008	6.05	4.08	433	155	1098	942	58.29	19.28

4.3.4　全氧高炉

4.3.4.1　全氧高炉概念的提出

高炉氧煤炼铁工艺泛指鼓风含氧 40%～100% 的高炉高富氧或全氧条件下的超量喷煤技术。由于高炉喷煤量超过焦炭消耗量，这一工艺可以看作是以氧气和煤粉为主要能源的炼铁技术。该工艺的提出有如下技术背景：

（1）高炉富氧鼓风与喷吹煤粉的技术互补性构成高富氧（全氧）高炉工艺的突出优点，高富氧（全氧）高炉有大幅度提高喷煤量的作用，因此不断提高富氧比乃至全氧高炉，以求取得更加明显的效果成为趋势。40% 富氧鼓风可增加产量 50%，而全氧鼓风高炉能增产 100%，可望实现炼铁总能耗不升高的条件下大量以煤代焦。

（2）高炉大量以煤代焦炼铁能产生巨大经济效益。我国虽然焦煤资源丰富，但分布不均，炼焦工序污染严重，焦炭价格高，高炉使用焦炭炼铁代价很大。富氧是最有效和最经济的提高喷煤率的手段。按目前实验数据，高炉每提高鼓风富氧率 1%，可增加喷煤 13～20kg/t。高富氧（全氧）技术能最大限度提高喷煤率，喷煤量可达到高炉炼铁燃料中 50%～70% 的高比率并保持高炉燃料比无明显升高，因而经济效益十分显著。

（3）高富氧（全氧）高炉能有效抑止炉缸中 Si、Ti、K、Na 等元素的还原。由于炉缸中 CO 分压升高，高炉中难还原元素的还原被抑制，生铁 Si 含量可以降低到能直接进行炉外脱磷的 0.15% 以下的水平。炉渣中 TiC 的生成被有效抑制，炉料中 K、Na 等元素的有害还原趋势降低。这有利于我国蕴藏很多的复合铁矿石的高炉冶炼。

（4）高富氧（全氧）高炉提高了高炉煤气质量，可缓解钢铁企业的煤气与能量平衡。高富氧（全氧）高炉每吨生铁可外供 500～1000m³ 热值为 5000～7500kJ/m³ 的高质量煤气，这种煤气适合钢锭加热炉、烧结点火、球团焙烧之用，十分适合钢铁联合企业使用。这种煤气还适于高效的煤气-蒸汽轮机联合驱动的发电机，可成倍提高煤气的热-电转换效率，有效缓解联合企业内部的能量平衡和电能供应。

（5）高富氧（全氧）高炉工艺是一个充分利用现有装备的成熟工艺。高富氧高炉技术可完全不改变现有高炉设备，仅匹配制氧机即可实施，从而大幅度提高产量和技术经济指标。它基本上是一个各种成功技术的合理组合，开发此工艺的技术风险很小。

目前，富氧率 25% 的富氧喷煤技术已经成熟并得到大规模的推广应用，可否开发更高富氧比，进一步提高喷煤比，成为新的研究热点，其终极目标就是全氧高炉。

与熔融还原相比，高富氧（全氧）高炉技术的缺点是不能全部取消焦炭，除此之外，在技术指标、基建投资、技术风险等各方面均优于熔融还原。全氧高炉工艺生铁成本比熔融还原还低 20%。熔融还原在某些国家能取得比高炉更低的生产成本是由于下列条件造成的：（1）焦煤差价巨大；（2）电力供应充足，氧气便宜；（3）高质量煤气回收能获得重大效益。例如南非 COREX 法，由于吨铁 600~800m³ 氧气单耗除了可被当地巨大的吨铁焦煤差价基本抵消外，回收的煤气（7000kJ/m³）价值占较大比重。

根据原北京钢铁设计研究总院的资料计算，高富氧（全氧）高炉、常规高炉与熔融还原技术的生铁成本列于表 4-6。此生产成本受煤气回收价格影响很大。据我国情况，按煤气和焦炭热值同价分别计算。表 4-6 示出，在我国资源条件及能源价格下，氧煤高炉技术能取得良好的经济效益。新建高炉基建费用可降低 30%（按改建计费用更低），而熔融还原在目前我国价格体系下生产成本要比常规高炉高得多。随着制氧技术的不断发展，制氧成本不断降低，已不构成提高生铁成本的主要因素，并被富氧的有利因素大大超过。高炉氧煤炼铁工艺的氧耗问题将不再成为开发障碍。

表 4-6 高富氧（全氧）高炉、常规高炉与熔融还原生铁成本（按 1987 年价格，单位：元）比较

项 目	COREX 流程			FOBF			富氧高炉（40%氧）			普通高炉（21%氧）		
	单价	单耗	成本	单价	单耗	成本	单价	单耗	成本	单价	单耗	成本
原料												
1. 烧结矿，t				96.14	1.60	153.6	96.14	1.60	153.6	96.14	1.56	153.6
2. 球团矿，t	113.5	1.46	165.71									
小计			165.71			153.6			153.6			153.6
辅料												
1. 石灰，t	70	0.12	8.4									
2. 石灰石，t				30	0.01	0.3	30	0.01	0.3	30	0.01	0.3
小计			8.4			0.3			0.3			0.3
燃料、动力												
1. 焦炭，t				202.3	0.200	40.4	202.3	0.28	56.6	202.3	0.52	105.2
2. 煤，t	80	0.924	73.9	80	0.450	36.0	80	0.28	22.4			
3. 水，m³	0.55	0.50	2.75	0.55	0.50	2.75	0.55	0.50	2.75	0.55	0.50	2.75
4. 电，kW·h	0.2	40	8.0	0.2	20	4.0	0.2	20	4.0	0.2	20	4.0
5. 氧气，m³	0.2	700	140	0.2	350	70	0.2	190	38			
6. 蒸汽，GJ										5.5	0.397	2.18
7. 鼓风，万 m³										5.5	0.140	7.7
8. 减回收												
(1) 煤气，GJ	4[1]	8.0	−32	4[1]	6.3	−25.2[1]	3	5.7	−17.1	2	3.3	−6.6
	8[2]		−64	8[2]		−50.4[2]						
(2) 炉渣，t	2	0.35	−0.7			−0.8			−0.7			−0.8
小计			193.4[1]			120.3[1]			106.5			114.4
			169[2]			95.1[2]						

续表 4-6

项　目	COREX 流程			FOBF			富氧高炉（40%氧）			普通高炉（21%氧）		
	单价	单耗	成本	单价	单耗	成本	单价	单耗	成本	单价	单耗	成本
工资/附加费			6.0			6.0			6.0			8.4
车间经费			20			20			20			35.2
企业管理费			10			12			12			14
工厂成本			403.2 [1] 371.2 [2]			317.2 [1] 292 [2]			297.3			322.8

①煤气热量回收价格按煤热量等值计;
②煤气热量回收价格按焦炭热量等值计。

4.3.4.2　高富氧和全氧高炉的发展概况

氧气高炉从 20 世纪 70 年代提出以来，国内外学者进行了长期系统研究。20 世纪 90 年代初俄罗斯 Tula 公司和日本 NKK 公司分别进行了氧气高炉工业化试验，理论分析和试验研究表明全氧鼓风和大量喷吹煤粉在工艺上是可行的，但是由于当时制氧和 CO_2 脱除等技术尚不成熟，生产成本较高，最终没有实现工业化生产。近几年，随着温室气体对环境影响和国际社会对 CO_2 减排的呼声，国内外又开始了新一轮氧气高炉炼铁技术研究，企图大幅度降低炼铁生产 CO_2 排放。欧盟和日本分别启动了"ULCOS"项目和"COURSE50"项目，都将氧气高炉炼铁流程作为钢铁企业炼铁中长期发展方向，集中政府、企业和科研院所等单位力量进行技术攻关。我国对氧气高炉的研究从 20 世纪 80 年代开始，秦民生等提出了 FOBF 流程，并进行了理论分析和实验研究。2009 年钢铁研究总院进行了全氧鼓风炼铁半工业化试验，推进了我国氧气高炉研究工作。

英、意、荷三国在欧洲共同体的资助下，1991 年在英国克里夫兰 $600m^3$ 高炉上成功进行了高富氧大喷煤的工业实验。在富氧浓度 35% ~ 40% 条件下达到最大喷煤率300kg/t，并且实现了高炉半煤半焦（喷煤 270kg/t，焦比 270kg/t）炼铁的作业水平。这标志着以煤为主要能源的高炉炼铁工艺在工业上已经实现。

Edstron 及马积棠利用瑞典的优越原料制造一种理想炉料以降低炉身加热煤气量需要的条件下提出了 BOBF 工艺，使用 40% ~90% 的富氧，喷煤 370kg/t，焦比 200kg/t。

比利时的 Poos 提出简化高富氧（全氧）高炉工艺是以超量喷煤来达到炉身加热煤气平衡的，而用风口加喷水蒸气维持合理风口温度，所提出的 60% 富氧喷煤高炉方案需要喷煤 410kg/t，并把焦比降低到 190kg/t。而全氧高炉则需要喷煤 525kg/t，并把焦比降低到 102kg/t，在同时风口喷吹 $40m^3$ 水蒸气的条件下，高炉上下部热平衡得以保持。当氧煤喷枪技术有重大突破后，可以期望这一理想工艺的实现。

高富氧（全氧）高炉妨碍正常操作的两个问题中，"下热"问题较容易用风口喷吹冷却剂（水蒸气或煤气）来调整，关键和困难的是解决"上凉"问题。其实高富氧（全氧）高炉存在一个自我调整炉身热平衡的因素：喷吹煤粉使单位生铁的炉料中吸热较大的焦炭数量降低，炉料的水当量也降低、使加热煤气需要量减少。如保持高置换比，也可能达到炉身热量平衡，从而缓解高炉"上凉"的矛盾。

曾经提出过一些附有煤气脱除、加热和炉身喷吹措施的全氧高炉工艺。虽然这些方案有巨大技术经济优越性，但加大了设备投资，成为开发氧煤高炉工艺的障碍。因此，当前都致力于探索不用煤气处理和无炉身喷吹的高富氧（全氧）高炉工艺。

取消煤气脱除及炉身循环的氧煤高炉，大约增高燃料比 100 ~ 150kg/t，但相应增加了等热量的煤气供应（约 340 ~ 600m³，热值为 7200kJ/m³ 的煤气），这些可贵的气体燃料是用廉价的煤粉和氧气制取的，回收煤气效益可抵消燃料比提高的消耗。这种全氧高炉即使燃料比高达 1000kg/t，在经济上也是有利的。

根据我国资源和现有的技术条件，北京科技大学提出从常规风口喷吹部分高炉炉顶煤气的氧煤高炉工艺：只经过常规清洗除尘而无须脱除 CO_2 处理的煤气，作为煤粉安全载气通过常规风口喷入高炉炉缸可以发挥两个有益的作用：（1）在高炉下部，煤气中 CO_2 和 H_2O 的分解吸热反应及增加的煤气量有效地降低了过高风口燃烧温度。（2）分解生成的煤气增加了煤气水当量，改善了上部炉身炉料的加热，降低了"上凉"风险。这样，风口喷吹少量煤气就可以达到高炉反应的氧-煤效应平衡。

表4-7 示出了推荐的氧煤高炉技术指标。

表4-7 高富氧（全氧）技术指标

项目	鼓风氧浓度 /%	入炉焦比 /kg·t⁻¹	喷煤比 /kg·t⁻¹	风温 /℃	喷吹煤气量 /m³	燃烧区温度 /℃	间接还原度 /%	吨铁耗氧量 /m³	燃料比 /kg	吨铁煤气量 /m³	煤气热值 /kJ·m⁻³	外供煤气热量 /GJ·t⁻¹
常规	21	520	0	1000	0	2250	50	0	520	1750	3100	3.3
高富氧	40	280	280	1000	40①	2285	80	190	560	1320	4720	5.7
FOBF	100	200	440	900	160②	2045	90	400	640	1200	7500	6.8

①风口喷吹煤气的加热温度；
②风口喷吹煤气。

高炉全氧鼓风操作，是用高浓度氧鼓风促进大量煤粉燃烧，在高置换比下可提高喷煤量到 300kg/t 以上，使焦比大大降低，煤粉消耗量超过焦炭用量而成为高炉炼铁的主要能源，从而改变了钢铁厂的能源结构，可充分利用我国丰富的煤炭资源，具有炼铁生产率高的特点。

目前，高炉生产都采用喷吹燃料的方法来降低焦比，各国燃料资源不同，喷吹燃料的种类也不一样，我国以喷煤为主，但喷煤率一般不超过 150kg/t，由于炼焦煤的日益短缺，如何在保持较高置换比下进行燃料大喷吹以大幅度降低焦比，已成为重要研究课题。全氧高炉炼铁已成为近年来国内外冶金界关注的炼铁新工艺之一。

4.3.4.3 全氧高炉的特点

全氧高炉的特点如下：

（1）生产率大幅度提高。由于全氧鼓风使高炉炉缸中单位生铁冶炼消耗的煤气量锐减，在保持高炉顺行条件下，冶炼强度大幅度提高。对于不同的技术方案，高炉的生产率可提高 1/3 ~ 2 倍。

（2）喷煤量增加。采用全氧鼓风操作不但可以加快喷吹燃料的燃烧速度，而且为了维持适宜的理论燃烧温度还需要增加燃料喷吹量。在保持高置换比的情况下，全氧鼓风冶炼可将喷煤率提高到 300kg/t 以上，使焦比大大降低，煤粉消耗量超过焦炭用量，成为高炉炼铁的主要能源，从而改变钢铁厂的能源结构。

（3）炉内煤气主要由一氧化碳和氮气组成。全氧鼓风时，高炉煤气中无氮，还原性气体浓度由普通高炉的 40% 左右变为接近 100%。炉身的还原条件与直接还原竖炉相似，铁矿石的间接还原度大幅度提高，直接还原度很低。高炉内的冶炼过程大大改善。

1）矿石在低于 1000℃ 时就已大部分金属化，剩下的 FeO 很少，所以初渣量减少，软熔带变薄，有利于高炉高产顺行。

2）由于炉身铁矿石间接还原充分发展，直接还原度降低，1000℃ 以上区域产生的 CO_2 很少，焦炭中碳的溶损减少，使高炉有可能使用目前不宜采用的反应性高的焦炭或型焦。

3）由于焦炭用量减少以及煤气中一氧化碳分压提高，抑制了硅和碱金属的氧化物被碳还原，高炉中 SiO_2、K、Na 等气态产物减少，对高炉冶炼的危害随之减轻，高炉的热耗减小。这对冶炼低硅生铁十分有利。

4）冶炼钒钛矿时，高炉中无氮化钛生成，钛的还原受到抑制，炉渣中碳化钛较少，其流动性得到改善。

5）提供热值较高的煤气。高炉全氧鼓风操作时，炉顶煤气由 CO、H_2、CO_2、H_2O 组成，不含氮，其发热值比普通高炉高 1 倍以上，可为钢铁厂提供燃料用气。在脱湿及脱除 CO_2 以后，此种煤气还可作为高质量的化工用气。

6）炉顶煤气循环利用。如果只用氧气代替普通热风操作，因为炉缸煤气量太小，煤气水当量小，不足以加热高炉上部炉料，冶炼指标变坏。又因为没有热风带入热量，因此导致焦比上升到 700kg/t，氧耗超过 $500m^3/t$，这在经济上是不堪承受的。为了降低氧耗和焦比，各种全氧鼓风炼铁方案都采用了炉顶煤气净化、处理后循环利用的措施，为高炉炉身提供足够多的高质量的还原气，使矿石的间接还原度大幅度提高，炉缸高温区的热耗大大减少。

高炉全氧鼓风炼铁也存在一些问题，如煤气量锐减、炉身还原不良、风口温度过高等。这些问题使喷煤置换比降低及高炉操作不顺。

4.3.4.4　国内外全氧高炉炼铁工艺

国内外已提出四种全氧高炉炼铁工艺流程，见图 4-8。

图 4-8a 为早期德国提出的 Fink 流程。它需要脱除煤气中的 CO_2，工艺难度大，实现困难，增产幅度小，喷煤率太低。

图 4-8b 为加拿大提出的 W. K. Lu 无氮炼铁流程。需要脱除煤气中的 CO_2，增产幅度小，喷煤率不高，但工艺难度小，技术成熟，易于实现。

图 4-8c 为国内提出的 FOBFI 流程。喷煤率、煤焦置换比、焦比、燃料和生产率指标都能大幅度改善，外供煤气热量调剂有弹性。对不需外供煤气的炼铁厂可取得最低燃料比（400kg/t）。但基建费及投入大，投入产出比更高。

图 4-8d 为日本 NKK 全氧高炉流程。此流程不需脱除煤气中的 CO_2，工艺难度小，基建投入少，喷煤率高。但还原度较高，煤焦置换比大，燃料比高。

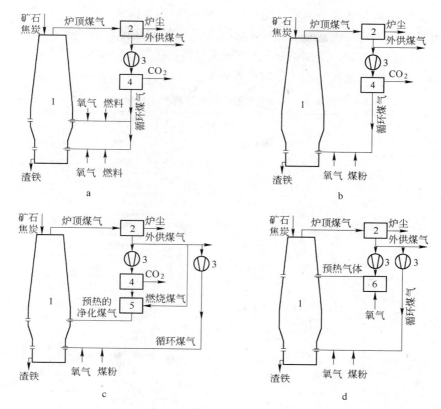

图 4-8　20 世纪末提出的四种全氧炼铁流程

a—早期德国 Fink 全氧炼铁流程；b—加拿大 W. K. Lu 全氧炼铁流程；

c—国内提出的 FOBFI 全氧炼铁流程；d—日本 NKK 全氧炼铁流程

1—高炉；2—除尘器；3—加压机；4—CO_2 脱除站；5—热风炉；6—燃烧炉

4.3.4.5　富氧与全氧喷煤的工艺特点对比

A　富氧喷煤的工艺特点

富氧喷煤是在鼓风喷煤的基础上发展起来的，因鼓风喷煤氧量不足，喷煤量不大，一般在 120k/t 以下，为了加大喷煤量，替代昂贵的焦炭，把氧气加入热风中，一般富氧量可达 25% ~ 30%，喷煤量提高到 200 ~ 250kg/t，其富氧喷煤工艺特点如下：富氧喷煤增加还原气体中的（$CO+H_2$）浓度促进间接还原，并能增加煤气热值；富氧喷煤能提高煤粉燃烧率；富氧大喷煤后，矿焦比增大，料柱中焦炭量减少，透气性变差，风压增高；富氧喷煤能加速炭素燃烧，提高冶炼强度。因此操作中要注意料速，稳定炉缸温度。

B　全氧喷煤炼铁的主要特点

全氧喷煤是在富氧喷煤基础上的进一步发展，是用工业纯氧（99% 以上）与煤粉一起喷入高炉。喷气量 250 ~ 350m³/t，喷煤量可达 300 ~ 350kg/t。其工艺特点如下：全氧喷煤时高炉煤气中无氮，提高了还原气体中（$CO+H_2$）浓度，铁矿石间接还原度提高到 90% 以上；金属化率高，软熔带变薄，透气性好，炉况顺行，利用系数高；抑制了 Si 和碱金属的氧化物被碳还原，减少了气态碱金属对高炉冶炼的危害；炉缸温度急剧上升，煤气量下降，无法预热上部炉身炉料，出现"上凉下热"的矛盾。

由此可见，全氧喷煤比富氧喷煤有许多优势，如间接还原度高，生产效率成倍增加，焦比低等，但高炉易出现"上凉下热"，必须采取特殊措施加以克服。

三种全氧鼓风炼铁流程的工艺参数见表4-8。

表4-8　三种全氧鼓风炼铁流程的工艺参数

项　目		Fink 流程		W. K. Lu 流程		NKK 流程
喷吹燃料		重油	煤粉	煤粉	煤粉	煤粉
焦比/kg·t^{-1}		278	278	350	200	350
喷吹率	下风口	80	89	230	345	300
	上风口	52	57	—	—	—
燃料比		410	424	580	545	650
氧耗/m^3·t^{-1}	下风口	238	231	390	368	349
	上风口	41	35	—	—	10
总氧耗/m^3·t^{-1}		279	266	390	368	359
循环煤气量/m^3·t^{-1}	下风口	334	381	700	700	165
	上风口	80	124	—	—	105（燃烧）
炉腹煤气量/m^3·t^{-1}				1400	1400	1200
炉顶煤气量/m^3·t^{-1}		1180	1180	1400	1400	1350
外供煤气量/m^3·t^{-1}		384	224	700	700	1080
煤气热值/kJ·m^{-3}		6270	6270	7286	7286	7215
外供热量/GJ·t^{-1}		1.88①	0.88①	5.1	5.1	7.79

①煤气外供中损失81m^3。

4.3.4.6　发展氧气高炉需要解决的关键技术问题

发展氧气高炉需要解决的关键技术问题如下：

（1）高效喷吹和全流程优化控制技术。氧气高炉可以增大喷煤量，降低一次燃料消耗和减少 CO_2 排放，但这是建立在风口煤粉高效燃烧和全流程优化控制基础之上。需要对整个流程的以下几个方面进行优化控制研究：

1）全氧鼓风风口前理论燃烧温度很高，需要研制新型耐高温、耐磨损的长寿氧煤枪、长寿风口，确定相应冷却参数；

2）氧气高炉焦炭理论消耗可以降低到吨铁200kg左右，对焦炭质量有了新的要求，需要研究适合全氧鼓风的合理焦炭理化性能指标；

3）氧气高炉的喷吹方式不同，炉内煤气流分布差异很大，气固反应会受到影响，需要研究不同喷吹方式下合理的高炉炉型设计参数、循环煤气喷吹量及煤气流分布状态；

4）为了实现炼铁高效节能和自循环利用，需要进一步提高氧气高炉工艺参数的动态优化和自动控制水平。

（2）循环煤气加热技术。氧气高炉为了降低能耗，对炉顶煤气进行了循环利用，而且需要将循环煤气加热到一定温度，否则大量净煤气吹入氧气高炉，破坏了炉内的热平衡，能耗反而升高。高炉热风加热技术已经成熟，但煤气加热要比热风加热困难得多。一方面由于氧气高炉循环煤气中 CO 含量远远高于 H_2，所以煤气加热过程中 CO 会析碳，不但降低了有效煤气量，而且会影响煤气加热效率；另一方面煤气加热存在安全隐患，加热过程中容易发生爆炸和煤气泄漏等事故。

煤气加热是氧气高炉需要解决的关键问题，开发出安全可靠、工艺稳定、运行成本低廉的煤气加热技术是氧气高炉节能降耗的根本保证。尽管热风加热技术已经非常成熟，但由于煤气与热风的性质不同，热风加热技术直接用于煤气加热要有可靠的安全防爆措施。Midrex 和 HYL 的煤气加热技术比较成熟，但主要加热富氢气体，基本没有析碳的问题。氧气高炉循环煤气加热如果借鉴 Midrex 的煤气加热技术，需要解决析碳等技术难题。

（3）炉顶煤气 CO_2 脱除技术。CO_2 分离脱除方法有很多种，但主要是技术成本问题。常用的 CO_2 脱除方法主要有溶剂吸收法、低温精馏法、膜分离法和变压吸附法，这四种方法的优缺点如表 4-9 所示。目前冶金行业采用的 CO_2 脱除方法主要是变压吸附法，直接还原工艺 Midrex 和 HYL 都是通过变压吸附来脱除煤气中 CO_2。变压吸附技术占地面积大，而且需要消耗大量能量来加压气体，吸附分离所需的最低压力是 0.6MPa，适用压力是 0.6~1.3MPa，适用温度小于40℃，输出压力 3.5MPa，输出温度小于5℃，CO_2 脱除率大于 75%（与气体组成、压力等有关）。

表 4-9 不同 CO_2 脱除方法优缺点

方　法	优　　点	缺　　点
溶剂吸收法	工艺成熟，CO_2 纯度可达99.99%	投资费用大，蒸汽消耗较高，溶剂循环利用成本较高
低温精馏法	适用于高纯度气体，如 CO_2 纯度可达99.99%	设备投资大，能耗高，分离效果差，成本高
膜分离法	工艺简单，操作方便，能耗低，经济合理	效率低，电耗高，需要前处理，脱水和过滤，难得到高纯度 CO_2
变压吸附法	能耗低，工艺流程简单，自动化程度高，环境效益好	需大量变压吸附罐，占地面积大，电耗高，不适用大流量煤气处理

近几年，CO_2 变压吸附分离技术得到快速发展，通过对吸附塔结构、循环设计和吸附剂等技术进行改进，降低了操作能耗和运行成本。表 4-10 为 1992 年国际能源署（IEA）报告中各项指标与 2010 年改进的变压吸附（PSA）技术的参数对比。

表 4-10 1992 年 IEA 报告与 2010 年改进的 PSA 技术的参数对比

项　目	CO_2 纯度 /%	CO_2 回收率 /%	能量需求 /MW	成本投资 /元	CO_2 减排成本 /元·t^{-1}
1992 年 IEA 报告	75	80	200	2.23 亿	63
2010 年改进的 PSA 技术	90	95	13.7~55	1.3 亿	20~25

由表 4-10 可知，当前变压吸附 CO_2 技术各项参数都有了很大的改进，投资成本和运行能耗都降低了很多，CO_2 的脱除成本降低了将近1/3。氧气高炉冶炼 1t 铁水约产生 CO_2 量为0.8~1.0t，1t 铁水 CO_2 脱除成本大概在 120~150 元。由于目前没有成熟的技术将分离得到的 CO_2 进行资源化利用，钢铁企业需要自身承担 CO_2 脱除成本，加重了钢铁企业的负担，所以现在需要研究出将 CO_2 资源化利用的低成本技术，提高企业脱除 CO_2 的积极性。

（4）CO_2 的储存及资源化利用技术。氧气高炉需要解决的另一个核心技术是将分离得

到的 CO_2 储存及资源化利用。如果炉顶煤气中分离得到的 CO_2 没有储存或资源化利用，就不能从根本上降低 CO_2 排放。CO_2 的储存及资源化利用方法主要有：油田埋藏（EOR），天然气田埋藏（EGR）和废弃煤田埋藏（ECBM），各方法的主要特征如表 4-11 所示。

表 4-11　注入 CO_2 提高油气藏和煤田采收率特征表

项　目	油田埋藏 EOR	天然气田埋藏 ECR	废弃煤田埋藏 ECBM
技术应用情况	证实	推测	推测
费用	$5 \sim 20$ 美元/t(CO_2)	$5 \sim 20$ 美元/t(CO_2)	$10 \sim 75$ 美元/t(CO_2)
收入	$0.25 \sim 0.5$t(原油)/t(CO_2)	$0.03 \sim 0.05$t(甲烷)/t(CO_2)	$0.08 \sim 0.2$t(原油)/t(CO_2)
	$25 \sim 55$ 美元/t(CO_2)	$1 \sim 8$ 美元/t(CO_2)	$0.5 \sim 3$ 美元/t(CO_2)
限制条件	原油重度至少 25API	主要适用于废弃的气田	废弃的煤田
	适用于油田一次开发和二次开发之后	附近有 CO_2 气源	较高的渗透率
	无"气顶"		煤层深度至少 2000m
	原油储层深度至少 600m		附近有 CO_2 气源
	附近有 CO_2 气源		
储存潜力	所有废弃的油藏	所有废弃的气藏	不可开采的煤层
2010 ~ 2020 年	350 亿吨	80 亿吨	20 亿吨
2030 ~ 2050 年	100 ~ 120 亿吨	700 ~ 800 亿吨	20 亿吨

　　上述方法一方面可以减少 CO_2 向大气中排放，减缓温室气体给人类带来的危害；另一方面可以提高石油、天然气和煤层气的采收率，实现减排 CO_2 和油气增产的双赢效果。CO_2 的存储目前仍处于前期研究阶段，许多技术问题尚待解决，国内外目前进行技术攻关。如果 CO_2 埋藏能够实现高效储存，提高石油、天然气等的采收率，创造的经济效益能够抵消 CO_2 分离和输送成本，那么氧气高炉就能从根本上实现节能减排和低碳冶金。

4.3.5　氧气煤粉熔剂复合喷吹

　　北京科技大学曾提出 OCF（oxygen-coal-flux injection）高炉炼铁工艺，即由风口鼓入常温工业氧气和少量的炉顶循环煤气，同时喷吹大量煤粉和熔剂，用制氧机取代传统高炉工艺中的鼓风机和热风炉。模拟计算表明，使用高品位球团矿，每吨生铁喷吹 400kg 煤粉和 60.5kg 石灰粉时，焦比为 99kg，需 95% 纯度的氧气 288m^3，此工艺将改变高炉的原料结构和料柱组成，全面改善高炉冶炼过程，提高操作的稳定性和灵活性，使高炉设备简化，焦比降低，不但生铁产量大幅度提高，还外供大量热值为 $5.0 \sim 7.0 MJ/m^3$ 的煤气。

　　该工艺的流程及相关工艺参数见图 4-9 及表 4-12 ~ 表 4-16。

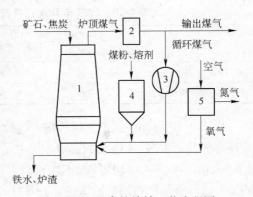

图 4-9　OCF 高炉炼铁工艺流程图
1—高炉；2—煤气除尘系统；3—煤气压缩机；
4—煤粉和熔剂喷吹系统（分开设置）；5—制氧机

表 4-12　不同原料时 OCF 高炉流程工艺参数

原　料	球团矿	块矿	烧结矿
喷煤量/kg·t^{-1}	400	400	400
喷石灰量/kg·t^{-1}	60.5	78.7	123.7
焦比/kg·t^{-1}	99	113	145
燃料比/kg·t^{-1}	499	513	545
氧气纯度/%	95	95	95
氧耗/m^3·t^{-1}	288	297	321
渣量/kg·t^{-1}	179	226	325
炉渣碱度	1.05	1.05	1.05
理论燃烧温度/℃	1924	1943	1964
炉腹煤气量/m^3·t^{-1}	896	927	1012
炉顶煤气量/m^3·t^{-1}	934	965	1050
循环煤气量/m^3·t^{-1}	52	60	90
外供煤气量/m^3·t^{-1}	796	822	896
煤气热值/MJ·m^{-3}	5.592	5.768	6.776
外供煤气热量/GJ·t^{-1}	4.45	4.74	6.07

表 4-13　不同氧纯度时 OCF 高炉流程的工艺参数

氧气纯度/%	95	90	80	70	60
喷煤量/kg·t^{-1}	400	400	380	360	340
喷石灰量/kg·t^{-1}	60.5	61.6	62.3	64.3	66
循环煤气量/m^3·t^{-1}	52	47	43	35	12
焦比/kg·t^{-1}	99	113	136	174	208
工业氧耗量/m^3·t^{-1}	288	312	354	420	506
理论燃烧温度/℃	1924	1950	1965	2000	2031
直接还原度	0.1	0.13	0.15	0.20	0.25
炉顶煤气量/m^3·t^{-1}	934	968	1002	1072	1139
外供煤气量/m^3·t^{-1}	796	841	888	981	1086
外供煤气热值/MJ·m^{-3}	5.592	5.727	5.475	5.431	5.182
外供煤气热量/GJ·t^{-1}	4.45	4.82	4.86	5.33	5.63
渣量/kg·t^{-1}	179	182	183	188	191
燃料比/kg·t^{-1}	499	513	516	534	548

表 4-14　OCF 高炉与君津 3 号高炉碳平衡比较

项　目	OCF 高炉		君津 3 号高炉	
碳收入	质量/kg	百分比/%	质量/kg	百分比/%
焦中碳	98.8	23.93	313.7	84.69
油中碳			56.7	15.31
煤中碳	314	76.07		
总收入	412.8	100	370.4	100

项　目	OCF 高炉		君津 3 号高炉	
碳支出	质量/kg	百分比/%	质量/kg	百分比/%
铁中碳	44.8	10.85	43.4	11.72
炉尘中碳			2.5	0.67
非铁元素还原消耗	4.3	1.04	5.1	1.38
溶损反应消耗	30.1	7.29	99.8	26.94
风口前燃烧	333.6	80.82	219.6	59.29
总支出	412.8	100	370.4	100

表 4-15　OCF 高炉与传统高炉炉身热平衡比较

项　目	OCF 高炉		君津 3 号高炉	
焦比/kg·t⁻¹	113		450	
石灰石/kg·t⁻¹	0		75	
炉身煤气量/m³·t⁻¹	968		1600	
热收入	热量/MJ·t⁻¹	百分比/%	热量/MJ·t⁻¹	百分比/%
上升煤气	1301	84.15	2090	94.14
CO 还原放热	245	15.85	130	5.86
总收入	1546	100	2220	100
热支出	热量/MJ·t⁻¹	百分比/%	热量/MJ·t⁻¹	百分比/%
矿石显热	829	53.62	830	37.39
焦炭显热	150	9.70	560	25.23
熔剂显热			30	1.35
熔剂分解			130	5.86
还原耗热	234	15.14	140	6.30
水分蒸发	34	2.20	140	6.30
炉顶煤气带走	149	9.64	220	9.91
热损失	150	9.70	170	7.66
总支出	1546	100	2220	100

表 4-16　OCF 高炉与君津 3 号高炉热平衡比较

项　目	OCF 高炉		君津 3 号高炉	
热收入	热量/MJ·t⁻¹	百分比/%	热量/MJ·t⁻¹	百分比/%
碳燃烧	3266	91.08	2290.6	53.60
CO 还原+成渣热	308	8.59	189.3	4.40
氧气或热风显热	12	0.33	1790.4	42.00
总收入	3586	100	4270.3	100

项 目	OCF 高炉		君津 3 号高炉	
热支出	热量/MJ·t⁻¹	百分比/%	热量/MJ·t⁻¹	百分比/%
碳溶损反应	348	9.70	1249	29.25
渣铁显热	1499	41.80	1841	43.11
煤气显热	148	4.13	210.5	4.93
非铁元素还原	103	2.87	119.8	2.81
热分解（H—O \ CaCO₃）	184	5.13	88.5	2.07
Fe_2O_3 还原	269	7.50		
煤、油分解，石灰加热	585	16.32	137.7	3.22
热损失	450	12.55	623.8	14.61
总支出	3586	100	2220	100

OCF 高炉炼铁工艺流程由高炉、制氧机、煤气压缩机、煤粉喷吹系统、熔剂喷吹系统和煤气除尘系统组成。高炉炉顶装入高品位铁矿石和少量焦炭，风口鼓入常温工业氧气（纯度为 60% 以上）和少量炉顶循环煤气，同时喷吹大量高挥发分煤粉和熔剂。OCF 高炉辅助设备简单，投资少，炉料结构合理，煤气还原性强，铁矿石在炉身充填率高，间接还原充分。焦炭的炉内性状得到改善，炭素利用和热量利用合理，造渣与脱硫过程优化，吨铁煤气量少，炉料下降顺畅，软熔带消失，操作稳定灵活，不但生铁产量成倍增长，还能外供大量较高热值煤气。开发这种新工艺，对现有钢铁联合企业高炉炼铁工艺的技术改造有现实意义。

4.3.6 氧气高炉作为整体煤气化联合发电（IGCC）造气单元

氧气高炉的特点是用氧气作为助燃空气，不仅炼铁效率大幅度提高，而且生成煤气的热值是普通高炉的两倍以上。由于喷煤量增加，煤气中含氢量也有所增加。由此可见，氧气高炉可生产大量的中发热值煤气，可以作为造气单元。已有将其作为 IGCC 理想造气单元的研究。不同造气工艺煤气成分比较见表 4-17。

表 4-17 不同造气工艺煤气成分比较（干基）

项 目	煤气成分/%				汽化剂/%
	CO	CO_2	H_2	N_2	
普通高炉	0.228	0.190	0.020	0.580	空气
氧气高炉	0.506	0.224	0.234	0.032	氧气
鲁奇煤汽化工艺	0.15 ~ 0.16	0.14 ~ 0.16	0.24 ~ 0.25	0.40 ~ 0.43	空气、水蒸气
Shell 煤汽化工艺	0.653	0	0.265	0.080	氧气 95、水蒸气

如果不考虑煤气再利用，氧气高炉炼铁成本并不比传统高炉低。由于氧气高炉鼓入常温氧气，而普通高炉鼓入 1000℃ 以上的预热空气，氧气高炉得到的显热比普通高炉少，因此需要燃烧更多的燃料。

鼓入氧气的成本也比鼓入空气高得多。因此，虽然氧气高炉在强化冶炼和节约焦炭方面有很大的优势，单纯作为炼铁手段仍然难以和传统高炉竞争。必须发挥其造气优势，使其生成的洁净煤气得到充分利用。

IGCC 的核心技术之一是造气单元，不同的 IGCC 示范厂的主要区别在于造气技术。虽然已投入很多人力和物力，开发了很多工艺，有些已经达到工业应用的水平，造气单元仍然是 IGCC 推广的限制环节。氧气高炉可能是开发 IGCC 造气单元的捷径，图 4-10 是流程示意图。

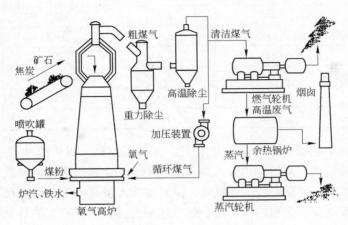

图 4-10   氧气高炉作为 IGCC 造气单元的流程示意图

氧气高炉比起其他的造气技术有很多优势：

（1）和炼铁流程共用高炉设备，建设和维护费用大大降低；

（2）可以选择的煤种很多，可以喷吹无烟煤，也可以喷吹烟煤，可以喷粉煤，也可以喷粒煤；

（3）氧气高炉煤气不含有害气体，因此可省略脱硫和其他煤气净化环节；

（4）炉顶煤气温度低，易于和除尘系统连接；

（5）高炉渣和煤气粉尘已经得到再利用，减少环境污染；

（6）普通高炉（特别是中小高炉独立炼铁系统）煤气发电已经有一些实例，为氧气高炉和 IGCC 联合提供了宝贵经验；

（7）钢铁联合企业本身也是用电大户，一般都有自备电厂，很大一部分发电量可以就地消化。

将氧气高炉炼铁工艺与 IGCC 发电工艺组成联合工艺，可以充分发挥各自的优势。氧气高炉除可以生产炼钢所需铁水外，还可以利用高炉的高效脱硫和能源转换的功能，生产出中等热值的清洁煤气，作为 IGCC 发电的燃料气，使发电效率大大提高，总排放量大幅度下降。

这两种工艺的有机结合，将促进绿色制造技术和工业生态园的发展，为进一步实现工业生产的物流和能流的有效循环以及最终实现零排放奠定基础。

4.3.7   高炉煤气富氧燃烧

高炉煤气是高炉炼铁的主要副产品，是钢铁企业重要的二次能源。但由于高炉煤气热值较低，其使用范围受到了一定的限制。富氧燃烧可以提高理论燃烧温度，提高炉气辐射能力，强化换热，所以为高炉煤气在钢铁生产中的大规模应用创造了条件。

以 46% 含氧量的富氧空气作为助燃剂时，若将空气、煤气都预热到 150℃，高炉煤气的理论燃烧温度可达到 1720℃，比在空气中燃烧提高了 340℃；若将空气预热到 300℃、煤气预热到 200℃，其理论燃烧温度可达到 1810℃，比在空气中燃烧提高了 360℃。同时，富氧燃烧增加了烟气中 CO_2 和 H_2O 的含量，特别是 CO_2 的含量增加较多。在高炉煤气的燃烧产物中，主要的辐射性气体是 CO_2 和 H_2O，富氧燃烧可以提高燃烧产物中辐射性气体的含量，增强炉气的辐射能力，强化炉膛辐射换热。

据测算，高炉煤气在 46% 含氧量的富氧空气中燃烧与在空气中燃烧相比，可以减少排烟热损失 25% 左右，降低工业炉燃料消耗，对于排烟温度较高的炉子，节约燃料将更加明显。

高炉煤气富氧燃烧的应用如下：

（1）在高炉热风炉上的应用。高炉热风炉是为高炉提供热风的热工设备，主要以高炉煤气为燃料，其炉温系数通常在 0.9 ~ 0.95 之间。近年来，随着高炉冶炼技术的发展，高风温已成为高炉强化冶炼、增加喷煤量、降低焦比的主要手段，一些大型现代化高炉的热风温度已达到 1250℃ 以上，并且有进一步提高的要求。根据生产经验，要产生 1250℃ 的热风，热风炉的拱顶温需要达到 1400℃。若按 0.92 的炉温系数计算，热风炉所用燃料的理论燃烧温度需要达到 1520℃，而高炉煤气在不采取相应措施的情况下，其理论燃烧温度仅为 1280℃，远远不能满足高风温的要求。

在热风炉上采用富氧燃烧技术，其理论燃烧温度大幅提高，完全可以满足高风温的要求，如果同时采用热管式预热器将空气、煤气同时预热到 150℃ 以上，则可以适当降低富氧量，在经济上将比单纯的富氧燃烧更加合理。

当助燃空气中含氧量达到 30% 时（富氧量 9%），如果将空气、煤气同时预热到 150℃，则高炉煤气的理论燃烧温度将达到 1550℃，完全可以使热风炉产生 1250℃ 以上的高风温，满足高炉强化冶炼和降低焦比的需要。

（2）在轧钢加热炉上的应用。轧钢加热炉是轧钢厂的主要热工设备，以连续式加热炉为例，其炉温系数一般在 0.7 ~ 0.85 之间；根据加热工艺的不同，高温段的炉温一般控制在 1200 ~ 1350℃ 之间，属于典型的高温炉。若按 0.75 的炉温系数和 1350℃ 的炉温计算，加热炉燃料的理论燃烧温度需要达到 1800℃，否则，将难以满足加热工艺的要求。因此，加热炉通常都以高焦混合煤气作为燃料，混合煤气的高焦配比约为 7：3，发热值约为 1800×4.18kJ/ m^3。

当前，几乎所有加热炉都采用了空气、煤气双预热技术，一般空气预热温度在 300℃ 以上，煤气预热温度在 200℃ 以上，若同时采用富氧燃烧技术，则助燃空气含氧量只需达到 46%，就可以使高炉煤气的理论燃烧温度达到 1810℃，满足加热炉的温度要求。因此，富氧燃烧技术与空气、煤气双预热技术的有效结合，是实现高炉煤气应用到加热炉上的有效途径，对于缺少焦炉煤气的钢铁企业更值得采纳。

4.3.8　富氧在熔融还原中的应用

熔融还原是指不用高炉而在高温熔融状态下还原铁矿石的方法，其产品是成分与高炉铁水相近的液态生铁。一般认为即使利用烧结矿、球团矿作为原料，甚至使用少量焦炭，但只要不以其作为主要燃料的生产液态铁水的非高炉炼铁方法均属于熔融还原范畴。

（1）熔融还原原理。熔融还原工艺主要是基于以下原理：

$$Fe_2O_3 + 3C \Longrightarrow 2Fe + 3CO \qquad \Delta H = 455.6 kJ/mol \qquad (4-22)$$

$$3CO + 3/2O_2 \Longrightarrow 3CO_2 \qquad \Delta H = -840.2 kJ/mol \qquad (4-23)$$

$$Fe_2O_3 + 3C + 3/2O_2 \Longrightarrow 2Fe + 3CO_2 \qquad \Delta H = -384.6 kJ/mol \qquad (4-24)$$

熔融还原以加速还原过程、降低能耗、简化流程和工艺设备为原则。突出优点在于生产过程中少量使用或者不使用焦炭，以解决全球性冶金焦煤的短缺问题和炼焦业对环境的污染问题。根据其工艺模式将熔融还原划分为四大类：三段式、二段式、一段式和电热法。图4-11为熔融还原法的分类流程。

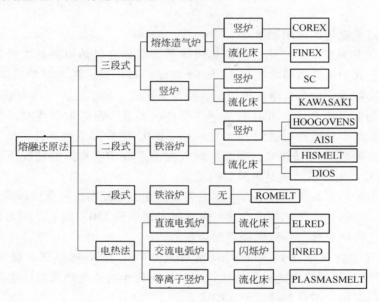

图4-11　熔融还原法的分类流程

三段式熔融还原流程可分为两大部分：还原部分和熔炼造气部分。还原部分为还原段。熔炼造气在同一个设备中包含了熔炼造气和煤气转化。其构造特点是熔池上方存在一个含碳料层，在这层中可以利用煤气过剩物理热，完成由 CO_2 和 H_2O 向 CO 和 H_2 的转化过程。

二段式也是由还原部分和熔炼造气部分组成，因此又与三段式熔融还原法统称为两步法。二段式与三段式的主要区别是熔炼造气炉中熔池上方没有含碳料层。

一段式流程只有熔炼段，没有还原段。现代化的一段式流程和二段式流程均采用铁浴炉熔炼设备，因此两者又统称铁浴法。

三段式由煤基流程和焦基流程组成。二段式和一段式则由煤基流程组成。以上三种类型有时又被称为氧煤流程，电热法则被称为电煤流程。

（2）熔融还原的特点。

1）有效利用能源。世界范围内焦煤储量仅占煤总储量的10%左右。我国煤炭资源丰富，但焦煤资源并不丰富，焦煤储量只占煤炭储量的 27% 左右，其中结焦性好的只占炼焦煤的 19.61%，黏结性好的肥煤占 13.05%。地区分布不均，许多地区焦煤匮缺，煤炭运输给交通造成很大的压力；加上焦炭生产还需受到洗煤和炼焦设备投资的制约，因此，采用熔融还原技术，用非焦煤生产铁水是符合中国资源实际状况的冶金流程。熔融还原还可以产生高热值煤气或电能，二次新能源可以满足工厂能量平衡要求或其他行业的需求。如果能够取消铁矿粉造块、炼焦工序，吨铁能耗可以节约 20% 以上。

2）有利于环境保护。熔融还原是一种比较洁净的钢铁生产流程。传统的炼焦、烧结—高炉流程对环境的污染远远比熔融还原流程严重得多。炼焦、烧结工序对环境的污染占钢铁流程的 70% 以上。熔融还原流程不需要建设焦炉和烧结机，消除了污染源，大大改善环境品质。

3）流程投资降低，生产规模灵活。熔融还原取消了炼焦、烧结工序，缩短流程，可节省钢铁生产基建和设备投资 15% ~20% 以上。

4）提高生产效率。煤基直接还原的应用将取代焦炉，粉矿和天然块矿的直接应用将全部或部分取代烧结和球团，以颗粒流、颗粒反应为主的还原反应替代了传统的气固相或部分液相反应。高炉以气固相还原为主，反应时间需以小时计，生产率难以提高，软熔带的存在，使得高炉冶炼过程难以进一步强化。熔融还原采用颗粒反应进行预还原和高温下的熔态终还原，反应过程可以分钟计算，因此生产率将可以大大提高，而且熔融还原的能量密度高，易于强化。

4.3.8.1　富氧顶吹熔融还原

富氧顶吹熔融还原工艺是基于 HIsmelt 工艺原理而开发的一种工艺，HIsmelt 法是当前最具有代表性的铁浴熔融还原炼铁工艺，是一种直接使用粉矿、粉煤和 1200℃ 富氧热风的熔融还原炼铁工艺。该法具有低有害气体排放、原料适应性强、低投资和低运营成本、无烧结和造球工序等优点。该法具有高的二次燃烧率（55% ~56%），由于炉渣中氧化亚铁含量高约 4 ~6%，在高磷矿时 90% 以上的磷进入炉渣，可以达到较好的脱磷效果，能生产出低磷铁水，适合冶炼高磷铁矿。由于熔渣中亚铁含量较高，导致铁水中碳含量低，硫含量高，同时伴随着对炉衬耐火材料腐蚀较严重。

A　富氧顶吹熔融还原冶炼技术

a　富氧顶吹熔融还原冶炼技术的原理

氧气顶吹熔融还原炼铁工艺主要的特点是：加速还原过程、能耗降低、流程简短、热效率高、热利用率大，在生产过程中以煤作为主要的能源，将混合好的铁矿石、煤粉和熔剂直接由皮带机输送到加料仓内，富氧空气和氮气在不同的压力下由浸入到熔池的水冷喷枪喷吹到炉内，在高温状态下，进入到熔池中的碳一部分燃烧放出大量的热量，一部分溶解在高温熔池中把铁氧化物还原，生产出液态铁水。即在 1450 ~1650℃ 高温条件下，还原剂煤迅速地溶解在铁液中，并与预热过的铁氧化物发生还原反应，生成铁和 CO 的冶金过程。

富氧空气（30% ~90%）由停留熔池上部的氧气喷枪喷吹到上部氧化区来强化气体的燃烧，从而在炉子的氧化区域形成了高温环境；从炉顶下落的还原煤经过高温区域，挥发出大量的 H_2 和碳氢化合物与氧气发生氧化反应，放出大量的热量，保证冶炼需要的温度。

没有反应完全的还原煤由于重力的作用，落在下部熔池内迅速溶解；熔融的铁氧化物在铁水熔池发生反应，产生的 CO 与喷枪喷吹的搅拌气体 N_2 形成混合煤气，会不断地从渣层逸出，强烈逸出的上升煤气又引起了熔渣的剧烈搅动，使液态渣铁形成了混合"涌泉"。熔融还原炉上部燃烧放热所产生的热能，通过对流和辐射把热量传递给了熔池，提高了熔池温度，为铁水熔池内的 $C_{coal} \rightarrow [C]_{iron}$ 和碳还原氧化铁的反应提供热量，维持还原反应的正常进行。

b 富氧顶吹熔融还原冶炼的流程

富氧顶吹熔融还原冶炼试验流程如图 4-12 所示。供油系统和供氧系统为氧油枪提供燃油和富氧。水经过净化、软化、过滤等工序，最后经高压水泵输送进入氧油枪腔体，通过水循环冷却氧油枪。氧油枪从熔融还原炉中心炉顶插入炉内，矿料通过进料口加入炉内。熔炼所产生的高温烟气经冷却塔冷却排空。熔融还原炉温通过双铂铑热电偶测量熔融还原炉中部内壁温度。炉温达 800~1000℃ 后，烘炉 2~3h，以使熔融还原炉充分预热，避免升温过快引起耐火材料开裂和剥落，导致耐火材料寿命缩短。调节油量、加煤量、富氧率、风量、枪位等参数后，炉温随着时间的延长逐渐升高。当炉温升至 1400~1500℃，加入铁矿石粉、煤粉和熔剂。随时间延长，加入的物料逐渐熔化，炉况趋于平稳。待炉况平稳 4~5h 后渣铁基本分离。从渣铁口放渣和铁，待渣铁产物冷却后送检。

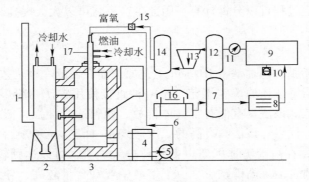

图 4-12 富氧顶吹熔融还原流程示意图

1—排烟道；2—冷却塔；3—富氧顶吹熔融还原炉；4—油罐；5—油泵；6—空气压缩机；
7—空气储罐；8—冷冻干燥机；9—变压吸附装置；10— PLC 控制器；11—流量计；
12—富氧缓冲罐；13—增压机；14—富氧储罐；15—涡街流量计；16—排气罩；17—氧油枪

氧气顶吹熔融还原炼铁过程是依靠喷枪喷射的氧气气流对熔池的强烈搅拌并强化燃烧来保证反应的正常进行。因而，喷枪的喷射行为对冶金过程至关重要。为了加强对熔池的搅拌，可选择采用超音速射流喷枪。单孔超音速射流氧油喷枪喷头结构如图 4-13 所示，它由中心氧管，两个同心圆水冷套管、油管及超音速射流喷头组成。富氧由喷头上的拉瓦尔口喷入到炽热熔池中，引起渣层剧烈搅动产生渣层飞溅、熔体回流，强化了传热效率，加速了炉料熔化及冶炼过程。喷头结构决定了射流特性，富氧气体通过拉瓦尔口时先受压缩后被加速形成超音速射流，对熔池具有较高冲击强度。射

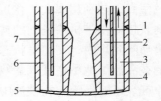

图 4-13 单孔超音速射流
氧油喷头结构示意图

1—氧管压缩段；2—进水；
3—出水；4—氧管扩张段；
5—雾化喷头；6—油管；7—喉口

流强度可通过枪位及富氧出口压力及流量控制。由于雾化喷头和中心富氧射流距离较近，在燃烧过程中形成较长的火焰。

喷枪采用水冷方式冷却，外接高压水泵，经试验证实冷却效果良好，冷却出水温度可很容易降至100℃以下。氧油喷枪是该工艺中较为重要的部件，温度控制、熔池搅动等都通过喷枪控制来实现。

B 富氧顶吹熔融还原冶炼技术的应用前景

富氧顶吹熔融还原炼铁工艺采用二次燃烧率，熔渣中亚铁含量高具有良好的脱磷条件，适宜冶炼高磷铁矿。我国高磷铁矿石约占世界总储量的14.8%，能够为我国高磷铁矿的处理提供一条较好的途径。在冶炼获得合格铁水的同时可以获得高磷渣，熔渣通过一定的处理便可以作为磷肥使用。目前富氧顶吹熔融还原冶炼技术还不成熟，需要不断研发。

4.3.8.2 转炉熔融还原炼铁

A 转炉熔融还原炼铁工艺

转炉熔融还原炼铁工艺的冶炼过程可以分为熔融还原和精还原两个阶段。

在熔融还原阶段，燃烧喷枪喷出的富氧空气和煤粉形成燃烧火焰强烈搅动熔池，加入的炉料落入熔池后，在喷枪的搅拌下与熔渣混合、熔化。熔化后的铁氧化物与溶解在熔池中的碳进行还原反应，生成CO和Fe，CO浮出后又与喷入的富氧空气在熔池表面进行二次燃烧，为熔融和还原反应提供热量。

原料、燃料、熔剂等混合后从加料口连续加入炉内，控制泡沫渣的高度。炉料中小于3mm的粉料可在精炼前通过炉料喷枪直接喷入熔池中或者通过混捏机制成小球直接加入，以降低粉尘量。

炉料全部加入并熔化后，进入精还原阶段。在精还原阶段，将小于3mm的煤粉通过炉料喷枪喷入熔池铁水层中进行精还原，以增加铁水的含碳量，并将炉渣中的FeO降低到2%以下，同时将炉渣中夹带的小铁珠沉淀到铁水中。此时可以继续喷吹富氧空气进行二次燃烧，为熔池提供热量。

最后倾动转炉分别排出铁水和炉渣。转炉内留一定量的炉渣，用于下一炉铁水的冶炼。

B 转炉熔融还原炼铁工艺理论

转炉炼铁工艺是基于现代氧气转炉的成熟技术，如图4-14所示，它采用厚渣层操作和浸入式燃烧方法，利用熔池内大量熔渣进行矿石、煤粉、熔剂的熔融和还原。同时通过调整加料速度对熔渣起泡高度进行有效控制，充分利用泡沫渣进行冶炼，提高二次燃烧传热效率和操作的稳定性。

浸入式燃烧方法是在熔池表面形成瀑布状的溅渣，使二次燃烧产生的热能够迅速传回到熔融反应区。厚渣层可使熔池内生成的铁水与上部燃烧区的氧化气氛有效隔离，防止发生再氧化。厚渣层同时配合浸入式燃烧操作，不但可最大限度利用二次燃烧产生的热量，而且可以为熔融和还

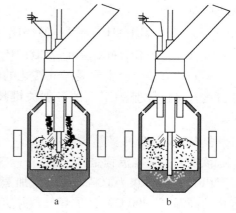

图4-14 转炉熔融还原炼铁工艺原理
a—熔融还原阶段；b—终还原阶段

原反应提供大量反应介质，同时还能够对熔池进行强烈搅拌，加强熔融和还原反应进行。

C　优点

其优点如下：

（1）喷入的富氧空气与煤粉燃烧，形成的燃烧火焰可以起到强烈搅动熔池的作用，加快熔池运动，加快反应。

（2）高二次燃烧率。喷入的富氧空气可加快二次燃烧，为熔融和还原反应提供热量。

（3）集中了各种熔融还原工艺的优点，充分利用了现代转炉生产中的成熟经验。

（4）投资不大、运行风险小，具有良好的经济效益。只需对转炉氧枪进行局部改造即可实现大规模生产。

4.3.9　氧在直接还原中的应用

直接还原是指不用高炉从铁矿石炼制海绵铁的工艺。海绵铁是一种低温固态下还原的金属铁。海绵铁的特点是含碳低（<1%），不含硅、锰等元素，而保存了矿石中的脉石。这些特性使其不宜大规模用于转炉炼钢，而只是代替废钢作为电炉炼钢的原料。直接还原具有生产环节少、能耗低的优点。

直接还原法受到下列条件的限制：

（1）最成熟的直接还原法（竖炉及反应罐法）都是使用天然气作为一次能源的，而应用煤炭为能源的各种方法仍有若干技术有待完善。因此还原法的能源供应并未完满解决。

（2）应用直接还原—电炉流程生产 1t 成品钢需要 600 ~ 1000kW·h 的电耗，电耗较高。

（3）直接还原法需要使用高品位块矿或用精矿制成的球团，这也不是普遍容易获得的。对于某些嵌布细微难选铁矿，直接还原难以处理。

4.3.9.1　竖炉直接还原

竖炉直接还原法的典型代表是 Midrex 法，其产能约占直接还原铁总产量的 60% 以上，竖炉法的一次能源是天然气，在转化炉中用水蒸气及竖炉炉顶返回煤气转化成 $CO+H_2$，转化反应式为：

$$CH_4+H_2O =\!=\!= CO+3H_2 \qquad \Delta G^\ominus = 222619-251.09T，J/mol \qquad (4-25)$$

$$CH_4+CO_2 =\!=\!= 2CO+2H_2 \qquad \Delta G^\ominus = 256124-251.09T，J/mol \qquad (4-26)$$

早期的直接还原主要受煤气转化的制约，在 20 世纪末，随着直接还原技术的进步，煤汽化直接还原竖炉工艺的各项关键技术日趋成熟，产生了新的纯氧煤汽化直接还原竖炉。

4.3.9.2　全氧熔融床还原

该工艺的基本流程是：

（1）以固体煤为原料，用纯氧加蒸汽作为汽化剂，通过液排渣式煤气发生炉，制取合格的高温（>900℃）还原煤气，并实现液态排渣；

（2）将从煤气发生炉产生的煤气，与从竖炉返回，经脱 CO_2、H_2O 处理和加温后的煤气相混合，再经除尘，输入还原竖炉；

（3）移动床式竖炉中的含铁原料在高温煤气作用下，转化为直接还原铁；

（4）直接还原铁在竖炉冷却带（或冷却筒）中，经循环煤气（或氮气）冷却降温至10℃后，排出炉外。其工艺流程如图4-15所示。

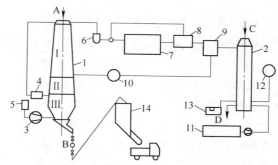

图4-15　全氧熔融炉直接还原工艺示意图

1—煤汽化直接还原竖炉（Ⅰ：还原带；Ⅱ：中间带；Ⅲ：冷却带）；

2—冶金用液态排渣式还原煤气发生炉；3—炉气循环加压设备；

4—炉气冷却器；5—布袋除尘器；6—重力除尘器；7—脱 H_2O、CO_2 设备；

8—煤气加热炉；9—煤气混匀及调温设备；10—热旋风除尘器；11—制氧机；

12—小型蒸汽锅炉；13—泡渣池；14—成品储槽；A—巴西球团矿；

B—海绵铁；C—无烟煤、生石灰、萤石；D—水渣

该工艺的主要特点是：

（1）全氧熔融床还原煤气发生炉工艺技术的关键在于制取合格的冶金还原煤气，即煤气中 $CO+H_2>95\%$、$CO_2+H_2O\leqslant6\%$、$(CO+H_2)-2(CO_2+H_2O)\geqslant85\%$，还原煤气用量 $1600m^3/t$，煤气温度 $850\sim900℃$，煤气含尘量不大于 $6\sim8g/m^3$，并能连续供气。

只用纯氧加蒸汽而不用空气作汽化剂，反应温度高，使焦油和酚充分分解，煤气洁净，净化简单，煤气中基本不含 N_2；同时可以使煤中的可燃组分全部汽化，汽化效率高。煤气可同时满足铁矿石（球团矿）还原和加热需要，竖炉煤气需要量最小。

（2）熔融汽化炉高温液态排渣。使用高温，并通过造渣设计降低煤灰渣黏度等办法，实现制造冶金还原煤气的煤气发生炉的高温液态排渣。

（3）采用干式还原煤气的降温除尘系统。整个还原煤气除尘系统中都是以空气作为还原煤气降温的冷却剂，而不用水作冷却剂，免除对污水的处理；用热旋风除尘器与重力除尘器除尘，可保证直接还原对煤气含尘量的要求。

（4）煤气的循环使用。1）还原竖炉出来的煤气，经除尘后，一部分煤气需进行脱 CO_2、H_2O 处理，另一部分煤气用来加热脱 CO_2、H_2O 后的煤气。经过脱 H_2O、CO_2 和加热的煤气与发生炉产生的煤气混匀、调温，形成温度达 $850\sim900℃$ 的高温煤气；该煤气再经热旋风除尘，直接送到还原竖炉。2）引一部分炉气在还原竖炉的冷却区循环使用，以达到直接还原铁降温冷却的目的。

（5）汽化用煤容易获得。可用神府煤、晋城或大同煤作为汽化用煤，也可用不爆裂的无烟煤、煤气焦型煤或高炉筛下的（≈25mm）小焦等作为汽化能源。还可用70%的粉煤加30%的焦炭（或块煤）的汽化用煤配方。

（6）基建投资、生产成本低，经济效益较好。

4.4　氧气在炼钢中的应用

4.4.1　氧气在炼钢中的应用进程

一个世纪以前，早在 1856 年，亨利·贝塞麦（Henry Bessemer）发明贝塞麦转炉炼钢法时，就曾倡议过用氧气取代空气在转炉内炼钢，以消除贝塞麦转炉法的缺点之一，即钢中具有较高的氮、磷含量，因当时尚不具备廉价的工业用氧条件（当时氧气生产成本约为300 美元/t），限制了氧在炼钢生产中的应用。直到 20 世纪 40 年代，制氧技术发展改进，使价格低廉时，才开始在炼钢中使用。1930 年，德国 Maxhutte 厂在托马斯转炉试验 30%富氧炼钢，1938 年用于生产，证实了不仅可提高生产率，而且降低了钢中的含氮量，从而提高了质量。20 世纪 30 年代后，前苏联、德国、加拿大都采用过平炉炉头富氧燃烧技术。1946 年，使用钢管插入平炉、电炉熔池吹入氧气，氧气用于炼钢生产已经开始。

1947 年，R. Durrer 和他的同事 H. Hellhrugge 在瑞士格拉贺根（Gerlafigen）钢厂2.5t 转炉上进行顶吹氧试验，以克服在从炉子底部、侧面、顶部插入钢管吹入纯氧造成的风口快速烧损问题。用高速氧气流吹入钢液，于 1948 年 3 月获得成功，后在奥地利林茨（Linz）2t 和 15t 的转炉上进行试验，1952 年建成了一个炉容量为 30t 的工厂正式生产，一年后多那维茨（Donawitz）也建成了一个工厂开始生产，并以两地的第一个字母把这种炼钢方法命名为 LD 氧气顶吹转炉炼钢法。这是一个划时代的事件，它是世界炼钢技术的一次巨大变革。LD 转炉从一开始就显示出它的以下几个优点：（1）高生产率，其生产率相当于当时同等容量平炉的 10 倍；（2）建设费用低；（3）节省劳动力，不需要外加热源，生产成本低；（4）产品质量优良，氮、氢、氧含量低，同时可以有效去除硫、磷，开始主要用于低碳钢，品种扩展领域宽；（5）烟气除尘容易；（6）耐火材料消耗低；（7）生产周期短，节奏快，有利于和连铸有效配合。20 世纪 50 年代末，转炉炼钢技术得到了快速的发展并不断完善，60 年代，300t 的大型转炉已经出现。氧气转炉迅速取代平炉成为最主要的炼钢工艺。世界各种炼钢方法产量比例一览表见表 4-18。

表 4-18　世界各种炼钢方法产量比例一览表　　　　　　　　　　　（%）

炼钢方法	1950 年	1970 年	1980 年	1990 年	1993 年	1996 年
托马斯转炉	16.0	3.8	—	—	—	—
氧气转炉	—	43.0	54.0	57.5	59.5	60.2
平炉	77.5	39.0	24.0	15.0	9.6	6.5
电弧炉	6.5	14.2	22.0	27.5	30.9	32.9

氧气转炉消耗废钢较少，其废钢比一般为 10% ~ 20%，最大为 30%，仅能消耗钢铁企业自身产生的废钢铁。社会回收废钢铁不断增多，废钢铁价格低廉，这时电炉可以使用廉价的废钢铁冶炼，使普通钢也是有竞争力的。20 世纪 60 年代，高功率电炉出现，冶炼周期缩短到能有效地与连铸生产节奏匹配，出现了电炉小钢厂（Mini Mill），以其投资少、效率高、靠近市场等优势，在炼钢领域独树一帜，在美国等工业化国家份额已达 45% 以上。2011 年，全球产钢量 14 亿吨，其中转炉工艺产钢比例为 70%。我国 2011 年的粗钢产量达到了 6.8 亿吨，转炉产钢比例约为 85%。

一个新生技术的诞生，主要依靠工艺技术方面的突破，在实现工业化生产以后，会有一个不断完善的过程。氧气顶吹转炉也是这样，氧枪在钢液面上用高速氧流吹入钢液，实现氧气炼钢，在应用中不断改进，产生了一系列相关技术，包括烟气的除尘和煤气的回收、氧枪的改进、原料的适应性、品种的扩大、供氧方式的改变（顶底复合吹炼）、炼钢科学控制（包括过程控制和终点控制）、计算机及信息技术的广泛采用等。

钢铁行业是用氧大户，用氧量约占工业用氧量的 2/3。

转炉炼钢法是在转炉中吹入高纯氧，氧与碳、磷、硫、硅等元素发生氧化反应。降低了钢的含碳量，清除了磷、硫、硅等杂质，而且可以用反应热来维持冶炼过程所需要的温度，吨钢耗氧量（标态）通常为 $50 \sim 60 m^3$，氧气纯度要求大于 99.2%。除氧气转炉需要消耗大量氧气外，在现代电弧炉炼钢中，用氧可以加速炉料的熔化及杂质的氧化，既可以提高电炉的生产能力，又能提高特种钢的质量，吹氧已经成为常规操作。

电炉吨钢耗氧量依据冶炼钢种的不同而有所差异，如冶炼碳素结构钢的吨钢耗氧量（标态）$10 \sim 15 m^3$，而高合金钢吨钢耗氧量（标态）是 $20 \sim 30 m^3$。我国部分以电炉为主体设备的炼钢企业，由于废钢资源不足或对产品质量的要求，采用大量配入铁水冶炼的方式，吹氧量大幅度增加，甚至有的铁水配入量达到 60% 以上，在操作上体现为"转炉化"的特征。

4.4.2 氧气在转炉炼钢中的应用

4.4.2.1 氧气顶吹转炉

氧气顶吹转炉炼钢法又名 LD 法，发展速度快且趋向大型化。氧气转炉生产的品种不断增加，质量不断提高，越来越多地承担某些合金板钢及特殊钢的冶炼。

在氧气顶吹转炉炼钢中，氧气是通过一支氧枪在距炉内熔池表面以上一定距离的高度高速（1 马赫数（340m/s）以上）喷吹到炉内的。吹入的氧气首先冲击到熔池的表面，然后依靠其动力学作用使熔池下面产生搅拌。超过一定临界速度就会出现喷溅，就会有许多铁水形成的液滴"投向"熔池上面的空间或涌入浮在铁水上面的渣层。炉内熔池受到氧气流股冲击的区域会产生强烈的放热反应。图 4-16 为吹炼状态下氧气顶吹转炉内形成的几个不同的区域。

根据铁水化学成分、转炉几何结构、熔剂添加方式、转炉排气能力、供氧情况、氧枪性能以及加入废钢量和废钢特性等不同因素的变化，氧气炼钢的吹炼时间一般在 $13 \sim 23 min$。

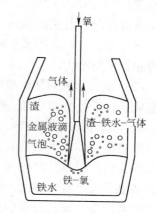

图 4-16　氧气顶吹转炉炼钢
炉内熔池因吹氧而形成的
几个不同的区域

在目前的生产实践中，总的脱碳速度是转炉控制产量的主要变化参数。氧气顶吹转炉炼钢的脱碳速度通常可以通过控制供氧强度来进行控制。吹氧速度越快，铁水脱碳（至少脱至临界含碳量）的速度也就越快。脱碳速度最初是比较慢的，然后迅速上升到另一个阶段，这样保持到一定的临界含量（标准值小于 1% C）。在这之后再放慢速度（图 4-17）。多数氧气顶吹转炉炼钢过程不能进一步提高产量，往往都是属于供氧不足或者说供氧强度不够。每吨铁水大概需要氧气（标态）57m³。由于炼钢为周期操作，所以用氧量体现为周期波动。

顶吹转炉的供氧方式是将高压、高纯度（含氧99.5%以上）的氧气通过水冷氧枪，以某种距离（喷头到熔池面的距离约为1~3m），从熔池上面吹入。为了使氧流有足够的能力穿入熔池，使用出口为拉瓦尔型的多孔喷头，氧气的使用压力为（10~15）×10⁵Pa，氧流出口速度可达450~500m/s。顶吹法的主要冶金特征如下：

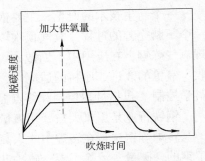

图 4-17 标准炼钢炉次冶炼
过程中的脱碳速度

（1）转炉炉膛内氧气射流的特性。氧射流射入转炉炉膛内，是具有化学反应的逆向流中非等温超音速湍流射流运动，与自由射流有很大的差异。

在顶吹转炉炉膛内，氧气射流方向向下，与以CO为主的向上运动的高温炉气方向相反，叫做具有逆向流的射流运动。由于高温炉气的作用，氧射流衰减加速。在吹炼的不同时期和不同位置，影响不同。在强烈脱碳的吹炼中期以及一次反应区的位置影响最大。

湍流射流运动是由于氧气射流流出后，边界上气体微团的速度比周围介质所具有的速度大，在边界上存在速度差而形成旋涡，呈现不规则的运动。同时还将从周围抽吸烟尘、金属滴和渣滴等密度很大的质点，使射流的速度降低，扩张角减小。有时还会受到熔池中喷溅出来的金属和炉渣的冲击。

在实际吹炼时，从氧枪里流出的超音速氧气射流的滞止温度一般为室温，但炉内气氛的温度却高达1600℃左右，温差很大，属于非等温射流运动。当射流与从周围抽吸的高温介质混合时，射流被加热，同时进入射流的CO和金属滴在射流中燃烧放热与氧射流发生化学反应，使射流的黑度增大并接受周围介质的辐射热，氧气射流因被加热而膨胀，使射程和扩张角增大。

（2）氧气射流对转炉喷溅的影响。喷溅是顶吹氧气转炉炼钢过程中常见的一种现象，会造成钢铁消耗量的增加，产生大量红尘，污染环境以及造成各种事故的发生。

而合理的氧枪喷头结构、供氧强度、供氧压力和氧枪的枪位控制都是保证熔池升温速度、造渣速度和控制喷溅的关键操作。

喷头出口射流马赫数的大小决定了喷嘴氧气出口速度，决定了射流对熔池的冲击能力。如果射流马赫数过大，则会出现喷溅；射流马赫数过低，气流搅拌作用减弱，降低了氧气的利用率，导致渣料中铁含量增高，也会引起喷溅。

供氧强度的大小应根据转炉的公称吨位、炉容比来确定。供氧强度过大，容易造成严重的喷溅；供氧强度过小，则会延长转炉吹炼时间。

喷氧过程中枪位的控制原则是炉渣不反干、不喷溅、快速脱碳和熔池均匀升温。枪位过低，会产生炉渣反干，造成严重金属喷溅，有时甚至喷头粘钢而被损坏；枪位过高，渣中铁含量较高，又加上脱碳速度快，同样会引起大喷和连续喷溅。

（3）氧气射流对熔池的物理作用。高压氧流从喷孔流出，形成射流，高压氧射流经过高温炉气以很高的速度冲击金属熔池，引起熔池内金属液的运动，起到机械搅拌作用，并在熔池中心位置（即氧射流和熔池冲击处）形成一凹坑状的氧流作用区。不同枪位炉内熔池循环运动状况不同，若机械搅拌强，而且均匀，则化学反应快，冶炼过程平稳，冶炼效率高，有利于各项生产技术指标的提高。

由于凹坑中心部分被吹入气流所占据，排出气体沿坑壁流出，排出的气流层一方面与吹入气流的边界相接触，另一方面与凹坑壁接触。由于排出气体的速度较大，因此对凹坑壁面有一种牵引作用，这样就会使临近凹坑的液体层获得一定的速度，沿坑底流向四周，随后沿坑壁向上和向下运动。往往沿凹坑周界形成一个"凸肩"，然后在熔池上层内继续向四周流动。从凹坑内流出的铁水，为达到平衡由四周给予补充，于是就引起熔池液体流动，其总趋势是朝向凹坑，这样熔池内铁水就形成了以射流滞点为中心的环状流，起到对熔池的搅拌作用。

（4）氧气射流对熔池的化学作用。

1）杂质的氧化方式——直接氧化方式。在氧流同金属液作用区的表面上，在悬浮于作用区的金属液滴的表面上，在作用区周围的氧气泡的表面上，以及凡是在氧气能直接同金属接触的表面上，气体氧均可同金属中的 Fe、C、Si、Mn、P 等元素直接发生作用，反应趋势的大小取决于各种元素氧化反应的自由焓差值的大小。

2）杂质的另一种氧化方式——间接氧化方式。在氧气直接同金属接触的表面上，氧首先同铁结合，生成 FeO，然后 FeO 扩散到熔池内部并溶于金属中，C、Si、Mn、P 等元素和溶于金属的氧发生作用。

（5）在氧气高速射流下，熔池传氧机制。在高速氧气射流进入熔池后，射流周围凹坑中金属表面以及卷入射流中的金属液滴表面被氧化成 FeO，一部分 FeO 与射流中的部分氧直接接触可以进一步氧化成 Fe_2O_3。载氧液滴随射流急速前进，参与熔池的循环运动，将氧传给金属成为重要的传递者。与此同时，在金属液和炉渣界面上可以发生 Fe_2O_3 的还原反应，将氧传给金属和进行杂质元素的氧化反应。传入熔池的氧可溶解于金属中，又可同熔池中的杂质元素发生反应。

由于以上这些 LD 法的基本特征造成：

（1）脱碳速度快，钢产率高，质量好；

（2）渣中含铁高，熔池含氧高；

（3）炉气铁尘量大；

（4）炉气含 CO 高；

（5）吹炼极低碳钢有困难。

LD 法已被广泛用于生产中碳钢和低碳钢，氧耗（标态）为 $52 \sim 58m^3/t$（钢），供氧强度（标态）为 $3 \sim 3.5m^3/t$，视所装铁水含硅量的大小，废钢装入比可达 10%～25%。现代转炉物料平衡与热平衡如表 4-19、表 4-20 所示。

表 4-19　加入废钢后的物料平衡表（以 100kg（铁水+废钢）为基础）

收　入			支　出		
项　目	重量/kg	百分比/%	项　目	重量/kg	百分比/%
铁水	89.20	79.72	钢水	92.88	82.75
废钢	10.80	9.65	炉渣	6.76	6.02

收　入			支　出		
项　目	重量/kg	百分比/%	项　目	重量/kg	百分比/%
萤石	0.45	0.40	炉气	9.98	8.89
轻烧白云石	1.78	1.59	喷溅	0.88	0.79
炉衬	0.27	0.24	烟尘	1.34	1.19
石灰	2.95	2.64	渣中铁珠	0.40	0.36
氧气	6.44	5.76			
合　计	111.89	100.00	合　计	112.24	100.00

表4-20　热平衡表

收　入			支　出		
项　目	热量/kJ	百分比/%	项　目	热量/kJ	百分比/%
铁水物理热	118517.1	59.41	钢水物理热	134340.83	67.34
元素氧化热和成渣热	75311.67	37.75	炉渣物理热	16945.86	8.49
其中：C 氧化	54996.49	27.57	废钢吸热	17646.4	8.85
Si 氧化	11680.8	5.86	炉气物理热	18091.43	9.06
其他	5661.61	2.86	烟尘物理热	2442.45	1.22
			渣中铁珠物理热	632.62	0.32
			喷溅金属物理热	1466.40	0.74
			轻烧白云石分解热	1949.68	0.98
			热损失	5984.71	3.00
合　计	199490.38	100.00	合　计	199490.38	100.00

与电炉炼钢法相比较，顶吹氧气转炉炼钢具有下列特点：

（1）钢中气体含量少。

（2）由于炼钢主要原料是铁水，废钢用量相对少，因此残余元素含量少。由于钢中气体和夹杂少，具有良好的抗时效能力、冷加工变形性能和焊接性能，钢材内部缺陷少。不足之处是强度偏低，淬火性能稍差。

（3）原材料消耗较少，热效率高，成本低。由于顶吹转炉炼钢是利用炉料本身的化学热和物理热，热效率高，不需外加热源。因此燃料和动力消耗低，使钢的成本较低。

（4）原料适应性强。

（5）基建投资少，建设速度快。

4.4.2.2　氧气底吹转炉

氧气底吹转炉是20世纪60年代末从西欧发展起来的一种炼钢方法，1967年西德以气态碳氢化合物作氧枪的冷却剂，在改建的30t托马斯转炉上用纯氧炼钢试验成功，称为OBM法（见图4-18）。1970年法国以燃料油作氧枪冷却剂，在改建的30t托马斯炉上试验成功，称为LWS法。同年东德用液态碳氢化合物（烃）为氧枪冷却剂，在6t转炉上试验成功，称为QEK法。1971年美国在OBM法的基础上，采用喷吹石灰粉措施冶炼低磷生铁，在 30t 氧气底吹转炉上试验成功，称为 Q-BOP 法。Q-BOP 法试验成功为氧气底吹转炉的发展开辟了更广阔的道路，加速了氧气底吹转炉的发展。

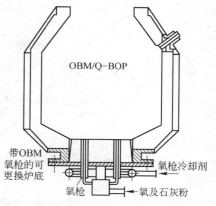

图 4-18　氧气底吹转炉示意图

在底吹氧气转炉中，氧气由分散在炉底上的数支氧气喷嘴由下而上直接吹入金属熔池。吹炼过程中所供给的氧气几乎全部用于碳的氧化，使得炉渣和金属内不聚集大量的氧。同时随氧流向熔池喷入粉状造渣材料。这就使它具有以下特点：

（1）在较高的供氧强度下吹炼过程平稳，金属收得率高。通过恰当地选择氧枪直径、数目和合理布置，使氧流分散而匀称地进入金属熔池，由于氧流与金属接触面积增加，分配也合理，以及氧枪出口产生的高速流股加强了熔池的搅拌能力，因而熔池的冶金反应迅速而均匀，吹炼过程平稳。即使在铁水含硅较高时，石灰粉随氧流喷入熔池，成渣速度快，使吹炼初期表面张力大的酸性渣受到抑制，吹炼过程也很平稳。

由于用碳氢化合物作氧枪冷却剂，降低了高温反应区的温度，铁的蒸发损失减小，已经蒸发的铁因为熔池的过滤作用而降低，因此烟尘较 LD 转炉大约减少 1/3。

从熔池底部喷入的氧首先与铁开始反应，在喷射区域所形成的气泡与金属液滴被覆盖上一层氧化膜，喷入的石灰与界面氧化层作用，形成碱性氧化渣，与熔池中的硅、锰、磷化合。当它开始上升时，具有很高的氧位势，在上升过程中，由于硅、锰、磷、碳等元素的氧化消耗了氧化铁，其氧位势又逐渐降低了。同时，在吹炼过程中，一氧化碳的分压也较低，这就使得氧气底吹转炉的炉渣中（FeO）含量较低（直至吹炼到碳较低时才开始上升）。而顶吹的氧流，首先穿透熔渣，然后才开始接触到熔池，这样在整个吹炼过程中使顶吹炉渣具有比熔池内高的氧位势。因此在含碳量相同时，顶吹终渣 FeO 含量比底吹法高得多。

吹炼过程平稳，喷溅损失小，炉渣氧化铁低、烟尘少，这就使其金属收得率较 LD 转炉高 1.5% ~ 2.5%，具体数字与铁水成分、操作因素及炉型、氧枪选择有关。

（2）转炉底部随氧流喷入石灰粉，对磷、硫的去除十分有利。在产生 FeO 的喷射区随氧流带入细小的石灰粉，有利于形成碱性渣；同时，粉状石灰直接与金属密切混合增大了反应界面，而且不断更新；熔池搅拌力强、又加速了反应的传热、传质过程，这些都为脱磷、脱硫创造了十分有利的条件。冶炼低磷生铁的实践证明，喷吹石灰粉改变了转炉的脱磷行为，使脱磷与脱碳同时进行，在图 4-19a 中描绘了吹炼过程中元素碳、硅、锰和磷的含量随氧气消耗量增加而减少的变化曲线。

（3）熔池搅拌好，有利于生产低碳钢和超低碳钢。图 4-19b 给出 Q-BOP 转炉在吹炼过程中，随着供氧量的增加，元素碳、硅、锰、磷的变化曲线。Q-BOP 转炉已能生产含 0.01% ~ 1.0% C 的各种优质碳素钢、低合金高强度钢、不锈钢，质量和性能达到 LD 转炉水平。但应指出的是：Q-BOP 转炉生产低碳钢比 LD 转炉更有利。这是因为 LD 转炉在炼低碳钢时，如果熔池碳含量较低，则熔池搅拌差，脱碳较困难，因此 LD 转炉炼低碳钢时会导致钢中氧含量高，渣中 FeO 高。而 Q-BOP 转炉由于从底部氧枪分散供氧，熔池搅拌

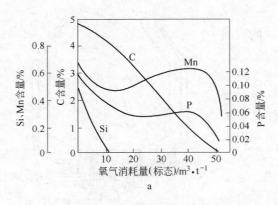 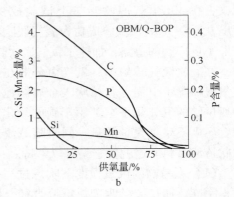

图 4-19　吹炼碳、硅、锰、磷的变化图（a）及
Q-BOP 吹炼过程碳、硅、锰、磷的变化（b）

好。同时氧枪冷却剂形成的 ［H］ 和 ［CO］，可使反应产生的气体 CO 分压降低，这对熔池 C—O 反应有利。底吹转炉熔池搅拌强度要高于顶吹 10 倍。即使熔池中含碳量降到很低时，由炉底吹入的氧流仍在剧烈地搅动熔池。

（4）由于氧气喷嘴埋在铁水下面，高温和面积大的反应区在炉底喷嘴出口处附近。反应产物穿过金属液后才能进入渣层和炉气中。上部渣层对炉内反应的影响较小。

以上这些特征促使氧气底吹转炉吹炼具有以下特点：

1）渣中含铁较低，收得率较高；

2）由于喷粉和搅拌好而提高了硫和磷的分配 LC；

3）提高了熔池残锰含量，降低了熔池氧含量，因而提高了铁合金收得率；

4）可以吹炼出极低碳钢而又不致使渣和铁过氧化；

5）使用碳氢保护气体使钢中含氢量增加；

6）由于氧化能力低和二次燃烧有限而限制了熔化废钢的能力；

7）钢中含 ［N］ 量低；

8）可提高供氧强度；

9）生产的重现性好；

10）脱 S 明显改善。

因此底吹法用于吹炼极低碳钢（0.01% ~ 0.02% C）最为适宜，供氧强度（标态）为 4.0 ~ 4.5m³/（min·t），废钢装炉量一般比 LD 法低 4%，这主要是由于其 CO 二次燃烧量不如 LD 法的多。传统的顶吹（LD）和底吹（OBM）炼钢的主要特性值（吹炼钢种 0.04% ~ 0.05% C）见表 4-21。

表 4-21　传统的顶吹（LD）和底吹（OBM）炼钢的主要特性值（吹炼钢种 0.04% ~ 0.05% C）

参　　　数	LD	OBM
渣中 TFe/%	17 ~ 22	10 ~ 15
炉尘铁损/kg·t⁻¹（钢水）	10	2
吹氧强度（标态）/m³·t⁻¹（钢水）	3.0 ~ 3.5	高达 5.5
耗氧量（标态）/m³·t⁻¹（钢水）	48 ~ 60	45 ~ 55

参　　数	LD	OBM
熔池含氧量/%	$0.050 \sim 0.080$	$0.035 \sim 0.040$
吹炼终点的最低含碳量/%	$0.04 \sim 0.05$	0.01
有代表性的熔池 C·O	$29 \sim 30$（钢中 C 越低差越大）	$20 \sim 22$（钢中 C 越低差越大）
Al 收得率/%	标准值	$+10$
熔池中 H_2 含量/%	$(2 \sim 3) \times 10^{-4}$	$(4 \sim 5) \times 10^{-4}$
熔池中 N_2/%	$(20 \sim 40) \times 10^{-4}$	$(15 \sim 30) \times 10^{-4}$
渣与金属之间的氧势比	$8 \sim 10$	1
熔池中的 Mn 含量/%	$0.10 \sim 0.15$	$0.25 \sim 0.30$
石灰石反应表面/kcm²·cm⁻³	$100 \sim 200$	$800 \sim 1000$
P 分配比	$70 \sim 80$	$100 \sim 120$
S 分配比	$4.5 \sim 6$	$7.0 \sim 8.0$
CO 二次燃烧比/%	5	$2 \sim 3$
炉气中的 CO_2 含量/%	$12 \sim 15$	$3 \sim 5$
p_{CO}（0.05% C）/ Pa	1.0×10^5	0.6×10^5
废钢比（1.5% Si 铁水）/%	$32 \sim 33$	$27 \sim 28$
喷溅	频繁	无
钢水收得率	标准值	$+0.7 \sim 0.15$

4.4.2.3　顶底复吹转炉

1968 年出现的氧气底吹法使 LD 法的统治地位受到了冲击和挑战。同时吹入起冷却保护作用的碳氢化合物气（液）体和氧气的套管式底吹风嘴的发明，引起了氧气转炉送氧方式的根本改变，并且迅速收到了预期效果，降低了金属的氧化损失，提高了钢水收得率，使吹炼较平静而易控制，基本消除了喷溅。各种类型的氧气底吹法在实际生产中显示出的许多优于顶吹法之处，促使人们重新认识评价"埋入探吹"法在冶金上的合理性，也促使氧气底吹法在发明的最初阶段得以迅速发展，甚至使许多人认为确实出现了一个全新的炼钢法，并且已经到了要判断氧气底吹法能否代替氧气顶吹法的时候了。但氧气底吹法炉底喷吹设备的复杂性增加了维护炉底寿命的难度，造成了"得失相当"的局面，致使氧气底吹转炉法未得到进一步的发展。然而这却使炼钢界认识到最佳的冶炼条件或许介于顶吹与底吹之间。事实也是如此，研究者正是从这两个截然相反的方向出发而找到了前进的目标。既能使 LD 法保持原有的优点，同时还能吸收某些底吹法的优点以弥补 LD 法的不足，这就是各种顶底复合吹炼法发展的基础和动力。

20 世纪 70 年代后期有关顶吹和底吹的一些重要研究成果，推动了复合吹炼的工业应用。1978 年，卢森堡阿尔贝德公司在贝尔瓦厂 180t 转炉上采用了 LBE 法，这是工业生产中使用复合吹炼法的开始。

顶底复合转炉实质上仍以顶吹为主，在底部吹入氧、氩、氮等气体以搅拌炉内金属，利用底吹气流克制顶吹气流对熔池搅拌能力不足的弱点，可使炉内反应接近平衡，吹炼过程平稳，渣中氧化铁少，减少了金属消耗和铁合金的消耗；同时又保留了顶吹法容易控制造渣过程的优点，因而具有比顶吹和底吹更好的技术指标，可以吹炼碳含量很低的钢，成为近年来氧气转炉的发展趋势。

从与顶吹或底吹的比较中可以看出，混合吹炼系统具有一些既不同于顶吹、也不同于底吹的特点。

与顶吹相比，复合吹炼的目的在于：

（1）减少熔池的浓度和温度梯度，以改善吹炼的可控性，从而减少喷溅和提高供氧强度；

（2）减少渣和金属的过氧化，从而提高钢水和铁合金的收得率；

（3）使吹炼进行得更接近于平衡，从而改善脱硫和脱磷率，使炉子更适宜于吹炼低碳钢。

与底吹相比，复合吹炼的主要目的在于增加转炉的灵活性和适应性，如增加转炉熔化废钢的能力，这就可以按市场废钢和铁水的比价的变化而改变入炉废钢量，从而获得经济效益。

顶底复合吹炼转炉按底部供气的种类分为两大类：

（1）顶吹氧底吹非氧化性气体的供氧方式。非氧化性气体一般是氮或氩，底吹气体采用氮气，会使钢中［N］显著增高，这对要求含氮低的钢种是不适合的。全程吹氩，由于氩气相对贵，花费太大。因此在吹炼的前 2/3 时间吹氮，在后 1/3 时间吹氩，既可以节约氩气，又不会使钢中的［N］有明显的增加。

（2）顶底吹氧的供氧方式。即 20% ~40% 的氧气是由底部吹入熔池的，其余部分是通过顶吹氧枪吹至熔池面上。这种方法关键是调节顶吹和底吹的氧气的流量比以调节渣中氧化铁的含量。由于底部吹入氧气，因而在炉内生成两个火点区，即下部区和上部区。下部火点区，可使吹入气体在反应区高温作用下，体积剧烈膨胀，并形成过热金属对流，从而增加熔池搅拌力，又可促进熔池脱碳。上部火点区主要促进钢渣形成和进行脱碳反应。

虽然以上几种氧气转炉炼钢方法在化学反应和实际操作上有所不同，但其目标一致，都是为了：

（1）采用纯氧氧化铁水中的各种杂质；

（2）通过高速吹氧，在渣-铁-气之间形成较大的反应区以加快氧/铁反应。

现有的单纯顶吹、底吹以及顶底复合吹等各种吹炼法的工艺有如下类型：

（1）顶吹 100% 氧气+由顶部加入石灰块/石灰粉；

（2）顶吹 100% 氧气+顶部加石灰块+用惰性气体稀释顶部吹入的氧气；

（3）顶吹 100% 氧气+顶部加石灰块+辅助搅拌熔池；

（4）顶吹 100% 氧气+顶部加石灰块+底吹惰性气体；

（5）顶吹 90% ~95% 氧气+顶部加石灰块+底吹 5% ~10% 氧气；

（6）顶吹 70% ~80% 氧气+底吹 20% ~30% 氧气+底吹石灰粉；

（7）底吹 100% 氧气+由底部吹入石灰粉；

（8）底吹 60% ~80% 氧气+底吹石灰粉+顶吹 20% ~40% 氧气+喷射油/煤气预热；

（9）底吹 100% 吹炼工艺用氧+底吹石灰粉+附加氧+由顶部或底部加入煤粉。

可以看出，炼钢工艺如何从典型的顶吹（1）而演变到典型的底吹（7），进而又演变为（8）和（9），从而希望扩大底吹转炉废钢装入量。以上所列各种吹炼法中，即使是同一吹炼法也会由于所用主要设备类型不同而有差异。有些复合吹炼法较接近于顶吹法，而另一些复合吹炼法则与底吹法相似。

转炉吹炼方法的演进见图 4-20。实际生产中采用的顶底复合吹炼法及其特点见表 4-22。

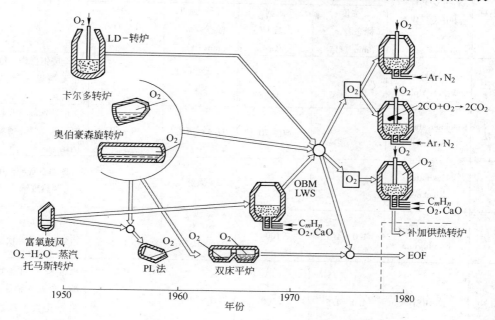

图 4-20　自由热转炉的发展过程

表 4-22　实际生产使用的复合吹炼法及其主要特性

复吹名称	方法名称（开发厂家）	供气特征				冶金特征
		顶吹 O_2		底吹气体		
		强度（标态）/$m^3 \cdot (min \cdot t)^{-1}$	比例（占总 O_2）/%	气种,强度（标态）/$m^3 \cdot (min \cdot t)^{-1}$	比例（占总 O_2）/%	
AFC 法	Anshan Fuchui Process	2.0~2.5	>95	CO_2+O_2/N_2, Ar, 0.05~0.15	<5.0	顶加石灰造渣
BAP 法	Batli Agitation Process	2.2~3.0	85~95	空气/N_2冷却 或 Ar/N_2	5~15	顶加石灰造渣
CB 法	Combined Blewing Process	2.0~2.5	100	Ar/N_2, 0.01~0.10		顶加石灰造渣
K-BPP 法	Kawasaki Bottom Oxygen Blowing Process	2.0~2.5	60~80	O_2+石灰粉/天然气, 0.70~1.5	20~40	具有良好的吹炼灵活性；用 OBM 型喷嘴（或双套管喷嘴）吹 O_2+石灰粉
KS 法				O_2/天然气, 4.0~5.0	100	全废钢操作，产生大量高发热值气体，天然气冷却喷嘴

复吹名称	方法名称（开发厂家）	供气特征				冶金特征
		顶吹 O_2		底吹气体		
		强度（标态）/m³·(min·t)⁻¹	比例（占总 O_2）/%	气种,强度（标态）/m³·(min·t)⁻¹	比例（占总 O_2）/%	
KVA 法	Klöckner Vöest- Alpine			O_2/天然气或油		全废钢操作，废钢和无烟煤一起加入炉内
KMS 法	Klöckner Maxhütte Sulzbach		50 ~ 70	O_2+石灰粉	30 ~ 50	用特殊氧枪改善炉内二次燃烧，增加废钢比
K-OBM 法	Maxhütte–Klöckner		20 ~ 40	O_2/天然气	60 ~ 80	顶加石灰粉，用油+O_2预热废钢
LBE 法	Lance Bubbing Equilibrium	4.0 ~ 4.5	100	Ar/N_2,0 ~ 0.25		顶加石灰块，双流道氧枪改善二次燃烧
ALCI 法	ARBED	4.0 ~ 4.5	<100	O_2+煤粉		底枪中间孔吹煤粉，外孔吹精炼 O_2，最外孔吹二次燃烧 O_2增加废钢比
LD-CB 法	NSC（Sakai Steel Works）		100	CO_2+ Ar/N_2		控制 CO_2 量，使底枪端部生成蘑菇头，多孔塞或喷嘴
LD-KG 法	Kawasaki Steel	3.0 ~ 3.5	100	Ar/N_2,0.01 ~ 0.05		顶加石灰块造渣
LD-KGC 法	Kawasaki（Mizushitna）		100	CO/N_2		多孔塞式喷嘴从底部吹气
LD-OTB 法	Kobe Steel Works	3.0 ~ 3.5	100	Ar/N_2,0.01 ~ 0.10		顶加石灰块，单环缝形喷嘴
LD-OB 法	NSC（Yamata Steel Works）	2.5 ~ 3.0	80 ~ 90	O_2/天然气,0.3 ~ 0.8	10 ~ 20	OBM 型喷嘴天然气冷却，顶加石灰块造渣
LD-OB 预热废钢吹炼	LD-Oxygen Bottom Blowing Process	O_2+N_2预热废钢		O_2+N_2+煤油		不锈钢废钢屑和 Fe–Cr 装入转炉，加热到高温后，兑入 55%铁水进行吹炼
LD-HC 法	Hainau-Tsambre-CRM	3.0 ~ 4.2	92 ~ 95	O_2/天然气0.08 ~ 0.2	5 ~ 8	顶加干燥石灰粉或石灰块，环缝喷吹天然气冷却

复吹名称	方法名称（开发厂家）	供气特征				冶金特征
		顶吹 O_2		底吹气体		
		强度（标态）/$m^3 \cdot (min \cdot t)^{-1}$	比例（占总 O_2）/%	气种,强度（标态）/$m^3 \cdot (min \cdot t)^{-1}$	比例（占总 O_2）/%	
LET 法	Solmer	3.0~4.0	>95	O_2/C_xH_y, Ar/N_2	<5	环缝喷嘴
NK-CB 法	Nippon Kogan Combined Blowing Process	3.0~3.3	100	Ar/CO_2, N_2, 0.04~0.10		多孔塞或透气转供气,顶加石灰块造渣
STB 法	Sumitomo Blowing Process	3.0~4.2	92~95	CO_2/O_2（内） CO_2/N_2 或 Ar（外）	8~10	顶加石灰块
STB-P 法	Sumitomo Blowing Process	3.0~4.2	92~95	$CO_2+O_2/$ CO_2+N_2/Ar	8~10	从顶部将石灰粉喷到火点处
TBM 法	Thyssen Blewing Metallurgy	3.0~4.0	90~98	O_2/C_xH_y	2~10	2~4 支小孔管式底枪
LD-AB 法	LD-Argon Blowing	3.5~4.0	100	Ar, 0.014~0.31		顶加石灰块
J&L	Jones and Laughlin	3.3~3.5	100	$Ar/N_2/CO_2$, 0.045~0.112		顶加石灰块,底吹 N_2,接近终点吹 Ar/CO_2
BSC-BAP 法	BSC（Teesside Lab）	2.2~3.0	85~95	空气/N_2	5~15	顶加石灰块,底吹空气,用 N_2 冷却
H-BSC 法	Hoogovens-BSC	3.33	100	Ar/N_2, 0.04~0.10		顶加石灰块,二次氧气+无烟煤,可增加废钢比

转炉复吹技术经 20 多年的发展,不同复吹法之间的孰优之争仍在继续。各复吹法之间的竞争促进了复吹技术的发展成熟。与复吹转炉有关的操作技术、炉衬维护技术、吹炼控制技术、二次燃烧与热量补偿技术、铁水、钢水的炉外处理、少渣吹炼新工艺、熔融还原等均得到迅速发展,致使转炉复合吹炼炼钢技术已综合形成一个整体的工艺技术。

4.4.2.4 转炉的二次燃烧

国内目前转炉炼钢的原材料质量较差,石灰的活性也低,很多中、小型钢厂石灰消耗量高达 80~120kg/t（钢）。双流道氧枪能加速化渣,转炉的二次燃烧在我国转炉炼钢中将起重要作用。

在提高转炉炉气二次燃烧率时,应考虑二次燃烧的热效率。二次燃烧在泡沫渣中进行才有较高的热效率,多数厂为 60%~70%。

二次燃烧氧枪是20世纪70年代末，卢森堡阿尔贝德公司Belval钢厂开发的并首次试验应用的，现已达到工业化应用水平。转炉上应用二次燃烧氧枪的优点如下：

（1）转炉炉气的二次燃烧率提高8%～12%，每炼1t钢可多利用废钢20～30kg；

（2）可提高供氧强度，每炉钢的吹氧时间缩短2～4min，提高转炉生产率10%～15%；

（3）化渣快，石灰熔解完全，脱硫率可提高10%～15%，节省石灰5～10kg/t（钢）。

二次燃烧氧枪的副氧流喷孔的位置，有的与主氧流喷孔在同一个平面上，如图4-21a所示。这种二次燃烧容易在泡沫渣内发生，二次燃烧的热效率较高，但副氧流使脱碳作用增强，影响二次燃烧效率的提高；有的则在主氧流喷孔之上如图4-21b所示。而这种二次燃烧都是在炉气中进行的，二次燃烧率容易提高，但不利于二次燃烧热效率的提高。影响二次燃烧的还有其他参数，如主、副氧的流量比，喷孔角度和个数、马赫数等。

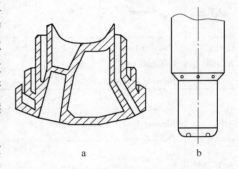

图4-21　主副氧流喷孔布置图
a—攀钢双流枪头；b—荷兰霍戈文斯双流枪头

中、小型转炉可采用单流道二次燃烧氧枪，其供氧系统的管道、阀门、仪表都不需改造、操作简便安全。大型转炉采用双流道二次燃烧氧枪，这种枪的主副氧流量便于分别进行调整，可使工艺参数更合理。但需增加一套副氧流供氧系统，氧枪结构也较为复杂。

近年来，高炉炼铁实现了低硅操作，加之铁水预处理技术普遍应用，致使转炉内热量有所下降。为此，人们采取了添加焦粉和用广角多孔的二次燃烧枪提高炉内二次燃烧率等方法以补偿炉内热量。然而，加入焦粉可造成钢水中［S］上升；使用二次燃烧枪会降低熔池的脱碳速度、增大吹炼时间。为了解决上述问题，日本新日铁公司屏厂在该厂转炉炉肩部位增设了一支侧吹氧枪，向炉内供氧，有效地提高了炉内二次燃烧率，增加了转炉内的热量。

新增的侧吹氧枪为三套管结构：内层中心管供氧气、中间层为冷却水管、最外层吹氧气与氮气。侧吹枪与液压油缸相连接，在炉内排气量与CO浓度到达规定值后，侧吹氧枪即通过液压缸发生动作从转炉炉肩部的开孔处插入转炉内进行吹氧。随着侧吹氧枪在炉内吹氧，二次燃烧率提高，特别在吹炼末期，这种效果更为显著。当侧吹枪供氧量为2000m³/h时，炉内二次燃烧率可平均提高6%～7%。炉内二次燃烧率每提高10%，废钢比即可递增3.2%。据此通过计算可获知侧枪吹氧的传热效率为60%。

在二次燃烧氧枪的应用中，要注意安全，尤其是应防止氧枪内管起火等危险性事故。

4.4.3　铁水预处理

铁水预处理包括脱硫、脱磷和脱硅。其中脱硅脱磷为氧化反应。铁水预脱磷是针对低磷钢种的需求、改进炼钢工艺技术和利用含磷较高的铁矿石资源而得到发展的。由于脱磷反应是放热反应，炼钢过程后期温度升高不利于脱磷。因而从热力学角度上来说，铁水预脱磷比炼钢吹炼过程脱磷更具有合理性。铁水预脱磷方法可以分为三类：

（1）在高炉出铁沟或出铁槽内进行脱磷；

（2）在铁水包或鱼雷罐车中进行预脱磷；

（3）在专用转炉内进行铁水预脱磷。

这三种技术在实际生产过程中，目前均实现了工业应用。目前转炉脱磷工艺主要方法有：JFE 的 LD-NRP 法、住友金属的 SRP 法（图4-22）、神户制钢的 H 炉、新日铁的 LD-ORP 法和 MURC 法。转炉脱磷炼钢工艺的操作方式主要有"双联法"和"双渣法"两种。"双渣法"是在同一座转炉上进行铁水脱磷和脱碳，与传统的双渣法类似，主要代表工艺为 MURC 法；"双联法"是两座以上复吹转炉中的一座作为脱磷炉，进行铁水预脱磷操作，另一座作为脱碳炉对脱磷转炉处理后的低磷铁水进行脱碳、升温，脱碳炉产生的炉渣还可回收利用作为脱磷转炉的脱磷剂，从而减少了石灰等冶金熔剂的消耗，并达到了稳定快捷高效的精炼效果。各种脱磷工艺的比较见表4-23。

表4-23　各种脱磷工艺的比较

工　艺	出铁沟（或出铁槽罐）脱磷	铁水包（或鱼雷罐）脱磷	转炉双联法脱磷
温度/K	1573～1623	1573～1623	1573
(P)/[P]	—	150	100～300
脱磷剂	复合脱磷剂	复合脱磷剂	复合脱磷剂、O_2
终点磷水平/%	可降到 0.01	0.01～0.02	<0.01
优点	低温，工艺较简单，适用于处理低磷铁水	低温，渣量少，铁收得率高	容积大，反应效率大，速度快，喷溅少，Si 含量小于 0.4%，可添加废钢、锰矿、高磷铁矿石等，渣铁易分离
缺点	脱磷率低，操作环境差	温降大，混合能小，动力学条件不好	转炉投资大，渣量大
设备	扒渣机	铁水包（或鱼雷罐）等	需要两座以上转炉

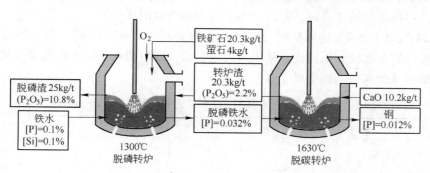

图4-22　住友 SRP 工艺

图4-23 为加古川钢铁厂铁水预处理流程图。从高炉流出的铁水注入鱼雷型铁水罐，首先进行脱硅处理。脱硅处理是通过耐火材料喷枪，用氧气（或氮气）作载气把脱硅粉剂（Fe_2O_3 71%，CaO 7.3%，SiO_2 6.7%）吹入铁水中。然后将鱼雷铁水罐车开到除渣设

备处，扒除脱硅渣送往转炉。

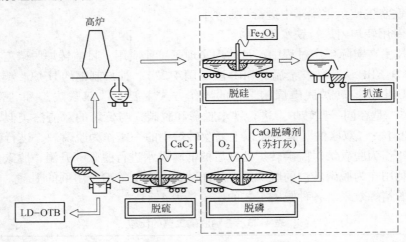

图 4-23　加古川钢铁厂铁水预处理流程

近年来，国内主要采用铁水包直接预处理，可以减少倒包的热损并缩短铁水到炼钢的路线，节能效果明显。

4.4.4　氧气在电炉炼钢中的应用

以电炉为基础的短流程生产线，由于其设备投资少、生产效率高等优点，得到很大发展。

传统电炉冶炼，主要以电为能源，在冶炼各期电能利用率差异很大，导致总的热效率及生产力低。为此国内外普遍采用超高功率电炉，并在电炉冶炼中大量用氧。

氧气对电炉炼钢节能作用十分显著，氧与炉料中某些化学元素如 C、Si、Mn、Fe 等发生氧化反应放出大量的化学热，氧气对炉料的切割作用可加速熔化，缩短熔化时间。不仅如此，由于氧化反应直接发生于熔池，因而大部分热量都能得以利用。这样当氧气用量增加时，其热效率也随之增高。另外，电炉造泡沫渣也消耗氧气。

表 4-24 给出了某 70t 电弧炉传统工艺及用氧后在生产率、电耗、钢铁回收率以及排渣量等主要参数方面的效果对比。从表中可以看出，在电弧炉冶炼中随着氧气喷入量的加大，生产率明显提高、电耗明显下降。

表 4-24　70t 电弧炉上几种工艺的应用效果对比

项　　目	传统工艺	富氧法	富氧喷碳法
生产率/t(钢)·h^{-1}	41	58	60
电耗/kW·h^{-1}·t^{-1}(钢)	510	455	452
钢铁回收率/%	96.2	94.5	96.3
排渣量/t·t^{-1}(钢)	5.1	7.2	5.0

表 4-25 给出某电弧炉供氧量增加时，其电耗、出钢时间等的变化关系。可以看出，随供氧量不断增加，电耗及冶炼时间总体上不断下降，在供氧量（标态）25m³/t 附近，

电耗降至最低，冶炼时间基本稳定。此时氧气利用效果最好。供氧量继续增加，则氧气一方面大量被废钢弹射出炉外，降低使用效率；另一方面易造成熔池沸腾，影响操作。

表 4-25　冶炼过程供氧量对电耗和冶炼时间的影响

供氧量(标态)/$m^3 \cdot t^{-1}$	14	16	18	20	22	24	25	26	28	30	32	34
电耗/$kW \cdot h \cdot t^{-1}$	408.8	402.2	392.8	383.5	376.3	370.3	369.1	372.5	370.2	370.6	371.8	372.4
出钢时间/min	65	65	63	60	56	52	51	53	52	51	52	52
炉数	4	4	5	8	12	13	13	11	11	12	9	5
钢种	低碳钢（热装铁水 12%）											

电弧炉用氧主要是切割、脱碳和造泡沫渣以及用于辅助能源的燃烧。用氧量的分配大致为 50% 用于炉门氧枪助熔、30% 用于烧嘴、20% 用于碳和造泡沫渣。

4.4.4.1　炉门吹氧

通过炉门吹入氧气，主要是利用氧气在一定温度下，与钢铁料中的铁、硅、锰、碳等元素发生氧化反应，放出大量的热量，使炉料熔化，从而起到补充热源、强化供热的作用。

炉门吹氧基本原理：

（1）从炉门氧枪吹入的超音速氧气切割大块废钢；

（2）电弧炉内形成熔池后，在熔池中吹入氧气，氧气与钢液中元素产生氧化反应，释放出反应热，促进废钢的熔化；

（3）通过氧气的搅拌作用，加快钢液之间的热传递，因此能够提高炉内废钢的熔化速率，并且能减少钢水温度的不均匀性；

（4）大量的氧气与钢液中的碳发生反应，实现快速脱碳，碳氧反应放出大量热，有利于钢液达到目标温度；

（5）向渣中吹入氧气的同时，喷入一定数量的炭粉，炉内反应产生大量气体，使炉渣成泡沫状，即产生泡沫渣；

（6）炉门吹氧可以减少电能消耗。

利用钢管插入熔池吹氧是前几年使用的方法。为了充分利用炉内化学能，近年来吨钢用氧量逐渐增加，仅依靠钢管吹氧已不能满足供氧量的需要；同时，考虑到人工吹氧的劳动条件差、不安全、吹氧效率不稳定等因素，开发出电弧炉炉门枪的机械装置。

炉门吹氧设备按水冷方式分为自耗式炉门炭氧枪和水冷式炉门炭氧枪。水冷式炉门炭氧枪的氧气利用率高、使用成本低。自耗式炉门炭氧枪的优点是能直接切割废钢，安全性较好。

自耗式炉门炭氧枪是指吹氧管和炭粉喷管随着冶炼进程逐渐熔入钢水的一种消耗式装置，自耗式炉门炭氧枪以德国 BSE 多功能组合枪为主要形式。

水冷式炉门炭氧枪是指氧气喷吹装置用水进行冷却的炉门吹氧设备。吹氧和喷炭粉可做成一体，也可分开。合成一体时氧枪头部中心孔为喷炭粉孔，下部氧气喷孔可以是单孔也可以是双孔，孔与氧枪轴线下偏 30°～45°，两孔轴线夹角为 30°。氧气喷嘴采用双控超音速喷嘴设计，以加强喷溅和搅拌的作用。喷嘴马赫数设计范围，根据厂方供氧条件一般选择出口速度范围 $Ma = 1.6 \sim 2.0$，氧气流量（标态）$Q = 1800 \sim 6000 m^3/h$。吹氧和喷炭分开时，炭粉一般通过炉壁吹入或由一支炭枪组合。水冷氧枪是一支专门设计的，有三层钢管配合，镶接紫铜喷头的水冷氧枪。

4.4.4.2　氧-燃烧嘴供氧

电弧炉熔化期。在电极电弧的作用下，电极下的炉衬迅速熔化，将炉内废钢穿成 3 个穿井区。随着穿井区由里向外传热过程的进行，熔化区域从穿井区不断向外扩展，形成炉料的渐次熔化过程。在电极之间靠近炉壁处必然形成 3 个冷区，延长了熔化时间。尤其在采用超高功率电弧炉后，冷区的影响更为突出。另外，为了解决电弧炉炼钢与连铸的匹配问题，必须提高电弧炉的输入功率，缩短冶炼时间。为此，采用全废钢生产的电弧炉已普遍采用助熔技术，并取得了降低电耗 30 ~ 70kW·h/t，冶炼时间缩短 5 ~ 20min，成本降低 5 ~ 20 元/t 的效果。

国外于 20 世纪 50 年代在电弧炉炼钢中就已经采用氧-燃助熔技术。发展到 80 年代，日本已有 80% 的电弧炉，欧洲有 30% ~ 40% 的电弧炉采用氧-燃助熔技术。采用的燃料一般是天然气和轻油。国内氧-燃助熔技术的开发早在 20 世纪 60 年代就已经开始，由于受到油、气资源的限制，主要研究开发了煤–氧助熔技术，并应用于电弧炉生产。

氧燃烧嘴在电弧炉炼钢中用来帮助电极加热和熔化废钢，大型电弧炉的氧油烧嘴功率一般大于 60kW·h/t。多支氧燃烧嘴通常布置在熔池液面上 0.8 ~ 1.2m 处，对准电弧炉的冷点。氧油烧嘴在熔化前期的热效率最高，当废钢熔化后，氧油烧嘴停止工作。

在竖式电弧炉中，用氧燃烧嘴预热废钢对降低电耗和缩短冶炼时间起着更重要的作用。英国希尔内斯钢公司 100t 单竖式电弧炉采用烧嘴及废气加热废钢，可使电耗下降 70kW·h/t，生产率提高 40%。我国张家港润忠公司引进了这种单竖式电弧炉，共有 8 支氧油烧嘴，布置在炉子后侧烟道下部，所提供的功率占熔化期总功率的 19%。但是，这种单竖式电弧炉在熔化后期和精炼期不能利用炉气的高物理热，所以炉子结构并非最合理。法国 SAM 蒙特罗公司 90t 双竖式电弧炉在能量利用方面更合理。两座炉身可分别进行通电作业和废钢预热。烧嘴的工作时间可达冶炼周期的 60%，废钢温度可以预热的更高。12 支烧嘴总功率为 36MW，吨钢由烧嘴提供的能耗达到 200kW·h。

氧燃烧嘴所采用的燃料主要根据价格、来源以及操作是否方便确定，可以使用油、煤或天然气。

由于氧燃烧嘴的操作目的是用最经济的方法向电弧炉内提供辅助能源，因此氧气与燃料的最佳比值应是理论过氧系数。

小于理论过氧系数，产生还原性火焰，该配比情况下火焰温度低，烧嘴效率低，同时，炉料上方过量的燃料与渗入炉内的空气燃烧，使废气温度升高。

大于理论过氧系数情况下，产生中性火焰、火焰温度最高、操作效率最高。

过氧系数提高情况下，过量氧气燃烧可产生切割作用，以切断大块废钢。

氧燃烧嘴的结构取决于使用的燃料，使用的燃料种类有天然气、轻油、重油、煤粉、粉焦等，对于油（轻油或重油）、天然气、煤粉或焦炭粉，其烧嘴结构有完全不同的形式。

4.4.4.3　煤-氧助熔

考虑到安全输送问题，一般采用无烟煤。煤的热值一般为 6000×4.18kJ/kg。利用煤粉燃烧助熔的优点是：可利用劣质煤和煤末；与固体燃料层状燃烧相比，空气系数较低，

一般 $a = 1.2 \sim 1.25$ 时，即可完全燃烧；在相同煤质条件下，较块煤的燃烧温度高；燃烧过程容易调节，可实现自动控制。

煤-氧烧嘴可分为直筒式、旋流式、双氧流、内混式和内燃式。

（1）直筒式煤-氧枪是煤粉和氧气混合燃烧加热的最初形式。氧气和流态化的煤粉分别从外管和内管喷出，在出口处两者混合燃烧。直筒式煤-氧枪能够实现煤粉和氧气的混合燃烧，火焰刚性较强；但煤、氧混合不好，燃烧效率低，点火困难，燃烧不稳定，容易断火。

（2）旋流式煤-氧枪的氧气通过有一定倾角的旋流叶片流出，使氧气流具有较强的旋流强度。这种煤-氧枪对加速燃烧过程非常有利，点火较易实现，火焰的可靠性及可调性得到提高，但加热熔化废钢的区域过小。

（3）双氧流煤-氧枪是在保持旋流式煤-氧枪强旋流的基础上发展的，氧枪内有两个氧气通道：其中一路是旋流氧，另一路是直流氧。合理控制旋流氧、直流氧的比例，将使煤-氧枪的各种性能得到发挥。

（4）内混式煤-氧枪在结构上增加了一个预混合段。设计是让氧气和煤粉在预混合室内先充分混合，在出口处与通入的二次氧立即着火燃烧，产生受预热室控制的稳定高温火焰。

（5）内燃式煤-氧枪主要特点是：煤粉和氧气在枪内混合并燃烧，燃烧产生的高温火焰从枪内喷出。内燃式煤-氧枪解决了旋流强度与火焰刚性的矛盾；同时内燃式煤-氧枪的喷煤量在同样的条件下，提高了 $3 \sim 5$ 倍。

4.4.4.4 二次燃烧

电弧炉炼钢过程中，产生的大量含有较高 CO（含量达到 30% ~40%，最高达60%）和一定量 H_2 和 CH_4 的废气所携带的能量占炼钢总输入能量的11%左右，有的高达20%，造成大量能源浪费。利用熔池上方的氧枪向炉气中吹氧，使 CO 在炉内燃烧生成 CO_2，将化学能转变成热能，促进废钢熔化或熔池升温就是二次燃烧（简称 PC）技术。

随着强化用氧技术的发展，在电弧炉输入能量中，以前电能占70%，化学能只占30%。当前强化用氧使化学能已经达到60%，从而节省了电能。然而强化用氧同时也会增加辅助材料和耐火材料的损耗，因此碳氧二次燃烧技术引起了广泛关注。利用好二次燃烧，不仅充分利用化学能，而且使电弧炉烟气温度得以降低，减少有害气体的产生，有利于除尘和环境保护。

供氧方式不同，二次燃烧效果也有差异，采用二次燃烧可以获得以下效果：

（1）缩短冶炼时间。采用二次燃烧消耗 $1m^3$ 氧气可缩短冶炼时间 $0.43 \sim 0.50min$，可缩短从通电到出钢时间的 8% ~15%。

（2）降低单位电耗。电弧炉采用二次燃烧后，由于减轻对除尘系统的负荷，由此可节电 $10kW \cdot h/t$。

（3）提高生产率。电弧炉使用二次燃烧后，改善了电特性，且产生大量的化学热，炼钢原料中较大量地加入 DRI、HBI 等也不会增加 CO 的放散量，有助于提高生产率。

（4）减轻炉子的热负荷。采用二次燃烧后，水冷炉壁的热损失有所增加，但由于冶炼时间缩短，产量增加，实际热损失有所下降。

（5）环境得到改善。在电弧炉冶炼过程中，二次燃烧率最高可达80%，废气中 CO

含量从20% ~30%降到5% ~10%；CO_2从10% ~20%增加到30% ~35%，且大大减少了NO，有害气体向环境的放散，有利于环境的改善。

4.4.4.5　泡沫渣工艺

所谓泡沫渣是指在不增大渣量的前提下，使炉渣呈很厚的泡沫状，这种渣气系统称为泡沫渣。泡沫渣极大地增加了渣-钢的接触界面，加速氧的传递和渣-钢间的物化反应，同时可以有效包裹电弧，降低辐射对炉壁及炉盖耐火材料的影响，提高电弧炉寿命。

在电弧炉冶炼中，可通过增加炉料的含碳量和利用吹氧管向熔池吹氧以诱发和控制炉渣的泡沫化。各影响因素如下：

（1）吹气量和炭粉加入量及加入方法。采用"富氧、喷炭、长弧"三位一体联合操作，在不使熔渣泡沫破裂和喷溅的条件下，可取得良好效果。

（2）炉渣碱度。碱度为2.0附近，其发泡高度增加，碱度离2.0越远，其发泡高度越低。

（3）熔渣组成部分。碱度为2.0附近时，FeO对发泡高度影响较小。碱度离2.0越远（靠近1.0或3.0），含FeO为20% ~25%熔渣比含FeO为40%左右熔渣的发泡高度要高。生产中一般选用（FeO）= 20%、$CaO/SiO_2 = 2$的炉渣作为泡沫渣的基本要求。

（4）熔池温度。随着熔池温度的升高，炉渣的黏度下降，渣中气泡的稳定性随之降低。即泡沫的寿命缩短。

（5）其他添加剂。凡是影响$CaO\text{-}SiO_2\text{-}FeO$系熔渣表面张力和黏度的因素都会影响其发泡性能。加入CaF_2既降低了炉渣黏度，又降低了炉渣表面张力，所以对泡沫渣的影响比较复杂。加入MgO使熔渣黏度增加，使熔渣泡沫渣保持时间延长。

泡沫渣工艺是20世纪70年代末提出的，现已广泛应用于大型电弧炉冶炼工艺。据相关研究，泡沫渣技术适用于大容量超高功率电弧炉，可使电弧对熔池的传热效率从30%提高到60%；电弧炉冶炼时间缩短10% ~14%；冶炼电耗降低约22%；并能提高电炉炉龄，减少炉衬材料消耗，电极消耗也相应减少2kg/t以上，因而使得生产成本降低，同时也提高了生产率，也使噪声减少，噪声污染得到控制。

4.4.5　氧气在氩氧脱碳精炼炉中的应用

氩氧脱碳炉（AOD炉）是专门为冶炼不锈钢而设计的一种非真空下精炼含铬不锈钢水的炉外精炼方法，其反应过程类似底吹转炉。它将氩氧混合气体根据冶炼不同时期对氧气的不同需求，以不同的氩氧比的混合气体吹入钢液，实现深脱碳、升温等工艺要求。

吹炼过程氩气和氧气的混合比例是关键。该比值太小则不足以使铬的烧损保持在允许的范围内；太大虽不烧损铬，但又会使耗氩量、钢水温降和热量损失增大。因而存在最佳氩氧比。最佳氩氧比随熔池碳浓度的减小而增大。当熔池碳浓度小于0.1%时，碳的浓度梯度很小，其扩散速度较慢，为避免铬的烧损，供氧速度必须很小，否则氧化产物就来不及全部被还原而造成铬的烧损。熔池碳浓度很低时，对应的最佳氩氧比很大，因而氩气消耗很大。在此情况下，适当减小氩氧比，允许产生一些氧化铬，随后在还原期用硅铁再将其还原回来的办法更为经济。

氩气和氧气的混合比从1:3到采用纯氩之间变化。混合气体气泡中的氧在气泡表面与钢中碳反应生成CO立即被气泡中的氩气所稀释，降低碳氧反应的分压。传统的AOD

工艺，吹炼期分为三个脱碳期。第一期，采用 O_2：$Ar=3$：1 的比例进行脱碳，随着碳含量降低到一定值进行取样。当钢水中的碳含量达到 0.2% ~0.3%，温度达到 1680~1700℃，便可以进入第二期，并将 O_2：Ar 降低到 2：1 或 1：1。当钢水中碳含量脱到 0.04% ~0.06% 或 0.06% ~0.08% 时，测温取样。如果冶炼超低碳不锈钢，则增加吹炼第三期，改用 1：3 的 O_2：Ar 进行吹炼，直到碳含量降到目标值为止。吹入氩气在第一时期主要起搅拌作用；第二期主要起扩大反应体积的作用；第三期起脱碳、脱气作用。一般第一时期吹炼 24~30min，第二期时间为 10min，第三时期吹炼约 15min。图 4-24 为 AOD 转炉简图。

AOD 精炼过程中，氧气从顶枪和风口（侧枪）吹入。吹炼前期：风口供入的氧几乎都用于硅的氧化。主吹阶段由顶枪和风口供给的氧：除部分顶吹供给的用于碳氧反应产物 CO 的二次燃烧外，大部分用于脱碳，小部分消耗于铬和镍等元素的氧化，极少部分随废气直接排出。动态脱碳期：随着碳含量的降低，风口吹入的氧除用于脱碳外，还有相当部分消耗于铬的氧化，少部分随废气逸出。吹入氧的利用情况简单示于图 4-25。而氩气在吹炼中起着特殊的作用。

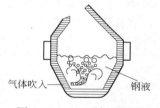

图 4-24　AOD 转炉简图

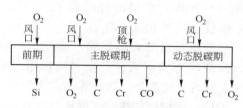

图 4-25　AOD 精炼过程中氧分配图

AOD 的吹氧速度较大时，脱除钢水中单位碳量所必需的最小氩气量（为保证不烧损铬）较小，从而氩耗较小，可使冶炼成本下降。同时可缩短冶炼时间，提高生产速度。另外，增大氧流量可加强搅拌，使熔池温度、成分更均匀。

氧流量增大，氧化放热速度增大，会使熔池温度增高，此外，氧流量增大会使熔池搅拌加剧，两者对炉衬有不利影响。这些不利影响是否会由于冶炼时间的缩短而被抵消尚需探索。气泡浮至顶渣时，仍残留百分之几的氧，即氧气利用率接近百分之百。氧流量较大时，熔池内形成的气泡较大，因此氧气利用率有所下降，但幅度很小。

4.5　富氧在轧钢加热炉上的应用

富氧燃烧技术在轧钢加热炉上的应用较早，英国 20 世纪 60 年代初就在初轧机上应用，我国武钢、宝钢分别于七八十年代在均热炉上实施了富氧燃烧。美国、英国、日本、俄罗斯、德国、法国、瑞典等均开展了深入研究和推广应用。近年来，在能源和环境的双重压力下，富氧燃烧技术在欧美、日本等得到迅速发展，应用领域也不断扩展。轧钢加热炉采用富氧或纯氧助燃气体的研究与应用在国内外也取得了很大进展，包括富氧燃烧控制模型、富氧燃烧烧嘴、低 NO_x 燃烧技术等。

4.5.1　富氧燃烧技术在欧美轧钢加热炉上的应用

欧美多家轧钢企业早在 20 世纪 60 年代就开始富氧燃烧试验，期间经历了一般富氧燃烧、分级富氧燃烧、无焰富氧燃烧阶段。无焰燃烧技术是基于 Weinberg 于 1971 年提出的超焓燃烧思想而开发应用的新技术，其特点是燃烧反应发生在一个很宽的弥散区域，没有明显的火焰前沿，有时整个燃烧室都在进行燃烧反应，因而温度分布均匀，避免了局部高温或低温区。自 2003 年起欧美 30 多座加热炉实施了无焰富氧燃烧，达到了燃烧均匀、火焰峰值温度低、排放少、加热效率高和节能的目的，燃料消耗减少 30% ~ 45%，产量增加 30% ~ 50%。

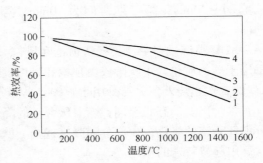

图 4-26　空气燃烧和富氧燃烧
条件下的热效率比较
1—常温助燃空气；2—助燃空气预热至 300℃；
3—助燃空气预热至 600℃；4—常温富氧助燃空气

美国阿赛洛米塔尔公司 2 座环形炉富氧燃烧（氧含量 23% ~ 24%）试验表明，富氧燃烧的热效率和总能耗分别比空气不预热的空气燃烧提高 90%、降低 48%，比空气预热（450℃）燃烧提高 14%、降低 26%，氧化铁皮厚度减小，见图 4-26。2003 年奥托昆普公司在瑞典的板带厂对其步进梁式空气燃烧加热炉进行了无焰富氧燃烧改造，使产量增加了 40% ~ 50%，燃料消耗降低了 25% 以上，NO_x 排放降低至 70mg/MJ 以下。

欧洲新开发的无焰烧嘴，能使炉内高温烟气向烧嘴方向回流，产生卷吸作用，稀释火焰，实现无焰燃烧。这种无焰富氧燃烧技术在瑞典 Ovako 厂均热炉、环形炉上的应用表明，无焰富氧燃烧加热时间能比普通富氧燃烧再缩短 15%，加热更均匀，节省燃料 17%，减少氧化铁皮 5% ~ 20%。该紧凑型无焰富氧燃烧烧嘴体积小、效率高，对于现有加热炉的改装，既可装在现有烧嘴的旁边作为辅助烧嘴使用，又可直接替换现有烧嘴而无需大的改动，无需粗大的助燃空气管道。

无焰富氧燃烧虽然可直接应用于现有加热炉而无需对炉体、炉型等做改动，但对于新建的炉子还是应根据其燃烧特点有别于空气燃烧炉，而对加热炉各区的结构设计、烧嘴型号和布置、管道等重新考虑，否则不利于节能减排。在燃烧控制方面，要特别重视防止过烧、加强燃料和助燃气体温度的监测；炉压应控制在 10Pa 以下；避免吸入空气而使 NO_x 的排放显著增加；燃料和助燃气体流量和压力的检测与控制精度要求远高于空气燃烧；采用专为无焰富氧燃烧开发的燃烧控制系统。如此才能发挥出富氧燃烧的优势。

对于利用热值低于 $2kW \cdot h/m^3$ 的低热值燃料，富氧燃烧是最有效的办法，现在采用无焰富氧燃烧技术燃烧高炉煤气（热值低于 $1kW \cdot h/m^3$）或高炉煤气混合气来加热钢坯的加热炉在欧洲已有成功应用。

4.5.2　富氧燃烧技术在国内轧钢加热炉上的应用

富氧燃烧技术在国内的应用尚不普及，武钢和宝钢均热炉曾采用过富氧燃烧。近来为了节能减排，富氧燃烧的研究和试验性应用逐渐多了起来，但未见实际大生产应用。

韶钢小型轧钢厂推钢式加热炉为增加产量、解决单位燃耗高（>3GJ/t）和氧化烧损严重的问题，曾进行了富氧燃烧试验。采用液氧槽车供氧，由氧气管道输入到鼓风机进风口处，并通过助燃空气中氧含量的检测及调整液氧的压力来控制氧气的流量。燃料是纯高炉煤气，富氧燃烧时仍对助燃气体和煤气进行双预热。取得了较好的增产节能效果，见表4-26。在富氧率达到3.43%时，产量提高15%，单位燃耗降低31%，折算后总的吨钢加热成本降低了27.1%。

表4-26 韶钢小型轧钢厂加热炉富氧燃烧效果

氧气含量/%	产量增加率/%	氧气消耗降低率/%	吨钢加热成本降低率/%
22.98	5.5	16.4	−1.4（增）
24.43	15.2	31.4	27.1
24.69	15.6	26.6	25.8

宝钢也曾为其环形加热炉进行过采用富氧技术燃烧高炉与焦炉混合煤气的研究，取得了很好的效果。富氧燃烧提高了高炉煤气的理论燃烧温度，弥补了高炉煤气热值低的缺点，加热效果较好，目前已经成为钢铁冶金中普遍采用的一种手段。

连续式加热炉炉温系数一般在0.70～0.85之间，炉温为1200～1350℃，因此加热炉燃料的理论燃烧温度需达到1800℃左右。经测算，采用高焦配比约为7:3、发热值为$1800×4.18kJ/m^3$的高焦混合煤气作为燃料，若将煤气预热至200℃以上、含氧量为46%的助燃空气预热至300℃以上，就能使其理论燃烧温度达到1810℃，满足加热炉的温度要求，并可减少排烟热损失25%左右。可见，富氧燃烧技术也可以与空气、煤气预热技术结合在一起，以实现高炉煤气在轧钢加热炉上的应用，改变国内部分企业因高炉煤气放散而造成的能源浪费与环境污染。

4.5.3 加热炉低NO_x富氧燃烧技术

由于富氧燃烧的理论燃烧温度较空气燃烧高而使火焰高温化，并且氧气浓度的增加也会直接刺激NO_x的产生，因此富氧燃烧一直存有高NO_x排放的忧虑。针对NO_x形成的3个影响因素：燃烧温度、氧的分压和氮的分压，相应的措施有：

（1）从喷口形状、尺寸及间距等方面优化烧嘴结构，推迟空气射流与燃料射流的混合，增大燃烧反应空间，降低火焰峰值温度，并使空气射流和燃料射流在混合前能够卷吸更多的炉内烟气，实现弥散燃烧。欧美等轧钢企业采用特制的无焰富氧燃烧烧嘴，利用高温炉气的卷吸作用来稀释火焰，实现整个炉膛内的弥散燃烧，避免局部高温，使火焰峰值温度尽量降至1500℃以下，减少了热力型和快速型NO_x的生成，见图4-27，而且钢坯加热温度更均匀。

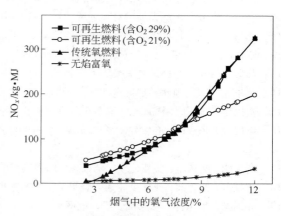

图4-27 不同燃烧条件下的NO_x排放量

（2）尽量减少助燃气体中的氮气或采用全氧燃烧、确保炉子各设备密封和严格控制炉压以减少空气的吸入，并优化燃烧控制模型和燃烧控制系统。新建加热炉时，设计更适合于无焰富氧燃烧的结构，确定更适合于无焰富氧燃烧的加热炉控制参数。

　　瑞典长材生产企业 Ovako Hofors Warks 厂采用富氧燃烧技术后，燃气加热炉和燃油加热炉的 NO_x 排放降低。实施无焰富氧燃烧后会几乎不产生热力型 NO_x，NO_x 的总排放降至更低。

　　富氧燃烧降低了燃料消耗本身就减少了 NO_x 和 CO_2 的排放，再加上上述减排措施，实际上多年来富氧燃烧的使用结果是减少了 NO_x 的排放量。

　　另外，由于燃气与氧气的燃烧反应活化能远低于氧原子与氮气的反应活化能，故 NO_x 的生成反应比燃烧反应慢，即氧气首先与燃气发生燃烧反应。只有当氧气有剩余时，才进行氧原子和氮原子的反应，生成 NO_x。因此降低入炉助燃气体中的氮气含量和炉气中的氧含量，就能减少 NO_x 的生成，于是国内外都在尽力研发采用 CO_2 稀释燃料来降低富氧燃烧中 NO_x 排放的新方法，该方法提高了烟气中 CO_2 浓度，利于 CO_2 的分离和回收。还有烟气炉外再循环技术，即将引风机输出管与送风机吸入管连接，通过阀门调节吸入烟气量，利用燃烧废气稀释助燃空气，既减少了烟气带走的热量，又减少了 NO_x 排放。国内在开展富氧燃烧技术的研究的同时，应将烟气再循环、蓄热燃烧与富氧燃烧结合起来研究。

参 考 文 献

[1] Fruehan R J. 氧气炼钢法的现状与未来 [J]. 宝钢情报，1991 (4)：2.

[2] 艾立翔，汪红兵，徐安军，等. AOD 炉的高效化冶炼模拟 [J]. 钢铁，2012，47 (2)：4.

[3] 陈家祥. 钢铁冶金学 [M]. 北京：冶金工业出版社，2009.

[4] 陈建斌. 炉外处理 [M]. 北京：冶金工业出版社，2008.

[5] 池和冰，魏季和，舒杰辉. 不锈钢 AOD 转炉精炼过程数学模型初探 [J]. 上海金属，2007，29 (4)：1.

[6] 邓开文. 氧气底吹转炉的发展 [J]. 钢铁，1979 (4)：4.

[7] 纪子纯. 电炉炼钢氧气的供应方式 [J]. 江苏冶金，1998 (5)：3.

[8] 贾琼，翟广永，王树忠. 大型高炉富氧与高炉煤气关系研究 [J]. 河北冶金，2011 (6)：3.

[9] 金国范. 当前世界几种炼铁工艺用氧 [J]. 上海金属，1995 (2)：3.

[10] 金琳. 世界电炉炼钢技术最新进展 [J]. 中国冶金，2000 (6)：2.

[11] 李华. 氧气炼钢技术的里程碑与挑战 [N]. 世界金属导报，2006.

[12] 李化治，李宝善. 氧气与冶金 [J]. 金属世界，1995 (2)：3.

[13] 马辉. 安钢 9 号高炉富氧喷煤生产实践 [J]. 南方金属，2009 (1)：3.

[14] 佩尔克. 氧气顶吹转炉炼钢 [M]. 北京：冶金工业出版社，1980.

[15] 秦民生，高征恺，王冠伦. 高炉全氧鼓风操作的研究 [J]. 钢铁，1987，22 (12)：7.

[16] 秦民生，张建良，齐宝铭. 全氧鼓风高炉冶炼钒钛铁矿石的优越性 [J]. 钢铁钒钛，1991，12 (2)：6.

[17] 商玉明，谢裕生，艾普，等. 全氧高炉炼铁过程的系统模拟 [J]. 化工冶金，1993，14 (3)：6.

[18] 沈颐身，范光前，孔祥茂. 氧燃烧嘴助熔技术在电炉上的应用及现状 [J]. 特殊钢，14 (5)：6.

[19] 孙国龙，罗果萍，郭卓团，等. 包钢 4 号高炉富氧喷煤强化冶炼实践 [J]. 炼铁，2007，26 (2)：34 ~ 36.

[20] 尹坚. 高炉富氧与全氧喷煤的工艺分析 [J]. 海南矿冶，1995 (2)：3.

[21] 汤忖江，王华，卿山，等. HIsmelt 工艺与富氧喷吹熔融还原冶炼技术 [J]. 科技传播，2010 (21)：2.

[22] 王龙，林东，张贵玉. 吹氧处理转炉炉口结渣的工艺研究 [J]. 本钢技术，1997 (6)：5.

［23］谢传宝. 开展氧气供用平衡分析［J］. 冶金动力，1998（2）：5.

［24］谢传树. 氧煤喷吹的发展和应用［J］. 炼铁，1995（2）：6.

［25］徐凤琼. 富氧在冶金中的应用和发展［J］. 云南冶金，1999（2）：3.

［26］杨守礼，秦民生. 全氧熔融汽化炉直接还原新工艺［J］. 北京科技大学学报，1995，17（2）：4.

［27］楚强，陈霞，刘铁龙. 济钢 350 m^3 高炉高富氧率冶炼特点［J］. 山东冶金，2008，30（12）：16～18.

［28］于小方，杨文远，郑丛杰. 提高转炉的供氧强度［J］. 钢铁研究学报，2000，12（2）：4.

［29］袁章福，潘贻芳. 炼钢氧枪技术［M］. 北京：冶金工业出版社，2007.

［30］刘会林，朱荣. 电弧炉短流程炼钢设备与技术［M］. 北京：冶金工业出版社，2012.

［31］袁章福，张永利，梁海宏. 用于电炉炼钢炉的碳氧枪复合喷头. 中国，02104089.3［P］. 2002.

［32］赵航. AOD 吹氧时的氧化还原机制［J］. 钢铁，1989，22（12）：3.

［33］赵航，白春. AOD 的氧流量对氩气耗量的影响［J］. 钢铁，1995，30（S1）：4.

［34］郑晓虎，万祥庭. 淮钢超高功率电炉的富氧操作［J］. 上海金属，2000（2）：2.

5 富氧技术在有色金属冶金中的应用

在有色金属冶金过程特别是火法冶炼过程中，用富氧技术代替空气鼓风，是提高技术水平、挖潜节能、强化生产并提高生产率及环保的重要技术措施。现在老厂传统工艺改造建设、开发新工艺，甚至新厂建设中均普遍采用富氧技术，具有投资少、见效快，经济效益显著的特点。各个国家和有色金属行业高度重视富氧的应用，已将富氧熔炼列为发展有色金属工业、提高冶炼技术水平的技术政策之一，积极鼓励并创造条件，推进富氧技术在有色冶金中应用的试验研究，使得富氧技术在有色冶金工业中的应用得以兴起并蓬勃发展。和工艺成熟的钢铁冶金富氧技术应用相比，有色冶金中富氧技术应用还只处于发展阶段，其制氧工艺、各种冶炼工艺技术、鼓风冶炼指标甚至尾气处理等都有其特殊性，还有待进一步深化。

有色冶金主要采用富氧技术，且因工艺繁杂，富氧程度和用氧量各不相同。

本章从富氧应用理论到实际富氧冶金生产，系统地阐述有色金属的富氧冶金方法及所取得的冶金效果，重点阐述铜、镍、铅等重金属的富氧熔炼以及锌、铜、镍等金属湿法冶金中氧气应用的情况。此外，还论述了近年来发展起来的新工艺技术如闪速熔炼，以及富氧顶吹、瓦纽科夫等熔池熔炼技术中应用富氧技术的情况及发展趋势，包括一些直接熔炼法，诸如重有色金属硫化矿熔池富氧自热熔炼、连续熔炼以及湿法冶金中加压氧浸出等的相关工艺技术。

5.1 富氧技术在有色冶金中的应用概述

5.1.1 有色冶金中富氧技术的发展

富氧应用于重有色金属冶炼始于20世纪50年代，其应用及推广比钢铁冶金晚，这主要是因为有色金属的多品种及处理工艺的复杂性所致。重有色金属冶金以火法冶金为主导，如铜产量的80%、铅产量的100%、锌产量的20%、镍产量的90%、锡产量的100%，均来自火法冶金生产工艺。由于火法冶金具有单位生产能力高等特点，今后还将继续保持这种主导地位。但是受能源的紧缺以及原料价格上涨、环境治理等诸多因素限制，促使现代火法冶金技术必须最大限度减少净化处理的烟气量及漏烟量，在满足越来越严格的环境保护标准要求前提下，进一步提高经济效益；此外，还应尽可能利用矿料自热进行熔炼，尽可能全面地回收余热，降低总能耗。为此，需研究开发更合理的火法冶金工艺流程及技术措施。其中一个重要的措施，就是最大限度地使用工业纯氧或富氧以代替空气进行熔炼。由于富氧燃烧提高了炉温，强化了熔炼过程，同时减少了氮气的鼓入，即降低了能耗，减少了烟气量，并提高了烟气中 SO_2 的浓度，有利于制酸。关于这方面实验数据及生产上实际记录，国内外杂志都有报道。

目前，富氧技术在有色金属冶金中所占的比重也在日渐提高。重有色冶金富氧的使用量占总富氧消耗量的6%以上，主要用于原料焙烧、烧结和熔炼的各种设备，如沸腾焙烧炉、熔池熔炼炉、反射炉、鼓风炉、闪速熔炼炉、旋涡炉、回转窑、竖罐及吹炼转炉和精炼过程中的各种炉型（如精炼反射炉）中，利用在800~1600℃条件下时，有色金属硫化物矿中的硫和铁氧化时释放出大量的热，来代替矿物燃料，达到自热熔炼，提高化学反应速度。

富氧技术按应用而言可分为两类：一类是与矿物中硫燃烧有关的过程即氧化熔炼等过程；另一类是火法冶金中配入燃料燃烧时采用富氧的燃烧炉；此外，在湿法冶金中，也可以利用提高氧浓度的加压氧浸出等技术，促进矿物的分解和转化，从而达到提取和富集金属的目的。

中国有色金属矿石复杂，含硫低，自热程度差，因此，采用富氧冶炼是强化冶炼、节能、减轻污染、进行技术改造的根本措施。国外冶金工作者针对传统的铜、镍、铅反射炉和鼓风炉的能耗高、低浓度SO_2污染、铅中毒等问题，提出了许多使用富氧改造建设方案或新工艺技术实践，主要有：

（1）铜、镍、铅等鼓风炉的风口鼓入富氧空气，以提高鼓风炉的生产率、SO_2浓度、降低能耗。

（2）铜、镍反射炉的改造中，反射炉的烧嘴采用富氧，可以提高生产能力。如日本小名滨冶炼厂，在用石灰法吸收低浓度SO_2生产石膏，解决反射炉烟害的同时，还采用富氧燃烧改善了部分生产指标；智利的氧气-燃料熔炼工艺，主燃烧器采用含氧30%的富氧，沿炉顶安装若干个氧气-燃料燃烧器，提高了生产能力，降低了燃料消耗，使烟气SO_2浓度提高到6%~8%。

（3）采用新型的富氧（或纯氧）熔炼技术改造旧的熔炼工艺，达到强化生产，节能、减污、降耗的目的；开拓的新工艺方法以喷射熔炼技术为基础，强化冶金过程，充分利用精矿本身的硫、铁的氧化热降低能耗，并向连续熔炼发展。

对铜冶金，世界上已有60%以上的工厂采用了富氧技术，能获得良好的技术指标与经济效益。目前炼铜技术有芬兰的奥托昆普（Outokumpu）闪速熔炼、澳大利亚顶吹浸没熔炼（Ausmelt or ISA）法、加拿大的Horne熔炼厂采用的诺兰达法（Noranda Process）、日本Naoschirma熔炼厂用的三菱法（Mitsubishi Process）、前苏联Balhash厂中采用的瓦纽科夫熔炼法（Vanukov Process）、智利Caletones厂采用的改良转炉熔炼法（CMT）及中国的白银炼铜法等，也全部采用富氧熔炼，在实际生产中控制富氧浓度为25%~90%。表5-1是足尾冶炼厂闪速炉中采用41.5%富氧鼓风与空气鼓风熔炼的对比效果，生产能力提高了30%左右。国际镍公司的Inco式闪速炉富氧熔炼法采用高达60%~90%富氧浓度，是当今节能效果显著的新型富氧炼铜法，有逐渐取代传统炼铜方法的趋势。

表5-1　日本足尾冶炼厂闪速炉富氧与空气熔炼比较

项　目	耗氧空气	普通热空气
精矿处理量/t·d^{-1}	550	440
鼓入空气量/m^3·h^{-1}	9600	22000
空气中氧含量/%	41.5	21
重油消耗量/L·t^{-1}	10	65

项 目	耗氧空气	普通热空气
冰铜品味/%	60	48
烟气中 SO_2 浓度/%	33	11.5
烟气中氧浓度/%	1.5	1.0
烟尘率/%	5.2	8.8
粗铜产量/t·月$^{-1}$	3500	2800
硫酸产量/t·月$^{-1}$	9800	7500
重油消耗率/%	128	100
电耗率/%	35	100

镍火法冶金中富氧技术应用的情况和铜熔炼中情况大致相当。目前广泛采用富氧喷吹的闪速熔炼和富氧顶吹澳斯麦特熔炼技术取代传统的密闭鼓风炉和电炉熔炼技术，在床能力、产率以及烟气 SO_2 浓度等指标上都收到良好的成效。

炼铅易于炼铜，传统的焙烧—鼓风炉还原炼铅法由于能耗高、低浓度 SO_2 环境污染、铅中毒等问题已日趋淘汰，目前炼铅工业中已采用了比较新的技术。国外的铅冶炼新技术中基夫赛特法（Kivcet）、QSL 炼铅法及前苏联瓦纽科夫（Vanukov）炼铅法、澳大利亚的艾萨熔炼法（ISA）、瑞典 Ronnskar 熔炼厂在 TBRC 炉（TBRC 即卡尔多法）上都已采用富氧熔炼技术。国内自主开发的水口山法（SKS）、富氧底吹（侧吹）炼铅法等工艺中也广泛采用富氧技术，取得了较好的技术、经济及社会效益。

锌冶金厂是最早采用富氧技术的有色冶金工厂，富氧最早应用于锌的沸腾焙烧。目前锌冶炼主要采用焙烧浸出工艺流程，甚至全湿法流程。而锌精矿的高压湿法浸出工艺早在1958 年就开始应用了富氧，20 世纪 80 年代 Cominco 公司的特雷尔厂就采用了富氧浸出的全湿法工艺。火法炼锌中喷射炼锌法、密闭鼓风炉等都使用了富氧。目前在锌焙烧、锌渣挥发、锌烧结、锌鼓风炉熔炼中都采用了富氧。处理铅锌混合矿的 ISP 法也采用富氧技术。Outokumpu 闪速熔炼法是炼镍的常用火法工艺，已经采用富氧技术，镍鼓风熔炼法也采用了富氧技术，目前世界上 50% 以上的镍是采用富氧技术冶炼得到的。总之，富氧技术应用于空气参与的冶金过程，具有明显的强化炉温、提高产能、加速反应、节能降耗并减少烟气排放，在条件可行的工艺过程中都有采用富氧的必要。

从长远和较彻底的解决问题的角度考虑，铜、镍、铅、锑硫化矿需加强以氧气喷吹技术为基础的新工艺、新技术的研究，沿着强化、连续化方向开拓新的出路。因富氧熔池熔炼设备较简单，规模可大可小，对矿石适应性强，能处理含 Fe_3O_4 高的各种返料、杂料，用该法处理重有色金属硫化矿比较合适。从当前国外铜、铅硫化矿冶炼的发展趋势和中国白银炼铜法以及富氧底吹、侧吹铅熔池熔炼的工艺实践来看，在现有工艺基础上，进一步研究重有色金属硫化矿富氧自热连续熔炼是大有可为的。

富氧技术就是采用比空气中氧含量高的空气来代替普通空气进行操作，以提高反应效率，是节能降污的一项有力措施。比如，炼铜用空气熔炼烟气带走的热量占总热量的50%～60%，用 42% 的富氧空气烟气带走的就只占总热量 25%～30%。富氧浓度越高，烟气热损失越少。密闭鼓风炉用空气炼铜，一般要消耗 0.8～1.1t 焦炭才能生产 1t 粗铜。

随着我国制氧技术的不断进步，铜冶炼企业利用富氧熔炼已较普遍，2009 年全国平均每吨粗铜的综合能耗（标煤）已降至 366kg。因为有些工艺对富氧浓度有限制，难以超过50%，熔炼需要外供燃料。近年，山东东营方圆铜厂采用氧气底吹炼铜，氧气浓度高达70% ~ 80%，熔炼过程不需要补充任何燃料，每吨粗铜能耗（标煤）在 180 ~ 220kg（据精矿品位不同），处于世界最好水平，足以说明富氧对节能减排的效果。

5.1.2 有色冶金中采用富氧技术的优点

由于有色富氧冶炼具有挖潜节能、增产幅度大的优点，改造老厂和建设新厂采用富氧冶炼技术，投资少、见效快，经济效益显著。和成熟的钢铁富氧技术相比，有色冶金富氧技术的应用还需要进行全面深入的研究。

使用氧气不仅是有色冶炼方法本身的重大变革，同时，也为一些重要复杂矿、难选矿的综合利用、冶金工艺和制酸工业的发展，甚至节能高效的连续自热熔炼等技术的研究开辟了道路。有色冶金用氧的效益，主要表现在以下几方面。

5.1.2.1 节能降耗

铜、铅、锌、镍、钴、锑、锡等有色金属矿石，都以硫化物的形式存在于自然界，硫化物在高温冶金过程中主要是氧化放热反应，一般有色金属硫化矿含硫20% ~ 35%，它本身就是一种低热值的燃料。据计算，1kg 硫能放出相当于 0.32kg 标煤的热量。因此，选择冶炼方法时，要充分利用这部分热能。同时，对硫化矿进行脱硫氧化时，需要连续供应大量的氧气。一般熔炼 1t 有色金属需氧量介于 300 ~ 2000m^3，而与此相对应，冶炼 1t 钢的氧耗为 3 ~ 10m^3。空气中约含21%的氧（体积分数）和79%的氮（体积分数），直接用空气进行冶炼或燃料燃烧时，大量的氮随氧一道进入冶金炉中，作为惰性气体，会降低冶炼和燃烧反应的速度，从而增加鼓风机的功率和运转的能耗。此外，为加热这部分氮气还消耗大量的热，增加燃料消耗。鼓风中的氮气和燃料燃烧所产生的 CO_2 气的稀释作用，使烟气中 SO_2、CO 和金属蒸气的浓度下降，增加了烟气综合利用的困难，因此，用富氧（或纯氧）代替空气进行冶炼（或燃烧）的最大优点，是能大大减少氮和燃料，从而达到节能和强化冶炼过程的目的。对于不同的冶炼方法和设备，使用富氧节能的效果也不一样（见表5-2）。

表 5-2 各种冶炼方法用空气和富氧鼓风的能耗的比较

冶炼方法	氧浓度/%	能耗	富氧后能耗下降百分比/%
前苏联铜鼓风炉熔炼	21 27.3	焦率8.35% 焦率5.93%	28.8
前苏联镍鼓风炉熔炼	21 24.5	焦率26.4% 焦率21.9%	17
前苏联生精矿铜反射炉熔炼	21 40	210kg(标)/t 料 158.5kg(标)/t 料	24.5
日本足尾闪速炉熔炼	（热空气）21 41	65.7L 油/料 9.5 油/料	85.5
Inco 闪速熔炼	95	基本自热熔炼	100

冶炼方法	氧浓度/%	能耗	富氧后能耗下降百分比/%
诺兰达炼铜法熔炼	21 (30.5)	4.6×10^9 J 1.25×10^9 J	72.7
瓦纽科夫熔池熔炼	68~75	47kg（标）/t 料	
日本三菱法	30~40	1.46×10^9 J/t 料	
中国白银炼铜法	21, 31, 61	标准燃料率 12.31%, 8.32%	32.32
贵溪冶炼厂闪速炉	32	—	22

从表 5-2 看出，传统熔炼方法采用富氧后，能耗下降幅度不大（17%~28.8%）。其他几种新的冶炼方法，属于动态熔炼，精矿在高温氧化气氛中呈漂浮状态，或处在被富氧剧烈搅动的熔体中，进行高速反应，传质传热良好，能充分利用硫化物精矿本身的氧化反应热，所以采用富氧（或纯氧）鼓风的效果好，能耗大幅度下降（72.7%~100%）。国际镍公司纯氧闪速炉，基本实现了自热熔炼。前苏联的富氧熔池熔炼，标准燃料消耗仅为 47kg/t（料）。日本足尾闪速炉的实践结果，1L 重油直接使用只获得相当于 2.3×10^7 J 的热量，利用它发电制氧熔炼获得的热量为直接用重油的 2.3 倍。

富氧燃烧时，单位燃料燃烧产物的体积减小，火焰温度升高；此外，由于减少了排气量，热损失小。火焰温度升高后，被加热物的温度和火焰温度间的差值增大，有利于增加传热量。如在沸腾焙烧中富氧有利于燃烧，但氧浓度达到一定值后，温度上升缓慢，因而富氧浓度一般不超过 40%，一般使用 23%~28% 的富氧燃烧，节能率可达 26.1% 左右。

5.1.2.2　提高熔炼强度，强化生产

在冶金过程中，富氧空气（或纯氧）可以应用于：硫化物的氧化（焙烧、烧结、自热熔炼、吹炼）；煤、天然气、重油的燃烧；氧化物的还原过程；金属的氧化，如粗金属的精炼等。氧的应用，减少了过程中的氮含量，提高了炉温，强化了冶金过程。近年来，氧的应用促使各种自热熔炼方法得以迅速发展。实际操作中，富氧燃烧及富氧熔炼的富氧浓度介于 23%~90% 之间，依据冶炼工艺方法不同，其富氧浓度各异。如 Outokumpu 闪速熔炼中，一般富氧浓度介于 23%~40%，而在国际镍公司因科（Inco）闪速炉中富氧浓度高达 70%~95%，强化脱硫和除铁。

富氧操作强化冶炼过程提高生产率的结果见表 5-3。从表 5-3 可见，各种冶炼法采用不同浓度的富氧进行冶炼，其生产能力都有不同程度的提高，富氧鼓风能增加精矿处理量并降低成本，经济效益提高最为显著。

表 5-3　使用氧气强化各种冶炼过程提高生产率的比较

冶炼方法	氧浓度/%	生产率/t·(m²·d)⁻¹	富氧提高产能/%
前苏联高硫铜镍矿沸腾焙烧	21 26	41.4 73	76
前苏联锌精矿沸腾焙烧	21 31	4.9 7.6	55

冶炼方法	氧浓度/%	生产率/t·(m²·d)⁻¹	富氧提高产能/%
前苏联铜鼓风炉熔炼	21 27.3	102.2 140	37
澳大利亚铅鼓风炉熔炼	21 23	22.3t/h 28.6 t/h	28.3
炉渣烟化炉	21 24~25	24~25 31.7~37.4	32~49.6
日本足尾闪速炉熔炼	21 41	440 550	25
国际镍公司 Inco 闪速熔炼	95	11.6	—
诺兰达炼铜法熔炼	21 30.5	8.7 15	67
瓦纽科夫熔池熔炼	68~75	100	
中国白银炼铜法	21	13.10（熔炼区）	58
贵溪冶炼厂闪速炉	32	—	50

贵冶闪速炉 1986 年投产时年产量 5.5 万吨，随着对设备性能的了解操作熟练后，每年产量以 1 万吨的速度快速增加，采用富氧冶炼工艺后，其冶炼能力提高了 50%。

瓦纽科夫富氧熔池熔炼炉的熔炼强度高达 100t/(m²·d)，为纯氧闪速炉的 8.6 倍，为空气反射炉的 25 倍，为热风闪速炉的 13.34 倍。富氧熔池熔炼，既具有普通闪速炉的节能和 SO_2 浓度高的优点，更有熔炼强度大，适宜用来改造现有企业传统工艺的特点。

锌精矿用富氧沸腾焙烧后，既提高了床能力，又改善了锌焙砂的质量，使焙砂中的可溶锌量增加，残硫降低。渣烟化炉用富氧空气后生产能力提高 32%~50%，使锌的挥发速度从 16kg/min 提高到 1923kg/min。粉煤率由 25% 降到 20%，提高了锌的回收率，降低了弃渣含锌量。

各种铜熔炼方法采用富氧后，冰铜品位都有提高，可降低转炉吹炼的能耗和耐火砖消耗，缩短吹炼时间，减少转炉台数，并可通过调节富氧浓度来较好地控制炉温。

5.1.2.3 提高烟气中 SO_2 浓度，利于制酸

传统的火法冶金（如铜反射炉）采用空气冶炼硫化物精矿时，产生大量难以经济回收的低浓度 SO_2 烟气，直接排入大气，造成大气污染。据加拿大资料报道，反射炉每熔炼 1t 铜精矿，要排出浓度为 1% 的 SO_2 烟气 3500m³，如不综合回收，按铜精矿中一般铜硫比为 1 计算，则现在炼铜业每年约有 $650×10^4$t 硫以低浓度 SO_2 排入大气。中国每年从燃烧含硫的煤、重油及有色金属工业排入大气的 SO_2 中的硫量约为 $1600×10^4$t，其中有色金属冶金工业排出的硫约为 $(40~50)×10^4$t，占全国排放总量的 2.5%。这样，既造成严重的公害，又不能充分利用硫的资源和回收被烟气带走的其他有价金属。因此，全世界的有色金属企业，为了消除 SO_2 烟害，使之达到环保要求的标准 $(0.1~0.4)×10^{-4}$%。不得不花费巨额资金来控制污染。

消除低浓度 SO_2 烟害的最好办法是提高烟气中 SO_2 浓度。用标准触媒法制酸时，SO_2

最低浓度应为 3.5% ~4.0%。烟气中 SO_2 少于 3.5% 时，制酸装置要附设制冷和加热保温设备，因而增加制酸成本。从单位产品的基建投资和经营费用来看，烟气中 SO_2 提高到 10% 以上，比低浓度（4.5% SO_2）的投资省，成本低 40% ~45%。采用富氧改革冶炼工艺，是提高烟气中 SO_2 浓度的最好办法（见表 5-4），国外采用新工艺冶炼铜精矿时，硫的利用率高达 95% ~98%。不论是哪种传统熔炼方法，采用富氧技术后，都可以大幅度提高烟气 SO_2 浓度。因此，应用氧气改造传统工艺或采用新的冶炼工艺是提高烟气中 SO_2 浓度、解决公害的根本途径。贵冶闪速熔炼中采用富氧后，硫酸产量增幅明显，日产量增加 5.2%。

表 5-4   各种熔炼方法用空气和富氧冶炼时 SO_2 浓度的比较

冶炼方法	氧浓度/%	烟气中 SO_2 浓度/%
前苏联锌精矿沸腾焙烧	21	10.5
	31	14.4
前苏联铜鼓风炉熔炼	21	1.3
	27.3	3.3
前苏联生精矿铜反射熔炼	21	约1
	40	8.2
日本足尾闪速炉熔炼	21（热空气）	11.5
	41	33
国际镍公司 Inco 闪速熔炼	95	80
诺兰达炼铜法熔炼	21	7
	30.5 ~40	10 ~17.1
瓦纽科夫熔池熔炼	68 ~75	约40
中国白银炼铜法	21	6.92
	31, 61	11.26
贵溪冶炼厂闪速炉	21	8.06
	32	10.7

5.1.2.4   提高经济效益

国外实践表明，只要每吨油价格/每吨氧价格≥4 时，用氧代油便会收到一定的经济效果。再考虑氧气鼓风提高炉子精矿处理量以及硫和金属的回收率等效果，则效益更大。

5.2   有色冶金中应用富氧技术的原理

5.2.1   富氧在有色火法冶金中应用的基础理论

5.2.1.1   硫化物的氧化

A   硫化物的氧化

有色金属冶金火法处理的矿石，主要是硫化矿。硫化矿的处理过程虽然比较复杂，但从硫化矿物在高温下的化学反应来考虑，大致可归纳为以下 5 种类型：

$$2MeS+3O_2 \!=\!\!= 2MeO+2SO_2 \tag{5-1}$$

$$MeS+O_2 \!=\!\!= Me+SO_2 \tag{5-2}$$

$$MeS+Me'O \Longrightarrow MeO+Me'S \tag{5-3}$$

$$MeS+2MeO \Longrightarrow 3Me+SO_2 \tag{5-4}$$

反应 5-1 是各种有色金属硫化矿氧化焙烧的基础，反应 5-2 是金属硫化物直接氧化成金属的反应。反应 5-3 是造锍熔炼的基本反应。铁与待提取的金属元素形成硫化物的共熔体（锍），从而与矿石中的脉石分离。反应 5-4 是金属硫化物与其氧化物的交互反应，结果是金属被还原。

以上反应均为氧化反应，过程释放大量的热，可以为过程提供需要的热量。

在湿法冶金中，硫化矿经常需要进行硫酸化焙烧，反应为：

$$MeS+2O_2 \Longrightarrow MeSO_4 \tag{5-5}$$

在硫化物的氧化焙烧及烧结过程中，气流中氧的浓度直接影响反应温度及反应速度。众所周知，硫化物的氧化速度与反应放热速度成正比：

$$v=q_B/Q$$

式中　v——氧化速度；

　　　　Q——氧化反应的热效应，即每摩尔分子硫化物氧化的反应热；

　　　　q_B——硫化物氧化时，在单位时间内放出的热量，即放热速度。

当过程在动力学区域中进行时，

$$q_B=QC_{O_2}^n k_{O_2} e^{-E/kt} \tag{5-6}$$

式中，k_{O_2} 为系数；n 为反应级数；C_{O_2} 为气流中氧化剂浓度（氧的浓度）。

当过程在扩散区域中进行时，

$$q_B=QC_{O_2}aT^{1.1} \tag{5-7}$$

式中，a 为比例系数。

由上述公式可见，提高气相中的氧浓度（C_{O_2}），其放热速度（q_B）相应提高，从而过程的反应速度（v）随即增加，这便是富氧能强化氧化反应过程的基本原理。

根据对各金属硫化物的热力学性质的分析可知只要有足够的温度和氧浓度金属硫化物的氧化反应可进行到底。但反应速度却受各种动力学因素的影响。除了温度、粒度及其他硫化物或氧化物的存在等因素外，反应速度一般还随硫化物颗粒表面上氧的分压增加而提高，这也是富氧能强化氧化过程的原因之一。

气相中氧浓度对硫化物氧化程度的影响，可从表 5-5 实测数据处得到证明。

表 5-5　氧浓度对硫化物氧化程度的影响

气相中氧的浓度/%	1	5	20
PbS 的氧化率/%	27.2	87.1	95.5
FeS 的氧化率/%	4.8	—	87.5
CuS 的氧化率/%	24.3	59.0	97.2
CdS 的氧化率/%	46.0	90.5	99.4

B　硫化物熔体的氧化

目前，工业生产中多采用吹炼工艺处理铜锍和铜镍锍，即在 1100~1300℃ 的温度下，对熔融的金属硫化物吹以空气，使其激烈氧化，产出 SO_2 气体和金属熔体或金属硫化物熔体。吹炼的第一阶段，是锍中 FeS 的氧化造渣，从而使铜锍由 xFeS · yCu$_2$S 富集成 Cu$_2$S；从而使铜镍锍 xCu$_2$S · yNi$_3$S$_2$ · zFeS 富集成 xCu$_2$S · yNi$_3$S$_2$；吹炼的第二阶段，对于铜锍而言，是将 Cu$_2$S 吹炼成粗铜，反应的通式是：

$$2\text{MeS} + 3\text{O}_2 = 2\text{MeO} + 2\text{SO}_2 \tag{5-8}$$

$$2\text{MeO} + \text{MeS} = 3\text{Me} + \text{SO}_2 \tag{5-9}$$

对于镍锍而言，反应为：Ni$_9$S$_2$ + 4NiO = 7Ni + 2SO$_2$ $\tag{5-10}$

反应需在极高的温度下才能实现（例如在 1900℃ 时，SO$_2$ 的平衡分压才达到 101.3 kPa），因而此时的吹炼，往往只能完成第一阶段的脱铁，而铜、镍的分离需采用其他方法才能实现。

富氧强化吹炼反应所产生的大量热一般需从系统中强制排出，但在硫化镍的吹炼中，富氧所产生的高温，对后期直接吹炼成金属镍起着重要作用。

应用氧气可得到所需的高温。实践表明，硫化镍吹炼初期，熔体含硫较高（20% S），在 1380℃ 温度下能顺利操作；随着硫的脱除，必须设法提高温度，防止 NiO 聚集；当硫含量降至 5% 以下时，熔池温度至少应提高到 1600℃，按 S + O$_2$ = SO$_2$，$\Delta G^{\ominus} = -302755 + 7.5T$(J/mol) 计算，在 1600℃ 时，每千克硫氧化可放出热量 6200kJ，若用 15.5℃ 的空气吹炼，将其加热到 1650℃，需消耗 8100kJ 热量。因而按计算，每千克硫的氧化尚净亏 1900kJ 热量；此时若使用 95% 工业氧气，硫可有余热 4400kJ/kg，这就是应用富氧顶吹的原因所在。

5.2.1.2　硫化铅直接熔炼的基本原理

在铅精矿的直接熔炼中，根据原料主成分 PbS 的含量，按照 PbS 氧化发生的基本反应 PbS + O$_2$ = Pb + SO$_2$，控制氧的供给量与 PbS 加入量的比例（简称为氧/料比），从而决定了金属硫化物受控氧化的程度。

实际上，PbS 氧化生成金属铅有两种主要途径：

一是 PbS 直接氧化生成金属铅，较多发生在冶金反应器的炉膛空间内；

二是 PbS 与 PbO 发生交互反应生成金属铅，较多发生在反应器熔池中。为使氧化熔炼过程尽可能脱除硫（包括溶解在金属铅中的硫），有更多的 PbO 生成是不可避免的，在操作上合理控制氧/料比就成为直接熔炼的关键。在理论上可借助 Pb-S-O 系硫势-氧势图（图 5-1）进行讨论。

在图 5-1 中，横坐标和纵坐标分别代表 Pb-S-O 系中的硫势和氧势，并用多相体系中硫的平衡分压和氧的平衡分压表示，其对数值分别为 lgp_{S_2} 和

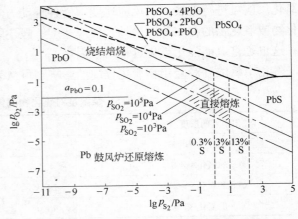

图 5-1　1200℃ 时 Pb-S-O 系硫势-氧势图

lgp_{O_2}。图中间一条黑实线（折线）将该体系分成上下两个稳定区（又称优势区）。上部 PbO-PbSO$_4$ 为熔盐，代表 PbS 氧化生成的焙烧产物。在该区域，随着硫势或 SO$_2$ 势增大，烧

结产物中的硫酸盐增多；图下部为 Pb-PbS 共晶物的稳定区。如图 5-1 所示，在低氧势、高硫势条件下，金属铅相中的硫可达 13%，甚至更高。

在传统法炼铅的烧结焙烧过程中，用过量几倍甚至十几倍的过剩空气进行氧化焙烧，在高氧势下形成的 PbO-PbSO$_4$ 产物（烧结块）送鼓风炉熔炼。在低氧势条件下，鼓风炉熔炼产出了含硫少的合格粗铅（S 含量<0.3%）和含 Pb 少的炉渣（1.5%~3% Pb）。在这里，鼓风炉的低氧势是靠大量焦炭脱氧形成的。图 5-1 指出了直接炼铅在平衡相图中的位置，如斜阴影线区所示。直接熔炼中由于采用了氧气或富氧空气强化冶金过程，烟气量少，其 SO$_2$ 浓度一般在 10% 以上（相当于 $p_{SO_2} \geq 10^4$ Pa）。

在"直接熔炼"区域，只要控制较低的氧势（$\lg p_{O_2} < -1$），即使在 $p_{SO_2} = 10^5 \sim 10^3$ Pa 条件下，PbS 直接氧化仍可产出含 S 小于 0.3% 的粗铅。

PbO 不能溶入 Pb-PbS 相，只能形成 PbO-PbSiO$_3$ 炉渣相。随着气相-金属铅相（Pb-PbS）-炉渣三相体系中的氧势增大，炉渣中的 PbO 浓度也增大。

直接炼铅在 $p_{SO_2} = 10^4$ Pa 下进行，如果控制 $p_{O_2} = 10^{-5} \sim 10^{-4}$ Pa 的低氧势，产出的炉渣含铅可达到较低的水平（约 5% Pb），但是得到的粗铅含硫将大于 1%，需要进一步吹炼脱硫。硫化铅精矿直接熔炼要同时获得含硫低的粗铅和含铅低的炉渣是有困难的。

目前直接熔炼的方法都是在高氧势（相当于 $\lg p_{O_2} = -1 \sim -2$）下进行氧化熔炼，产出含硫合格的粗铅，同时得到含铅高的炉渣，含 PbO 达到 40%~50%，因此必须再在低氧势下还原，以提高铅的回收率。

5.2.1.3　金属熔体的氧化精炼

在有色金属冶炼中，金属熔体的氧化包括氧化精炼及制取金属氧化物两类过程。前者是基于杂质元素对氧的化学亲和力大于被精炼金属这一原理，后者则是依据金属氧化物的某种特性（如易挥发性）而获得纯净氧化物的过程。

金属熔体氧化过程可参看炼钢过程的氧化，也可分为直接氧化和间接氧化。

金属氧化物与杂质在熔池内相互反应而使杂质氧化：

$$[MeO] + [Me'] \Longrightarrow Me'O + [Me] \tag{5-11}$$

被精炼金属的氧化物在熔池中的活度（浓度）愈大，杂质氧化物的活度（浓度）愈小时，氧化精炼进行得愈完全、愈彻底。实践中，需要及时消除浮渣以减小渣中杂质氧化物浓度来提高氧化去杂程度。

在金属熔体的吹炼过程中，液相和气相既是反应的参加者，又是熔池的搅动者，由于这种搅动，使反应物的接触面不断更新，从而增大反应表面，并减小接触边界层的厚度，加速氧化过程。因而，影响氧化过程的因素，除了气相中的氧浓度外，还有气流的鼓风功率。

纯铜熔体所作的研究表明，熔体所吸收的氧量与鼓风的时间呈线性关系变化（见图 5-2），氧的利用率与其浓度和气流鼓风功率之间的关系见图 5-3。

对铜基镍锡合金和硫化铜的熔体表面进行氧气吹氧时，吸氧与喷吹时间的线性关系与纯铜相同，试验同时查明，搅动熔体（纯铜和硫化物）传递的氧量约为静止熔体鼓风的 39 倍。当采用富氧或工业纯氧气来代替空气进行金属熔体氧化时，其氧化速度与氧浓度成正比，在迅速完成上述过程的第一阶段后，过程的第二阶段——生成的氧化物在金属熔池中溶解和扩散——将成为氧化过程的制约阶段，因而增大气流速度、采用熔池侧吹、底吹等方式，使熔池激烈翻腾，是提高氧化速度的重要手段。

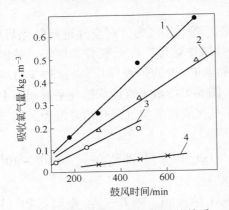

图 5-2　吸收氧量于鼓风时间的关系

气体中 O_2 %：1—0.72；2—0.82；3—2.1；4—5.0；

气流功率：1—1.5×10^{-3}；2—1.2×10^{-3}；

3—0.9×10^{-3}；4—0.7×10^{-3}

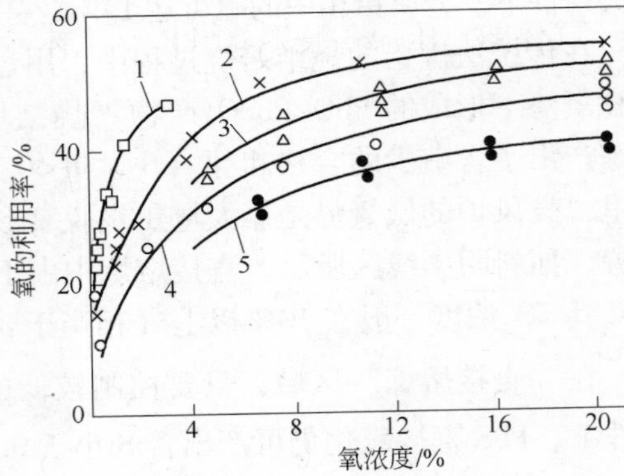

图 5-3　氧的利用率与氧浓度和鼓风功率的关系

（图中鼓风功率按 1～5 顺序逐渐增大）

5.2.1.4　燃料的燃烧及 CO 还原

现代有色冶炼中，广泛采用含碳燃料（焦炭、重油、煤、天然气等）。反射炉及回转窑一般采用天然气、重油或粉煤作燃料，鼓风炉熔炼氧化物原料则使用焦炭，其燃烧的作用主要是保证反应所需的高温，并造成一定的还原气氛。现代冶金中所消耗的燃料是巨大的，因而探讨最合理的燃料利用方式，是冶金工业中的重要课题，应用富氧就是强化燃烧过程，减少燃料消耗的一种有效手段。

另外，不完全燃烧产生的 CO 又是金属氧化物的还原剂：

$$Me+CO \Longrightarrow Me+CO_2 \qquad (5\text{-}12)$$

在其他条件相同的情况下，反应 5-12 的速度和气体中 CO 的浓度有关。

图 5-4 为在各种浓度下，还原氧化锌和氧化铅的实验数据。由图 5-4 可知，提高 CO 的浓度可以提高氧化锌的还原率，温度越高，还原率越高。如前述证明的，还原

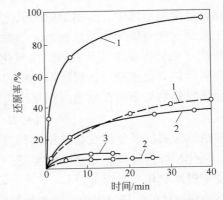

图 5-4　氧化锌还原率与还原时间及 CO 分压关系

实线 p_{CO} =40kPa；虚线 p_{CO} =6.6kPa；

1—700℃；2—600℃；3—300℃

熔炼时，采用富氧鼓风可以提高气体中的 CO 浓度和温度，因此，可以强化还原过程。

5.2.2　富氧在有色湿法冶金中的应用理论

5.2.2.1　氧的溶解及水溶液中的氧化特性

A　氧在水溶液中的溶解

湿法冶金中的氧化过程，主要是在液相内进行的，因此，气体氧在液相中的溶解是该

过程的关键因素之一。一般情况下，氧在水中的溶解度较小，当气体（空气和水蒸气）总压力为 100kPa 时，空气中的氧在水中的溶解度见表 5-6。若过程是在密闭条件下进行的，气体的总压力一般为 100kPa，气体氧化剂所占比例为 $(100-P_水)$ kPa。随着温度的升高，气相中的水蒸气的分压迅速增加，气体氧化剂的分压则相应减小。

表 5-6 空气中的氧在水中的溶解度

温度/℃	0	10	20	30
溶解度/mL·L^{-1}	10.19	7.9	6.94	5.8

由此可见，若靠提高温度来获得必需的氧化速度，则应创造条件，使系统同时保持足够的氧分压。为达到此目的，可采用高压氧气，同时可将溶液沸腾温度提高到 100℃ 以上。高压釜的出现大大扩大了湿法工艺的氧的应用，提高了湿法工艺的经济指标。

保持氧分压不变，氧在水中的溶解度随温度的变化关系见图 5-5。由图可见，温度为 90~120℃ 时，氧在水中的溶解度达最低值，随着温度的提高，溶解度逐渐增加，而在 320~350℃ 达最大值（为室温时的 3~4 倍）。

水中酸、碱、盐对氧的溶解度影响极大。通常，当温度和氧分压一定时，苛性碱、强酸及其盐类会使氧的溶解度下降，而弱酸、弱碱（如氨）则可提高氧在水中的溶解度（见图 5-6）。

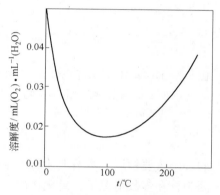

图 5-5 氧在水中溶解度与温度 （0~260℃）的关系

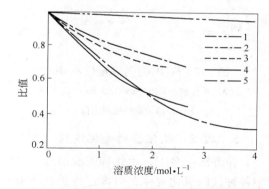

图 5-6 25℃时，氧在各种水溶液中的溶解度与水中溶解度之比
1—NH$_3$；2—H$_2$SO$_4$；3—CuSO$_4$；
4—NaOH；5—(NH$_4$)$_2$SO$_4$

因此，反应试剂的低浓度和低温度是使氧能够参加湿法冶金化学反应的重要条件。铜矿等的地下浸出及堆浸，属于低温工艺过程，而热压浸出及加温浸出则属于高温工艺过程。

氧以溶解的形式参加化学反应，无论在动力学过程或静态过程中，保证氧在溶液中的极度饱和是非常重要的，特别是那些氧耗高或氧浓度与反应速度密切相关的过程。

B 空气体系和纯氧体系氧化-还原电位变化

图 5-7 和图 5-8 是总压力为 100kPa 下含有不同盐类（如 Fe^{2+} 和 Fe^{3+} 的硫酸盐，锌及其两者的混合物）的饱和氧溶液的电位-pH 图，图 5-7 电位值接近于 H$_2$O-O$_2$ 系的计算值，

这表明：在酸性介质中，有铁盐存在时，不是 Fe^{3+}/Fe^{2+}，而是 H_2O/O_2 系决定电位的上限，图 5-7 和图 5-8 的表观电位与 p_{O_2} 的关系也具有同样的性质；由于纯氧比空气的 p_{O_2} 高 3～4 倍，因此，纯氧体系的氧化-还原电位的试验值高于空气体系的氧化还原电位 0.3 ～0.5V。

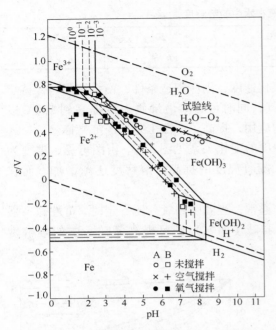

图 5-7　Fe-H_2O-O_2 系电位 ε-pH 图

（A、B 分别表示 10^{-3} mol/L 的 $Fe_2(SO_4)_3$ 和 $FeSO_4$ 溶液的试验测定值）

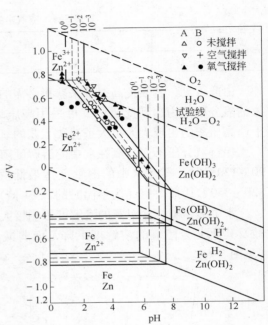

图 5-8　Fe-Zn-H_2O-O_2 系电位 ε-pH 图

（试验数据分别表示工业（A）和 人工制备（B）的锌溶液）

5.2.2.2　硫化物的氧化过程

在湿法冶金中，硫化物的浸出过程是应用氧气的一个重要领域。本节上述有关水溶液中各种盐的氧化规律，对该过程仍具有重要意义，因为，在多数情况下，硫化物的氧化机理是经过氧与各种盐溶液的相互作用，而不是氧直接和硫化物发生作用。

A　MeS-O_2-H_2O 体系

在 MeS-O_2-H_2O 体系中，就硫的氧化程度而言，反应可分为三种主要类型，相应生成硫化氢、元素硫和硫酸盐：

$$MeS+2H^+ \Longrightarrow Me^{2+}+H_2S$$

$$MeS+2H^++1/2O_2 \longrightarrow Me^{2+}+S^0+H_2O$$

$$MeS+2O_2 \longrightarrow Me^{2+}+SO_4^{2-}$$

图 5-9 为各种硫化物在 25℃时的氧化-还原电位与 pH 值关系的热力学计算结果。

实际上，由于硫化物中硫的氧化是分阶段进行的，溶液中经常有一些有中间化合价的硫化物——硫代硫酸盐、多硫代盐等，它们的产率也与元素硫和硫酸盐硫的产率一样，取决于很多因素（介质的氧化能力、pH 值、温度等）。图 5-9 所示虽然是理想条件下的情况，但对于工艺应用却有一定的价值。例如，比较各种硫化物的氧化电位可以看到，具有较高氧化程度的硫化合物的产率，是依 pH 值的升高而增大，而各种硫化物的可氧化性是依下列次序排列：$FeS > PbS > ZnS > CuFeS_2 > FeS > CuS_2$。这对于估价各种硫化物的氧化程度是有用的。

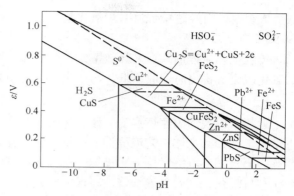

图 5-9 硫化物氧化-还原电位与溶液 pH 值的关系（25℃）

B 硫化物氧化的动力学

对于黄铁矿及黄铜矿，氧化速度与 p_{O_2}、$\sqrt{p_{O_2}}$ 成正比。也有人认为，黄铜矿的氧化速度与氧分压成另一种比例关系。至今，多数研究者认为，硫化物（ZnS、CuS、PbS、Ni_2S_3 等）的氧化速度与 $\sqrt{p_{O_2}}$ 成正比例关系。而铁、镍、钴的砷硫化物的氧化速度则与氧分压成正比；辉铝矿在苛性碱溶液中的氧化则较复杂。

有时，硫化物的氧化速度与 p_{O_2} 关系并不是恒定的，随着压力的绝对值变化，而呈跳跃性的改变。硫化物的氧化速度随 $\sqrt{p_{O_2}}$ 变化时，说明提高氧压对提高浸出效率的影响迅速下降了。因此，热压浸出中，氧分压很少超过（$1 \sim 1.5$）$\times 10^9 Pa$（当然也有设备等方面的原因）。

除了氧压外，磨矿粒度、温度、催化剂等也对氧化速度有较大影响。

氧气在某些情况下应用会受到限制。以氨浸为例，在氨介质中浸出，当加热氨水溶液时，部分氨气会逸出进到热压器的上部空间，这时，如果采用富氧空气，逸出的氨将和氧、水蒸气以及氢气混合，当混合气体达到一定组成时，不稳定的氨和氧气作用而引起爆炸。引起爆炸的上限和下限取决于多种因素：起始温度、气体压力、是否有水蒸气和氢气、热压器上部空间的形状、燃烧激化的部位和方法等。无水蒸气时，氨-氧混合气体的爆炸界限比氨-空气混合气体的界限要宽。在 18℃ 和常压下，爆炸的上下限分别为 15.3% 和 79 %（氨含量），随着压力的增高，上下限均要降低，温度提高到 250℃ 时，上下限分别降到 14 % 和 30.5%（氨含量）。

5.3 富氧在铜冶金中的应用

5.3.1 铜冶金技术的发展概况

铜精矿是世界上生产电解铜的主要原料，可分为自然铜、硫化矿和氧化矿三种，其中硫化矿是分布最广的炼铜原料。铜的生产方法概括起来有火法和湿法两大类。目前世界上精炼铜产量的 85% 以上是用火法冶金生产的，湿法冶金生产的精炼铜只占 15% 左右。

5.3.1.1 铜火法冶金

A 传统火法炼铜工艺

火法炼铜一般包括焙烧、熔炼、吹炼、精炼等工序。传统火法炼铜流程对含铜20% ～ 30% 铜精矿在密闭鼓风炉、反射炉和矿热电炉内进行造锍熔炼，产出的熔融铜锍送入转炉吹炼成粗铜，再经过精炼反射炉氧化精炼除杂，铸成阳极板，经电解精炼沉积出品位高达99.95%以上的电解铜。

传统工艺流程的缺点是热效率低、能耗高、环保差、自动化程度和生产效率低，尤其二氧化硫废气排出时回收率低，污染大，为典型高能耗高污染工艺。

B　铜精矿熔炼新工艺

近年来出现的闪速炼铜法、诺兰达法、艾萨法、白银法和澳斯麦特法以及三菱法等先进熔炼工艺，其主体工艺流程如下：铜精矿→熔炼→铜锍（冰铜）→吹炼→粗铜→火法精炼→阳极铜→电解精炼→阴极铜。现代火法炼铜正逐渐向短流程连续炼铜、高富氧、连续化与自动化、高效节能和清洁环保方向发展。铜精矿先进熔炼技术的应用实例见表5-7和表5-8。富氧熔炼在有色金属冶炼的应用日益普及，取得了很好的节能减排效果。

表5-7　铜精矿先进熔炼技术

方　法	类　型	研　发　者	原料	产物	送氧方式，氧浓度（体积分数）/ %
闪速熔炼法	奥托昆普闪速炉	芬兰奥托昆普铜公司	铜精矿	铜锍	顶送风/21～70
	Inco 闪速炉	加拿大国际镍公司	铜精矿	铜锍	顶送风/60～90
	旋涡顶吹熔炼 Contop 炉	—	铜精矿	铜锍	顶送风
熔池熔炼法	艾萨熔炼法	澳大利亚芒特·艾萨矿物公司	铜精矿	铜锍	顶吹/40～60
	澳斯麦特熔炼法	澳大利亚澳斯麦特公司	铜精矿	铜锍	顶吹/40～50
	诺兰达法	加拿大诺兰达公司	铜精矿	铜锍	侧吹/约45
	三菱法	日本三菱公司	铜精矿	铜锍	顶吹/45～55
	特尼恩特炼铜法	智利特尼恩特公司	铜精矿	铜锍	侧吹/约35
	瓦纽科夫炼铜法	前苏联诺里尔斯克公司	铜精矿	铜锍	侧吹/50～80
	白银炼铜法	中国白银	铜精矿	铜锍	侧吹/30～45
	水口山炼铜法	中国水口山	铜精矿	铜锍	富氧底吹/70～75
	顶吹旋转转炉法（TBRC）	加拿大铜崖冶炼厂	高镍铜精矿	镍铜锍	顶吹
	东营富氧底吹熔炼法	中国东营	铜精矿	铜锍	富氧底吹/70～75

C　火法炼铜前沿技术

根据国家《有色金属工业（2006～2020年）中长期科技规划》和《有色金属工业"十二五"科技发展规划》相关内容和精神，我国铜精矿火法冶金发展的前沿技术主要包括：

（1）短流程连续炼铜清洁冶金技术。缩短铜冶炼工艺流程是解决冶炼空气污染和节能的重要途径。国外在铜连续冶炼方面获得成功的有三菱法连续炼铜工艺和"双闪"工艺。但上述两种连续炼铜工艺虽解决了吹炼作业的环保问题，但也存在如投资较高或运行成本高或不能处理粗铜冷料等问题。因 PS 转炉间断操作，存在烟气量波动大、炉口漏风率高、二氧化硫烟气泄漏等问题。采用连续炼铜技术，缩短冶炼工艺流程或取消 PS 转炉吹炼，是未来解决冶炼空气污染的重要途径。为解决该技术难题，国内正在研究的有两种工艺技术路线：一是氧气底吹炉连续炼铜技术；二是闪速炉短流程一步炼铜技术。而富氧

表 5-8 国内先进铜冶炼工艺应用工厂实例

公司	原料种类	产能/万吨·年⁻¹	阴极铜标准	技术类型	先进铜冶炼工艺技术				评价
					熔炼吹氧方式	吹炼	火法精炼	电解精炼	
江西铜业集团贵溪冶炼厂	硫化铜精矿	100	大极板高纯阴极铜	3项引进	闪速熔炼（日本）/顶吹	—	回转式阳极炉（国产）+自动定量浇铸（芬兰）	永久不锈钢阴极电解法（艾萨ISA法，澳大利亚）	国际先进
安徽铜陵有色集团金冠铜业公司	硫化铜精矿	40	大极板高纯阴极铜	2项引进	闪速熔炼（日本）/顶吹	—	回转式阳极炉（国产）+自动定量浇铸（芬兰）	永久不锈钢阴极电解法（OK法，芬兰）	国际先进
安徽铜陵有色集团金昌冶炼厂	硫化铜精矿	20	中极板高纯阴极铜	1项引进	澳斯麦特熔炼（澳大利亚）/顶吹	—	—	—	国内先进
云南铜业公司	硫化铜精矿	60	大极板高纯阴极铜	2项引进	艾萨熔炼炉（澳大利亚）/顶吹	—	回转式阳极炉（国产）+自动定量浇铸（国产）	—	国际先进
湖北大冶有色公司	硫化铜精矿	40	大极板高纯阴极铜	2项引进	诺兰达（加拿大）/侧吹 澳斯麦特熔炼（澳大利亚）/顶吹	—	回转式阳极炉（国产）+自动定量浇铸（国产）	—	国际先进
山西中条山公司侯马冶炼厂	硫化铜精矿	20	中极板高纯阴极铜	2项引进	澳斯麦特熔炼炉（澳大利亚）/顶吹	澳斯麦特吹炼炉（澳大利亚）	—	—	国际先进

续表 5-8

公司	原料种类	产能/万吨·年⁻¹	阴极铜标准	技术类型	先进铜冶炼工艺技术				评价
					熔炼/吹氧方式	吹炼	火法精炼	电解精炼	
山东祥光铜业集团	硫化铜精矿	40	大极板高纯阴极铜	4项引进型	闪速炉熔炼（美国）/顶吹	闪速炉吹炼（美国）	回转式阳极炉（国产）+自动定量浇铸（国产）	永久不锈钢阴极电解KIDD法（加拿大引进）	国际先进
山东省方圆集团	硫化铜精矿、金银精矿等	40	中极板高纯阴极铜	1项国内自主研发	富氧底吹熔炼炉（国内自主研发）/底吹	—	—	—	国际领先
甘肃白银有色公司	硫化铜精矿	20	中极板高纯阴极铜	1项国内自主研发	白银熔炼炉（国内自主研发）/侧吹	—	—	—	国际先进
甘肃金川有色公司	铜镍精矿	20	大极板高纯阴极铜	1项引进型	顶吹旋转转炉法（卡尔多炉）/顶吹	—	—	—	国内先进
湖南水口山有色公司	硫化铜精矿	20（拟建）	中极板高纯阴极铜	1项国内自主研发	水口山炼铜法（国内自主研发）/富氧底吹	—	—	—	国内领先、国际先进

熔炼技术以及稀氧燃烧技术在这些先进技术中发挥着节能降耗、强化生产以及环保的重要作用。

1）氧气底吹连续炼铜工艺技术。氧气底吹铜熔炼技术国内已经成熟，借鉴氧气底吹熔炼和其他连续吹炼的成功经验，开发底吹连续炼铜技术已经具备工业化试验基础。氧气底吹连续炼铜技术开发的核心是铜锍连续吹炼。工业化试验开发的内容主要包括：连续炼铜工艺技术，含工艺条件、工艺参数和过程控制等；包括喷枪、炉体在内的连续吹炼炉规格和结构的选择开发；熔炼炉与连吹炉相配套的成套装置的研究开发。

2）闪速炉短流程一步炼铜工艺技术。采用技术集成及优化方法，将白银炉、闪速炉及粗铜连吹炉进行工程性结合，达到取消节能排放瓶颈——PS 转炉吹炼工序，创造出一种具有我国自主知识产权的"连续炼铜"短流程新工艺，可实现重大的节能效果。技术指标：铜锍品位 70%；粗铜品位 98%；粗铜综合能耗（标煤）260kg/t(Cu)；硫控制率 99.7%；初期产业化规模 100～200kt/a（粗铜）。目前山西中条山公司侯马冶炼厂的澳斯麦特熔炼+澳斯麦特吹炼"双澳"技术以及山东祥光铜业集团闪速熔炼+闪速吹炼的"双闪"熔炼技术，正是短流程铜清洁冶金技术的新尝试。

（2）实现无碳底吹连续炼铜清洁生产。国内第一家底吹炼铜厂建于山东东营，以铜锍捕集黄金为主，是山东东营方圆铜业集团和北京有色研究总院联合开发的。2008年底投产顺行至今，实际产能达到 85t（炉料）/h，实现全自热熔炼，粗铜能耗（标煤）小于 200kg/t，处理含铜 20% 左右的精矿，铜回收率 97.98%，金 98%，银 97%，硫 96%。方圆集团二期工程是 20 万吨粗铜，设计取消转炉吹炼工序，将以第二台氧气底吹炉代替现在吹炼转炉，这种"氧气底吹无碳连续炼铜的清洁生产新工艺"计划于 2012 年建成投产。

（3）难冶炼复杂铜资源复合型冶炼新工艺与成套装置。针对全球铜资源不断向难冶炼与复杂性的发展趋势，主要开展低品位难冶炼铜原料闪速熔炼工艺技术与装置，复杂铜原料澳斯麦特熔炼工艺技术与装置，复杂铜资源伴生元素的污染控制与资源化技术创新研究。在原料铜品位 15%～35% 条件下，粗铜综合能耗（标煤）300kg/t(Cu)；硫捕集率 99.7%。

5.3.1.2　铜湿法冶金

铜矿湿法冶金的一般工艺流程为：铜矿→焙烧→浸出→净化除杂→萃取→电积→电积铜（阴极铜）。通常有硫酸化焙烧—浸出—电积（简称 RLE 法）、浸出—萃取—电积、常压氨浸出法（阿比特法）、高压氨浸出法、细菌浸出法等，通常适用于低品位复杂矿、氧化铜矿、浮选尾矿和含铜废矿石的堆浸槽浸或就地浸出。湿法冶炼技术中也有富氧加压技术应用推广，使铜的冶炼成本大大降低。

5.3.2　铜精矿的富氧焙烧

1966 年，苏联乌拉尔炼铜工业科研设计院首次进行了铜锌矿富氧沸腾焙烧的半工业试验。1970 年，中岛拉尔炼铜厂对铜锌精矿进行了不同富氧浓度的沸腾焙烧试验。

1979 年底，达缅诺夫铜联合企业进行硫化铜精矿的富氧沸腾焙烧工业生产，由空气喷射装置将空气和氧气混合。并安装了汽化冷却器。与空气沸腾炉相比，富氧沸腾焙烧的优点是床能率和硫利用率高（见表 5-9）。

表 5-9　富氧沸腾炉焙烧的指标

含氧量/%	床能率/t·h⁻¹		炉子出口烟气中 SO₂含量/%	脱硫率/%
	湿料	干料		
21	11.5	10.79	14.6	71.6
24	158	14.36	18.6	65.1
26	185	17.70	19.9	67.0
27	19.9	18.70	21.2	62.3

含氧量/%	按燃料计床能率		平均含硫量/%		
	t/d	t/(m²·d)	炉料	焙砂	烟尘
21	2.37	3.88	30.67	8.33	15.60
24	3.09	5.05	31.15	11.80	17.93
26	3.79	6.21	31.80	11.51	16.25
27	3.75	6.14	32.10	12.36	20.58

　　1978～1979 年，苏联车里雅宾斯克电锌厂在床面积为 5m² ，高为 10.2m 的炉中进行了铜锌中间产品的富氧全氧化沸腾焙烧工业试验，所得焙砂用回转窑处理。试验使用含氧 21%～31.1%空气，炉料加入硫酸盐时，含水 8%～9%炉料经焙烧所产焙砂颗粒长大了 70%～75%，烟尘减少。从表 5-10 可见，氧浓度增加，不会导致沸腾层温度的升高，而燃烧室的温度上升了 20～30℃，床能率增大了 30 %，焙砂和烟尘中的硫化物中的硫显著下降；温度为 920～930℃，富氧浓度为 25%，床能率达 7～7.5t/(m²·d)，焙砂中硫化物的含硫不到 1%，烟气含 SO₂14%～15 %，硫的回收率达 96%～97%。

表 5-10　铜锌中间产品的富氧沸腾焙烧的主要指标

含氧量/%		21.0	24.40	27.70	31.10
消耗空气/m³·h⁻¹		2200	2100	2000	1900
燃烧室温度/℃		945	955	960	963
沸腾室温度/℃		941	945	942	942
炉顶温度/℃		810	792	764	746
焙砂含硫/%	S_S	0.64	0.40	0.24	0.24
	S_{SO_4}	0.40	0.50	0.60	0.60
烟尘含硫/%	S_S	1.28	0.64	0.25	0.20
	S_{SO_4}	2.00	2.64	3.00	3.10
床能率/t·(m²·d)⁻¹		6.72	7.10	7.58	7.97
脱硫率/%		96.27	96.50	96.64	96.52

5.3.3　铜富氧造锍熔炼

　　铜造锍熔炼的主要任务是对硫化铜精矿熔炼，脱除硫、铁、铅、锌、锡、砷、锑、铋等杂质和精矿中的大量脉石，火法熔炼的主要化学反应是氧化-还原反应，产物为铜或铜锍（中间产品）。火法熔炼的同时还可以富集金、银、铂、钯、硒、碲等稀贵有价元素。传统的造锍熔炼方法，包括鼓风炉熔炼、反射炉熔炼和电炉熔炼，由于其能耗大、硫利用率低、环境污染严重和劳动生产率低等缺点，而不得不被新的强化熔炼方法来代替。以闪速熔炼和熔池熔炼为代表的强化冶炼技术，最重要的突破是氧气或富氧的广泛应用。闪速熔炼与熔池熔炼已成为目前取代传统火法冶金最有前途的方法。据统计，目前世界铜产量中，这两类火法炼铜方法所产的粗铜分别占到总产量的1/3。两者之间的区别在于，闪速熔炼主要反应发生在炉膛空间，反应体系连续相是气相（炉气）；熔池熔炼主要反应发生在熔池内，反应体系连续相是液相（锍、金属或炉渣）。

5.3.3.1 反射炉熔炼

在20世纪六七十年代的铜工业生产中，反射炉熔炼生产的铜约占世界铜产量的60%。近年来，炼铜反射炉开始为闪速熔炼、诺兰达法、三菱法等取代。反射炉熔炼与鼓风炉熔炼相比有可以连续生产和一个炉内澄清分离的优点。但有一些致命的缺点，包括：（1）熔炼过程热效率低，大量的热量被烟气带走和被炉体散失；（2）反射炉内氧位较低，因此脱硫率仅为25%，FeS几乎全部进入铜锍中，故铜锍品位低；（3）烟气中SO_2含量较低（0.5%~2.0%），难以利用。

近年来用新技术改造已有的反射炉，改进措施主要有：（1）改生精矿熔炼为焙烧矿熔炼，降低燃料消耗，提高硫回收率；（2）采用预热空气或富氧空气，提高床能率，提高烟气中的SO_2含量，可经济合理地将SO_2制成硫酸，并有效降低能耗；（3）强化熔炼过程的气-固反应和气-液反应，比如向熔池内富氧鼓风加强气-液反应。特别是安装炉顶喷嘴的良好效果，从而延缓了反射炉的衰落进程。

1967年，为了确定最佳供氧方法和含氧浓度，苏联巴尔喀什矿冶联合企业在阿尔马累克铜熔炼厂进行了富氧反射炉熔炼的工业试验。对比采用空气熔炼和富氧浓度为25%~40%，两种方法实验结果列于表5-11。

表5-11 空气和富氧反射炉熔炼的技术经济指标

指　标	空气	富　氧			
		25%	30%	35%	40%[1]
熔炼能力/%	100	195/122[2]	144.4/155.8	157/164	184.4
标准燃料消耗率/kg·t^{-1}	264	220/215	185/169	168/160	144
渣含铜/%	0.49	0.43/0.47	0.46/0.41	0.44/0.45	0.46
烟气中SO_2浓度/%	3.37	6.2/6.2	6.0/6.0	7.2/7.2	7.2
烟气中含尘量/%	0.69	0.49/0.48	0.45/0.44	0.46/0.55	0.52
管道烟尘率/%	0.95	0.48/0.49	0.35/0.32	0.37/0.35	0.41
铜在炉渣和铜锍中分配系数	0.023	0.025/0.026	0.025/0.023	0.022/0.024	0.019

①作业条件为燃烧7000m³/h天然气；
②分子为经风嘴供入的氧，分母为经空气管道供入的氧。

由反射炉的热平衡分析得知，当氧浓度从21%升到40%时，随炉渣和铜锍带走的热、水分蒸发带走的热以及炉顶和炉体辐射损失的热都增加了；在烟气量减少和温度下降的同时，随烟气带走的热由66.6%降到41.82%。炉子的热利用率空气熔炼时为27.1%，使用含氧40%的富氧空气熔炼时为49.3%。

1972年阿尔马累克公司提出了用含氧为35%~40%的富氧浓度的新用氧方法，该法的实质是，采用氧过剩系数 $a=0.5\sim0.8$ 的富氧，通过喷嘴使天然气在端墙充分燃烧，沿炉膛纵向分散供氧，可使燃料充分燃烧（见图5-10）。当采用含氧40%的富氧空气，热强度为250.8kJ/h 和 $a=0.75$ 时，熔炼能力达 $7t/(m^2 \cdot d)$，此时的天然气消耗为 $101.5m^3/t$（炉料）。炉头的火焰温度为1570~1600℃，炉尾烟气温度为1280℃，炉出口烟气中 SO_2 为8.2%，渣含铜没有增加。炉顶的磨损程度接近空气熔炼时的磨损情况，使炉龄增到32个月。

　　1969~1970 年，新西伯利亚铜联合企业，以粉煤作燃料进行了含氧22.0%~23.8%的富氧空气的试验，绘制出了反射炉的热工制度的最经济的方案图表，最佳经济效益和炼铜时的最低总费用值相符。图5-11列出了 $c_{O_2}=2.0$ 时（氧气对燃料价格的比值），反射炉熔炼的成本和氧浓度、预热空气温度的关系（$c_{O_2}=c_{O_2}/T$，c_{O_2} 为氧气浓度；T 为预热空气温度）。从图5-11可知，应用富氧使反射炉熔炼的成本增加了，只有将空气预热到100℃和应用高于35%富氧时，反射炉熔炼的成本才可降下来。对每个工厂的反射炉的最佳空气预热温度和富氧浓度，要根据预热所需付出的最低总消耗单独确定。

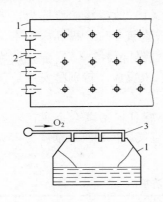

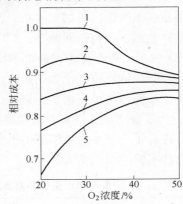

图5-10　分散供氧的示意图　　　　　　图5-11　氧浓度、预热空气温度和反射炉的相对成本关系
1—反射炉；2—燃烧嘴；3—氧喷管　　　　1—20℃；2—100℃，3—200℃；4—300℃；5—500℃

　　智利卡勒托内厂先在焙砂反射炉上使用炉顶上喷入含氧30%富氧空气，熔炼能力提高了20%，燃料消耗降低19%。1974年改为在生精矿反射炉炉顶安装7支氧-油喷枪，日耗氧380t 时，处理量可增加1倍，达到日处理1500t 炉料。燃料消耗率大幅度下降，1t炉料耗油0.105t，烟气中 SO_2 浓度平均在6%以上。使用富氧后铜回收率97.5%。

5.3.3.2　鼓风炉熔炼

　　鼓风炉熔炼虽然已基本被反射炉或闪速炉等所取代，但利用富氧技术改造传统密闭式鼓风炉熔炼工艺的实践仍具有参考价值。通过富氧的应用，可以达到强化熔炼，提高硫热利用并降低焦率，提高床处理量，增大产能，改善烟气条件，提高烟气 SO_2 浓度的效果，符合节能、规模化生产及环保的要求。

　　苏联额尔齐斯克多金属联合企业铜冶炼厂20 世纪60 年代进行了富氧熔炼工业试验，富氧浓度提高到25.2%，烧结块供量足够时，单位熔炼量可达 $150t/(m^2 \cdot d)$。与空气鼓风相比，采用含氧25.2%的富氧空气鼓风，焦炭消耗降低了22.3%，氧利用率也提高了，温度波动范围缩小，挥发物的成分几乎没有变化。随渣损失的铜减少。

P. M. 菲列曼等人计算了用空气和含氧 30% 的富氧空气鼓风熔炼的热平衡。如果鼓风和焦炭的消耗不变，用含氧 30% 的富氧空气鼓风，鼓风炉的产量提高 26.4%，氧化区的温度由 1393℃ 提高到 1764℃，炉中其他区的温度也相应提高。如在富氧鼓风的同时，降低焦炭消耗率 20%，则产量提高 35.6%，但氧化区的温度下降到 1637℃。

前苏联国家有色金属科学研究所的试验结果见表 5-12。由表可见，用 10% 焦炭熔炼，富氧熔炼与空气熔炼相比，矿石的单位熔炼量提高 10%，脱硫率由 70.4% 提高到 92.6%。未催化前，元素硫的直接回收率达 65.9%，炉气中 SO_2 含量由 2.7% 提高到 8.9%。无天然气还原时，在自热条件下，用含氧 30% 的富氧空气熔炼铜矿的工艺过程一直很稳定，可以达到的矿石熔炼量为 46t/($m^2 \cdot d$)，铜锍含铜 16%~38%，脱硫率高于 91%，元素硫的直接回收率为 42%，烟气含 SO_2 20%~25%。

表 5-12　空气和富氧鼓风炉熔炼铜矿的半工业试验指标

指　　标		空气鼓风	富氧鼓风	
			SO_2 还原[①]	没有内部还原[②]
焦炭消耗（矿石量）/%		10.1	10.0/0	0；0
天然气的消耗/$m^3 \cdot t^{-1}$		0	0/63.6	0；0
矿石的单位熔炼量/$t \cdot (m^2 \cdot d)^{-1}$		38.2	42.0/45.3	43.6；40.4
铜含量/%	矿石中	3.02	2.0/2.3	1.9；2.1
	铜锍中	11.0	27.4/30.1	16.3；37.6
矿石中含硫/%		40.6	45.3/47.6	46.1；49.2
脱硫率/%		70.4	92.6/92.8	90.5；94.1
元素硫的回收率/%	未经催化	48.8	65.9/57.7	41.7；42.0
	经两级催化后	55.7	—	—
废气成分/%	SO_2	2.7	8.9/11.6	23.3；22.4
	H_2S	1.1	0.3/1.3	0.1；0.2
	CO_2	—	13.3/9.5	4.6；5.5
	CO	—	1.8/1.6	0.2；0.2
	O_2	—	1.8/2.0	1.9；1.9

①分子为用焦炭还原，分母为用天然气还原；
② 两个数据分别为第一方案和第二方案。

中国铜陵第二冶炼厂于 1985~1986 年在 10.5m^2 的密闭鼓风炉上，用含氧 27%~30% 的富氧空气进行了试生产。入炉精矿平均成分为（%）：22.28Cu，32.5S，26.16Fe。炉料经团矿机辗压制团、干燥后入炉，炉料中的块矿率为 36.48%。熔炼所产铜锍成分为（%）：41.57Cu，28.66Fe，23.79S。炉渣成分含 Cu 0.29%~0.39%，烟气 SO_2 浓度 6.42%。与空气熔炼比，富氧熔炼的床能率由 42.7t/($m^2 \cdot d$) 提高到 62.4t/($m^2 \cdot d$)，焦率由 10.2% 降至 6.46%，烟气中 SO_2 由 3.79% 提高至 6.42%，日产粗铜由 46.77t 提高到 77.61t，日产硫酸由 166t 提高到 206t。

实践表明，富氧熔炼不仅增加了熔炼床能力，提高了烟气 SO_2 浓度，更重要的是降低了能耗，为实现自热熔炼的主要手段。

5.3.3.3　闪速炉熔炼

闪速熔炼（flash smelting）包括国际镍公司闪速炉、奥托昆普闪速炉和旋涡顶吹熔炼3 种。这是充分利用细磨物料巨大的活性表面，强化冶炼反应过程的熔炼方法，主要用于铜、镍等硫化矿的造锍熔炼。将细粒硫化物精矿和熔剂干燥至含水 0.3% 以下，与空气或富氧空气一并喷入炽热的闪速炉膛内，固体颗粒悬浮在紊流气流中，造成气、固、液三相间良好的传质、传热条件，使化学反应以极高的速度进行。熔炼铜精矿生产过程中，悬浮在炉膛空间的物料颗粒熔融后，落入沉淀池继续进行造铜锍（冰铜）和造渣反应。含高浓度 SO_2 的炉气，可用以制取硫酸或单质硫。

A　奥托昆普闪速熔炼

奥托昆普（Outokump）闪速炉如图 5-12 所示，设备主要由反应塔与沉淀池两部分构成。反应塔内完成氧化反应、造铜锍与炉渣；沉淀池主要起烟气与熔体、炉渣与铜锍的分离。

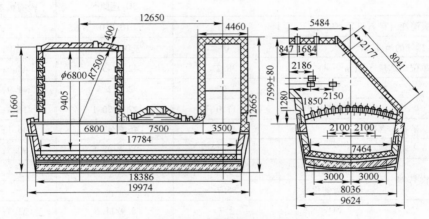

图 5-12　奥托昆普闪速炉示意图

采用富氧空气或 723 ~ 1273K 的热风作为氧化气体。干燥的精矿和熔剂与富氧空气或热风经精矿喷嘴高速喷入反应塔内，在塔内呈悬浮状态。物料在向下运动过程中，与气流中的氧发生氧化反应，放出大量的热，使反应塔中的温度维持在 1673K 以上。在高温下物料迅速反应（2 ~ 3s），产生的熔体沉降到沉淀池内，完成造铜锍和造渣反应，并进行澄清分离。

反应在强氧化性气氛中进行，部分 FeS 氧化为 FeO 后可进一步氧化为 Fe_3O_4，氧化形成的 FeO 与炉料中其他组分一起造渣，而形成的 Fe_3O_4 进入熔体内，未氧化的 FeS 与 Cu_2S 构成铜锍。被氧化的部分镍和钴进入渣中，未氧化的部分硫化物进入铜锍；锌以 ZnO 入渣，少量入烟尘；铅挥发进入烟尘，镉的入尘率比铅更高；大部分的硒、碲、铼也挥发入尘；金银等贵重金属，则转入铜锍中。

奥托昆普闪速熔炼过程中，通过控制氧料比，可任意改变产出铜锍的品位，但同时，渣含铜高。国外 20 世纪 80 年代一些奥托昆普闪速炉炼铜经济技术指标见表 5-13。目前，闪速炉炼铜都是采用富氧强化熔炼工艺达到高铜硫品位、高投料量、高热强度，进而提高闪速炉的生产能力。要求工艺风的富氧浓度控制在某一数值（40% ~ 70%），通过调节

O_2/投料量以达到目标铜硫品位。其 O_2/投料量比值大，则铜精矿中的 Fe 和 S 在闪速炉内得到充分氧化，从而产生高品位铜硫；如比值小，则情况相反。由此可见富氧浓度的波动会直接影响到铜硫品位的稳定。国内闪速炉企业如贵溪冶炼厂，1988 年改造为中央喷嘴，设计精矿处理能力 160t/h，常温，送风氧浓度 44% ~ 47.5%。金隆公司 1997 年投产，采用中央喷嘴，设计精矿处理能力 72 t/h，常温，送风氧浓度 56.3%。

表 5-13 奥托昆普闪速炉炼铜经济技术指标实例

项 目	芬兰哈里亚伐耳塔厂	日本足尾冶炼厂	日本东予冶炼厂	日本佐贺关冶炼厂
生产规模/t·a^{-1}	40000	36000	140000	120000
处理量/t·d^{-1}	500	400	1300	1300
床能力/t·(m^2·d)$^{-1}$	56 ~ 60	60 ~ 80	60 ~ 80	75
精矿品位，$w(Cu)$/%	20	20 ~ 30	28 ~ 32	25
脱硫率/%	75 ~ 78	40 ~ 60	70 ~ 75	
铜锍品位，$w(Cu)$/%	60	50	50 ~ 55	53
炉渣含铜，$w(Cu)$/%	1 ~ 2	0.8 ~ 1.5	0.8 ~ 1.5	1.03
重油质量分数/%	1.4	3 ~ 5	40 ~ 50L/t（矿）	56L/t（矿）
热风温度/℃	500 ~ 550	455	430 ~ 450	930
富氧中 O_2 含量/%	21	21	36 ~ 37	23
烟气中 SO_2 含量/%	12 ~ 14	10 ~ 12	12 ~ 14	14
烟尘率/%	6 ~ 7	8.5	9 ~ 10	
铜总回收率/%		98.53	98	

B Inco 闪速熔炼

Inco 闪速熔炼工艺利用工业氧气（含氧 95% ~ 97%）将干铜精矿、黄铁矿和熔剂从设在炉子两端的精矿喷嘴水平地喷入炉内熔池上方空间。一个喷嘴喷铜精矿和熔剂，另一个喷嘴喷黄铁矿和熔剂，熔炼过程炉内就形成了两个区域即熔炼带和贫化带。炉料在空间内处于悬浮状态发生氧化反应，放出大量的热，使反应过程自热进行。熔炼结果产出铜锍、炉渣和含 80% SO_2 的烟气。Inco 闪速炉的生产技术指标见表 5-14。与 Outokump 闪速熔炼相比，由于富氧浓度高，所得烟气 SO_2 高。

表 5-14 Inco 闪速炉的生产技术指标

项 目	Inco（加拿大）	契诺（美国）
炉子尺寸/m×m×m	5.5×22×5	5.5×22×5
处理量/t·d^{-1}	1100 ~ 1600	1300
床能力/t·(m^2·d)$^{-1}$	9 ~ 13	10.7
精矿品位，$w(Cu)$/%	29	20
铜锍品位，$w(Cu)$/%	45 ~ 48	45 ~ 55
炉渣含铜，$w(Cu)$/%	0.63	0.7
耗氧量/kg·t^{-1}（含铜料）	180 ~ 216	250
烟气 SO_2 含量/%	70 ~ 80	70
总耗能/MJ·t^{-1}（精矿）	460	

闪速熔炼是近代发展起来的一种先进的冶炼技术，能处理难以分选的混合精矿，烟气中 SO_2 浓度大，有利于 SO_2 的回收，并可通过控制入炉的氧量，在较大范围内控制熔炼过程的脱硫率，从而获得所要求品位的铜锍，同时也有效地利用了精矿中硫、铁的氧化反应热，节约能量，所以闪速熔炼适于处理含硫高的浮选精矿。现在的闪速炉熔炼主要工艺流程如图 5-13 所示。造锍熔炼中我国的江西铜业集团贵溪冶炼厂、安徽铜陵有色集团金隆铜业公司、山东祥光铜业集团等都采用闪速炉炼铜。而吹炼工艺中，我国除了山西侯马冶炼厂采用 Ausmelt 吹炼和阳谷祥光铜业采用闪速吹炼工艺之外，其他冶炼厂全部采用 PS 转炉吹炼。

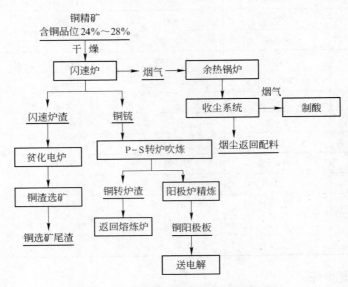

图 5-13　闪速炉铜熔炼一般工艺流程

使用空气时，熔炼反应放出的热不足以维持熔炼过程的自热进行，须用燃料补充部分能量；如采用预热空气、富氧空气或工业纯氧，减少炉气带出的热，可节省燃料，维持熔炼自热进行。由于闪速熔炼具有上述优点，所以发展很快，全世界新建的大型炼铜厂几乎都采用这一方法。

祥光铜业有限公司（简称祥光铜业）是继美国肯尼柯特公司之后世界上第二座采用"双闪工艺"（闪速熔炼 FSF+闪速吹炼 FCF）的铜冶炼厂，设计规模为年产 40 万吨阴极铜，其主要经济技术指标和工艺参数见表 5-15。富氧浓度达 70%，铜锍品位高达 71%，闪速吹炼粗铜品位达到 99.3%，集成了国际一流的铜冶炼技术和装备，清洁的现场环境和 99% 的硫回收率使祥光铜业成为世界上最清洁环保的绿色铜冶炼厂。

表 5-15　"双闪工艺"主要技术指标和工艺参数

项　目		设计值	实际值
FSF 系统	精矿品位，$w(Cu)/w(S)/\%$	2729.5	26～32/28～32
	处理量/t·h⁻¹	120	100～130
	作业率/%	95	80～91
	铜锍品位，$w(Cu)/\%$	70	68～71

续表 5-15

项 目		设计值	实际值
FSF 系统	炉渣含铜, $w(Cu)/\%$	2.3	1.8~2.3
	烟尘率/%	7	8
	渣 Fe/SiO₂	1.2~1.4	1.18~1.31
	铜锍温度/℃	1250	1240~1280
	富氧鼓风, $\varphi(O_2)/\%$	65	70
FCF 系统	作业率/%	85	80
	铜锍处理量/t·d⁻¹	40.8	41~45
	烟尘率/%	7	9
	粗铜, $w(Cu)/\%$	98.5	98.5~99.3
	炉渣含铜, $w(Cu)/\%$	20	15~25
	粗铜温度/℃	1250	1230~1270
	渣温度/℃	1270	1250~1290

5.3.3.4 澳斯麦特熔炼

澳大利亚澳斯麦特技术（Ausmelt technology）也被称为顶吹沉没喷枪熔炼技术（top submergedlance technology），是由澳大利亚澳斯麦特公司开发的有色金属强化熔炼技术。

澳斯麦特炉由炼前处理、配料、澳斯麦特炉本体、余热发电、收尘与烟气治理、冷却水循环、粉煤供应和供风系统等 8 个部分组成（见图 5-14）。

澳斯麦特炼铜工艺的核心是一个垂直悬吊的喷枪，它浸没在熔融的渣池中，熔炼过程中，经润湿混捏的物料从炉顶进料口加入熔池，燃料（粉煤）和燃烧空气以及为燃烧过剩的 CO、C 等的二次燃烧风均通过插入熔池的喷枪喷入。渣被喷入的燃烧气体空气和氧充分混合，因此，炉内反应速

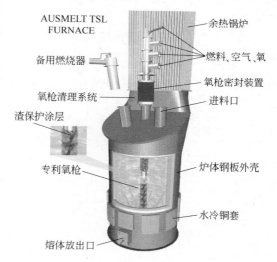

图 5-14 澳斯麦特炉示意图

度很快。喷枪是澳斯麦特技术的核心，它由特殊设计的三层同心套管组成，中心是粉煤通道，中间是燃烧空气和氧气，最外层是套筒风。喷枪被固定在可上下运行的喷枪架上，工作时随炉况的变化由 DCS 系统或手动控制上下移动。

富氧空气和燃料通过喷枪喷入并在喷枪尖端燃烧，给炉子提供热量。可通过调整供给喷枪的燃料和氧的比例以及加入的还原剂煤与物料的比例来控制氧化和还原的程度。

采用澳斯麦特铜精矿炼铜工艺一般由熔炼、沉淀和吹炼三个基本过程组成。熔炼中炉内发生的物理化学反应见图 5-15。它处理铜矿物主要依靠精矿中的可氧化成分、氧气以及三氧化二铁之间的反应，其质量和能量传递均在熔融渣层内实现，如原料的熔解、化学

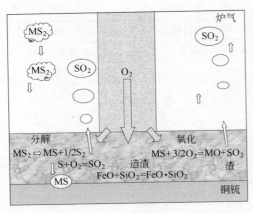

图 5-15　澳炉炉内发生的物理化学反应示意图

反应以及一次燃烧都在渣层内发生。通常铜精矿与返料、再生物料、转炉渣及熔剂混合加入炉内。反应所需要的能量通过燃料的燃烧以及来料中铁的硫化物的氧化来取得。采用富氧可减少烟气量,提高烟气中 SO_2 浓度并通过增加氧的利用来提高过程的效率。铅、锌、砷和其他挥发组分从熔池中挥发并在炉顶部被经喷枪二次燃烧段鼓入的空气再氧化,二次燃烧产生的部分热量被反应所利用。这些挥发性的组分经过挥发在最终的金属相中会降到很低的水平,并进入烟尘成为烟灰氧化物,有待后续回收。精矿中的硫化铜和硫化铁将形成铜锍相。该工艺适用于处理含 Bi、As、Pb 和 Zn 的复杂铜精矿。

我国山西的侯马冶炼厂采用澳斯麦特法进行造锍熔炼与铜锍的吹炼。熔炼炉使用的是四层套管喷枪,用粉煤作燃料。富氧浓度为 40%,烟气中 SO_2 浓度为 9%~10%。熔炼炉产出的熔体流入沉降炉进行炉渣与铜锍的分离。从沉降炉产出的炉渣含铜已降至 0.6%,经水淬后弃去。铜锍从沉降炉间断地流进吹炼炉或经水淬后再以固态加入吹炼炉,经吹炼产出粗铜。

湖北大冶有色金属公司的澳斯麦特炉富氧浓度高达 60%,烟气 SO_2 浓度达 19.68%,可实现有效利用。其生产系统主要参数及主要技术经济指标见表 5-16。

表 5-16　大冶有色金属澳斯麦特炉主要参数及技术经济指标

项　目	参数及技术经济指标	备　注
精矿品位,$w(Cu)/\%$	21	
处理精矿量/t·a^{-1}	1026000	干基
熔炼富氧浓度/%	60	
熔炼富氧空气量/m^3·h^{-1}	41422.43	
精矿耗氧量/m^3·t^{-1}(精矿)	146.85	
产低铜锍量/t·a^{-1}	381004.8	
低铜锍品位,$w(Cu)/\%$	55.0	
产炉渣量/t·a^{-1}	542104.2	
炉渣含铜/%	2.5	
冶炼回收率,$w(Cu)/\%$	98.07	到阳极铜
熔炼烟气 SO_2 浓度/%	19.68	

5.3.3.5　白银炼铜法

A　白银炼铜法的生产实践

白银炼铜法是我国在 20 世纪 80 年代自主研发的富氧熔池熔炼新技术。在白银炼铜法的发展生产过程中,经历了空气熔炼、双室炉熔炼、富氧熔炼三个阶段,其技术经济指标与反射炉熔炼比较见表 5-17。由该表可以看出，白银炼铜法与反射炉等传统的工艺比，具有熔炼强度高、能耗低、污染少的特点，特别是出炉烟气中 SO_2 较高，有利于综合回收其中的硫资源。白银炼铜法是一种清洁型、环境友好型生产工艺。

表 5-17　白银炼铜法 3 个熔炼阶段以及原反射炉熔炼的指标比较

项　目	反射熔炼	白银炉		
		空气熔炼	双室炉熔炼	富氧熔炼
床能率/t·(m^2·d)$^{-1}$	3.8	13.1	12.82	32.89
精矿品位，$w(Cu)$/%	17.59	16.3	13.68	17.88
精矿 $w(S)$/%	33.42	29.23	27.74	26.06
精矿含水/%	6~8	8.0	7.53	7.6
鼓风富氧浓度/%		21	21	47.07
标准燃料率/kg·t^{-1}	22.21	12.31	12.78	4.33
铜锍品位，$w(Cu)$/%	22.94	30.11	35.81	49.87
炉渣含铜，$w(Cu)$/%	0.381	0.43	0.39	0.938（贫化后 0.466）
烟尘率/%	6	4.67	2.65	3.06
熔炼烟气 SO_2 浓度/%	2.1	5~7	7.86	16.69（单室），21（双室）
脱硫率/%		55.27		68.01

白银炼铜法炉型分单室炉和双室炉两种。双室炉设备见图 5-16。含水分 8% 左右的硫化铜精矿配以返料、石英石和石灰石等，由圆盘给料机控制给料量，经慢速给料皮带和熔炼区炉顶加料口连续加入到白银炉熔池中。含 O_2 为 21%~50% 的鼓风是由压缩空气和工业纯氧（含 O_2 为 95%~99%）混合而成。富氧空气通过熔炼区侧墙风口鼓入 1150℃ 的熔池。

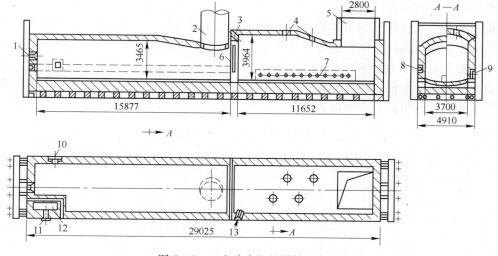

图 5-16　双室式白银炉结构示意图

1—燃烧孔；2—沉淀区直升烟道；3—中部燃烧孔；4—加料孔；5—熔炼区直升烟道；6—隔墙；7—风口；
8—渣线水套；9—风口水套；10—渣口；11—铜锍口；12—内虹吸池；13—转炉渣返入口

　　熔炼区生成的铜硫和炉渣的混合熔体，经隔墙下部通道进入沉淀区，进行过热和沉降分离，产出铜硫和炉渣。铜硫由虹吸放铜口间断放出供转炉吹炼，炉渣由排渣口排出弃去或经贫化处理。

　　高 SO_2 浓度的高温烟气由熔炼区尾部直升烟道排出，经余热锅炉、旋涡收尘器、电除尘器后，再经排烟机送往硫酸车间生产工业硫酸。双室型白银炉沉淀区产出的含 SO_2 很低的烟气先经水冷烟道，再经过辐射换热器、管式换热器，最后由排烟机送往烟囱排空。

　　白银炉炉头装有一个粉煤燃烧器，供炉渣和铜硫过热。炉子中部设有 1 ~ 2 个燃烧器，用于补充熔炼过程热量不够时所需的热。转炉吹炼产出的转炉渣可送选矿处理，也可以返白银炉内贫化。

　　熔炼床能力与鼓氧强度的关系见图 5-17。由图可见，熔炼床能力随熔池鼓氧强度（即熔炼区每平方米床面积的熔池中每小时鼓入的总氧量）的提高而显著提高。当富氧熔炼鼓氧强度（标态）为 $242.95m^3/(m^2 \cdot h)$ 时，熔炼床能力达到了 $32.89t/(m^2 \cdot h)$。就这一点来看，要增加炉子的床能力，一方面是要增加鼓入的氧量，提高鼓风富氧浓度；另一方面是要提高熔池的鼓风强度。熔炼床能力与

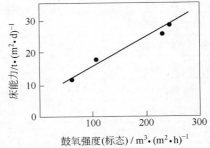

图 5-17　熔炼区鼓氧强度与床能力的关系

熔炼区熔池热强度和空间燃煤热强度的关系图表明，随着熔炼鼓氧强度及床能力的提高，熔池热强度提高，有利于加快炉料的熔化速度；同时，还使空间燃煤热强度减小，即空间燃煤量减少。如在 $50m^2$ 白银炉空气熔炼时，鼓风量（标态）为 $6500m^3/h$，日处理干炉料量为 268t；富氧熔炼时，鼓风量（标态）为 $11355m^3/h$，富氧浓度为 47%，处理量增加到了 668.1t（干）/d，同时，熔炼区空间烧粉煤量由前者的 1t/h 减少为 0.18t/h。

　　铜锍品位与氧料比的关系如表 5-18 所示。文献研究数据表明，富氧熔炼条件下，随铜品位的升高，氧料比（熔炼单位炉料所需的氧量）升高，吨料所需的工业氧气量也升高。根据氧料比及热耗数据，进行自热熔炼与能耗关系（如表 5-19、图 5-18 所示）的分析表明：随着熔炼 1t 炉料所需氧气量的增加，熔炼总支出的热耗减少，相应制氧的能量消耗则有所增加。但前者所减少的能量支出远远大于后者的增加，对节能有利。高富氧及高风量下熔炼能取得最好的节能效果。

表 5-18　铜锍品位与氧料比的关系对照表

项　目	I	II	III
精矿品位，$w(Cu)/\%$	16.09	15.99	17.88
精矿 S/Cu	1.58	1.65	1.46
氧料比（标态）/$m^3 \cdot t^{-1}$	140	164	182
氧气需要量（标态）/$m^3 \cdot t^{-1}$	64.6	110	137

5.3.3.6　诺兰达法

诺兰达法 1973 年在加拿大 Noranda Horne 炼铜厂投入工业生产。

表5-19 富氧熔炼与能耗的关系

项 目	空气熔炼	富氧熔炼		
		I	II	III
富氧浓度/%	21	31.61	41.72	47.07
氧气需要量（标态）/m³·t⁻¹	0	64.6	110	137
总能耗/GJ·t⁻¹	6.356	4.853	4.712	4.115
相对空气熔炼减少能耗/GJ·t⁻¹	—	1.503	1.644	2.241
增加的制氧能耗/GJ·t⁻¹	—	0.566	0.963	1.20
节能/GJ·t⁻¹	—	0.937	0.681	1.041

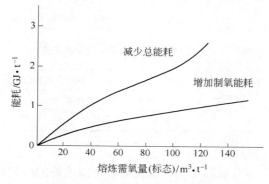

图5-18 富氧熔炼与能耗的关系

诺兰达炉是水平式圆筒反应器，类似转炉，可以转动480°。熔炼过程中温度维持在1473K左右。诺兰达炉示意图见图5-19，其炼铜主要经济技术指标见表5-20。诺兰达炉的特点是采用低SiO_2炉渣。这是为了减少渣量，有利于下一步炉渣的处理。

富氧浓度为40%左右，虽然渣中Fe_3O_4的质量分数高达25%～30%，但由于熔体的强烈搅动，故仍能顺利操作。单位熔池面积处理精矿能力强，产出的铜锍品位高，烟气量相对较少，且连续而稳定，SO_2浓度高，有利于硫的回收，减少了对环境的污染。

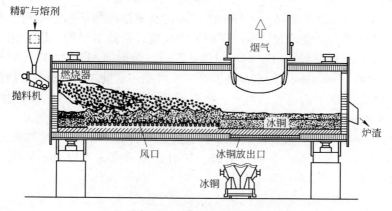

图5-19 诺兰达炉简图

表 5-20　诺兰达法炼铜主要经济技术指标

项　目	生产指标	设计值	项　目	生产指标	设计值
混合干精矿/t·h⁻¹	72.73	62.5	计算出炉烟气中 SO_2 含量/%	17	16
石英石/t·h⁻¹	1.734	1.6	烟尘率/%	3	3
石油焦/t·h⁻¹	1.438	1.76	开风口量/个	25	37
返料/t·h⁻¹	0.707	3.56	燃料率/%	3	3
风口鼓空气量/m³·h⁻¹	$(3.0 \sim 3.12) \times 10^4$	2.8578×10^4	电收尘器收尘效率/%	99.9	98
风口鼓氧量/m³·h⁻¹	7000～7150	6961	进硫酸车间烟量/m³·h⁻¹	100000	
风口 O_2/%	40.27	39.4	进硫酸车间烟气中 SO_2 含量/%	8.5	7.5
加料口鼓空气量/m³·h⁻¹	3000	8000	冶炼回收率/%	98	98
烧嘴烧油量/kg·h⁻¹	300	300	渣选矿尾矿中 $w(Cu)$/%	0.34	0.4
烧嘴鼓空气量/m³·h⁻¹	3000～3600	8805	诺兰达炉硫实收率/%	97（不含转炉）	95
铜锍中 $w(Cu)$/%	69.84	73	每吨粗铜综合耗标煤/t	0.69	0.6
渣中 $w(Cu)$/%	5.76	5.4	精矿消耗氧气/m³·t⁻¹	100×10^4	100×10^4
渣铁硅比	1.7	1.8	制酸尾气中 SO_2 含量/%	$<400 \times 10^{-4}$	$<500 \times 10^{-4}$

5.3.3.7　富氧底吹熔炼法

随着制氧技术的进步，富氧熔炼在钢铁及有色金属冶炼的应用日益普及，取得了很好的节能减排效果。富氧冶炼发展至今，已有侧吹、顶吹、底吹、顶底复吹等技术问世。底吹技术最先用于炼钢，20 世纪 80 年代中期，我国与德国差不多同期开展了硫化铅精矿底吹炼，并且取得了初步成效。水口山底吹炼铅试验装置在铅冶炼试验告一段落后，开展了炼铜试验，取得了良好结果，尤其处理高砷铜金矿，砷的挥发率达 95%～98%，金的捕集>98%。铜富氧底吹熔炼设备示意图见图 5-20。

A　铜富氧底吹技术的主要特点

主要特点如下：

（1）高氧浓度（70%～80%），高熔炼强度（15t/(m³·d)），炉体无水冷元件，烟气带走热与热损失小，热效率高。各种熔池熔炼的富氧浓度与熔炼强度列于表 5-21。

（2）氧从炉底送入，通过铜锍传递完成造渣反应，造渣氧势低，Fe_3O_4 生成量少（8%～12%）可以采用高铁渣熔炼（$Fe/SiO_2 = 1.8 \sim 2.2$），熔剂加入量少。熔炼同种精矿，底吹处理总物料量最少，渣率最低。处理高硫铜精矿尚可配一定量的废杂铜、金物料。

上述两项特点使该工艺成为炼铜史上物料不经干燥、不外供任何燃料能维持自热熔炼的工艺，也是单位物料耗氧最低的（120～130m³/t）。

（3）氧枪在底部，处于低温位，寿命长；圆形炉体，有利于炉衬热胀冷缩。东营铜底吹熔炼炉自 2008 年投产至今，尚未大修。炉衬寿命可在 3 年以上，冶炼故障率低，年开工时率大于 95%。

B　底吹炼铜与类似瓦纽科夫的侧吹炼铜工艺的比较

恩菲公司为改造云南易门铜冶炼厂，对国内近年新开发的最具推广潜力的底吹与类似

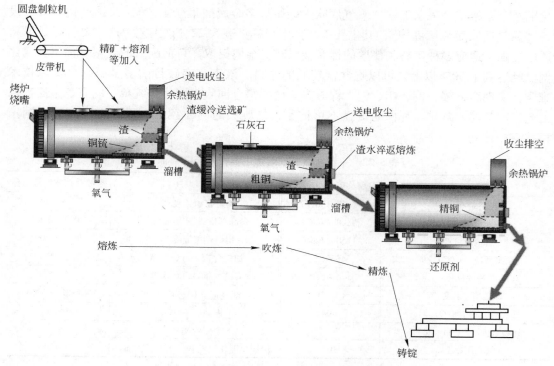

图 5-20 铜精矿富氧底吹熔炼设备示意图

表 5-21 各种熔池熔炼的氧浓度与熔炼强度对比

项　目	Isa 法	瓦纽科夫	Ausmelt	三菱法	底吹法
富氧浓度/%	45～52	55～80	40～50	42～48	70～80
熔炼强度/t·(m³·d)⁻¹	13.4	8.3～11.7	5.5～6.0	4.8～5.5	14～15

瓦纽科夫的侧吹两种炼铜工艺,进行了技术经济比较。设计规模均为电铜 10 万吨/年。原始条件相同,精矿含铜 22%,氧浓度均为 75%。结果如下:

(1) 底吹工艺选用高铁渣($Fe/SiO_2=1.8$),渣量 23.66 万吨/年,渣选矿回收铜,弃渣含铜 0.34%。侧吹工艺因易形成 Fe_3O_4 隔膜层,只能采用低铁渣型($Fe/SiO_2=1.2$),采用电炉贫化炉渣,渣量 29.16 万吨/年,弃渣含铜 0.5%。

(2) 底吹法无水套,不需进行补热;侧吹有大量水套,需增加 3.37% 的燃煤。

(3) 底吹氧压高为 600kPa;侧吹氧压低为 150kPa。

(4) 侧吹法与底吹法相比,年均多消耗:煤 1.5 万吨,石英石 4.4 万吨,石灰石 1.1 万吨,氧气 $1701×10^4m^3$。

(5) 综合分析,采用底吹工艺较侧吹工艺年多获利 4372 万元。

易门铜冶炼厂对这两种工艺也作过技术经济比较,认为采用底吹工艺年多获利达 5000 多万元。

因此,新建铜冶炼厂,选用底吹熔炼更为经济合理。

C　东营铜精矿富氧底吹熔炼法

山东东营方圆集团采用和北京有色研究总院联合开发研制的富氧底吹熔炼炉来处理硫

化铜及金银精矿。一期工程"氧气底吹无碳熔炼多金属捕集新工艺"，及国产化的核心设备"氧气底吹熔池熔炼炉"，其主要工艺技术指标见表 5-22。该工艺生产主要特点是原料适应性强，适应多种矿料和伴生的稀有金属和贵金属提取。目前配入的金银等稀贵金属比例已经达到了 50% 以上，可以吃含铜较低的原料。该工艺突破目前多金属综合提取技术难题，实现金、银、铜、铂、钯、镍等多金属的综合回收，取代传统单一的有色金属提取工艺，对节能、减排、环保的贡献不可估量，是典型的循环经济项目，2009 年列入国家科技支撑计划。

表 5-22　东营富氧底吹熔炼主要技术经济指标

项　　目	参数及技术经济指标	项　　目	参数及技术经济指标
投料量/t·h^{-1}	47~50	熔炼富氧浓度/%	70~75
底部空气压力/MPa	0.38~0.6	底部供氧压力/MPa	0.4~0.6
熔池温度/℃	1150~1250	出口烟气温度/℃	950~1000
铜锍品位，$w(Cu)$/%	45~65	炉渣含铜，$w(Cu)$/%	2~5
渣铁硅比	1.4~2.0	弃渣含铜，$w(Cu)$/%	0.35
烟气 SO$_2$ 浓度/%	18~20	烟气量（标态）/m^3	40000~60000
硫利用率/%	>98	铜回收率/%	98.5
处理能力/t·(m^3·d)$^{-1}$	7~8	金回收率/%	98
氧利用率/%	100	粗铜总能耗（标煤）/kg·t^{-1}(Cu)	≤450

5.3.3.8　瓦纽科夫法（富氧侧吹）

瓦纽科夫法是前苏联冶金学家 A. B. 瓦纽科夫发明的一种熔炼方法。1987 年在巴尔喀什、诺里尔斯克和乌拉尔炼铜厂分别建成了 48m^2 的瓦纽科夫炉。瓦纽科夫法与其他熔炼方法的最大差别是将富氧空气吹入渣层，从而保证炉料在渣层中迅速熔化，而且为炉渣与铜锍的分离创造了良好的条件，其设备示意图见图 5-21，主要技术经济指标见表 5-23。其鼓风富氧浓度可以高达 60%~70%，烟气 SO$_2$ 浓度高达 40%，有利于制酸、节能及环保。

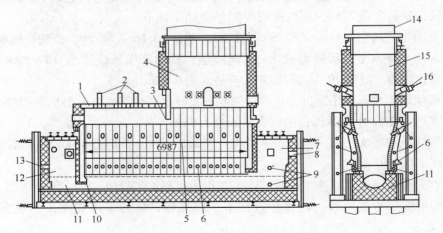

图 5-21　瓦纽科夫熔炼炉示意图

1—炉顶；2—加料装置；3—隔墙；4—上升烟道；5—水套；6—风口；7—带溢流口的渣虹吸；
8—渣虹吸临界放出口；9—熔体快速放出口；10—水冷区底部端墙；11—炉缸；12—带溢流口的铜锍虹吸；
13—铜锍虹吸临界放出口；14—余热锅炉；15—二次燃烧室；16—二次燃烧风口表

表5-23 瓦纽科夫炼铜法主要经济技术指标

指　　标	数　量
床能率/t·(m²·d)⁻¹	60~70
鼓风中 O_2 含量/%	60~70
标准燃料总耗/kg·t⁻¹	7~29
炉料耗氧（标态）/m³·t⁻¹	130~190
烟气中 SO_2 含量/%	25~40
渣中 $w(Cu)$/%	0.55~0.65
铜回收率/%	98

瓦纽科夫法，经过数十年来的研究和完善，现已应用于铜、镍、铅、锑、铁及金属固体废料的冶炼。用瓦纽科夫法炼铜和镍已相当成熟，并成为俄罗斯等国铜、镍冶炼主要方法。我国在瓦纽科夫炉的基础上进行改进、完善、再创新，研制出了富氧侧吹炉。从2001年开始进行富氧侧吹工业化炼铅试验，并获得成功，继而又在2006年推广应用到铜冶炼领域，用来改造密闭鼓风炉炼铜工艺，目前国内多家铜冶炼厂采用富氧侧吹炉，已有两家建成投产，另有两家处于建设厂阶段。

烟台鹏晖铜业有限公司根据多年来积累的连续吹炼炉的生产经验，与中国恩菲工程技术有限公司共同合作研发了富氧侧吹熔池熔炼工艺。该工艺是一种高效、节能、环保的铜熔炼新工艺，熔炼炉、沉降电炉、吹炼炉高低错落布置，各炉之间通过溜槽连接，避免了熔体由包子倒运的弊端，在一定程度上实现了连续炼铜。

熔炼中按一定比例混合均匀的原料（精矿、返渣、熔剂等）和燃料（煤）由皮带经炉顶的加料口加入炉内，进入炉内的物料经高温烟气干燥后落入熔池，富氧压缩空气（富氧浓度为32%）由炉墙两侧浸没入熔体中的风口送入炉内。在富氧压缩空气的作用下，熔体在炉内剧烈搅拌，完成造渣及造锍反应。生成的渣锍共熔体经虹吸放出口进入沉降电炉，在沉降电炉内澄清分离，得到渣和铜锍。高温烟气经余热锅炉送制酸系统生产硫酸。

5.3.4 铜锍的富氧吹炼

铜锍的吹炼多在水平转炉中进行，其主要原料为熔炼产出的液态铜锍。吹炼的目的是利用空气中的氧，将铜锍中的铁和硫几乎全部氧化除去，同时除去部分杂质，以得到粗铜。转炉设备示意图见图5-22。

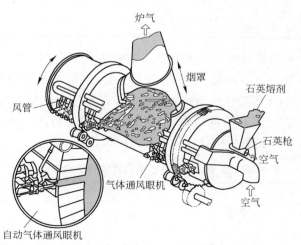

图5-22 转炉设备示意图

5.3.4.1　转炉吹炼

20 世纪 50 年代，苏联就进行了富氧空气吹炼铜锍的工业试验。

1960 年，巴尔喀什矿冶联合企业采用 8t 转炉进行了铜锍富氧吹炼的工业实验，所处理的原料成分（%）为：35～45 Cu，6～10 Pb，2～72 Zn，18～23 Fe，23～24 S。试验证明，该方法能强化吹炼工艺，转炉风口区的铬-镁砖改为氧化镁尖晶石砖后，同时加入足够的冷料，在吹炼的第一周期鼓入含氧 27.5% 的富氧空气时，转炉的锍处理量提高了31%，并没有增大内衬的损耗。

表 5-24 列出了 8t 转炉空气吹炼和富氧吹炼的主要工作指标。

表 5-24　额尔齐斯炼铜厂空气吹炼和富氧吹炼的主要指标

指　标	空气吹炼	富氧吹炼		
鼓风含氧/%	20.8	23.2	25.3	25.3
锍成分，$w(Cu)$/%	39.7	38.5	39.7	41.1
第一周期鼓风时间/min	139	125	112	122
第二周期鼓风时间/min	132	116	93	108
吹炼时间/min	315	291	259	282
鼓风压力/kPa	660	670	660	666
第一周期鼓风量/$m^3 \cdot h^{-1}$	4240	1330	4390	4480
第二周期鼓风量/$m^3 \cdot h^{-1}$	4550	4550	4710	4910
按鼓风 1h 计产量/t	1.234	1.408	1.711	1.590
按操作 1h 计产量/t	0.929	1.010	1.154	1.117
氧消耗/$m^3 \cdot t^{-1}$（铜）	740	730	670	750
第一周期转炉温度/℃	1091	1203	1220	1202
第二周期转炉温度/℃	1246	1263	1299	1266
第一周期渣含 Cu 量/%	2.59	2.55	2.13	2.69
第二周期渣含 Cu 量/%	42.5	39.8	40.2	40.3
粗铜含 Cu 量/%	98.3	98.2	98.1	97.9
粗铜含 Pb 量/%	0.23	9.19	0.22	0.31
一次吹炼的内衬损耗/$kg \cdot t^{-1}$（铜）	2.0	2.5	6.0	5.0

国外越来越多地采用富氧转炉处理铜锍，如赞比亚罗卡纳厂对反射炉处理含铜 40% 以上的铜精矿所得含铜 50%～60% 的铜锍，原先用空气转炉处理这种富铜锍，只能勉强维持炉内的热平衡。1969 年起，开始富氧吹炼，炉况稳定，产量提高。表 5-25 是罗卡纳炼铜厂用 24% 的富氧和空气转炉吹炼铜锍的指标。此外，日本、美国、前西德、英国等一些国家的转炉吹炼采用富氧后的各项指标都有所改进。

表 5-25　罗卡纳厂空气吹炼和富氧吹炼的指标比较

指　标	空气吹炼	24% 的富氧吹炼
造渣时间/min	110	46.5
每包铜锍吹炼时间/min	13.7	8.0
造铜吹炼时间/min	210	123

指 标	空气吹炼	24%的富氧吹炼
每次造渣耗氧量/t	—	0.791
每次造铜耗氧量/t	—	2.114
生产 1t 铜吹炼时间/min	3.1	1.91

5.3.4.2 连续吹炼

传统的铜锍转炉吹炼是在间断作业的设备中进行的，这样，既限制了鼓风的时间，又消耗了热能，加速了炉内衬的损坏，冲淡了炉气中二氧化硫的浓度，而连续吹炼可以消除这些缺点。

连续吹炼是利用铜精矿熔炼，产出高品位冰铜，用溜槽（或包、行车）进入连续吹炼炉进行吹炼。

20 世纪五六十年代苏联贝钦卡镍公司安装了 6m×3m 的长方形单室吹炼的固定炉，炉子鼓风区的工作空间用水冷金属拱隔开；熔池水平线以上 100~400mm 处有 1~2 个水冷风口，风口与熔池水平面成 75°~80°的倾斜；空气以 500~600kPa 的压力和 100m³/min 的风量吹入炉内，连续吹炼炉的铜锍容量为 25t。原料为含镍 6%~10%、铜 4%~7% 的铜-镍锍，吹炼时间为 4~6d。

试验表明，熔体的循环对过程的正常进行具有决定性的意义。因循环能保证沿炉膛纵深的热量传递。当风口中心线与熔池成 75°~80° 的倾斜时，熔体循环最佳；倾角再大，强烈循环区缩短，使炉尾底部形成炉结，降低了熔剂的利用率；倾角小于 75°，熔池的工作深度不够，炉渣沉淀分层不好。必须严格控制炉内渣层厚度。渣层过厚会降低熔剂的作用，导致 Fe_3O_4 积累，熔池变得黏稠。

目前进行工业和半工业实验的连续吹炼技术主要有三菱吹炼、K-O 闪速吹炼、诺兰达吹炼、Teniente 吹炼、Codelco 连续吹炼、ISACONVERT™ 吹炼以及 Ausmelt 吹炼等。其中三菱法和 Kennecott-Outokumpu 连续吹炼技术比较成熟；Noranda 连续吹炼仅在 Horne 冶炼厂应用；Codelco 和 ISACONVERT 连续吹炼工艺处于半工业试验阶段；Ausmelt 连续吹炼工艺（C3）处于半工业和工业试验阶段。表 5-26 列出了几种主要连续吹炼技术的工艺参数和技术经济指标。

表 5-26 几种工业化连续吹炼技术的工艺参数和技术经济指标

工艺	诺兰达吹炼	三菱吹炼	闪速吹炼
冰铜炉料	液/固态，68%~70% Cu	液态，约 68% Cu	固态，69%~70%
投料量/t·h⁻¹	42	54	68
送风氧浓度/%	27~29	32（Gresik）	80~85
作业率/%	85	90	80
产品	半粗铜，S 0.8%~1.2%	粗铜，S 0.6%~0.8%	粗铜，S 0.2%~0.3%
炉渣	硅酸铁	铁酸钙	铁酸钙
残极/杂铜处理	可以	可以	不能
烟尘率	低	低	高
熔炼/吹炼分离	部分	不能	能
炉寿命/年	0.75	3	>5

　　鼓风量达到 $65 \sim 75 m^3/min$，即可达到自热、熔炼。鼓风量太大，热量过剩时，可向炉中加入占铜锍量 20% ~25% 的含硫 25% ~27% 的铜-镍矿；在一些试验中，加入的矿石与热铜锍的比可达到 1∶1 或更高；若热量不足，可经风嘴吹入重油补充热量。

　　加拿大诺兰达公司为了探索转炉熔炼粒精矿的可能性，成功地进行了实验室和半工业性富氧熔炼试验。试验表明，连续熔炼炉产量的增加与鼓风中的氧含量的增加成正比。后来诺兰达公司又建造了能力为 $2500 mm^3/h$ 制氧站，采用 24% 的富氧进行连续吹炼。

　　在试验过程中，由于精矿来源多，成分复杂，放弃了用连续转炉将精矿一步处理成粗铜的最初想法；而转为先在连续熔炼转炉中制成白锍，后在一般转炉中将白锍吹炼成粗铜。这种两阶段处理，杂质的排除比较完全，所产粗铜质量高。

　　鼓风中氧含量为 32.6%，炉口烟气含 SO_2 为 21.1%，产出含铜 75% 的铜锍。经浮选后的炉渣尾矿含铜 0.3%。连续吹炼转炉的适应性大，可以处理任何成分的精矿和各种含铜、金、银的废料。根据每 2 ~3h 快速测定铜锍中铜和渣中 SiO_2 含量的结果，调节氧气和精矿比例。炉渣中铁与 SiO_2 的比值保持在 1.6 ~1.8。

　　根据放渣的温度控制转炉的温度，保持炉温在 1200℃ 左右。炉渣排入 $13 m^3$ 的渣罐中，送渣场缓冷 15 ~17h 后，往炉渣中浇水，然后从渣罐中倒出炉渣，并破碎至 60mm，再经粉碎研磨到 72% ~76% 的炉渣为 0.044mm，供浮选处理。

　　以上所介绍的连续吹炼转炉，不是用作从铜锍连续制取粗铜，而是连续熔炼精矿。和普通转炉相比，连续转炉的优点是可以连续吹炼，制取预定成分的铜锍，并产生稳定浓度的二氧化硫烟气，由于这些特点，连续吹炼转炉与其他自热熔炼设备一样获得了应用。

5.3.4.3　澳斯麦特炉富氧吹炼

A　技术背景

　　为了满足粗铜产量不断提高的要求，在不进行大的技术改造的前提下，充分发挥现有设备的潜能，采用富氧吹炼可在保证总鼓风量不变的条件下，实现提高粗铜产能、提高烟气 SO_2 浓度、降低燃料率之目的。侯马冶炼厂澳斯麦特双炉操作系统空气吹炼时的 SO_2 浓度为 4% ~5%，低于设计值 7% ~12%，采用富氧吹炼，可提高烟气 SO_2 浓度，利于烟气制酸。

　　吹炼过程中向吹炼炉中加入的物料主要有：热铜锍、冷铜锍、石英石、粒度煤（粒度大于 15mm）。

B　富氧吹炼与炉渣泡沫化

　　浸没顶吹冶炼技术的特点是冶炼强度大，对环境污染小，但它的不足之处是容易产生泡沫渣，特别是在吹炼过程中，炉渣泡沫化的原因还有待研究，但普遍认为与炉渣的过氧化程度和鼓风量有关。鼓入渣层的风如果不能及时克服炉渣表面张力脱离渣层，就会使炉渣泡沫化，风量越大，泡沫化就越严重，富氧吹炼会增加炉渣的过氧化程度，但相同氧量的气体氧气浓度高时会使鼓风量降低。炉渣的过氧化程度可以通过调整炉内的氧化还原气氛进行控制，与空气吹炼控制手段一样。通过对吹炼工艺的理论研究，认为向吹炼炉提供一定的氧气以提高吹炼强度，增加粗铜产能，提高 SO_2 浓度是可行的。

C　吹炼过程

　　澳斯麦特间歇吹炼过程包括两个阶段：（1）铜锍吹炼成白铜锍；（2）白铜锍氧化成

粗铜。

吹炼周期开始后，铜锍以可控量加入吹炼炉中，同时按比例分配的吹炼空气氧气量通过喷枪鼓入。进料的氧化通常将进料铜锍中 15% 的铁降低到白铜锍中的大约 5%，在这个过程中，二氧化硅连续地加入使氧化铁造渣保持一个恒定的铁橄榄石成分。一旦炉子装满后，停止铜锍加入，然后开始白铜锍氧化。

第二阶段完成以后，粗铜和一些吹炼渣被倒出来。炉渣通常被水淬并返回到熔炼炉，或者用溜槽转送到沉淀电炉或一个专门的渣贫化炉。粗铜放完以后，吹炼过程重新开始，第二阶段留下的渣保留在吹炼炉中并作为下一个吹炼过程的底渣。

澳斯麦特吹炼系统为固定式炉子，不需要旋转炉子来加入熔剂或排出产品，因此减少了"非操作"时间。炉内的温度更稳定，减少了热循环，直接的结果是生产每吨铜的耐火材料和能量消耗更低了。对于一个年产 30 万吨铜的澳斯麦特吹炼炉来说，通常吨铜能耗低于 2GJ。

澳斯麦特吹炼炉较之转炉具有一系列明显优点，具体如下：

（1）氧效率高；

（2）能精确控制最终粗铜产品中的含硫量；

（3）能精确控制操作条件，使粗铜中杂质降到最低水平；

（4）吹炼过程中，从铜锍到粗铜的铜直收率高达 95% 以上；

（5）以硫酸或石膏的形式有效回收硫；

（6）吹炼在密封良好的固定炉子中进行，逸散排放低；

（7）吹炼炉利用率高，与 P-S 转炉 45% 的操作时间相比，澳斯麦特吹炼炉操作时间可达到 90%。

熔炼设备处理铜精矿的单位生产率对比见表 5-27。

表 5-27 熔炼设备处理铜精矿的单位生产率对比

设 备 名 称	有效容积/m^3	生产能力/t·d^{-1}	生产率/t·(m^3·d)$^{-1}$
反射炉：熔炼焙砂	1161	1040	90
反射炉：熔炼生料	1021	860	84
闪速炉：空气鼓风	459	1200	262
闪速炉：富氧鼓风	260	970	373
熔炼炉：三菱法	170	580	341
熔炼炉：诺兰达法	292/292①	1300/2060	446/708
国际镍公司纯氧闪速炉	592	1500	254
TBRC	736	130	1770

①分子是每昼夜鼓风 48t 氧，分母是每昼夜鼓风 415t 氧。

5.3.5 铜火法冶炼领域发展思路

中国目前大约有 88 家铜冶炼企业，其中 7 家大型铜的联合生产企业粗铜冶炼产能占国内总产能的 75%，精铜产能占国内产能的 55%。随着先进技术装备的引进和应用，冶炼技术经济指标明显改善，与 1995 年相比，2007 年铜冶炼综合能耗从 34.6GJ/t 下降到 12.8GJ/t，骨干企业硫的固化率从 70% 提高到 95% 以上。大中型冶炼厂采用了当今世界的先进工艺技术和装备，如闪速熔炼、艾萨/澳斯麦特熔炼、白银法、诺兰达熔炼。

铜火法冶炼领域发展思路重点应放在铜锍的连续吹炼开发，用以替代当前广泛采用的 P–S 转炉，以克服铜锍倒运过程 SO₂ 无组织排放带来的低空污染，实现铜的绿色冶炼。同时，开发熔炼能力达到 160~200t(矿)/h 的大型底吹熔炼设备，提高自控程度，争取在劳动生产率上赶超世界先进水平。

存在问题为：铜冶炼采用高铁渣，虽可降低渣率，通过渣选矿可获得铜及贵金属的高回收率，但渣选矿占地面积大，缓冷渣包多，投资加大。应探讨电热渣贫化新途径，既采用高铁渣，低渣率冶炼，又能通过电热还原或硫化等措施，将终渣含铜降至 0.35% 以下，为进一步降低渣处理投资与成本开创新局面。

如能按上述思路有效完成相关工作，则底吹熔炼技术将为我国的有色金属冶炼工业发展做出更大贡献。

5.3.6　富氧在铜湿法冶金中的应用

5.3.6.1　硫化铜精矿的氧压氨浸

处理铜精矿的阿比特法是目前湿法冶金中有发展前途的大规模应用氧的工艺。该方法用于处理高铋的黄铜矿精矿已达到工业规模。如用常规流程处理这种精矿，则会出现粗铜中除铋的难题。

该工艺流程如图 5-23 所示。精矿先磨至小于 0.04mm，加入氨水和硫酸铵液调浆，使矿浆的起始 pH 值保持在 9~11 范围内，浸出在五个强烈搅拌的串联密闭反应器中进行，氧气由反应器底部的搅拌器下方供入。在高温、高氧压和高氨压下，使 Cu、Ni、Co 等有价金属以配合物形态进入溶液，铁以氢氧化物进入渣。此法适于处理 Cu-Ni-Co 或 Ni-Co 矿。

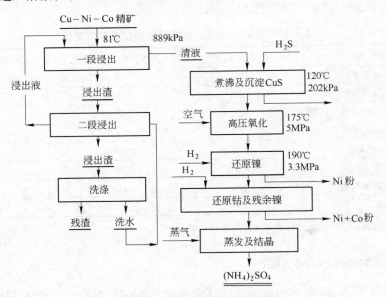

图 5-23　阿比特法湿法炼铜工艺流程

5.3.6.2　Sepon 法

2004 年在老挝沙湾拿吉（Savannakhet）省投产了一座从辉铜矿-黄铁矿型矿石中回收

铜的工厂（流程见图 5-24）。在该工艺中，第一段常压浸出在搅拌槽里进行，浸出温度 80℃，用来自第二段浸出的含 H_2SO_4 和 Fe^{3+} 的溶液作为浸出介质。经固液分离后，浸渣送浮选回路选别，目的是丢弃脉石矿物和得到硫化物精矿，后者送入第二段加压浸出处理；富液送到溶剂萃取—电积回路处理。第二段加压浸出是在温度 180～195℃、氧加压条件下的高压釜里完成的。固液分离后得到的黄铁矿浸渣堆存；富液返回到常压浸出段。

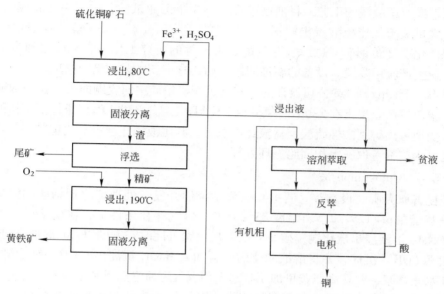

图 5-24　Sepon 法湿法炼铜工艺流程

5.3.6.3　Phelps Dodge 法

硫化铜精矿的氧压硫酸浸出是 20 世纪 60 年代研究发展起来的工艺，用于直接浸出硫化铜精矿。其实质是，在硫酸介质中，于一定的温度和压力下，通入氧气，使硫化铜精矿氧化成元素硫和二价铜离子。铁也同时氧化，并水解成碱式硫酸铁和氢氧化铁沉淀。加拿大舍利特-高尔顿公司研究了利用该法浸出黄铜矿的可能性，黄铜矿的浸出反应如下：

$$CuFeS_2+H_2SO_4+5/4O_2+1/2H_2O \Longrightarrow CuSO_4+Fe(OH)_3+2S^0$$

对浸出参数（见表 5-28）的研究表明，采用表中条件，铜的浸出率达 98%，85% 硫呈元素硫回收。该法缺点是周期长，需要的氧压较高，不能使用空气，只能使用氧气。

一些文献，详尽介绍了硫化铜矿氧压酸浸的动力学机理，结论如下：

（1）在 120～180℃ 的温度范围内，溶解速度受矿物表面因素控制。当超过中等压力时，浸出率与氧的分压无关。实验求得的活化能为 96.3kJ/mol。

（2）在 125～175℃ 之间浸出黄铜矿，溶解速度与酸度及氧压的 0.5 次方成正比，试验测得的活化能为 29.9kJ/mol。

（3）在 118℃ 以下，各种 pH 值条件下

表 5-28　硫化铜精矿氧压浸出经济技术指标

项　　目	指　　标
精矿粒度（−325 目，即小于 0.043mm）	95%～99.5%
硫酸过量（按化学反应计算）	25%～50%
氧压	(137.34～343.34)×10^4 Pa
温度	100～118℃
浸出时间	2～3h
铜的浸出率	98%

的速率受矿石表面生成单体硫的多孔覆盖层所控制。除单体硫外，生成的氧化铁或不溶性的硫酸盐膜亦然。

（4）在一般情况下，黄铜矿是较难溶的。但当氧分压（表压）超过 0.618MPa，温度为 200℃时，-325 目（小于 0.043mm）的黄铜矿可在 30min 内完全熔解，活化能为 46.05kJ/mol。

硫化铜矿氧压酸浸的工艺，目前已进行了不少半工业试验，生产中也有应用。此外，也开展了大量关于氧压硫酸浸出辉铜矿、铜的多矿物硫化矿（$CuFeS_2$、Cu_3FeS_2 及其他）和多金属硫化矿（黄铜矿-镍黄铁矿-磁黄铁矿）等的研究工作，有的已达到半工业试验规模或工业生产应用阶段。设备的腐蚀问题，妨碍这一新工艺的迅速推广。

2003 年，Phelps Dodge 公司设计的一座从黄铜矿精矿中回收铜的工厂在美国亚利桑那州巴格达德矿投产。浸出在 220℃、氧分压 700 kPa（总压 3300kPa）条件下工作的高压釜里完成。固液分离得到酸性硫酸铜富液经萃取后，其尾液用作堆浸氧化铜矿石。堆浸流出的富液也进入溶剂萃取—电积回路循环处理。

5.3.6.4　Outokumpu 法

奥托昆普研究所（设在芬兰波里）的化学家们开发了处理硫化铜精矿的湿法炼铜工艺。它是基于在 pH 1.5 ~ 2.5、温度 85 ~ 95℃、氧气存在条件下，在搅拌反应槽里用含 Cu^{2+} 的浓 NaCl 溶液浸出硫化铜精矿。当铁以氧化铁沉淀时，铜则以 Cu^+ 的形态进入溶液。再过滤出 Fe(OH) 沉淀，并将溶液净化后，再加入 NaOH 沉淀出 Cu_2O，然后将 Cu_2O 沉淀重新在水里调浆，并在高压釜里加压状态下用氢气还原它以得到金属铜。

20 世纪 70 年代，美国亚利桑那州的德尤维尔公司就已对在氯化物介质中浸出硫化物进行过许多试验，并制定出 CIear 法。然而，由于银的污染，从氯化物介质中电积铜会生成很难进一步处理的树枝状粉体，因此这一工艺没有得到工业应用。这似乎也是奥托昆普的化学家们抛弃电积路线，走产出 Cu_2O 并将它还原成金属路线的原因。在加压条件下，用氢气从氯化物水溶液体系中直接沉淀铜是无效的。另一种方案是在流态化床上热还原 CuCl 固体。奥托昆普研究人员还发现，Cu_2O 在稀 H_2SO_4 溶液中会发生下列歧化反应：

$$Cu_2O+2H^+ \!=\!=\!= Cu+Cu^{2+}+H_2O \qquad \Delta G^{\ominus}=-61058+37.4T, \text{ J/mol} \qquad (5\text{-}13)$$

生成的 $CuSO_4$ 可以用已知的一些方法在高压釜里用氢还原。在这一工艺连接中，可采用德国 Duisburger Kupferhiitte 公司于 20 世纪 60 年代研究成功的方法，即在室温下用 $Ca(OH)_2$ 处理 CuCl，以生成 Cu_2O：

$$2CuCl_{(s)}+Ca(OH)_{2(1)} \!=\!=\!= Cu_2O_{(s)}+CaCl_{2(1)}+H_2O \qquad \Delta G^{\ominus}=10616-11.8T, \text{J/mol} \qquad (5\text{-}14)$$

然后，用炭还原 Cu_2O 得到所谓的黑铜。再将黑铜铸成阳极，进行电解精炼。在上述工艺中，$CaCl_2$ 是一种待处理的尾渣。然而，在 Outokumpu 法中，使用 NaOH 取代 $Ca(OH)_2$ 后，所生成的 NaCl 能够电离，回收供还原用的氢气、沉淀用的 NaOH，氯则转换成 HCl。换句话说，Outokumpu 法的亮点是所用的试剂都可以再生使用。

中国的湿法炼铜研究起步较早，但发展较慢，生产规模很小，总产量在 10 万吨内。由于我国铜资源的特点，湿法炼铜的发展空间很大。

5.4 富氧在镍冶金中的应用

5.4.1 镍冶金技术的发展概述

镍目前已成为发展现代航空工业、国防工业和人类生活的不可缺少的金属。2007 年度已经探明的镍金属量达 6700 万吨。澳大利亚、新喀里多尼亚、俄罗斯等是全球镍资源储量比较丰富的国家。

目前 60% 以上的镍产自硫化镍矿;在硫化镍矿火法冶金中,从传统的焙烧—鼓风炉熔炼—转炉吹炼工艺到现在的闪速熔炼及熔池熔炼技术,都与富氧技术的应用息息相关。而低品位硫化镍矿湿法冶金中加压浸出和生物浸出也离不开氧的参与。

国外的镍公司除了加速对铜镍硫化矿床开采外,还十分重视红土型镍矿的开发利用。一些新的开发型红土镍矿项目已经在建设实施中。红土型镍矿冶金工艺中,镍铁合金等除杂工艺中也采用富氧技术,只是作用没有硫化镍矿中那么明显。

我国矿产资源的特点之一就是复合共生矿多,绝大部分都是含有两种或多种有用元素组成的综合矿。硫化镍铜矿冶炼,除了生产镍和铜外,大多包含钴及铂族金属的提取。

镍的生产工艺和铜生产工艺类同,主要包括火法和湿法工艺。火法工艺主要包括传统鼓风炉熔炼、反射炉熔炼和电炉熔炼,新工艺主要是闪速熔炼和富氧熔池熔炼技术等。由于高镍锍除含镍和硫以外,还含有相当数量的铜,并富集了原料中的铂族金属和贵金属及钴,因此高镍锍的铜镍分离和精炼是镍冶炼工艺中的突出问题。在镍冶金中,通常采用分层熔炼法、选矿磨浮分离法、选择性浸出法、低压羰基法处理高镍锍。20 世纪 70 年代以来,湿法选择性浸出法和羰基法分离和提取工艺得到了飞速发展。湿法工艺主要以加压酸浸出和加压氨浸出为主。镍生产工艺的发展正由火法工艺、火法-湿法联合工艺向全湿法工艺发展。

国内的熔炼工艺以金川公司为代表,其火法冶炼有镍闪速熔炼和镍富氧顶吹熔池熔炼两大系统。其镍闪速熔炼系统于 1992 年开始生产运行。至今在节能、环保和生产效率等方面也是世界先进水平,镍产量已位居世界第四。其镍火法熔炼工艺流程如图 5-25 所示。

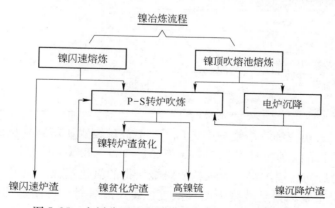

图 5-25 金川公司硫化镍铜矿火法冶炼工艺流程图

5.4.2 镍精矿的富氧焙烧

俄罗斯曾在 500 ~ 1000℃ 的范围内,用空气和纯氧研究了 Ni_2S_3 的氧化过程。结果表明：500 ~ 600℃时，硫化镍氧化不产生 SO₂，但样品的重量增加了。这是由于镍与硫、氧形成碱式盐之故。700℃以上时，硫化镍氧化产生 SO₂，样品重量减少。800℃以上，由于烧结的缘故，氧气难以达到硫化镍的内层，所以氧化速度受到显著的影响，氧化过程减慢。在 500 ~ 1000℃范围内，增加氧的浓度，可加速硫化镍的氧化过程。

俄罗斯矿业公司乌发列镍厂进行了高冰镍富氧沸腾焙烧半工业试验（床面积为 0.86m²）。炉料包括镍精矿、高压釜的碎料、电解车间的残渣和烟尘（返料）。耗气量为 900m³/h、鼓风中含氧分别为 21%、23.5% 和 25.3%，焙烧温度为 970 ~ 1060℃。富氧浓度由 21% 增至 24% 时，床能率由 7.63t/（m²·d）增至 10.1t/（m²·d），焙砂含硫和床能率的关系不大。而焙砂的颗粒则随富氧浓度的增加而增大，烟尘率则减少（图 5-26）。

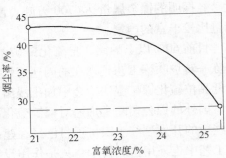

图 5-26　烟尘率和富氧浓度的关系

研究镍精矿焙烧中 NiO 的长大过程时发现，随着温度的升高，NiO 长大的规律为：在 900 ~ 1000℃范围内，长大不显著；超过 1000℃时，开始显著长大。同时证明焙砂颗粒随着鼓风中氧浓度的增加而增大，物料中的硫含量增加，NiO 颗粒也增大。往焙烧炉料中加入惰性物质，如含硫少的细烟尘，可阻止生成大的硫化物颗粒，有利于 NiO 颗粒聚合成大粒子。

加拿大铜崖冶炼厂进行了工业规模的镍精矿（Ni₂S₃）富氧焙烧。该厂将镍高硫磨浮所得的镍精矿，在 1093℃温度下进行沸腾炉焙烧。使用含氧 25% 的富氧空气不需另加燃料，经一段焙烧便可得到残硫低于 0.05% 的 NiO，满足炼钢对镍的需要。炉子的床能率也提高了 50%。镍精矿富氧沸腾焙烧的技术指标见表 5-29。

表 5-29　镍精矿富氧沸腾焙烧的技术指标

鼓　风	空　气	富　氧
床能率（按镍精矿计）/t·d⁻¹	99.8	149.7
空气耗量（标态）/km³·min⁻¹	311.5	283.2
氧气耗量（标态）/km³·min⁻¹	—	10.2
鼓风氧浓度/%	21.0	24.0
焙砂残硫量/%	0.48	0.045
沸腾层温度/℃	1093	1232

俄罗斯北方镍公司在沸腾焙烧炉中进行了富氧高硫铜镍矿富氧焙烧试验，炉底装有空气分布喷头。矿石品位为（%）：4.6 ~ 6.7 Ni，7.5 ~ 8.6 Cu，35 ~ 46.4 Fe，23.5 ~ 27.5 S。沸腾炉的最初底层炉料，为镍精矿焙烧所得的氧化亚镍，或为以前试验的焙砂。

矿石脱硫的最重要因素是鼓风中的氧浓度。鼓入富氧时，可增加沸腾炉的单位产量、矿石脱硫率和烟气中的 SO₂ 浓度。计算证明，鼓风中的氧浓度达 30% 时，可在鼓风不预热条件下，使磨细矿石或浮选精矿呈矿浆状进行焙烧。矿石湿度对脱硫指标没有影响，但对沸腾炉的热工制度有影响。在较高湿度条件下，为了保持 800℃的较高焙烧温度，必须进行富氧鼓风或鼓入热风。

5.4.3 硫化镍矿的富氧造锍熔炼

硫化镍精矿的造锍熔炼与硫化铜精矿一样属于氧化熔炼。氧化镍矿也可在有硫化剂存在条件下进行造锍熔炼，将镍富集于镍锍中。此时需配入硫化剂（如黄铁矿），先制团或烧结成块，然后加入鼓风炉中熔炼，焦率达 20% ~ 30%，属于还原性，所以又称为还原硫化熔炼。硫化镍精矿的造锍熔炼可以在反射炉、鼓风炉、电炉、闪速炉和各种熔池熔炼炉中实现。造锍熔炼的物料主要包括硫化精矿或块矿和造渣用的熔剂。对于镍的造锍熔炼，熔炼的物料包括硫化镍精矿或硫化铜镍精矿及造渣熔剂、焦粉、返料等，产出镍锍或铜镍锍、炉渣、烟气、烟尘等。

5.4.3.1 硫化镍矿的密闭鼓风炉熔炼

密闭鼓风炉熔炼工艺属于传统熔炼工艺，能耗高、处理量有限、烟气含 SO_2 浓度低，已不适应新形势下节能、环保、规模生产的要求。在密闭鼓风炉熔炼中富氧，就是对传统工艺的一种改进。

喀拉通克铜镍矿于 2006 年开始在鼓风炉熔炼中应用富氧，富氧浓度提高到 24% ~ 25% 富氧时，床能力由普通空气熔炼时的 42 ~ 46t/（$m^2 \cdot d$），提高到 50 ~ 57t/（$m^2 \cdot d$）。焦率由普通空气熔炼时的 12% ~ 13% 降到 11% ~ 11.8%，焦率降低了 8% ~ 15%。

5.4.3.2 闪速炉熔炼镍

闪速熔炼能将焙烧、熔炼和部分吹炼过程在一个炉子中完成，充分利用了精矿的反应热，又可采用预热空气和富氧空气作氧化介质。因此，低能耗，生产能力大；脱硫率高，94% 以上的硫将得到利用；低镍锍品位高并可以控制。

闪速熔炼是硫化镍精矿造锍熔炼的新工艺。它烟气量相对小，SO_2 浓度高（8% ~ 12%），经余热锅炉、电收尘后制酸，提高了硫的利用率，减少了环境污染；焙烧与熔炼结合成一个过程，炉料与气体密切接触，在悬浮状态下与气体进行传热和传质，单台生产能力大，反应塔处理能力高；节省能源，综合能耗低；处理的主要原料是低镁高硫铜镍精矿；过程空气富氧浓度可在 23% ~ 95% 范围内选择，有利于设备选择和控制烟气总量；过程控制简单，容易实现自动化；扩产、挖潜容易实现。但存在渣含有用金属高、烟尘率较大、物料准备要求高等缺点。

用于闪速炉熔炼的基本炉型分为奥托昆普闪速炉（Outokumpu）、富氧竖式炉和加拿大国际镍公司的因科（Inco）纯氧闪速炉这两种形式。目前，世界上有 36 座闪速炉用于炼铜，7 座炉子用于炼镍。生产中应用的镍闪速炉主要为奥托昆普型，表 5-30 给出了国内外奥托昆普型镍闪速炉的基本情况。1959 年首次在芬兰奥托昆普公司哈贾伐尔塔冶炼厂应用于熔炼镍精矿，以后相继在澳大利亚西部矿业公司卡尔古利、博茨瓦纳的皮克威、俄罗斯诺里尔斯克镍联合企业、巴西的佛达勒扎镍矿建立了镍的闪速熔炼厂，我国金川有色金属公司也采用该技术。Inco 型闪速炉炼镍仅做过试生产，但因镍在锍渣两相分配比较低（约 65%），故一直未做工业应用。

现在的闪速熔炼在技术上有了很大的进展，热风温度已经从早期的 200 ~ 500℃ 提高到了 800 ~ 1000℃；富氧鼓风已得到普遍推广，送风氧浓度已达到 23% ~ 80% 左右，有的工厂已经用粉煤代油作辅助燃料以降低生产成本。

表 5-30　闪速炉炼镍企业的相关参数

项　目	芬兰哈贾伐尔塔厂	澳大利亚卡尔古利厂	博茨瓦纳皮克威厂	俄罗斯诺里尔斯克厂	中国金川公司
投产年份	1959	1973	1973	1981	1992
处理量/t·d⁻¹	960	1297	2880	1656	1200
产量/t·a⁻¹	16000	48000	19500		20000
风量/m³·h⁻¹		72900		55000	27520
氧浓度/%	35	23.8	24	42~48	42
风温/℃	200	459	290		200
总能耗/GJ·t⁻¹	664	1325	1325		551

A　Outokumpu 竖式炉富氧镍熔炼法

目前世界镍生产能力约 90% 仍用火法冶金方法，现有的 7 家采用奥托昆普工艺的镍闪速熔炼厂，占冰镍冶炼生产能力 50% 以上。最初设计的炉子是在哈贾伐尔塔冶炼厂运行，并且目前仍然有两座冶炼厂应用，其中 1995 年用新的 DON 工艺进行了改造。最新的镍闪速熔炼厂 1998 年在巴西的佛达勒扎（Fortaleza）投产，也是用 DON 工艺。澳大利亚的卡尔古利和中国的金川采用的奥托昆普闪速熔炼炉将熔炼工段和炉渣贫化工段建在一起，形成一个整体的熔炼和炉渣贫化单元。

金川闪速炉炼镍引进澳大利亚卡尔古利冶炼厂的技术，是由我国自己设计、自己建造的国内第一台大型镍闪速炉。自 1993 年建造的镍合成闪速熔炼系统已成功用于高镁镍精矿造锍熔炼。金川合成闪速炉是奥托昆普闪速炉的第三代闪速炉，设计时充分吸取了当今闪速熔炼和电炉熔炼的先进技术成果，使奥托闪速熔炼技术用于铜镍精矿造锍熔炼技术上更完善、更先进，操作更简便，炉寿命更长。典型的工艺原则流程如图 5-27 所示。

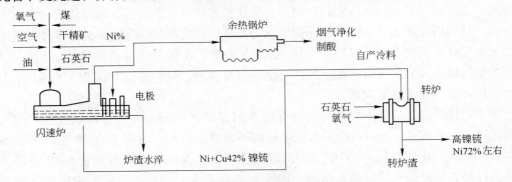

图 5-27　闪速熔炼典型工艺流程图

闪速炉中炉料放热反应放出的热占整个热收入的 42%~50%，而反射炉熔炼放热反应产生的热只有 13%，因此闪速炉熔炼补充的燃料燃烧产生的热量，只占整个热收入的 22%~43%，而反射炉要占 80%。

B　闪速熔炼技术控制

闪速炉通过调整反应物之间的多相反应动力学条件，达到强化熔炼的目的。其熔炼反应过程的特征是：

（1）细颗粒物料悬浮于紊流的氧化性气流中，气-液-固三相的传质传热条件改善，化学反应快速进行。

（2）喷入的细粒干精矿具有很大的比表面（据测定，小于 0.074mm 的精矿具有 200m²/kg 以上的表面积），氧化性气体与硫化物在高温下的反应速度将随接触面积的增大而显著提高。

（3）增加反应气相中的氧浓度，有助于炉料反应速度和氧化程度的提高，导致精矿中更多的铁和硫氧化（例如卡尔古利镍厂闪速炉脱硫率为 80%，皮克威镍厂为 85%）。由于反应速度快，单位时间放出的热量多，使燃料消耗降低，从而减少因燃料燃烧带入的废气量，提高了烟气中的 SO_2 浓度，为烟气综合利用创造了有利条件。

闪速炉生产的技术控制是指各系统运行、操作的技术条件的设定和调节过程。针对闪速炉生产正常进行的目标，在保证其他体系的技术条件进行控制和操作外，闪速炉生产技术控制工作主要是围绕着配料比、镍锍温度、镍锍品位、渣中铁硅比以及贫化区电能单耗和贫化区还原剂的控制来进行的。

（1）合理的配料比。闪速炉的入炉物料包括从反应塔顶加入的干精矿、石英粉、烟灰及从贫化区加入的返料、石英石、块煤两部分。但是从反应塔顶加入的物料配比对熔炼过程起着决定性作用。其合理料比是根据闪速熔炼工艺所选定的炉渣成分、镍锍品位等目标值和入炉物料的成分通过计算确定的。一般目标值是不变的，某种入炉物料成分发生变化时，或在实测值与目标值差距较大时，则需要由计算机重新进行自动控制与调整。

（2）镍锍温度的控制。闪速炉的操作温度控制是十分严格的。温度过低，则熔炼产物黏度高、流动性差、渣与镍锍的分层不好，渣中进入的有价金属量增大，最终造成熔体排放困难，有价金属的损失量增大；若操作温度控制过高，则会对炉体的结构造成大的损伤。闪速炉的操作温度主要是通过对镍锍温度的控制来实现。精矿处理量一定，通过稳定镍锍品位、调整重油量、鼓风富氧浓度、鼓风温度等来控制镍锍温度。通常控制镍锍温度为 1150 ~ 1200℃。

1）重油量。重油消耗量可按下式计算：吨精矿耗油量=闪速炉重油加入量/精矿处理量；通常情况下，在精矿含硫为 27% ~ 29% 时，控制精矿耗油可按表 5-31 确定。

表 5-31　吨精矿耗油量与闪速炉处理量的关系

精矿处理量/t·h⁻¹	30	40	50
精矿耗油量/L·h⁻¹	33.3 ~ 37	21 ~ 22	14 ~ 16

2）鼓风富氧浓度。在其他条件不变的情况下，鼓风富氧浓度越高则镍锍温度越高。反之，则越低。对于一定的镍锍温度，富氧浓度越高则维持反应热平衡所需要的重油加入量越少，反之则越多。在实际生产中，综合考虑炉内各区域的温度分布、炉壁挂渣、镍锍温度及余热锅炉的烟气热量的有效回收等情况，一般控制富氧浓度为 42%，没有铜熔炼中同样采用奥托昆普型熔炼炉的富氧浓度高（如金隆公司送风氧浓度 56.3%）。

3）鼓风温度与富氧浓度的关系。在其他条件不变的情况下，鼓风温度越高，带入炉内的显热越多，则镍锍温度越高，反之则越低。在实际生产中，由于烟气温度、余热锅炉生产能力及空气预热器的能力等条件的限制，通常可控制鼓风温度为 200℃。

（3）镍锍品位的控制。闪速炉镍锍品位越高，在闪速炉内精矿中铁和硫的氧化量越大，获得的热量亦越多，可相应减少闪速炉的重油量。但镍锍品位越高，带来的负面影响是：镍锍和炉渣的熔点越高，为保持熔体应有的流动性所需要的温度越高，对炉体结构寿命很不利；进入渣中的有价金属量越多，损失也越大；精矿在闪速炉脱除的铁和硫量越大，在转炉吹炼过程中，冷料的处理量越少，吹炼的时间越短，有时需要补充部分硫化剂，否则生产难以自热进行。

在实际生产中，镍锍品位的控制是通过调整每吨精矿耗氧量来进行，可通过下式确定吨精矿耗氧量：吨精矿耗氧量=(闪速炉鼓风含氧量-闪速炉燃油耗氧量)/精矿处理量。

通常情况下，在精矿含硫量为27%~29%时，控制镍锍品位在45%~48%，则吨精矿耗氧（标态）240~250m³。在实际生产中，通过固定精矿的处理量和闪速炉重油加入量，调整闪速炉鼓风含氧量来控制精矿的耗氧量。

(4) Fe/SiO_2 比的控制。闪速炉熔炼过程要求所产生的炉渣有合理的渣型，既要求有价金属在渣中溶解度低，即进入渣中的有价金属少，又要镍锍与炉渣的分离良好，流动性好，易于排放和堵口。

渣型的控制是通过对渣的 Fe/SiO_2 比控制来实现的，即通过调整熔炼过程中加入的熔剂量来进行控制的。在生产过程中，通常控制渣 Fe/SiO_2 比为 1.15~1.25，控制反应塔熔剂量/精矿量比值为 0.23~0.25。贫化区熔剂量则根据返料加入量成分的不同而适当加入。

C　熔炼工艺实例

诺里尔斯克厂对镍闪速炉的测温结果和改变某些主要参数对熔炼结果的影响如表5-32所示。提高处理矿量和氧气浓度，可使镍锍品位提高，但渣含镍量也随之升高。

表 5-32　诺里尔斯克厂闪速炉富氧熔炼主要指标参数

项　目	加料量/t·h⁻¹			
	125.2	110.1	126.0	134.6
鼓风量（标态）/km³·h⁻¹	64.1	43.0	50.0	56.7
富氧浓度/%	42	48	48	48
炉料品位，$w(Ni)$/%	7.28	7.32	7.37	7.32
炉料含 Fe/%	46.8	49.2	48.3	45.7
炉料含 S/%	36.0	32.7	33.7	35.7
低镍锍品位，$w(Ni)$/%	22.2	30.3	29.3	28.5
炉渣含 Ni/%	0.40	0.37	0.63	0.64

澳大利亚的 Kalgoorlie（卡尔古利）炼镍厂在 1975 年也采用了玉野厂 FSFE 型炉，并做了进一步的改进，做成闪速炉和贫化电炉一体的结构形式，这样就节约了能源并提高生产率。我国金川炼镍厂采用的闪速炉亦属此种类型，其结构示意图见图 5-28。

金川公司使用的精矿成分见表 5-33，其中高品位矿为含 Ni 6%~10%、Cu 2%~6%；低品位高镁型硫化镍矿的平均品位为 Ni 0.60%、Co 0.026%、Cu 0.30%，是典型的高镁型低品位硫化镍矿。低镍锍的主要成分是 FeS、Fe_2O_3、Ni_3S_2、PbS、Cu_2S、ZnS 等，一般含 Ni 25%~30%、含 Cu 15%~17%。目前企业外购料的配入比例近30%，炉料成分变化较大。

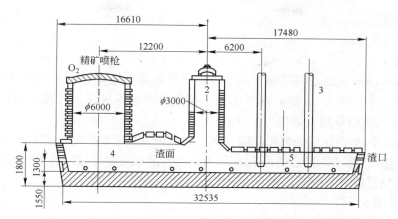

图 5-28　金川公司炼镍闪速炉结构

1—反应塔；2—上升烟道；3—贫化炉电极；4—沉淀池；5—贫化区

表 5-33　金川铜镍精矿的化学成分　（%）

项　目	Ni	Cu	Fe	Co	Ni /Cu	MgO
设计成分	6 ~ 7	3.5	35 ~ 39	0.2	2	6.5
2000 年前精矿成分	6 ~ 8	2.8 ~ 4	37 ~ 39	0.17 ~ 0.2	2.1	6.49
2009 年精矿平均成分	9.02	5.0	35 ~ 36	0.22	1.8	7.08

　　全系统主要包括：闪速炉、转炉、贫化电炉、物料制备（精矿干燥、熔剂制备、粉煤制备、返料处理和烟灰处理等）、制氧、排烟收尘、供风、供水、供电、仪表控制、炉渣水淬、余热锅炉、硫酸等系统。其生产流程主要为：硫化铜精矿经过三段气流干燥后，与制备好的石英粉熔剂、粉煤和返回的烟灰按照计量配比混合，从反应塔顶经过喷嘴与已预热的富氧空气、燃料油（或粉煤）一同喷入反应塔内，经氧化、熔化、造锍和造渣等一系列反应。渣和锍在沉淀池内经沉淀分离，渣经贫化炉去贫化处理后从渣口放出，水淬后废弃。低镍锍送往转炉吹炼成高镍锍，高镍锍在铸坑缓冷后磨浮分离送往选矿分离铜、镍。转炉渣则返回贫化电炉生产富钴镍锍，贫化炉渣经水淬后废弃。闪速炉烟气经上升烟道进入余热锅炉降温，再进入电收尘器，收尘后的烟气与经另一组余热锅炉和电收尘器处理的转炉烟气混合，送往制酸系统生产硫酸。

　　采用富氧鼓风可减少燃料的消耗，甚至实现自热熔炼。金川公司闪速炉配备了两台产量（标态）为 6500m³/h（氧纯度为 90%）和一台产量为 1400m³/h（氧纯度为 99.8%）的制氧机，镍闪速炉富氧浓度在 42% 左右。

　　闪速熔炼目前向着高投料量、高热强度、高冰铜品位、高富氧浓度的方向发展，为节能镍厂闪速炉常常特点是以煤代油，不仅在经济上有显著效益，在技术上碳质还原剂的作用也很有效，因为镍炉渣是不宜采用磨浮贫化的，然而深度还原贫化镍炉渣可使渣中 Fe_3O_4 降至 3% 以下，渣含 Ni 降至 0.2%。炉渣中的镍主要是化学熔解的 NiO，故使用碳质还原剂作为降低镍化学损失的方法。

D　Outokumpu 闪速熔炼特点及发展

a　节能降耗

Outokumpu 闪速熔炼的燃料消耗只有反射炉熔炼的 1/2 ~ 1/3，越来越多的冶炼厂闪速炉实现了自热熔炼。

　　b　发展与变革

　　具体如下：

　　（1）Outokumpu 闪速熔炼的精矿喷嘴。精矿喷嘴的性能直接影响熔炼指标（烟尘率、温度、渣含 Fe_3O_4、渣含 Cu 等）和炉寿命，甚至决定熔炼过程是否能顺利进行，因而它是 Outokumpu 闪速熔炼最关键的工艺设备。

　　Outokumpu 闪速炉使用的精矿喷嘴有两类：文丘里喷嘴和中央喷射扩散型喷嘴。

　　1）文丘里喷嘴：20 世纪 80 年代前应用，适合低氧浓度富氧预热空气熔炼；

　　2）中央喷射扩散型喷嘴，适合于高氧浓富氧空气熔炼（见图 5-29）。

　　中央喷射扩散型喷嘴的特点为：

　　1）处理精矿量大，接近 4000t/d；

　　2）处理精矿量允许大范围波动，在 25% ~ 100%，而文丘里只能波动在 70% ~ 100%；

　　3）富氧浓度可高达 85%；

　　4）烟尘率小于 6%，而文丘里型为 9%；

　　5）单喷嘴配置于反应塔中央，可使熔炼过程产生的雨状铜锍和炉渣熔融物下落时冲刷和腐蚀炉壁减轻，相对提高炉体寿命；

　　6）文丘里靠改变中心油管的重油量来控制塔内氧势和温度，而中央扩散型喷嘴是以调节中心纯氧管的供氧量来控制和调节炉内氧势和温度，节省了能量。

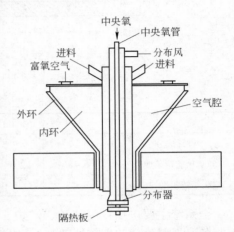

图 5-29　中央喷射扩散型喷嘴结构

　　（2）闪速炉的水冷。随着水冷的应用，闪速炉炉期已达 10 年左右。反应塔冷却装置有喷淋冷却和立体冷却两种。其中，喷淋冷却通过外壁淋水冷却和内壁挂磁铁渣来保护炉壁不被腐蚀。结构简单，炉寿命可达 8 年左右，但干矿装入量和富氧浓度提高后，冷却强度不够；立体冷却采用铜水套和水冷铜管形成对耐火材料的三面冷却。冷却强度大，热损失小，炉寿命长（10 年左右），可满足冷却要求。

5.4.3.3　富氧顶吹熔炼——澳斯麦特炉工艺

　　澳斯麦特炼铜法是一种熔池熔炼法，通过喷枪把空气和氧气强制鼓入熔池，使熔池产生强烈搅动状态，加快了化学反应的速度，充分利用了精矿中的硫、铁氧化放出的热量进行熔炼，同时产出高品位冰铜。熔炼过程中不足的热量由燃煤和重油提供。混有燃煤的混合铜精矿经过制粒后进入澳斯麦特炉中熔炼，熔炼需要的空气和氧气通过喷枪鼓入熔池，为了便于生产期间的温度控制，通过喷枪将空气、氧和燃料喷入，对炉温进行微调，熔炼产生的冰铜和炉渣混合熔体进入贫化电炉进行澄清分离。

　　提高喷枪空气中的富氧，就会减少喷枪燃料和空气的需要量，降低处理的烟气量，节省生产费用和基建投资。顶吹浸没喷枪系统产生强烈搅动性能，与很多竞争性冶炼技术相比是一个重大改进，它促进了高反应率，并使渣和烟气达到平衡。

　　该设备建设投资少，生产费用低，一座澳斯麦特-艾萨炉的投资一般只有相同规模闪速熔炼炉的 60% ~ 70%；原料的适应性强，能处理"垃圾"精矿，如高镁高钙精矿，其至能处理其他方法都不能处理的矿；燃料适用范围广，可以使用粉煤、焦粉、油和天然气，燃烧调节比大。但炉寿命较短，最长只达到 18 个月，喷枪保温要用柴油或天然气，价格较贵。

2008 年中国金川公司、澳斯麦特和恩菲三家公司结合金川公司 40 年来镍冶炼生产经验，成功消化吸收镍闪速强化熔炼的成功经验，对镍精矿熔池熔炼工艺进行了多方面研究和完善，首次采用澳斯麦特熔池熔炼工艺用于镍精矿熔炼（含镍 6%，氧化镁 10%）的镍精矿并成功投入生产，设备设置富氧浓度达到 60%，设计投料量 17.8 t/h，系统在很短的时间就达到和接近设计指标（见表 5-34），属于重大技术创新，技术水平世界领先。

表 5-34　金川澳斯麦特熔炼系统主要工艺技术指标和参数

系　　统	项　　目	设 计 值	实 际 值
顶吹熔炼系统	精矿制粒后含水/%	8~10	9~9.5
	处理量/t·h^{-1}	147.6	>150
	喷枪氧浓度/%	60	60
	氧单耗/m^3·t^{-1}	220	170~200
	渣温/℃	1370	1250~1320
	低镍锍品位，Ni+Cu 含量/%	43.5	40~50
沉降电炉系统	低镍锍品位，Ni+Cu 含量/%	45	40~50
	低镍锍温度/℃	1250	1250~1300
	渣温/℃	1380	1380~1400
	电耗/kW·h·t^{-1}（渣）	85	40~50

吉林吉恩镍业股份有限公司第一冶炼厂的澳斯麦特炉 2009 年也投入生产，现运行稳定正常。该系统采用了澳斯麦特浸没熔池熔炼、电炉沉降、转炉吹炼、烟气制酸的主工艺，入炉原料成分见表 5-35。由表中数据可见，镍精矿含氧化镁偏高，将直接导致熔炼温度的升高，进而影响了熔炼渣型的选择。

表 5-35　吉恩镍业澳斯麦特炉入炉原料成分　　　　　　　（%）

项　　目	Ni	Cu	Fe	S	Co	SiO$_2$	Al$_2$O$_3$	CaO	MgO
铜镍硫化精矿成分	7	1	24.2	19.3	0.2	17.3	1.4	4.1	9.7
含镍氧化矿成分	6.7	0.6	35~36		0.3	18.5	25.9	2.9	1.4

根据澳斯麦特炉冶炼其他金属的工程经验，进澳斯麦特炉的物料含水一般要控制在 10% 左右。本工程镍精矿原料含水 18.69%，黏性很大且有一定的腐蚀性，如何顺畅地从精矿库送往干燥设备是关系到达产达标的重要问题。设计方案采用了料仓内加装衬板、提高料柱压力、加大圆盘给料机功率和底盘、增加刮刀和桨叶等措施。精矿的干燥方式最终按照组合式蒸汽干燥装置方案实施。

表 5-36 给出了试生产阶段设备参数及经济技术指标情况，从表 5-36 中的数据可见，精矿处理量已经达到设计能力，但部分设计指标尚未达到，尤其是干燥后水分含量和电炉渣含镍偏高。初步测算，仅电炉渣含镍未达设计指标，镍总回收率比设计值低 1.5%~4.5%。

表 5-36　吉恩澳斯麦特炉主要工艺参数和技术指标

项　　目	设计值	试生产参数
澳斯麦特炉	ϕ3.6m，净空 12.5m	ϕ3.6m，净空 12.5m
深冷制氧机制氧能力（标态）/m³·h⁻¹	12000	12000
氧气纯度/%	99	99.6
喷枪工艺风机风量/m³·min⁻¹	300	300
喷枪富氧浓度/%	50	50
处理量/t·h⁻¹	35.72（干基）	40~45（湿基，含水 10%）
低镍锍品位，Ni+Cu 含量/%	44.32	36.5
渣温/℃	1380	1300
烟气 SO₂ 浓度/%	8.36	8.36~11.5

5.4.3.4　富氧侧吹——瓦纽科夫法冶炼

最早的工业瓦纽科夫炉建在俄罗斯诺里尔斯克铜镍矿业公司。目前独联体国家用于处理 Cu/Ni 原料的瓦纽科夫炉有 5 台。

诺里尔斯克公司新建了一台世界上最大的瓦纽科夫炉，该炉分为两区，氧化熔炼区及还原区，计划日处理铜镍精矿 6000t，得到的高镍锍含 Cu+Ni 总量高达 72%~73%。瓦纽科夫熔池熔炼处理镍铜精矿的主要技术经济指标见表 5-37，由表中数据可见，该工艺富氧可以达到 65%~90%，能一次产出高镍锍。

富氧熔池熔炼的共同特点是熔炼强度大、劳动生产率高、能耗低、环境保护好，而富氧侧吹熔池熔炼最具竞争力。我国在瓦纽科夫炉的基础上进行改进、完善、再创

表 5-37　瓦纽科夫熔池熔炼处理镍铜精矿的主要技术经济指标

项　　目	指标值
处理量/t·h⁻¹	140
风口数	44
风压/MPa	0.1
富氧浓度/%	65~90
铜镍锍品位，Ni+Cu 含量/%	44~65
铜镍锍温度/℃	1200
渣温/℃	1300
烟气 SO₂ 浓度（体积分数）/%	32~40
烟尘率/%	0.5~0.7

新，研制出了富氧侧吹炉。从 2001 年开始进行富氧侧吹工业化炼铅试验，并获得成功，继而又在后期推广应用到铜和镍冶炼领域。

富氧侧吹熔池熔炼工艺能够充分利用铜镍精矿自身的氧化反应热，在熔炼时只需补充少量燃料，节能效果较为明显。该方法原料适应性强，熔炼强度大，床能力高，技术先进，成熟可靠，镍回收率高，投资成本低。特别适用于规模不大的镍冶炼厂。此外，由于熔炼过程中鼓入富氧空气，因而产出的烟气含 SO₂ 浓度高，有利于原料中硫的回收利用，较好地解决了环境污染问题。

新疆新鑫矿业股份有限公司喀拉通克铜镍矿拥有丰富的硫化铜镍矿资源。2008 年公司对采用具有我国自主知识产权的富氧侧吹熔池熔炼技术改造老系统的密闭鼓风炉工艺，项目于 2011 年 3 月正式投料生产。2011 年长沙设计院为陕西某镍矿规划了计划年产 30kt 镍金属的项目，该项目采用富氧侧吹熔池熔炼工艺处理镍铜物料，产出低镍锍，并经过 P-S 转炉吹炼生产高镍锍的熔炼工艺。

5.4.4 镍锍富氧吹炼

1956 年，苏联中央镍研究设计院等单位在感应电炉中采用富氧吹炼镍高锍制取阳极镍。把盛有 15~20kg 镍高锍试料（75% Ni，24% Cu）的坩埚放在 100kW 的感应电炉中，加热到 1500~1600℃，然后从坩埚上部的冷却管送入含氧 31% 的富氧空气。冷却管的顶端位于熔体上面 12~15mm 处，随着鼓风中氧含量的提高，吹炼时间缩短，纯氧吹炼时，可缩短 75%。可确定在 1600℃ 的转炉中能得到金属镍。而用空气吹炼时，转炉中达不到这样高的温度。

在氧气转炉中，吹炼结束时的温度可达到 1750℃，能保证 75%~78% 的镍，70%~76% 的钴和 86%~92% 的铜进入熔体。

近来，国际镍公司由于采用了顶吹旋转式转炉，大大改善了镍锍吹炼的工艺和设备。

倾斜式旋转转炉卡尔多（Kaldo）炉技术是由瑞典专家 Bokalling 发明的氧气顶吹转炉熔炼技术，加拿大国际锡镍公司采用卡尔多转炉处理高镍锍，冶炼铜镍合金。其优点有：操作温度可控制的范围大，具有较好的搅拌条件；借助油枪氧枪容易控制熔炼过程的反应气氛，从强氧化性气氛到强还原性气氛都可以实现；热效率高，在纯氧吹炼的条件下，热效率可达 60% 或更高；作业率高，炉体体积小，拆卸容易，更换方便。但具有间歇作业，操作频繁，烟气量和烟气成分呈周期变化；炉子寿命较短、设备复杂、造价较高等缺点。我国金川有色金属公司在 20 世纪 80 年代将卡尔多炉技术用于吹炼镍精矿和二次铜精矿，将其熔化吹炼成金属镍和金属铜，目前还用卡尔多炉吹炼一定的铜精矿。

5.4.5 氧化镍矿的富氧鼓风炉熔炼

在鼓风炉中用空气熔炼氧化镍矿时，需消耗 40t（焦炭）/t（镍），占镍成本的 50%。大量消耗焦炭与矿石含镍量低和难熔性有关。采用富氧熔炼氧化镍矿，能够降低焦炭的单位消耗，强化熔炼过程。

20 世纪七八十年代，南乌拉尔镍联合企业和乌发列镍矿（表 5-38）进行了富氧熔炼。南乌拉尔镍联合企业采用含氧 24.1%~24.6% 的富氧空气熔炼，显著而稳定地提高了熔炼量，降低了焦炭消耗，鼓风氧含量每提高 1%，熔炼能力提高 5.5%~6.5%，节省焦炭 4.8%~6.1%。熔炼量的提高和焦炭消耗的降低，并未影响渣中镍和钴的含量。标准平衡常数几乎没有变化。应用富氧空气，可以熔炼含 SiO_2 量更高的烧结块，渣中含 SiO_2 由 42.7% 提高到 46.8%。在过去，用空气熔炼时，这种酸性炉渣熔炼是很困难的。

表 5-38　南乌拉尔镍联合企业鼓风熔炼烧结块的年平均指标

指　标	1972 年	1976 年	1980 年
鼓风中的氧含量/%	21.0	23.7	23.4
生矿单位熔炼量/t·(m²·d)⁻¹	26.9	34.1	33.5
熔炼量的增长率/%	0	26.5	24.3
焦炭的消耗占矿石的百分率/%	33.2	29.5	28.8
节焦率/%	0	11.3	13.2
焦炭的燃烧强度/t·(m²·d)⁻¹	8.9	10.1	9.7

指　　标	1972 年	1976 年	1980 年
鼓风单位消耗/m³·(m²·min)⁻¹	53.0	64.2	69.5
镍锍含镍/%	16.6	15.0	14.8
渣中成分/% Ni	0.169	0.160	0.155
Co	0.022	0.021	0.021
SiO₂	45.3	44.8	44.5

乌发列镍联合企业的熔炼指标显示，应用24.0%～24.3%的富氧后，熔炼量比南乌拉尔镍联合企业大大提高，但节省焦炭不多。鼓风消耗由54m³/（m²·min）增加到61～64m³/（m²·min）时，矿石熔炼量并未增加，由于焦炭消耗高，燃烧强度比南乌拉尔镍联合企业要好，渣含镍与平衡标准常数都没有提高。

为了确定尽可能小的焦炭消耗率，进行了各种熔炼试验，并测定了热平衡。结果证明，用含氧24.5%的富氧鼓风熔炼块料时，焦炭消耗可降到26.5%，这相当于年平均值为27.5%～28.0%。进一步降低焦炭消耗，会使正常炉况遭到破坏，因此焦耗要视具体情况而定，不能超过一定限度。南乌拉尔镍联合企业的富氧熔炼，保证镍的高回收率及熔炼车间的生产率，仅生产1.8年便回收了制氧站的基建投资。

5.4.6　镍铁的吹氧精炼

在氧化镍矿还原熔炼产出的镍铁合金中，除含有铁、镍、钴外，尚含有其他杂质、矿石还原得愈彻底，进入合金中的镍就愈多，同时进入合金中的铁和杂质也愈多。为了从镍铁合金中提取镍和钴，必须先除去铁，除铁的第一阶段在转炉中进行。

波布日斯克镍厂推广应用了电炉熔炼氧镍矿生产镍-铁的工艺，但所产的镍铁合金中含有硅、碳、铬、硫、磷等杂质。为了除去这些杂质，该厂先在酸性转炉，后在碱性内衬的转炉中，从炉顶喷氧吹炼镍-铁合金。为了冷却熔体并利于形成炉渣，酸性吹炼时加入镍矿，在碱性吹炼时添加石灰石。实际生产中，酸性吹炼时常加入来自钢铁厂的含镍尾料。

工厂的生产实践证明，在生产镍铁的转炉中，处理这些二次镍原料，比在转炉中与锍一道处理这些含镍原料更为合理，装入酸性转炉的氧化镍含镍0.6%～0.9%，占镍铁量的15%，平衡试验表明．进入镍铁合金中的镍，钴回收率为80%～85%。

近年来，由于熔炼氧化镍矿生产镍铁合金的工艺流程简单，技术经济指标高，所产较纯的镍铁合金可直接用于冶炼合金钢，故在世界范围内获得日益广泛的应用。在萨加诺谢克工厂把来自新喀里多尼亚的镍矿经回转窑干燥、粉碎、制团，配入焦炭，熔剂后，在鼓风炉中熔炼成粗金属，再在吹氧转炉中吹炼成含镍25%的镍铁合金，供给生产不锈钢。

5.4.7　富氧在镍湿法冶金中的应用

5.4.7.1　富氧在硫化镍矿加压浸出中的应用

镍精矿精选所得的含镍、铜等有价金属的磁黄铁矿精矿，由于选矿的条件不同，其中的重金属、贵金属含量和磁黄铁矿、硅酸镁矿物成分波动较大，如含2%～4.5% Ni,

1.0% ~4.1% Cu，44% ~53% Fe，24% ~32% S。为使有色金属和贵金属最大限度地与铁、硫分离，前苏联纳德日津斯克厂采用化学选矿法。该流程的第一步是向矿浆中通入氧气，使磁黄铁矿按下式氧化：

$$Fe_7S_8 + 6.5O_2 =\!=\!= 3Fe_2O_3 + FeSO_4 + 7S \qquad \Delta G^\ominus = -2650990 + 1211.1T, \ J/mol \qquad (5-15)$$

工厂的氧化浸出工序，在一期改造时安装了一系列容积各为 125m³ 的压煮器（见图5-30），每四个压煮器为一组，串联相接，连续浸出。处理 1t 磁黄铁矿需耗氧 280 ~ 300kg，原设计采用含氧 95% 左右的工业纯氧，但在工厂投产时使用的是含氧 60% 的富氧空气。随着操作水平的提高和经验的积累，到 1982 年时，富氧浓度已提高到 80% 以上。此时，过剩的总压力为 1200 ~1500MPa，氧的利用率为 75% ~85%（设计的工业氧利用率为 95%）。

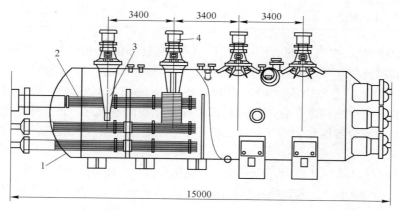

图 5-30　带吸入式搅拌器的四室卧式压煮器（容积 125m³，直径 3.4m）
1—外壳；2—热交换器；3—搅拌装置；4—电动机

在磁黄铁矿精矿压煮处理过程中，相当数量的有色金属进入溶液中，必须使其沉淀下来，但这样要消耗大量的硫化钠和金属铁，这是氧化浸出法在工艺和经济方面的缺点，目前正在大力研究其克服的办法。但是，该法与最完善的火法工艺比较，在投资和管理费用方面仍具有一定的优越性，这是该法得以工业应用的基础。

5.4.7.2　氧气在二次镍锍压煮浸出中的应用

前苏联南乌拉尔镍矿公司是较早在富镍钴锍热压浸出中应用富氧空气的公司，根据长期工业性试验所得研究成果，1979 年在纳德日津斯克工厂投入生产。试验原料为氧化镍矿石熔炼所得的二次镍锍，主要成分（%）：30 ~77 Ni，0.5 ~9 Co，0.5 ~45 Fe，0.5 ~ 2.5 Cu，21 ~23 S。其中的镍基本上以 Ni_3S_2 形态存在。原料粒度全部为小于 74μm，在硫酸介质中进行。浸出的反应如下：

$$Ni_3S_2 + H_2SO_4 =\!=\!= 2NiS + NiSO_4 + H_2 \qquad \Delta G^\ominus = -16082 - 59.7T, \ J/mol \qquad (5-16)$$

$$2NiS + 4O_2 =\!=\!= 2NiSO_4 \qquad \Delta G^\ominus = -1563280 + 690.8T, \ J/mol \qquad (5-17)$$

$$Ni_3S_2 + 4O_2 + H_2SO_4 =\!=\!= 3NiSO_4 + H_2 \qquad \Delta G^\ominus = -1579320 + 631T, \ J/mol \qquad (5-18)$$

反应中产生的氢气，大部分在析出时随即被氧所氧化，为避免生成爆炸性的氢氧混合气体——爆鸣气，需要很好地控制排出气体的成分。浸出时，气体中氧的浓度不同，所得的指标也各异，试验结果列于表5-39。

表 5-39　不同的氧浓度热压浸出二次镍锍所得指标的比较

指　标	空　气	富氧浓度 40%	富氧浓度 60%	富氧浓度 80%
总压力/MPa	0.9 ~ 1.0	1.0 ~ 1.05	1.1 ~ 1.45	1.26
温度/℃	137	130 ~ 140	125 ~ 145	134
废气中含氧/%	15.5	18 ~ 20	—	30.8
溶液中镍含量/g·L⁻¹	87	60 ~ 110	60 ~ 125	120
溶液中钴含量/g·L⁻¹	–	1.5	0.5	0.5
溶液中硫酸含量/g·L⁻¹	5 ~ 15	3 ~ 10	3 ~ 10	0.8
相对生产率/%	100	380	625	1970
镍的浸出率 （以加入溶液中的镍量计）/%	87	90.0	95.7	95.3

　　由表 5-39 可见，空气中的氧浓度愈高，设备的处理能力和镍的浸出率均相应提高。试验表明，当原料中（Ni+Co+Cu）：S≤1 时，不需另加硫酸，靠浸出时再生的酸即可自给。在（145±5）℃、总压力为（1200±200）kPa 时，使用含氧 60% ~ 80% 的富氧空气浸出，获得了满意的浸出速度。强烈搅拌矿浆可使硫化物高速氧化。过程中氧的利用率取决于所处理原料的成分等因素。由于靠排出汽-气混合物来排除过剩的热，氧的利用率一般为 85% ~ 90%。

　　实验设备配置如图 5-31 所示。压煮器有自动化装置，材质是铬镍钼高合金钢。压煮器的容积为 15m³，全部采用上悬挂式机械搅拌，转速为 330r/min，处理能力约 30kg/(h·m³)。

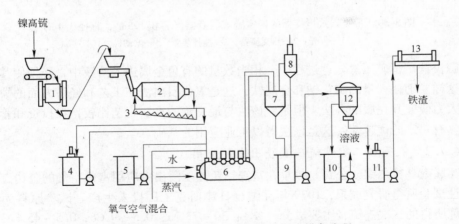

图 5-31　南乌拉尔镍矿公司镍锍浸出设备流程
1—破碎机；2—磨矿机；3—分级机；4—新矿机贮槽；5—硫酸贮槽；6—热压器；7—减压容器；
8—气液分离器；9—矿浆槽；10—溶液贮槽；11—调浆器；12—布袋收尘器；13—压滤机

　　浸出常分两阶段进行，液固比为 4:1。第一次浸出的固体产率为 20%，残渣集中后，再次浸出，直至总浸出率达 97% ~ 98% 以上。所得浸出液含镍和钴达 110g/L。两次浸出能大大提高压煮器浸出液的单位产量。用压煮浸出法取代镍锍常规电溶法，可以提高生产效率，减少酸雾的危害。其经济效果好，每吨镍的浸出成本降低 6%，冶炼费用降低 72%，硫酸消耗降低 58%，蒸汽消耗降低 95%，镍和钴的回收率提高 1% ~ 2%，达到

97% ~98%。

5.4.7.3　镍锍和砷锍的氧压浸出

民主德国 1977 年投产的新湿法车间采用压煮浸出新工艺处理铋钴镍混合料（含镍 2% ~3%）、硫化物精矿（含镍 8% ~15%），废渣和金属废料（含镍 5% ~30%）。先将上述原料熔炼成锍，而后用工业氧进行压煮浸出。

所得锍经磨细后，在压煮器中进行间歇式浸出。先把砷锍矿浆加热到 30℃，供氧能力为 500m³/h，借助于放热反应，温度自动升到 120 ~140℃，而压煮出镍锍矿浆，则需要预热到 60 ~80℃。在总压力为 500 ~900kPa。当硫化物或砷化物的氧化反应结束时，矿浆温度即下降。80 ~85℃卸出矿浆，含铁尾渣具有良好的过滤性能。

提高砷锍中的铁含量，有助于提高金属的直接浸出率，当 [Fe]：[As] =0.3 ~0.5 时，镍的浸出率为 92% ~94%，当 [Fe]：[As]≥0.8 时，镍的浸出率达 95% ~98%，即处理一次（低镍）锍时，镍的直收率为 96%，处理二次（高镍）锍时，镍的直收率为 98%。

处理砷锍时，初始液固比为 5：1，处理镍锍时为（8 ~2）：1，每吨镍锍的耗氧量，分别为 400kg 和 600 ~800kg。由于原料中的硫不足以使有色金属生成硫酸盐，故须向矿浆中加入硫酸；处理砷锍时，每吨锍需加硫酸 800 ~850kg，处理镍锍时，则需 400 ~1300kg 硫酸。应保持酸的浓度不得超过 100 ~180g/L。

与常压下物料硫酸化的方法相比，压煮工艺的技术经济指标较佳。若以常压法的指标为 100% 计，压煮法的指标如下：镍的直收率为 170%。镍的总回收率为 105%。主要材料消耗为 96%，处理成本为 86%，电解成本为 106%，蒸汽消耗为 60%，劳动力消耗为 68%。

5.5　富氧炼铅技术

硫化铅精矿直接熔炼方法可分为两类：一类是把精矿粉喷入灼热的炉膛空间，在悬浮状态下进行氧化熔炼，然后在沉淀池进行还原和澄清分离，如基夫赛特法和闪速熔炼；另一类是把精矿直接加入鼓风翻腾的熔体中进行熔炼，如 QSL 法、水口山法、澳斯麦特法和艾萨法等。这种熔炼反应主要发生在熔池内的熔炼方式称为熔池熔炼。

硫化铅精矿直接熔炼的各种方法概括起来列于表 5-40。熔池熔炼法除了此表列出的底吹和顶吹法外，还有瓦纽科夫法，它是一种侧吹的熔池熔炼方法。

表 5-40　硫化铅精矿直接熔炼的方法概述

熔炼类型	闪速熔炼	熔池熔炼		闪速/熔池
		底　吹	顶　吹	
炼铅方法	基夫赛特法	QSL 法	水口山法	澳斯麦特法/艾萨法	倾斜式旋转转炉（卡尔多炉）法
主要设备	由闪速反应塔、有焦炭层的沉淀池和连通电炉三部分构成	精矿制粒；设有氧化/还原两段卧式炉	精矿制粒；只有氧化段的卧式炉	直插顶吹喷枪及调节装置的固定式坩埚炉	顶吹喷枪，既可沿横轴倾斜，又可沿纵轴旋转的转炉

熔炼类型	闪速熔炼	熔池熔炼		顶　吹	闪速/熔池
		底　吹			
作业方式	连续	连续	氧化熔炼连续	氧化熔炼连续	间断
入炉方式	反应塔顶部喷干精矿	制粒湿精矿	制粒湿精矿	湿精矿（块矿）	干/湿；喷枪喷吹下落
吹氧方式	顶部氧气—精矿喷嘴	炉底的喷枪	炉底的喷枪	顶吹浸没喷枪	通过水冷却喷枪
氧化过程	在反应塔内完成	在氧化段完成	底吹转炉完成	在顶吹炉完成	同一炉内分批进行
还原过程	在沉淀池焦滤层进行	在还原段完成	用鼓风炉还原	其他还原炉	同一炉内分批进行
使用工厂	乌-卡厂（哈）；维斯姆港厂（意）；特累尔厂（加）	Stolber 厂（德）高丽锌公司（韩）；西北铅锌	豫光金铅；池州冶炼厂；水口山三厂	诺丁汉姆厂（德）；曲靖铅锌厂	玻利顿公司隆斯卡尔厂（瑞典）

无论是闪速熔炼，还是熔池熔炼，上述各种直接炼铅方法的共同优点是：硫化精矿的直接熔炼取代了氧化烧结焙烧与鼓风炉还原熔炼两过程，冶炼工序减少，流程缩短，免除了返粉破碎和烧结车间的铅烟、铅尘和 SO_2 烟气污染，劳动卫生条件大大改善，设备投资减少。

5.5.1　铅精矿的焙烧—鼓风炉还原熔炼

烧结—鼓风炉熔炼法是传统炼铅方法。该工艺生产力大、技术成熟可靠、建设投资少、渣含铅低、铅直收率高、回收率高。近年来世界各国炼铅厂对烧结操作制度和鼓风烧结机做了许多改进，如烧结机采用刚性滑道密封和柔性传动，以减少漏风，采用富氧鼓风烧结，返烟鼓风烧结，无炉缸鼓风炉，湿烟气制酸技术，以及鼓风炉大型化提高 SO_2 浓度—非稳态制酸等。经过改造，取得了一定效果，但整体工艺而言仍存在一些难以解决的缺点：

（1）设备占地面积比较大，维修工作量大，成本高；

（2）烧结机烟气含 SO_2 浓度偏低，无法达到常规制酸工艺的要求，若直接排放对环境污染比较严重；

（3）烧结返料循环量大（约80%），不可避免地造成大量粉尘，这是导致铅污染事件时有发生的主要原因；

（4）烧结过程所产生的热量不能得到有效回收利用，而在鼓风炉熔炼时需要消耗大量的冶金焦来还原冷却后的烧结块，显然浪费能源；

（5）由于操作环境差、劳动条件差，导致发生工人铅中毒等问题。

烧结焙烧大多是在1000 ℃左右将精矿中的硫化物氧化脱硫生成氧化物，同时烧结产出坚硬多孔烧结块，以适应下一步用竖式炉进行还原熔炼。铅烧结块还原熔炼目的在于使铅的氧化物还原并与贵金属和铋等聚集进入粗铅，而使各种造渣成分（包括 SiO_2、CaO、FeO、Fe_3O_4 等）及锌进入炉渣，以达到相互分离。鼓风炉还原熔炼时，铜一般富集于粗铅中，当含铜高时，为了不使粗铅含铜过高，熔炼时造铜锍，使部分铜进入铜锍；当含砷、锑高时，造黄渣以使大量砷、锑进入黄渣；当镍、钴高时，也产出少量黄渣，使镍、钴富集在黄渣中。

5.5.1.1 铅精矿的焙烧和烧结

Д. М. 契瑞卡夫等人进行的硫化铅富氧焙烧的实验室研究后指出，氧浓度的提高，加快了硫化铅的氧化速度，提高了脱硫率。在 400～800℃ 范围内，增加富氧浓度，特别容易生成硫酸铅。

1958 年 В. И. 米尔西告耶娃等人用氧烧结铅，当富氧浓度达 35% 时，烧结块中的硫酸盐形态的硫含量增加了 50%，达到 1.2%。当富氧浓度超过 35% 和烧结块料含铅多于 40% 时，由于烧结料熔融而使指标恶化。

1961 年，苏联有色金属科学研究院进行了烧结机下部富氧鼓风烧结铅炉料的半工业试验。试验中使用含铅 50%～54% 的铅精矿、铅滤饼返料（烧渣）、铅烟尘和石灰组成的混合料。在试验的第一阶段，返烟中氧的浓度从 17%～17.5% 增至 21%，第二阶段从 12%～14% 增至 21%～22%，返烟中氧的浓度提高以后，烟气中 SO_2 浓度达到 8.5%。

试验证明，铅精矿富氧返烟烧结过程和同类无富氧二段返烟相比的特点是：温度和气体制度更为稳定，更接近于无返烟的烧结过程。

烧结室烟气中 SO_2 浓度的变化如图 5-32 所示，使用富氧返烟时，第二、三室的 SO_2 浓度达 9%～10.5%。按上述实验条件完成的试验研究和计算表明，铅精矿使用富氧返烟烧结得到的高浓度 SO_2 烟气所制酸节省的费用，完全可以抵消制氧的费用。契姆肯特炼铅厂烧结焙烧炉料的最佳富氧浓度选定为 23.5%～24%。在确定最佳富氧浓度时，既要考虑原料的含硫，又要考虑焦炭的含硫量。

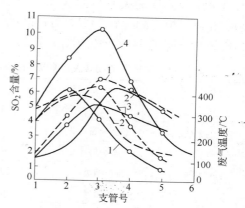

图 5-32 废气温度（虚线）和 SO_2 含量变化（实线）
1—无返烟废气 SO_2 量；2——段返烟废气 SO_2 含量；
3—二段返烟废气 SO_2 量；4—二段富氧返烟 SO_2 含量

富氧烧结的床能率由 1.2t/(m²·d) 提高到 1.76t/(m²·d)；按烧结块计，则由 11.2t/(m²·d) 提高到 13.6t/(m²·d)。

西欧各国也推广了在铅炉料烧结过程中使用富氧的做法。但正如上述试验指出的，吸风烧结使用富氧的效果较低，只有鼓风烧结硫化铅炉料时使用富氧才是有效的。

5.5.1.2 含铅原料的鼓风炉熔炼

A 铅鼓风炉富氧熔炼的优点

a 燃料的燃烧和还原能力加强

铅鼓风炉还原熔炼反应进行的速度和反应程度主要取决于炉内温度和气相组成，两者由炭质燃料在风口区的燃烧程度控制。风口区粗略可以分为两个带：氧化带和还原带。近风口的一层是氧化带，即焦点区，发生燃烧反应：$C+O_2 = CO_2 +408kJ$；焦点区以上为还原带，高度约为氧化带高度的 3 倍，发生碳的汽化反应：$CO_2+C = 2CO +161kJ$。在生产实践中既要求焦炭燃烧获得最大限度的发热效率、强化熔炼过程、提高炉子生产率，又要求冶炼过程必须是还原气氛，保证还原能力，提高金属回收率。

　　b　改善技术经济指标

　　富氧熔炼，风口区温度高，熔体过热程度加大，合理控制风焦比，采用适当高的焦率保证还原气氛和采用高渣坝。延长熔体在炉缸内的澄清分离时间，可以降低渣含铅。其次，富氧熔炼使焦点区更加集中，烟尘损失也随之降低，并且处理高锌物料更易稳定炉况和降低熔剂消耗量。另外，由于富氧熔炼时产生的烟气较少且温度低，因此烟气带走的热下降。在正常熔炼的情况下，单位炉料熔炼的焦率是下降的。

　　B　铅鼓风炉富氧熔炼

　　1958 年苏联乌斯季卡明诺戈尔斯克铅锌厂进行了富氧鼓风炉熔炼铅烧结块工业试验。实验过程大概如下：

　　先将入炉富氧空气加热到 150℃ 入炉。表 5-41 列出了该厂空气和富氧鼓风炉熔炼铅烧结块的工艺指标。7 个月熔炼的统计数据证明，风量恒定为 $34m^3/(m^2 \cdot min)$ 时，熔炼量与鼓风中氧浓度的关系见图 5-33。获得等熔炼量所需的鼓风量和氧浓度的关系见图 5-34。在风量恒定和含氧 26.7% 时，鼓风炉产量提高了 27%；含氧 26.7% 和熔炼量不变时，鼓风量下降了 34%；相应减少了废气量，并减轻了气体的净化负担。

表 5-41　乌斯季卡明诺戈尔斯克铅锌联合企业不同氧浓度下的鼓风炉熔炼工艺指标

指　标		氧浓度/%			
		21	24 ~ 25	27 ~ 29	30 ~ 33
空气的单位消耗/$m^3 \cdot (m^2 \cdot min)^{-1}$		53.6	59.6	31.8	27.1
熔炼量/%	按炉料计	100	117	111	116
	按烧结块计	100	105	116	130
	按铅计	100	105	127	153
焦炭消耗/%	占炉料	15.4	14.0	11.5	11.5
	占烧结块	17.4	17.9	12.5	11.7
	按 1t 铅计	100	100	66	57
温度/℃	炉渣	1160	1150	1110	1090
	废气	317	279	315	304
	CO_2/CO	0.77	0.83	—	1.19
烧结块中的铅含量/%		40 ~ 42	41 ~ 43	44 ~ 48	47 ~ 50
炉渣成分（铅含量）/%		1.96	2.07	2.15	2.30

　　应用富氧熔炼铜的返料时，效果更显著。例如，采用含氧 27% 的富氧空气熔炼铅烧结块时，炉子的产量仅增加了 20% ~ 26%，焦炭消耗降低到 13.5%，亦即降低 8% ~ 10%；而熔炼铜的返料时，熔炼量则提高了 50% ~ 100%。当采用含氧 27% ~ 29%、30% ~ 32%，短时间用含氧 33% 的富氧鼓风时，熔炼过程稳定，熔炼量高，焦炭消耗低（见表 5-42）。试验结果表明，鼓风炉可用含铅高的烧结块和含锌高的炉渣作原料。为了

提高炉子的寿命，采用了蒸汽冷却水套。鼓风中氧浓度提高到30%～32%时，熔炼烧结块的能力提高30%，铅的产量提高53%；焦炭消耗降低40%～45%。炉顶灰尘产率减少到占炉料的0.3%～1.3%。

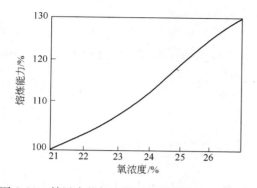
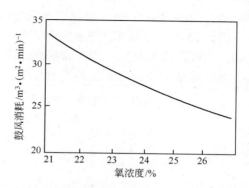

图 5-33　鼓风中的氧含量对烧结块熔炼量的影响　　图 5-34　固定铅烧结块量，鼓风消耗与氧浓度关系

表 5-42　契姆肯特铅厂在各种鼓风条件下，铅鼓风熔炼的工艺指标

工 艺 指 标		冷鼓风		热的富氧鼓风	
		空气鼓风	富氧鼓风	未使用天然气	使用天然气
鼓风中的氧含量/%		21	27.4	24.5	270
鼓风温度/℃		—	—	340	485
天然气消耗/m³·h⁻¹		—	—	—	440
鼓风量/km³·h⁻¹		15～18	12.6	11.6	10.8
鼓风用氧量/m³·h⁻¹		—	3570	2830	2500
鼓风压力/kPa		34.3	29.4	—	31.4
熔炼能力/t·(m²·d)⁻¹		100 40.5	134 —	131	174
焦炭消耗（占炉料）/%		18.0	12.3	12.1	9.3
温度/℃	炉渣	—	1160	1150	—
	废气	300～500	623	534	736
烧结块中含铅/%		39	42.6	41.9	—
渣中成分/%	Pb	1.58	2.2	1.9	2.8
	Zn	—	14.8	13.9	—

格茨金等人对戈尔斯克铅锌联合企业富氧鼓风熔炼工业试验结果总结后指出，用含氧28%～30%的富氧空气鼓风，可降低焦炭消耗14%～35%，熔剂消耗降低41%～62%，鼓风炉生产率提高6%～10%。降低焦炭消耗所节约的费用，可完全补偿制氧的费用。

契姆肯特铅厂进行了富氧鼓风和富氧天然气加热结合使用的试验。烧结块含37%～44%Pb，2%～2.7%S，7.8%～9.5%Zn，表5-42给出了熔炼指标。与冷空气熔炼相比，加热到340℃的富氧鼓风熔炼可以稍微提高熔炼指标。虽然鼓风量及其氧含量降低，但当炉料中烧结块占96%以上时，单位熔炼量和焦炭的消耗几乎没有变化，但炉渣得到贫化，炉顶气体温度下降。铅在渣中主要以亚铁酸盐（40.6%）、氧化物、硅酸盐（21.4%）、金属（27.9%）的形态存在。进行全车间平衡熔炼时，用含氧26.5%的富氧空气鼓风，熔炼量平均提高14%，焦炭消耗率为13.1%，渣含铅为1.5%。在进行车间平衡试验时，鼓风中含氧23.5%，风温365℃，焦炭消耗率11.3%（占炉料），熔炼量为冷空气熔炼的138.5%，渣含铅1.77%。热风带入的热量仅为8.15%。

图5-35列出了熔炼工艺指标和鼓风含氧量的关系，平均指标列于表5-42。试验结果证明：当渣含铅1.5%～2.2%和提高炉顶气体温度时，采用含氧27.5%的富氧空气鼓风，可提高熔炼量34%～83%，焦炭消耗降低27%～31%。

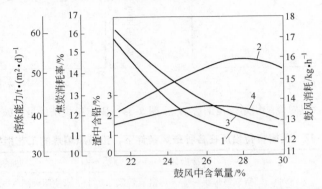

图5-35　契姆肯特铅工厂鼓风中氧含量对铅鼓风炉熔炼指标的影响
1—鼓风消耗；2—单位熔炼量；3—焦炭消耗率；4—弃渣含铅

美国布恩凯尔·黑尔厂以及世界其他企业采用富氧，也取得了良好的效果。

实践证明，富氧熔炼能提高铅鼓风炉的生产能力，降低焦炭消耗及降低废气温度和烟尘率。虽然渣含铅略有提高，但是，适当减少焦率时，也可使渣中的铅含量降到空气熔炼所能达到的水平。

5.5.2　氧气闪速炼铅法

5.5.2.1　Kivcet法

Kivcet法（基夫塞特法），又称氧气闪速电热直接炼铅法。该熔炼方法实际上是包括闪速炉氧化熔炼硫化铅精矿和电炉还原贫化炉渣两部分，将烧结焙烧、熔炼和炉渣烟化三个过程合并在一台炉中进行。它利用与闪速炉反应塔类似的Kivcet炉进行高强度的氧化熔炼，含水0.5%的粉状物料在反应塔中呈分散状与高温、高氧势的气体接触，反应极其迅速，有利于抑制硫化铅的挥发。氧化铅液态渣与浮在熔池上部的焦炭层，进行液-固还原，铅还原过程熔体搅动，铅及其化合物的挥发量相对其他几种工艺而言相对较低，其返尘率仅为4%～8%。产出的二氧化硫烟气浓度较高（20%～50%SO₂）、体积少，有利于烟气净化和制酸。

已开发应用于工业生产的其他几种炼铅新工艺，氧化时间相对较长，硫化铅的挥发不可避免，熔融渣中的氧化铅是在粉煤吹炼状态下进行还原熔炼、还原层气相溢出量大，有利于铅物料挥发。相对而言，烟尘率较高。如QSL、艾萨法等，烟尘率随原料铅品位不同，波动在20%～30%之间。

这种方法的核心设备由带火焰喷嘴的反应塔、填有焦炭过滤层的熔池、立式余热锅炉、铅锌氧化物的还原挥发电热区组成。干燥后的炉料通过喷嘴与工业纯氧（纯度大于90 %）同时喷入反应塔内，炉料在塔内完成硫化物的氧化反应，并使炉内的颗粒熔化，生成金属氧化物。金属铅滴在下落过程中形成熔体。此熔体通过浮在熔池表面的焦炭过滤层时，其中大部分的氧化铅被还原成金属铅而沉降到熔池底部。

最早的基夫赛特炉 1986 年建于哈萨克斯坦的乌斯季卡明诺戈尔斯克铅厂。该厂采用湿式配料，干燥窑二段干燥，含水量降至 1% 以下。控制一定的氧气/炉料比，使炉料在高度分散的状态下充分氧化脱硫，同时放出大量的热，反应温度达 1300 ~ 1400℃。该厂基夫赛特系统的电热区面积为 34m²，炉顶安装了两个相同的喷嘴，更替作业。焦滤层设置了氧气及其与天然气的混合气体风嘴，以在需要增大热量时及时补充热量。

5.5.2.2　旋涡柱铅闪速熔炼

云南冶金集团、中国瑞林公司、中南大学、江西理工大学等借鉴国内外相关粗铅冶炼工艺的特点，于 2010 年自主创新、研发了旋涡柱铅闪速熔炼工艺技术（见图 5-36），推动了粗铅冶炼产业的技术升级。旋涡柱连续炼铅工艺将旋涡柱闪速熔炼与铅渣的碳质还原贫化工艺组合成连续过程，将铅冶炼过程中的氧化和双重还原等单元反应过程设置在一个工业炉内的不同区域分别完成，投料、鼓风、反应、澄清分离和排烟均为连续进行，整个冶金过程以一种"近似稳态"的方式连续进行，最终得到粗铅、低铅炉渣以及满足制酸要求的 SO_2 烟气。

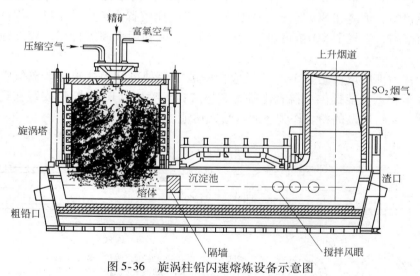

图 5-36　旋涡柱铅闪速熔炼设备示意图

直接炼铅的冶炼过程必须严格控制温度和氧位，高温有利于 PbS 氧化为金属铅，但温度过高铅的挥发明显增加；同时，冶炼过程必须保持一定的氧位，氧位太低 PbS 难于氧化或仅能氧化为 $nPbO \cdot PbSO_4$。高于一定的氧位 PbS 才能氧化为金属铅，但高氧位又不利于降低渣含铅。

"旋涡柱铅闪速熔炼"属于"悬浮熔炼（sus-pension smelting）"范畴，但由于它具有"中心旋涡柱流股"的重要特征而区别于具有"垂直流股"特征的基夫赛特工艺和奥托昆普闪速炉工艺。

设备结构与闪速炉相似，在沉淀池中设置的水冷隔墙将旋涡柱连续炼铅炉分为氧化熔炼区和渣还原贫化区。氧化熔炼区由圆形反应塔、方形上升烟道（与立式余热锅炉相接）和熔炼区沉淀池组成。渣还原贫化区由水冷隔墙、还原吹炼沉淀池及还原区复燃室式上升烟道构成。在反应塔顶安装 1 个旋涡精矿喷嘴、2 个氧油烧嘴以及 1 个焦炭加入口，炉料经计量后由旋涡喷嘴给入。反应塔工艺氧为常温工业氧（90% ~ 94% O_2），炉料在喷嘴出口与工艺氧充分混合后，呈高度弥散及旋转状态进入反应塔高温反应区，在悬浮状态下熔炼反应迅速完成，氧化铅液滴和固体渣的混合物落入熔炼区沉淀池面上的焦炭过滤层，在穿过焦炭过滤层时氧化铅液滴大多被还原成金属铅进入粗铅层。

5.5.3　熔池熔炼法

5.5.3.1　氧气底吹炼铅法

A　QSL 法炼铅

20 世纪 80 年代，德国鲁齐公司研发了 QSL 炼铅法。目前，德国的斯托尔伯格冶炼厂、韩国温山冶炼厂、中国的西北铅锌冶炼厂、加拿大特雷尔冶炼厂采用此工艺建厂并投入运转。该工艺由于氧化和还原一体，过程中还原反应进行得不太彻底，使得引用此技术的企业都存在渣铅难控制、氧枪寿命短等问题。

QSL 法即氧气底吹熔池熔炼法，是直接炼铅法之一。它是利用浸没底吹氧气的强烈搅拌，使硫化铅精矿、熔剂等原料，在反应器（熔炼炉）的熔池中充分混合、迅速熔化和氧化，生成粗铅、炉渣和 SO_2 烟气。与传统炼铅工艺比较省去了烧结工序，因而具有流程短、热利用率高、烟气中 SO_2 浓度可达 7% ~ 10%、硫利用率高等特点，较好地解决了环保问题。

西北铅锌冶炼厂设备见图 5-37。反应器安装了两种可卸换式喷枪。氧气喷枪（S-喷枪）安装在氧化区，能提供炉料氧化所需氧量。粉煤喷枪（K-喷枪）安装在还原区。除喷入氧气外，还将适量的粉煤作为还原剂喷入熔池。

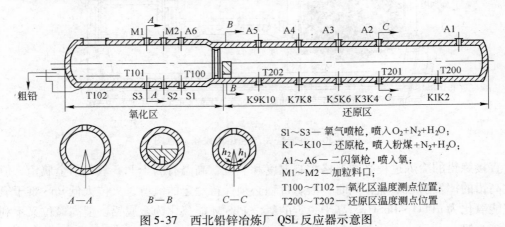

S1~S3—氧气喷枪，喷入 $O_2 + N_2 + H_2O$；
K1~K10—还原枪，喷入粉煤 $+ N_2 + H_2O$；
A1~A6—二闪氧枪，喷入氧；
M1~M2—加粒料口；
T100~T102—氧化区温度测点位置；
T200~T202—还原区温度测点位置

图 5-37　西北铅锌冶炼厂 QSL 反应器示意图

在 QSL 法中，氧气是通过浸没在底铅中的氧枪喷入底铅中与铅反应的，在铅与氧气反应过程中，金属铅液和氧气既是反应的参加者，也是熔池的搅动者。由于这种搅动使反应的接触面不断更新，从而增大反应表面，并减小接触表面的厚度，加速氧化过程，因而反应中除增加氧浓度外，还需考虑适当的氧压。在 QSL 法中氧气量的控制是相当重要的。

氧量应该等于加入反应中的硫当量、排出到还原段的金属氧化物的当量和碳完全燃烧的当量。氧气过量会使反应铅氧化加剧，使初渣的铅含量上升，氧气量过大时不但没有一次铅产出，反而会消耗底铅，如果得不到二次铅的补充，氧化段底铅量就减少，这时就不会有金属铅产出。还原段氧量过大，造成氧势过高，则还原强度不够，还原效率低。西北铅锌冶炼厂的生产中技术条件控制如下：

（1）氧化区：给粒料量 12.0 ~ 14.0t/h，料中粉煤配入量为 1.8% ~ 2.5%，平均氧/粒料比为 66 ~ 80m³/h，熔池温度 950 ~ 1100℃，S-喷枪要求氧气工作压力大于 5.8×10^5 Pa，氧气流量控制在 250 ~ 450m³/h；耗氧量（制氧能力 4500m³/h，氧气纯度大于 95%）控制在 260 ~ 280m³/t（精矿）。

（2）还原区：煤/粒料比为 40 ~ 50kg/t，氧/煤比为 0.45 ~ 0.55m³/kg，熔池平均温度保持在 900 ~ 1200℃，K-喷枪要求氧气工作压力大于 5.8×10^5 Pa，氧气流量控制在 60 ~ 90m³/h。

渣中含 Pb 量主要与氧化区的氧/料比有关，氧/粒料比过大，初渣含 Pb 高，需要增大还原区的还原能力，还可能使终渣含 Pb 高。同时过度氧化生成较多硫酸盐亦会造成渣含 Pb 高。氧/粒料比太小，会使初渣与 Pb 液之间存在较多的 PbS 层，初渣夹带 PbS 被带入到还原区，使终渣含 Pb 不稳定。西北铅锌冶炼厂所做的 QSL 氧化段氧/粒料比与初渣含 Pb 的统计数据如图 5-38 所示。初渣含 Pb 控制在 35% ~ 45% 之间为宜。在加粒料量为 12.0 ~ 14.0t/h 时，其相应的氧/粒料比为 68 ~ 80m³/t。此时，初渣含 Pb 适宜；初渣含 Pb（或一次成铅率）对氧/粒料比的变化很敏感。

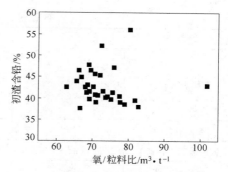

图 5-38 QSL 氧化段氧/粒料比与初渣含铅的关系图

B 水口山法（SKS 法）

氧气底吹熔炼—鼓风炉还原炼铅工艺（SKS 法）是我国将先进的熔池熔炼技术与鼓风炉还原工艺相结合成功开发的具有自主知识产权的炼铅新工艺。该工艺特点是利用氧气底吹炉氧化替代烧结工艺，彻底解决了原烧结过程中二氧化硫及铅尘严重污染环境的难题，底吹炉产出的高铅渣用创新后的鼓风炉还原，有效抑制了低沸点铅物的挥发，克服了其他炼铅新工艺普遍存在的烟尘率高、返尘量大的缺点，且具有金属回收率高等许多优点。该工艺在安徽池州、豫光金铅集团成功地应用，为解决铅冶炼方法中存在的低浓度二氧化硫烟气回收开辟了一条新路。

SKS 炼铅法的生产工艺采用氧气底吹熔炼—鼓风炉还原炼铅，烟化炉吹炼挥发炉渣中的铅锌的生产方式。硫化铅精矿在氧气底吹炉中进行富氧化脱硫熔炼并沉淀出一部分粗铅和高铅渣块，高铅渣块再在鼓风炉中进行焦炭还原熔炼产出粗铅。

SKS 炼铅法的熔炼过程是连续的熔池熔炼和吹炼过程。含水 6% ~ 7% 的含铅物料和熔剂经混合制粒后，由炉子上方的气封加料口加入，工业氧气从炉底的氧枪喷入熔池，氧气进入熔池后，首先和铅液接触反应，生成氧化铅，其中一部分氧化铅在激烈的搅动状态下，和位于熔池上部的硫化铅进行反应熔炼，产出一次粗铅并放出 SO_2。反应生成的一次粗铅和铅氧化渣沉淀分离后，粗铅经虹吸或直接放出，铅氧化渣则由铸锭机铸块后，送往鼓风还原熔炼，产出二次粗铅。熔炼过程采用微负压操作。同时，由于混合物料是以湿润、颗粒形式输送入炉的，加上在出铅、出渣口采用有效的集烟通风措施，从而避免了铅烟尘的飞扬。由于在底吹炉内只进行氧化作业，不进行还原作业，工艺过程控制大为简化。

北京有色冶金设计研究总院在水口山炼铅法半工业化试验和消化吸收 QSL 法技术的基础上，将氧化和还原分两段进行，在一个水平回转式熔炼炉中，加入铅精矿、含铅烟尘、熔剂及少量粉煤，从熔池底部的氧枪喷入工业纯氧，将部分铅氧化成氧化铅，氧化铅和熔池上部的硫化铅发生交互反应生成一次铅、氧化铅渣和二氧化硫，铅渣沉淀分离后放出。氧化铅渣铸块后送鼓风炉熔炼生产二次粗铅。

2005 年水口山八厂进行了 SKS 炼铅工艺实验，结果见表 5-43，从合理选择渣型、强化炉内还原气氛、优化工艺参数控制及加强操作入手，已将渣含铅降至 4% 以下。2005 年豫光金铅也对氧气底吹炉—鼓风炉炼铅工艺进行了实验，其氧/粒料比为 110m^3/t，渣含铅小于 4%。

表 5-43　水口山八厂技术经济指标

项 目	单 位	第一阶段	第二阶段	第三阶段
鼓风炉渣成分	%	FeO，30~33 CaO，12~14 SiO$_2$，22~24 Zn，10~13	FeO，30~33 CaO，16~19 SiO$_2$，22~24 Zn，10~13	FeO，28~32 CaO，17~19 SiO$_2$，22~26 Zn，<15
高铅渣含铅	%	56.23	48.81	45.60
鼓风强度（标态）	m^3/($m^2 \cdot$ min)	22	24~26	26~29
鼓风富氧度	%	24	24	24
鼓风风压	kPa	10~12	11~13	12~17
焦率	%	16.28	14.61	14.25
料柱高度	m	2.5~3.0	2.5~3.0	3.5~4.0
床能率	t/($m^2 \cdot$ d)	32.4	43.92	51.2
鼓风炉渣含铅	%	6.66	5.54	4.30

水口山炼铅法的主要优点是冶炼流程短，采用富氧底吹技术，强化了冶炼过程，烟气 SO$_2$ 浓度达 20%，便于制酸，解决了环境污染问题；冶炼设备密闭，避免了作业人员铅中毒；与 QSL 法相比，将氧化段和还原段分开，工艺较易掌握，与传统的烧结鼓风炉熔炼法经营费用相当；粗铅单位产品能耗（标煤）可降至 400kg/t 以下，原料适应性较强，可处理高铜低品位铅精矿。车间含铅尘低于 0.1mg/m^3，符合国家环保标准。

5.5.3.2　氧气顶吹炼铅法

氧气顶吹浸没熔炼法，即澳斯麦特法或艾萨法，首先应用于炼铜上，后来衍生于铅冶炼。澳大利亚 MIM 公司铅冶炼厂、纳米比亚舒迈伯铅冶炼厂、印度洪都斯坦锌有限公司、德国诺尔登汉铅冶炼厂等都应用了该技术。氧枪寿命短是此工艺主要缺点。

富氧顶吹浸没炼铅是通过垂直插入渣层的套筒喷枪向熔池中直接吹入富氧空气，在熔体中形成强烈搅动，加速了熔体内的传热传质，使炉料发生强烈的熔化、氧化、还原、造渣等物理化学变化。通过控制加料、放铅和放渣，以保持熔体体积和温度的相对稳定。

艾萨法是由澳大利亚在浸没熔炼法的基础上开发出来的。通过20年来的不断改进和发展而成为能处理铜、铅、锌、锡等多种物料的方法。该法的炉体为固定式圆筒型，赛罗喷枪从炉顶插入，并没入炉渣。炉料从炉顶加入，炼出的金属和炉渣从炉子的下部放出。炉渣连续地进入还原炉内，用焦炭还原这种高氧化铅渣，产出粗铅。在第一阶段，含硫铅精矿、灰石、石英石、焦粉等物料通过混合制粒后加入熔炼炉熔渣池，被喷枪射入的富氧空气或空气氧化脱硫，燃料燃烧以补充热量。熔炼炉产出的富铅渣经过溜槽送还原炉，氧化脱硫熔炼所产的烟气经除尘处理后送制酸系统制酸。在第二段还原炉中，富铅渣在煤、空气以及燃油的作用下进行还原反应，所产粗铅和弃渣从还原炉的一个排放口排出，并在电热前床中澄清分离，所产烟气进行除尘处理后经烟囱排放。

该技术的核心是采用了结构相对简单的喷枪，将冶炼工艺所需的气体和燃料输送到渣面以下的液态炉渣层中，由此产生的强烈搅动加快了传热和传质，加快了化学反应的进行，并且提高了燃料的利用率。钢制喷枪通过特别的挂渣作业在喷枪上形成一层渣保护层以提高喷枪的寿命。我国云南冶金集团总公司从澳大利亚引进了ISA法炼铅技术的氧化熔炼部分，并组合开发出了一种新的ISA-CYMG炼铅法。该项目于2005年3月在曲靖有色基地建设完工，它是目前世界上首家用铅精矿直接熔炼生产粗铅的艾萨炉。

国内某铅厂富氧顶吹炉2008年进行了工业试验，在富氧顶吹炉内完成氧化熔炼，产出约50%的金属铅和富铅渣，富铅渣流入还原炉内进行还原熔炼和再进一步烟化，最终产出符合环保要求的炉渣。熔池温度1050~1150℃，富氧空气鼓风流量400m³/min，富氧浓度24%~30%（设计35%），氧枪压力120~150kPa，枪位1.1~1.4m，含SO_2 6%~9%。

5.5.3.3 瓦纽科夫法炼铅

作为一种典型的富氧熔炼设备，瓦纽科夫炉也能很好地适用于直接从硫化铅精矿提取铅的冶金过程。俄罗斯钢铁和合金学院开发了瓦纽科夫炉直接炼铅新工艺，在完成了2.1m²炉的试验后，又在诺里尔斯克矿冶联合企业面积为20m²的瓦纽科夫炉中进行了日处理铅精矿达1kt的大规模试验。除了铅精矿的高效率提取和产出高浓度SO_2烟气以便充分回收硫之外，在炉的还原区可同时实现炉渣的贫化及氧化锌的挥发，可得到90%以上的锌挥发进入氧化锌烟尘，贫化渣残余铅1%、锌1.7%的良好指标。

最近我国某企业在高校和俄罗斯专家的协助下也成功地进行了瓦纽科夫炉直接炼铅新工艺的工业试验。瓦纽科夫法粗铅冶炼工艺流程见图5-39。

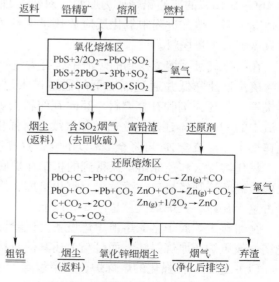

图5-39 瓦纽科夫法粗铅冶炼工艺流程

瓦纽科夫炼铅炉的基本结构和主要配套设施用于熔炼铅精矿的瓦纽科夫炼铅炉是分成两个反应区的长方形竖式反应炉（参见图 5-40）。

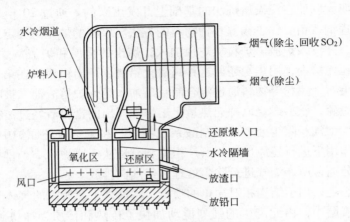

图 5-40　瓦纽科夫炼铅炉结构示意图

炉体两侧设多个风口，以便向两个熔炼区的熔渣层鼓入工业纯氧或富氧空气。在直升烟道的入口处亦留有风口，适当鼓入氧气以烧掉可能生成的单体硫。氧化熔炼区炉顶设加料口。精矿、返料、熔剂和补充的少量燃料煤按比例由加料机连续稳定地加入炉内。还原区的炉顶也设有加料口，由此加入还原煤和部分返回的含铅烟尘。

瓦纽科夫炼铅炉向炉内鼓入的氧气最好是纯度 95% 以上的工业纯氧（300m^3/t 铅精矿），其中氧化脱硫有色金属（冶炼部分）需氧量约占 70% ~ 80%。其中铅精矿和其他炉料落在被氧气流剧烈搅动的熔渣层表面，迅即被卷入熔体之中。采用纯氧熔池熔炼，烟气量、烟尘总量均较小。日处理铅精矿 400t 的瓦纽科夫炼铅炉，估算烟气总量约 8000 ~ 9000m^3/h，废热锅炉蒸发量 4 ~ 5t/h，锅炉出口烟气含尘量小于 100g/m^3。

反应生成部分粗铅，约占炉料含铅量的 40% ~ 60%，同时放出大量热。以含 Pb 46%、S 18% 的普通铅精矿为原料，对年处理精矿 12 万吨的瓦纽科夫炉所作的能量平衡估算表明，熔炼过程中氧化反应放热量大约可满足氧化熔炼过程所需热量的 60%，因而只需配入少量燃料。

在氧化气氛下熔炼得到的炉渣中含有大量铅和锌的氧化物。在氧化熔炼过程中，富铅渣含硫量迅速降低并通过隔墙下的通道进入还原区进行还原熔炼。可用煤（或天然气、焦炭等）作还原剂和补充燃料。25m^2 瓦纽科夫炼铅炉生产 1t 粗铅的耗煤量约需 0.28t。当炉渣中的 PbO 基本还原完之后，如继续进行强化还原熔炼可使炉料中的 Zn 大部分进入氧化锌烟尘，弃渣含 Zn 可降至 2% 以下（但这样所得的氧化锌烟尘中含有较高的铅）。

氧化熔炼区和还原熔炼区得到的粗铅在炉底汇聚，经放铅虹吸口连续流出。还原区产出的最终弃渣则经渣口连续放出。氧化熔炼区排出的高温烟气含 SO$_2$ 浓度不小于 30%，流量占整个瓦纽科夫炉烟气总量的 2/3 以上。

瓦纽科夫炉属于富氧熔池熔炼设备。试验证明该直接炼铅新工艺不仅显著优于传统的烧结—鼓风炉还原炼铅法，而且与上述其他直接炼铅工艺相比具有许多独特的优点。

（1）它是一种强化的熔炼炉，产率很高。铅精矿处理能力可达到 50 ~ 80t/（m^2·d）。例如，风口区面积（氧化熔炼区+还原熔炼区）25m^2 的瓦纽科夫炉，日处理铅精矿量可达

1200 ~ 1500t，年产粗铅 15 万吨以上。

（2）由于是熔池熔炼，允许处理各种复杂成分的炉料，并可包括部分块料，而且炉料不需预先深度干燥，含水 6% ~ 8% 可直接入炉，备料简单。

（3）采用高浓度富氧（O_2 含量 80% ~ 95%）鼓风，尽管炉壁、炉墙铜水套损失热量较多，但只需在炉料中补充少量燃料即可正常熔炼。$25m^2$ 炉子处理含 Pb 42.9%、S 19.7% 的铅精矿，使用纯度 95% 的氧气时，每吨粗铅消耗的燃料煤仅约 0.28t。

（4）炉体简单、合理，运行稳定可靠。

（5）氧化熔炼区出炉烟气含 SO_2 浓度高，有利于从烟气中回收硫。

（6）还原区连续排出的弃渣中铅含量可低于 1%，指标较高。

（7）还原区铅渣烟化可以把铅渣中的大部分锌和部分铅还原挥发入烟气，经收尘得到氧化锌烟尘。这样得到的炉渣含 Zn 可低于 2%，成为真正的弃渣。

5.5.4　液态高铅渣直接炼铅法

5.5.4.1　高铅渣卧式炉直接还原法

富氧底吹—高铅渣卧式炉直接还原法又叫豫光炼铅法，是 2010 年河南豫光金铅股份有限公司自主研发的先进炼铅工艺（工艺流程见图 5-41），实现了高铅渣的直接还原，取消了冶金焦的使用，与原有富氧底吹炉氧化一并形成完整的生产工业化。

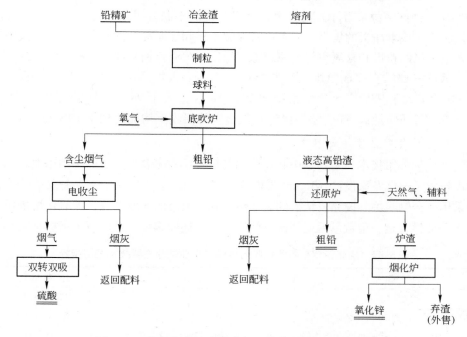

图 5-41　富氧底吹—液态高铅渣直接还原工艺流程图

此法主要是将在富氧底吹炉完成熔化、氧化及交互反应的液态高铅渣直接送到卧式还原炉中还原熔炼，同时向还原炉喷入天然气、氧气和加入块煤或焦炭维持炉内的反应温度。

将底吹炉所产高铅渣熔体通过溜槽直接流入还原炉中，通过定时配入一定量的碎煤及造渣熔剂，同时在底部供入热还原剂和助燃氧气。通过多环孔气体喷枪把天然气（或煤气等其他热还原剂）和氧气送入炉中，出枪后的天然气与氧气发生燃烧反应放出热量以维持过程温度；通过搅拌使炭粒与高铅渣熔体充分接触，利于还原反应的进行；在1200℃的高温条件下，通过控制一定的条件使部分天然气裂解出 C 和 H_2，部分不完全燃烧所得 CO，这三种还原剂为高铅渣的还原提供了良好的条件。

　　该工艺的主要特点为：一是降低工艺生产能耗，减少环境污染；二是粗铅单位产品综合能耗（标煤）由原来的 380kg/t 降到 230kg/t；三是粗铅冶炼回收率达到 98.5%。铅精矿、石灰石、石英砂、硫精粉和烟灰等进行配料混合后，送入氧气底吹炉进行熔炼，产出粗铅、液态高铅渣和含尘烟气。还原炉采用卧式转炉，液态高铅渣直接流入还原炉内，底部喷枪送入天然气和氧气，上部设加料口，加入煤粒和石子，采用间断进放渣的作业方式。天然气和煤粒作为燃料和还原剂，部分氧化燃烧放热用来维持还原反应所需要的热量，同时生成一定量的还原性气体 CO 和氢气，在气体搅拌下，进行高铅渣的还原，生成粗铅和炉渣。

　　目前国内液态高铅渣直接还原方法主要有高铅渣卧式炉直接还原法、高铅渣电热焦直接还原法、高铅渣侧吹炉直接还原法、高铅渣闪速炉直接还原法等。

5.5.4.2　高铅渣侧吹炉直接还原法

A　氧气底吹—侧吹直接还原炼铅

2009 年，河南济源市万洋公司、豫北金铅公司及中联公司共同合作开发了氧气侧吹还原炉。该法不用成本昂贵的焦炭，而是用粉煤做燃料和还原剂。将液态铅渣通过流槽加入炉内，喷入一定量的粉煤和富氧空气还原熔炼，粗铅和炉渣分别从虹吸口和排渣口放出。

　　氧气底吹—侧吹直接还原炼铅法原料适应性强，入炉品位扩大到 35% ~ 65%。产品回收率 Pb 含量大于 98%，S 含量大于 96%，Au 含量大于 98%，Ag 含量大于 98%，Zn含量大于 92%，同时铜、锑、铋等伴生有价金属的回收率均提高到了 10% 以上。

B　氧气侧吹炉直接炼铅技术

氧气侧吹炉炼铅技术，是新乡中联总公司与俄罗斯专家合作开发的一项熔池熔炼炼铅新技术。该技术是由俄专家设计（1.5m² 试验炉），配套设施由长沙有色冶金设计院设计。试验装备采用一台侧吹炉分段完成精矿的氧化熔炼和富铅渣的还原熔炼，即氧化熔炼所产的富铅渣水淬—堆存，至一定数量后返回同一侧吹炉进行还原熔炼。经济技术指标见表 5-44。

表 5-44　硫化铅精矿氧气侧吹熔池熔炼工业试验主要技术经济指标

指　　标	氧化熔炼	还原熔炼
温度/℃	1050 ~ 1150	1200 ~ 1230
风口压力/MPa	0.085 ~ 0.095	0.08 ~ 0.09
床能率/t · (m² · d)⁻¹	110 ~ 125	90 ~ 100
吨精矿耗氧气（100%）/m³ · t⁻¹（精矿）	210 ~ 250	275 ~ 300
煤率（占炉料）/%	4.79	20
粗铅产率（从精矿中）/%	65 ~ 70	
粗铅产率（从初渣中）/%		91 ~ 95
粗铅含 Pb/%	>98	>96

指　标	氧化熔炼	还原熔炼
粗铅含 S/%	0.3	
烟尘率（占炉料）/%	20 ~ 25	22 ~ 29
炉渣含 Pb/%	28 ~ 35	1 ~ 3
炉渣含 Zn/%	7 ~ 9	4 ~ 6
炉渣含 Ag/g·t^{-1}	50 ~ 55	18 ~ 25
高炉烟气 SO$_2$ 浓度（体积分数）/%	20 ~ 24	
Au 回收率/%	99	
Ag 回收率/%	96	65 ~ 70

5.5.5　氧气在烟化炉中的应用

5.5.5.1　用粉煤和富氧烟化处理铅渣

特雷尔厂利用富氧首次进行铅渣的烟化试验。烟化炉的风口截面积为 7.2m×3m，两侧设有 36 个直径为 50m 的风嘴。试验中空气消耗量为 450m^3/min（相当于 21m^3/min），粉煤消耗量为 90kg/min。炉内装有 50t 熔融渣，成分为（%）：16.5 Zn，20 SiO$_2$，10 CaO，28 Fe。

富氧喷吹时，熔池温度从 1180℃ 提高到 1260℃。试验结果表明，喷吹时间同为 160min，用空气时，渣含锌为 2.9%，用含氧 24.8% 的富氧时为 0.9%，渣中锌的挥发率由 86% 提高到 95.6%。为了得到含锌相同的炉渣，用含氧 23.6% 的富氧喷吹时间，可以从 160min 缩短到 133min，炉子的生产率提高了 25%，此时氧的消耗为 14m^3/min（见表 5-45）。

为了建立炉内的还原气氛，并维持炉内稳定的热平衡，向炉内喷吹含氧 75% 的富氧，使碳完成燃烧生成 CO$_2$（$a = 0.75$），在最后 30min，鼓风量降到 300m^3/min。

表 5-45　特雷尔厂不同含氧浓度对烟化指标的影响

指　标	含氧浓度/%		
	21	23.4	23.6
喷吹时间/min	100	160	133
操作炉次/次·d^{-1}	9	9	11
处理热量/t·d^{-1}	450	450	550
始渣含锌/%	10.8	16.9	16.9
弃渣含锌/%	2.9	1.6	2.6
锌挥发量/t·d^{-1}	65	70	81
锌挥发率/%	86.0	92.5	37.1
生产率（以锌计）/%	100	106	125

前苏联乌斯季卡明诺戈尔斯克工厂进行了富氧鼓风烟化的工业试验。表 5-46 列出了空气和富氧鼓风试验所得的技术指标。用空气喷吹时，鼓风消耗量为 220m^3/min（相当于 30m^3/（m^2·min））。喷吹含氧 26% 的富氧空气试验表明，在保持锌的回收率为 84% 和铅的回收率为 95% 的情况下，作业时间缩短了 38%，同时，炉子的生产率得到相应的提高，

粉煤消耗降低了24%。

表 5-46　乌斯季卡明诺戈尔斯克厂使用空气和富氧鼓风时的烟化技术指标

指　标		鼓风中氧含量/%		
		21	21	24.3
烟化周期/min		120	120	93
烟化强度/t·(m²·d)⁻¹		80	80	36
生产率（以挥发量计）/%		100	100	120
空气-氧混合气体用量（相对值）/%		100	100	125
单位时间用量/%		100	100	95
每个作业周期的总氧量/%		100	100	110
氧过剩系数		0.64	0.64	0.59
粉煤消耗/%		25.2	25.2	23.8
每个作业周期供煤粉量/%		100	100	93
供煤强度/%		100	100	119
炉气成分/%	CO_2	13.9	13.9	13.8
	CO	11.2	11.2	17.4
	O	0.3	0.3	0.3
弃渣成分/%	Pb	0.1	0.1	0.1
	Zn	2.4	2.4	2.7
	Cu	0.6	0.6	
每吨渣的烟尘率/%	粗尘	3.5	3.5	3.0
	细尘	17.1	17.1	18.5
回收率/%	Pb	95	95	96
	Zn	83	83	82

采用25.0%的富氧，但氧气消耗系数降至0.60，尽管此时的炉渣温度降到1190℃，但喷吹90min后，渣含锌却从15.2%降至1.5%，锌的挥发率高达90.2%，挥发速度达到30.3kg/min。从这些试验可知，喷吹富氧，由于增加了粉煤用量，必须降低氧耗系数 a 值。

诺维赛罗夫等人分析炉内熔池高度对烟化指标的影响后指出，在喷吹空气和 $a=0.6\sim0.7$、熔池高度从0.5m提高到1m时，锌的挥发速度可从1.6kg/(m²·min) 提高到2.5kg/(m²·min)。而喷吹含氧24.2%的富氧时，锌的挥发速度从2.4kg/(m²·min) 提高到3.5kg/(m²·min)，亦即提高了50%。因此，炉渣的喷吹时间也相应缩短，每吨锌挥发所消耗的碳量和碳的消耗率都减少了50%。

从以上结果可以认为，烟化炉中对渣起还原作用的主要是固体碳。试验数据证明，在喷吹空气时，当 a 的计算值提高到0.9~1.1时，锌的挥发急剧下降；当 $a=0.6\sim0.86$时，喷吹富氧，则能加速锌的挥发过程。由于喷吹富氧，使熔体温度从1185℃上升到1265℃，加速了锌挥发。

B. M. 楚莫列夫（B. M. Чуморев）进行了氧浓度高达30%的一系列喷吹试验。为了与烟气系统的冷却能力相适应，喷吹风量减少20%～25%，并保持工艺制度稳定。计算中采用的氧气消耗系数，稳定在0.58～0.66，炉渣的温度随着氧的浓度提高而升高，喷吹29.6%的富氧时，炉渣温度由喷吹空气时的1200℃升高至1237℃。图5-42示出了烟化试验结果。从图可见，锌的挥发速度随着氧的浓度提高而增大，而铅的挥发速度增长较慢。

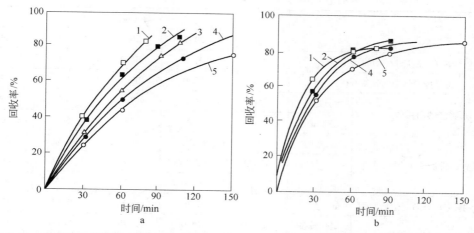

图 5-42 乌斯季卡明诺戈尔斯克厂试验中锌（a）、铅（b）的挥发速度和喷吹富氧浓度的关系
1—O₂ 29.6%；2—O₂ 27.5%；3—O₂ 26.1%；4—O₂ 24.7%；5—O₂ 21.0%

和喷吹空气相比，喷吹含氧29.6%的富氧，炉子的生产率提高85%，焦炭节省34%。但是，随着氧气浓度的提高却给烟气冷却系统造成困难，熔体温度升高和冲刷易损坏炉壁的挂渣层。

A. M. 英特可巴也夫在扩建的烟化炉上进行喷吹蒸汽-空气-氧的试验，最佳耗氧量为800m³/h，相当于喷吹24.7%的富氧，最佳蒸汽用量为1.6t/h。在此条件下，锌的挥发率提高了9%（见图5-43），继续提高蒸汽用量，可降低熔体的温度和锌的回收率。

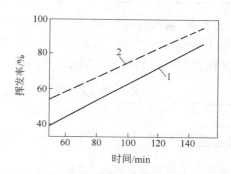

图 5-43 富氧喷吹时补充蒸气对锌挥发率影响
1—供氧 800m³/h；2—供氧 800m³/h+蒸汽 1.6t/h

5.5.5.2 用天然气和富氧烟化处理铅渣

前苏联国立有色金属研究所在烟化炉上进行了用天然气代替粉煤的试验。半工业试验装置由熔渣电炉和1.46m×0.72m的全水套烟化炉组成。为使铅、锌都能得到良好的挥发，还必须向熔体中添加一定量的粉煤作还原剂。

为了弄清喷吹富氧的影响，И. В. 沙文等用契姆肯特熔炼厂的铅渣进行了试验，进入烟化炉中的渣成分为（%）：6～8 Zn，0.2 Pb。烟化炉的燃料是含CH₄ 94.6%的天然气。天然气在燃烧炉内a=0.05的条件下预先燃烧，约占渣量6%～8%的粉煤从熔池上部加入。

在富氧和风量恒定的情况下，为了保持氧气消耗总系数a（以燃料的总数计算，也即以煤和天然气之和计算）不变，试验时加大了供气量。试验结果列于表5-47。在相同的喷吹时间内，喷吹 28% 的富氧与喷吹空气相比，锌的挥发率从 63.3% 高到 81.6%。喷吹结束后，渣含锌由 2.0% 降到 1.33%，喷吹富氧的渣温提高了 60℃。每吨渣消耗的燃料虽有所上升，但若以挥发 1t 锌计算，却下降了 23%。由于采用 28% 的富氧，锌的生产率提高了 56%。

表 5-47　铅渣烟化时富氧喷吹的技术经济指标

指　　　标		氧浓度/%				
		21	24.7	26.1	27.5	29.5
生产率（以渣计)/t·(m²·d)⁻¹		23.8	31.6	35.2	36.6	44.0
每年挥发物中的锌量/kt		20.3	27.0	30.1	31.3	37.6
每吨渣的消耗量	粉煤/kg	247	211	204	185	160
	氧/m³	—	47	54	63	63
挥发 1t 锌的费用/卢布	总费用	73.75	62.42	58.56	54.32	46.37
	粉煤	17.72	15.13	14.63	13.27	11.47
	氧		3.70	4.25	4.96	4.97
挥发 1t 锌节省运行费用/卢布		—	12.33	16.89	19.48	27.38
投资费用/卢布	烟化设备	2970	2970	2970	2970	2970
	制氧站	—	500	640	776	933
辅助设备投资（包括煤电)/卢布		1636	2007	2155	2084	2186
挥发 1t 锌成本/卢布		220.5	202.8	191.7	186.4	162.0

表 5-48 列出的喷吹 28% 的富氧 90min 的数据。结果表明：虽然锌的挥发率只达到 75%，但仍高于喷吹空气 120min 时锌的挥发率；喷吹富氧可同时改善烟化过程的两项指标：（按挥发锌计）生产率可提高到 90%，燃料消耗下降 33%。

表 5-48　采用预燃天然气和添加粉煤的半工业氧化试验指标

指　　　标		氧量，21%	氧量，28%	氧量，28%	氧量，28%
喷吹时间/min		120	120	90	120
标准燃料率	kg/t（渣)	271	324	260	261
	kg/t 锌（挥发物)	7.35	5.65	4.95	2.35
粉煤率/%		6~8	6~8	6~8	7.4
氧过剩系数总值 a		0.7	0.73	0.73	0.69
渣温/℃		1125	1185	1185	1230
渣含锌/%	始渣	5.8	7.0	7.0	12.2
	终渣	2.0	1.33	1.75	1.1
锌挥发率/%		63.3	81.6	75.0	91.0
生产率/%	以渣量计	100	100	133	100
	以锌挥发量计	100	156	190	300
渣含铅/%	始渣	0.2	0.2	0.2	0.9
	终渣	微	微	微	微

契姆肯特厂的工业试验炉喷吹230℃的富氧热风，渣温达到1130～1200℃，锌得到较充分挥发。多涅兹（В. И. Донец）根据空气喷吹烟化炉的实际操作结果，算出了确保锌的挥发生产率达到最高值的冷料最佳加入量。表5-49列出了试验数据的平均值。由于试验是断续做的，故这些数据只能作参考，用25%～28%的富氧喷吹数据更是如此。

表5-49 契姆肯特厂不用固体还原剂而采用天然气烟化时，分别使用热风和富氧条件下的指标

指　标		喷吹空气		喷吹富氧浓度/%		
		设计	实际（1979年）	21	25	28
装料量/t		75	63～72	88	88	88
冷料率（固渣/液渣）/%		—	7～9	6.6	20.5	31.6
烟化周期/min		115	132～149	100	140	115
空气—氧用量/m³·(m²·min)⁻¹		44	32	26.2	24.7	24.1
喷吹气体的温度/℃		300	280～300	330	330	330
氧耗系数 a		0.7	0.72	0.75	0.70	0.52
天然气用量	m³/(m²·min)	6.1	4.1	3.5	4.2	5.2
	m³/t（渣）	—	—	50.5	61.0	75.3
渣的温度/℃		1300	1200	1200	1200	1215
入口处燃烧气体/%	CO	—	—	6.5	9.3	12.7
	H_2	—	—	5.2	7.8	13.5
烟气温度/℃	铜炉前	—	1300	1250	1260	1270
	汽化热换器后	—	—	690	730	770
	布袋除尘前	—	125	130	130	130
生产率/t·(m²·d)⁻¹	按渣计	—	86.0	37.5	42.8	52.4
	按挥发锌量计	—	—	3.22	3.68	4.90
标准燃料率/%	总计	26.7	19.0	16.0	16.9	17.1
	其中粉煤	7.0	0	0	0	0
渣含锌/%	始渣	11.7	11.9①	10.6	10.4	10.3
	终渣	1.75	2.1	1.8	1.8	1.8
渣含铅/%	始渣	1.5	1.9	1.8	1.8	1.8
	终渣	0.05	0.24	0.15	0.10	0.05
挥发物成分/%	锌	65	60	55	55	55
	铅	10	10	12	12	12.7
挥发物中直收率/%	锌	85	80	81	81	81
	铅	96	88	93	93	93

①冷渣中含8.6%Zn，1.3%Pb。

表5-49和图5-44表明，采用富氧喷吹后，渣含锌显著下降。

烟化作业中，渣的加入量对锌的挥发率有极大的影响。喷吹空气时，装入50t炉渣，

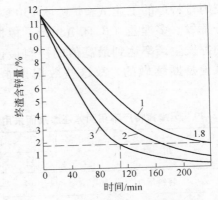

喷吹 115min 后，渣含锌为 3% 装入 115t 炉渣时，升到 5.3%。这是因为随着炉中熔体高度的改变，实际的喷吹强度降低而引起的结果。正如图 5-45 所示，当炉渣加入量较少，喷吹 25% 的富氧时，渣含锌可降至 0.4% ~0.6%。

　　喷吹富氧对渣的处理量和锌的挥发生产率影响极大。图 5-45 中的曲线是不加冷料仅处理液态渣的计算结果。该图表明，喷吹 25% 的富氧，按渣量计算，炉子的生产率增加了 50%；喷吹 28% 的富氧，增加了 1.6 倍，最高装料量约达 100t。

图 5-44　锌的挥发速度
1—空气；2—富氧 24% ~25%；3—富氧 26.5% ~28%

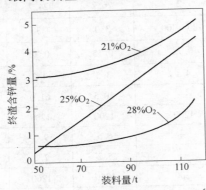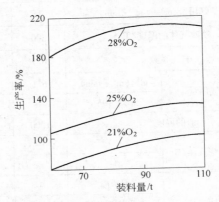

图 5-45　鼓风含氧量和装料量对终渣含锌量和生产率的影响

5.6　富氧炼锌技术

　　现代炼锌方法分为火法炼锌与湿法炼锌两大类。火法炼锌包括平罐炼锌、竖罐炼锌、电热法炼锌和密闭鼓风炉炼锌，湿法炼锌即电解沉积法炼锌。与火法炼锌相比，湿法炼锌具有金属回收率高、产品质量好、综合利用好、能量消耗较低、环境保护好、成本低等优点，湿法炼锌中，焙烧—浸出—浸出液净化—电积是生产上的主要工艺过程。近几十年来，特别是成功地采用热酸浸出（或称高温高酸浸出）——黄钾铁矾（或针铁矿）沉铁法后，湿法炼锌发展非常迅速，加上全湿法加压氧浸出技术的发展，目前，湿法炼锌技术已取得了对火法炼锌的绝对压倒优势。

5.6.1　锌精矿的富氧沸腾焙烧

　　锌冶金中直到掌握了锌精矿漂浮焙烧和沸腾焙烧技术，并能调节焙烧炉的热工制度以后，应用富氧技术才成为可能。加拿大特雷尔厂把多膛焙烧炉改建成沸腾焙烧炉，首先在工业上实现了锌精矿富氧沸腾焙烧。

　　1969 年，澳大利亚电锌公司里士顿进行了锌精矿富氧沸腾焙烧的研究，由于含氧浓度增加到 24.5%，精矿处理量由原来的 363t/d 提高到 450t/d。

乌斯季卡明诺戈尔斯克铅锌厂进行了锌精矿富氧沸腾焙烧工业试验。结果证明，使用含氧27%～29.5%的富氧空气可使沸腾层温度提高至970～980℃，床能率增加到8.4～8.8t/(m²·d)，烟气量和烟尘率下降，烟气二氧化硫浓度提高到13%～15%，焙砂中的酸溶锌增加了1.5%～2.2%。试验确定，富氧浓度不宜超过29%～30%。因为含氧浓度继续增加，焙砂中的可溶锌和床能率增加受到限制，氧的利用率下降。此外，氧浓度超过30%时，沸腾层的过剩热难以排出。表5-50为该厂锌精矿沸腾焙烧的技术经济指标。

表 5-50　乌斯季卡明诺戈尔斯克铅锌厂的锌精矿空气和富氧沸腾焙烧的技术经济指标

温度/℃	耗氧量/m³	床能率/t·(m²·d)⁻¹	烟气中二氧化碳/%
850	1760	6.85	8.13
900	—	5.15	8.39
950	1760	8.35	13.20
970	1760	8.80	15.12
975	—	6.50	9.71

温度/℃	烟尘和焙砂中		焙砂产率/%	烟尘产率/%	锌溶解率/%
	S_S/%	$S_{SO_4^{2-}}$/%			
850	0.14	3.10	59.20	40.80	95.4
900	0.34	1.96	61.80	38.20	93.0
950	0.15	2.87	63.48	36.52	95.4
970	0.15	2.43	63.50	36.52	95.4
975	0.52	1.27	81.40	18.60	92.0

指标表明，提高焙烧温度可增加焙砂中铁酸锌含量，降低酸溶锌。不同温度和加热时间对铁酸锌形成的研究和当时实验数据的分析证明，温度是影响铁酸锌形成的主要因素。在950～1150℃时，部分铁酸锌转变成可使锌溶于硫酸溶液的形式。还指出，经950～1150℃灼烧后的铁酸锌成了磁性物，焙砂中的酸溶锌含量随着焙烧温度的提高而增加。这是因为焙烧时，发生了铁酸锌转化的缘故。酸溶锌含量增加的原因，不仅是由于生成了铁酸锌的转化，也由于缺氧时氧化锌和铁酸锌生成了固溶体，以及结合在硅酸中的铁高于化学计量值。这样，所生成的可参加反应的铁酸锌和硅酸铁的比例增加了，导致焙砂中酸溶氧化锌含量的增高。锌精矿富氧沸腾焙烧在同时增加炉子处理能力和提高焙烧温度时，焙砂中的酸溶锌不仅没有下降，反而是增加了。

长沙矿冶研究院1978年对锌精矿富氧沸腾焙烧也进行了扩大试验，试料是广西大厂的细粒锌精矿，小于74μm的占50%～52%。试验在0.18m²沸腾炉中进行。富氧空气含氧分别为26.5%与24.7%，结果见表5-51。

试验结果表明，锌精矿的物理性能（如粒度）和化学成分的变化对试验结果无明显影响，富氧空气的含氧量对提高床能率的影响较为显著。含氧24.7%时，其床能率比使用空气焙烧提高0.16t/(m²·d)，含氧26.5%时，床能率提高0.43t/(m²·d)。以株洲冶炼厂混合锌精矿作富氧鼓风与空气鼓风对比试验时，床能率提高0.48t/(m²·d)。

表 5-51 富氧鼓风与空气鼓风焙烧结果比较

名称	风量/m³·h⁻¹	氧浓度/%	焙烧产物与残硫/%								总溶硫	总残硫	烟气中SO₂含量/%	床能率/t·(m²·d)⁻¹	烟尘率/%
			焙砂		沉斗尘		旋管尘		袋尘						
			溶硫	残硫	溶硫	残硫	溶硫	残硫	溶硫	残硫					
富氧焙烧	62.5	26.5	0.47	0.71	1.57	0.88	2.80	0.40	3.84	0.58	1.11	0.71	12.26	6.6	59.6
		24.71	0.46	0.78	1.70	0.81	2.07	1.02	3.25	0.95	1.18	0.82	11.00	5.3	53.4
空气焙烧	62.5	21.00	0.54	0.67	2.34	1.13	3.04	1.59	3.88	2.05	1.70	1.00	7.2	3.6	62.2
	62.5	21.00	0.62	0.46	2.69	1.88	3.43	2.03	4.88	1.64	1.92	1.00	7.9	3.7	57.2
	62.5~72	21.00	0.53	0.78	2.37	1.08	2.02	1.05	4.52	1.32	1.79	0.96	7.1	4.6	66.1

5.6.2 ISP 密闭鼓风炉炼铅锌

密闭鼓风炉炼铅锌（简称 ISP）技术于 20 世纪 50 年代源于英国帝国熔炼公司，至 60 年代在世界范围内逐渐推广使用（工艺流程图见图 5-46）。

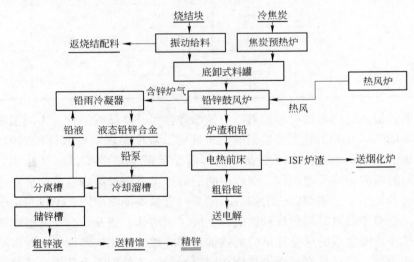

图 5-46 ISP 炼铅锌过程工艺流程图

该技术具有提高选冶综合回收率、对原料的适应性强、能有效地利用能源、有效地综合回收有价元素、易于实现过程的自动化以及"三废"治理效果显著等优点，世界上有 18 座密闭鼓风炉，国内有 5 家采用 ISP 铅锌冶炼的企业。由于技术上的不断改进，单炉产能极大提高，原来产粗锌铅 $5×10^4$ t 的标准炉，有的已达到 $1.2×10^5$ t，有的仅产粗锌就已超过 $1×10^5$ t。

5.6.2.1 鼓风烧结

为了提高烧结料中硫汞的利用率，减少其对环境的污染，目前，一些 ISP 企业已将含硫汞较低的烧结机头尾的通风排气返回烧结。最好配入工业氧，使氧含量达到21%以上，强化烧结过程，提高烧结块产量以及烧结脱硫能力与烟气 SO_2 浓度。

中金岭南韶关冶炼厂（以下简称"韶冶"）已将烧结机（110m^2）头尾的通风排气60000m^3/h 作为新鲜空气使用。并考虑增加一个可供两个系统返回气体补充氧气的氧压站（3000m^3/h），烧结机脱硫强度提高15%~20%，烧结烟气中的 SO_2 浓度将提高0.5%。

在日本播磨冶炼厂、八户冶炼厂和德国的杜伊斯堡等厂已有这方面的经验。八户冶炼厂在烧结机尾部烟气返回的2号、3号风机后加入20m^3/min 93%的氧气，烧结块产量提高5%，烟气 SO_2 浓度也提高了0.5%。表5-52为鼓风中富氧浓度的变化与烧结主要工艺指标的关系。

表 5-52　鼓风中富氧浓度变化与烧结主要工艺指标的关系

鼓风含氧/%	混合料含硫量/%	烧结块含硫量/%	硫酸盐含硫量/%	车速度/m·min^{-1}	富氧单耗/m^3·(m·d)$^{-1}$	烧结产率/%	脱硫强度/m^3·t^{-1}	烟气浓度/%	烧结强度/%	脱硫率/%
21	7.2	2.18	1.18	1.30	718	100	1.27	5.29	85.59	80
21~22.5	7.39	1.82	1.37	1.35	795	115	1.94	6.2	90.8	89.9
22.5~23	7.08	1.89	1.20	1.35	766	115	1.77	6.75	91.5	88.7
23~23.5	6.97	1.84	1.29	1.37	781	117	1.78	6.80	90.1	88.9
23.5~24	6.85	1.98	1.16	1.37	785	117	1.65	6.60	92.1	87.5
24~25	7.45	2.13	1.37	1.27	815	109	1.68	6.3	93.7	87.5

5.6.2.2　鼓风炉冶炼

在鼓风炉中还原氧化锌并不困难，但由于锌蒸气上升至炉顶，容易被 CO_2、水蒸气和氧所氧化，因此被还原的锌难以形成液态锌收集于炉底。为了收集液态锌，必须用密闭鼓风炉，并要确保炉内的 CO 浓度高，在高温区的废气中不能有氧化剂，锌蒸气需要在单独的设备中冷凝。

1948~1949年苏联继续进行了锌烧结块富氧鼓风炉熔炼试验，炉子风口区的截面为0.62m^2，全用水套冷却。烧结块和焦炭经由双钟罩密封装置入炉，为了冷凝锌，炉子与带闸板的降尘室相连，氧气由蒸发站入炉，氧化锌还原和锌蒸发良好。但是，由于冷凝结构不完备，未能获得液态锌。

在铅雨冷凝器出现后，英国阿旺茅斯铅锌冶炼厂成功地解决了金属锌的冷凝问题，建造了由喷铅液态冷凝器连接的密闭鼓风炉。

密闭鼓风炉多采用风口截面积17.2m^2的标准炉型，均用烧结机配套。近年，工艺设备已有许多改进，技术经济指标有较大幅度提高。如鼓风炉炉龄高达四年，锌回收率高达94.7%，焦炭消耗量一般为180~200t/d，烧结机脱硫能力一般为1.6~2.0t/(m^2·d)。

在英国斯旺西工厂，进行了富氧熔炼工业试验，结果证明，这种鼓风炉可以进行富氧鼓风，并可提高产量；应用含氧25%的富氧空气鼓风，产量提高21%；32%富氧，提高54%。而焦炭消耗不变。表5-53为该厂应用富氧鼓风炉熔炼的粗略数据。

表 5-53　英国斯旺西工厂富氧鼓风炉熔炼技术参数

鼓风中的氧含量/%	21	25	27	30	32
工业氧气消耗量/t·d^{-1}	—	35	52	76	90
焦炭消耗量/t·d^{-1}	127	150	162	180	192
锌日产量/t	140	153	180	200	214
产能/%	100	121	130	146	154

　　该厂进行的熔炼试验证明，加大焦炭消耗量，富氧鼓风能保持炉内有强还原性气氛。分析熔炼的结果后可以认为，在燃料消耗不增加和保证获得同等锌挥发度的情况下，使用富氧也可以提高产量，且经济合理。

　　鼓风炉熔炼铅锌曾是主要的铅锌生产技术，其能很快推广的原因在于，和湿法冶金要求富的和纯的锌精矿相比，该法可处理各种成分的复合精矿、硫化矿、氧化矿、各种中间产品，含铅、铜等杂质高的烟尘，可在制取高纯锌的同时，经真空精炼除铅后，可回收有价金属。

5.6.3　回转窑法处理含锌浸出渣

　　回转窑法是处理含锌中间产物较常用的方法之一。该过程是利用金属锌、镉、铅和镉的硫化物以及铅的氧化物在高温下具有较高蒸气压的特点，使锌、铅、锡等金属以氧化物形态转变为挥发物，铜和贵金属转入窑渣，再用另外的方法从挥发物和窑渣中回收这些金属。

　　较多采用回转窑法处理含锌浸出渣的滤饼。滤饼中的锌主要以铁酸锌、氧化物和硫酸盐形态存在。在回转窑的高温下，铁酸锌和固体碳作用，还原为金属锌，同时锌、铅、镉的硫酸盐也被还原，并以硫化物和金属形态挥发出来。从固相中还原和挥发出来的金属，在窑内气氛作用下，又重新氧化，最后主要以氧化物形态产出。

　　为了提高挥发物中的金属回收率，必须保证物料在反应区有足够的停留时间；为了提高挥发物中镉、锌的浓度，在回转窑的气相中，应有足够的游离氧。提高回转窑的供氧量，可以同时达到以上两个目的。

　　1962 年，苏联在乌斯季卡明诺戈尔斯克铅锌厂的直径为 2.44m、长 4.1m 的回转窑中进行了富氧挥发工业试验。回转窑用空气和富氧鼓风的不同产量时的各项指标列于表 5-54。随着炉子装料量的增加，废气中游离氧的含量降低，此时，窑渣中的锌铅含量和挥发物中硫的硫化物含量增加，而挥发物中可溶性锌、镉的比例下降。

表 5-54　回转窑用空气和富氧鼓风作业指标

指　标		空气鼓风				富氧浓度 26%
日处理滤渣数/t		69.0	81.6	91.5	102.0	102.5
粉焦占滤渣/%		41.2	33.0	35.0	33.3	33.5
烟气温度/℃		—	—	—	—	493
烟气成分/%	CO$_2$	22.6	23.0	24.8	25.0	26.0
	CO	0.0	0.0	0.5	0.8	0.0
	O$_2$	3.4	3.0	2.8	1.9	4.0

指 标		空气鼓风				富氧浓度26%
窑渣成分/%	Zn	0.78	0.83	1.15	1.67	0.78
	Pb	—	0.54	1.17	1.38	0.29
	C	10.6	10.9	13.3	13.6	11.8
布袋尘中挥发物成分/%	$Zn_{总}$	—	60.1	63.6	66.2	—
	$Cd_{总}$	—	0.83	0.84	1.09	—
	$S_{硫酸盐}$	1.0	1.8	2.8	3.5	0.89
在挥发物中溶解度/%	Zn		93.8	90.0	89.6	97.5
	Cd		54.2	47.0	31.2	79.1
回转窑的氧化物还原能力[1]/%		7.7	21.2	42.2	41.1	—

[1]还原能力大，表示回转窑中氧化物质量差。

回转窑的风机供富氧的能力为 $1500m^3/h$。氧的消耗为 $300m^3/h$。含氧38%的富氧经炉子排料端的供气管鼓入窑中。包括吸入空气中的氧在内，含氧总浓度约为26%。

日处理渣量为 90~100t 的回转窑，向料层鼓进富氧空气时，窑渣的温度可提高100~150℃，不用重油补充加热。烟气中 CO_2 含量达到28%~30%时，已经没有CO，氧的含量仍为1.2%~1.8%。窑渣中的锌为0.5%~1.0%，从挥发物中水溶锌和镉的含量看，挥发物的质量并没有改善。

在后期的试验中，为了提高整个炉膛纵深的气相中的氧浓度，富氧空气流不直接鼓向料层，而是使它沿窑中轴方向流动。与生产率为 90t/d 的普通回转窑相比，采用富氧后，窑的生产率可提高20%；浸出挥发物时，锌的浸出率从89%提高到94%，镉的浸出率从68%提高到82%。窑渣中的锌、镉含量降低了；取消了重油补充供热。

5.6.4 锌精矿富氧直接浸出

硫化锌精矿富氧直接浸出技术被普遍认为是锌冶炼的又一次重大技术突破，号称第3代炼锌技术。富氧直接浸出工艺主要分为两大类：富氧压力浸出（简称氧压浸出）和常压富氧浸出。

5.6.4.1 硫化锌精矿的氧压浸出

A 氧压浸出技术发展及其特点

氧压浸出工艺于 20 世纪 50 年代由美国化学建设公司（Chemical Construction Company）和加拿大谢里特·哥顿矿业公司（Sherritt Gordon Mines Limited）首次开发用于处理碱金属硫化物和难处理金矿，随着在镍精矿和镍-冰铜处理方面的成功实践，其应用范围逐渐扩大，20 世纪 70 年代开始研究将该工艺用于处理锌精矿和铜精矿以解决精矿焙烧产生的烟气污染问题。1976 年首个工业化实验厂在加拿大科明科公司（Cominco Limited）建成并成功地实现了工业化实验，1981 年第一套锌精矿氧压浸出装置在英属哥伦比亚加拿大特雷尔（Trail B. C.）锌厂建成，此后相继有厂家采用锌精矿氧压浸出技术新建和改扩建锌冶炼企业，并通过生产实践和技术研发在工艺流程、设备和材料选择、有价金属综合回收及自动控制等方面都取得了较快的发展。

　　锌精矿湿法冶炼过程中将锌从精矿浸出的方法有两种：一种是先将锌精矿焙烧，然后浸出焙砂；另一种是氧压浸出锌精矿。锌精矿焙烧过程产生的二氧化硫，必须经过处理转化为硫酸。而在直接浸出工艺中，锌精矿中的硫以固态的元素硫转入浸出渣中，避免了烟气中二氧化硫对大气环境的污染。同时，固态的元素硫可以加以回收，也可堆积存放。因此锌精矿氧压浸出技术具有明显的环保优势。

　　目前，锌精矿氧压浸出工艺的工业应用主要有两大类：一类是一段氧压浸出与传统焙砂浸出联合工艺；另一类是两段氧压浸出全湿法工艺。不同工艺流程的选择取决于原料特点、建厂条件、环境要求及投资的经济合理性。

　　和传统锌冶炼工艺相比，锌精矿氧压浸出工艺具有如下多方面的优势：

　　（1）取消了庞大的焙烧和烟气制酸系统，硫以单质形式高效回收，彻底消除了含硫烟气排放对环境造成的污染，同时也解决了传统工艺生产硫酸带来的贮存、运输和销售问题。

　　（2）对高铁闪锌矿、含铅的锌精矿及含难溶铁酸锌和铁氧体的残渣。该工艺显示出其广泛的适应性，不仅有较高的锌回收率和较低的基建投资，还可对 Pb、Ag 等金属进行高效富集，为 Ga、In、Ge 等稀散金属的综合回收提供较常规湿法工艺更有利的条件。

　　（3）具有较强的灵活性，可与传统湿法炼锌工艺有机结合，也可独立生产；既能在较低建设投资的情况下扩大产能，也可为企业改善环境、提高综合回收能力提供良好的解决方案。

　　（4）锌回收率高，铁富集效果好，自控水平先进，具有较高的设备利用率和在线运行率。

　　（5）操作条件相对常规工艺较苛刻，具有较高的温度和压力，因此对设备和管道材质及加工制作的要求较高，操作要求更加严格。

　　B　氧压浸出的工程应用

　　加拿大特雷尔锌厂采用压煮浸出方法处理部分含有较高的铅、铁、石英和其他成分精矿。年产锌为 6.35×10^4 t，约占该厂总生产能力的四分之一。

　　压煮浸出约含锌 49%、铅 7%、铁 11%、硫 32.5% 的硫化物精矿时，采用返回的硫酸电解液和高压氧浸出。氧化的第一阶段中，几乎所有的化合物中的硫都转变成了元素硫，总反应式为：

$$ZnS + H_2SO_4 + 1/2O_2 \Longrightarrow ZnSO_4 + S + H_2O \qquad \Delta G^{\ominus} = -246886 + 104.8T, \; J/mol \qquad (5-19)$$

由于不增加硫酸车间的生产能力，可获得便于贮存和运输的硫产品，因而工厂能灵活地生产化学试剂和肥料，大大提高了经济效益。此外，元素硫的直接产率高达 97% 以上，锌和镉的浸出率均达 98%~99.5%，故过程中消耗的氧很少。

　　工艺流程如图 5-47 所示，在压煮倾析器内分离液态硫、氧化铁和残余硫化物的悬浮物，从压煮倾析器流出的溶液经过滤后送往仓库。

　　商品硫的直收率大于 87%，浸出渣经浮选后，其回收率可提高到 94%~95%。压煮所得的含锌溶液与锌精矿沸腾焙烧的焙砂酸浸液混合后一并处理。

　　压煮工艺除了具有不向大气中排放 SO_2 及上面提到的主要特点外，还有过程简单和建设费用低等优点。如工厂改建总费用为 4.25 亿加元，其中压煮设备投资仅占 0.23 亿加元。

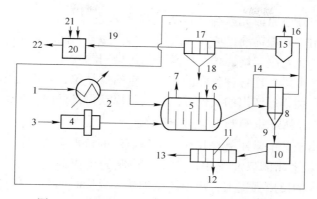

图 5-47　特雷尔工厂压煮工序工艺设备流程图

1—返回电解液；2—蒸汽供热器；3—硫化锌精矿；4—磨矿机；5—压煮器；6—氧气；7—排出的废气；
8—压煮倾析器；9—液态硫；10—液态硫收集器；11—硫过滤器；12—未反应的 ZnS 返回；
13—硫入仓库；14—备用支路；15—自动蒸发器；16—蒸汽；17—浮选机系统；18—返回的硫-硫化物精矿；
19—ZnSO$_4$ 溶液及铁渣；20—空气搅拌酸浸槽；21—锌精焙砂；22—溶液净化和电解

特雷尔厂的经验表明，当采用传统流程改造中采用热压氧浸工艺时，可不扩建烟气净化和硫酸生产车间，只要适当扩大溶液净化的工序和电解工序的能力，便可大大提高锌的产量。中国株洲冶炼厂炼锌系统的改建，也是这样进行。

5.6.4.2　常压富氧直接浸出炼锌

氧压浸出历史较早，工艺也较为成熟，加拿大科明科（COMINCO）公司成功运用富氧压力直接浸出工艺，并取得较好的效果。

常压富氧直接浸出是 OUTOTEC（原 Outokumpu）公司近年来开发的新工艺，应该说常压浸出工艺是在氧压浸出基础上发展起来的新技术，它克服了氧压浸出高压釜设备制作要求高、操作控制难度大等问题，同时达到浸出回收率高的目的。目前，常压富氧浸出和氧压浸出两种工艺流程均有较为成功的锌冶炼厂在生产，且运行状态基本良好。工业化常压富氧直接浸出和氧压浸出厂家见表 5-55。

表 5-55　工业化常压富氧直接浸出和氧压浸出厂家

常压富氧直接浸出			氧压浸出		
厂　家	规模/万吨·年$^{-1}$	时间	厂　家	规模/万吨·年$^{-1}$	时间
新波立顿公司科科拉 I	5	1998	加拿大科明科公司特列尔厂	6	1997
新波立顿公司科科拉 II	5	2001	哈得绅湾矿冶公司弗林弗朗厂	10	1993
新波立顿公司挪威奥达	5	2004	哈萨克铜业公司巴尔喀什厂	10	2003
韩国锌联公司	20	1994	中国丹霞冶炼厂	10	2009
鹰桥公司基德克里克厂	6	1983			

目前，我国以硫化锌精矿为原料的湿法炼锌工艺流程为：焙烧—浸出—净化—电解；浸出系统采用黄钾铁矾法和常规浸出渣的高温还原挥发。炼锌流程实质上是湿法和火法的联合过程；只有硫化锌精矿的直接浸出工艺，才真正是全湿法炼锌工艺，有效解决二氧化硫空气污染和浸出渣有价金属高效回收等问题。

芬兰 OUTOTEC 公司开发的锌精矿常压富氧浸出技术，以铁作为硫化物反应的催化剂，硫化物在反应中被还原成元素硫。锌的浸出率高达99%，产渣量少，而且常压富氧浸出技术可以直接用于处理锌浸出渣，大气污染几乎为零，同时取消了挥发窑，减少了流态化焙烧炉台数，相应解决了焙烧炉及挥发窑的污染问题。

锌的氧压浸出也可以处理各种各样的物料，包括低品位、高铁硫化锌精矿、铅锌混合矿、铁酸锌渣或联合型锌厂产出的其他锌渣，均可以获得良好的效果。

5.6.4.3　常压富氧浸出和加压氧浸的比较

与同为直接浸出工艺的常压氧浸相比，加压氧浸的特点主要有：

（1）加压浸出在密闭的反应釜中进行，所控制的反应温度、压力均比常压氧浸高，因此物料在反应器内的反应强度大，浸出速度加快，反应时间短。有利于铁、锌及铟等稀散有价金属的分离。

（2）在提高金属浸出率，特别是稀散有价金属浸出率这一方面，加压浸出更具优势。

（3）由于加压氧浸反应温度为145~155℃，高于单质硫的熔点，因此反应过程中产生的单质硫呈熔融状态，通过降温降压使硫进入渣中，再通过浮选、熔融、过滤等产出硫黄。

（4）加压浸出产出的溶液经中和除铁后可直接采用传统的净化工艺，即就可满足电积对溶液杂质含量的要求。可以脱离常规焙砂浸出系统而独立建厂。

（5）加压氧浸在2~3h内锌的浸出率可达98%，与常压氧浸相比，加压氧浸物料的反应强度更大，所需的反应器容积较小，设备占地面积较小。另外，加压氧浸反应器为卧式反应釜，适合采用室内配置。

（6）由于常压氧浸反应压力较低，为了获得高的金属浸出率，需要消耗更高的氧气量，因此加压氧浸的氧耗低于常压氧浸。

表5-56为常压富氧浸出和加压氧浸技术指标的比较。

表 5-56　常压富氧浸出和加压氧浸的综合比较情况

指　　标	常压富氧浸出	加压氧浸
Zn 的回收率/%	98	98
反应时间/h	24	2
反应容器	较大	较小
反应压力/kPa	100~200	1100~1300
生产控制	要求一般	要求严格
原料处理	浆化设备较多，费用较高	浆化设备较少，费用较低
工艺的适应性	较强，可搭配处理浸出渣	强，可单独建新厂
维护	维修费用较低	维修费用较高
一次性投资	适中	稍高

5.7　氧气在其他有色金属冶炼中的应用

5.7.1　Platsol 法

Platsol 法由加拿大安大略省勒克菲尔德研究所的国际铂族金属技术中心研究成功，该法从高硫化物精矿中用一步法回收贵金属及与它们共生的有色金属（铜、镍和钴）。在该法中，在210℃、氧分压约700kPa的条件下，用氯化物浸出硫化物精矿。如果精矿中含有硫铂矿（PtS），则必须在浸出前进行焙烧，使铂解离出来。其工艺流程图如图5-48所示。

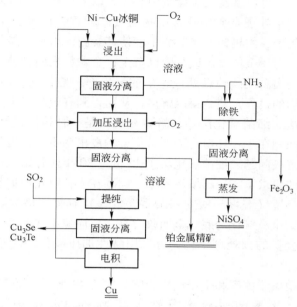

图 5-48　从硫化物精矿中回收铂族金的标准流程

　　Platsol 法的优点是绕过了火法熔炼和生成 SO$_2$ 的步骤。所获得的高品位铂族金属精矿用王水处理后，分离得到各种较纯的金属。

5.7.2　含硫的铂族金属物料中氧压浸出铂族金属

　　从含硫的铂族金属物料中氧压浸出铂族金属的生产方法是将含硫的铂族金属物料和浓度为 0.1~5.0mol/L 的硫氰酸盐溶液混合加入到反应釜中，调节 pH 值至 1.0~5.0。控制反应釜内温度在 100~180℃，维持反应釜中氧压 400~1800kPa，反应 1.0~6.0h；降温后固液分离洗涤，再从浸出液中回收铂族金属离子。含硫的铂族金属物料中的铂族金属氧化后与硫氰酸根形成配合物溶液进入浸出液，而其他元素残留存在浸出渣中。该方法具备铂族金属与金银的浸出选择性好、杂质元素浸出少、工艺流程短、成本低、浸出剂环境友好、设备腐蚀小等优点。

5.7.3　碱硫氧压提取金银方法

　　将含有金银的原料矿、元素硫及碱性物质加水调成矿浆料，其 S/OH 的摩尔比为 0.7~1.5，将矿浆料置入氧压为 30~500kPa 的压力反应釜中。然后升温至 65~105℃，进行碱硫氧压浸出 2~6h，得出浸出液；将所得浸出液采用锌粉置换法，置换出浸出液中的金银；该方法利用元素硫在碱性介质中一定氧压下形成的亚稳态氧化产物，与金离子生成配合物以浸出金，亚稳态硫氧化物被氧化为稳定的硫酸根，对环境无污染。

5.7.4　酸性加压氧化法处理金精矿

随着地表易处理金矿资源的日益耗尽和深部矿床的不断开采，难处理金矿石已逐渐引起人们的重视。据统计，世界现有黄金储量中有2/3以上为难处理金矿，并且1/3的黄金产量来自难处理金矿，难处理金矿中载金矿物为毒砂和黄铁矿等硫化物，金为微细浸染型，被毒砂和黄铁矿包裹，用机械磨矿方法不能使其暴露，以致不能与浸出剂接触；有害杂质砷、锑等含量高，阻碍金的浸出或吸附已溶金；金颗粒表面被钝化也会导致难以被溶解。采用氰化法直接浸出高硫高砷难处理金矿的浸出率一般仅为10%~30%，因此必须进行预处理破坏硫化物的包裹，使金得以解离，从而得到有效的浸出。预处理的方法有焙烧氧化法、加压氧化法、细菌氧化法等，焙烧氧化法是一种传统的预处理方法，工艺成熟，应用时间最长，问题在于：环境污染严重，金的浸出率不高，近年虽然取得了较大进展，但还未从根本上解决问题。细菌氧化法于20世纪80年代开始工业应用，在常温常压下工作，对设备材质的要求不高，环境污染小，问题在于：氧化周期长，对矿石种类及品位要求较高，细菌对环境（温度、酸度和杂质含量等）有较严格的要求，与此相比，加压氧化法具有环境污染小、氧化彻底、金回收率高、反应速率快和适应性强等优点，更适用于高硫高砷难处理金矿的预处理工艺，可采用酸性加压氧化法对难处理金精矿进行预处理。

不同氧分压对金精矿脱硫率和金浸出率影响如图5-49所示，随着氧分压由400kPa提高到800kPa，金的浸出率与脱硫率分别提高到94.3%和91.84%，氧分压增大到1200kPa。

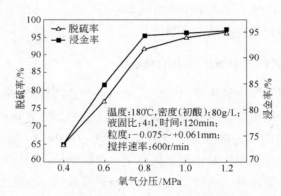

图5-49　氧分压对金浸出率及脱硫率的影响

在难处理金精矿的加压氧化过程中，氧气对于硫化矿的氧化是在液相中进行的，溶解在液相与气相中的氧按照亨利定律保持一定的平衡关系，即气相中的氧分压越大，在液相中溶解的氧越多，氧分压的提高可以大大提高氧化速率，增大反应过程的热力学推动力。

5.7.5　矿石中提取金银的新工艺

一种从矿石中提取金银的新工艺的主要特征为：开采的矿石首先进入颚式破碎机进行一段破碎，使粒度小于100mm，然后进入一种被称为"压饼机"的设备把矿石制成小于

2mm 的矿粉。出压饼机的饼状矿粉（也可以是老尾矿矿砂）装入浸出容器内，在用氰化法提取金银时，采用高浓度的（0.2%～4%）NaCN 的溶液作为浸出液。浸出液在注入浸出池（罐）之前，首先泵入一个压力容器，压力容器内充有 O_2 含量为 21%～100% 的空气、富氧或纯氧气体，气压保持在 10～5000kPa 之前的某个合适的数值附近，压力值既要增大浸出液中的溶解氧，又要考虑经济性。气压用经常补充压缩空气、富氧或氧气的方法来维持。浸出液在压力容器内保持一定的液位，液体进出基本平衡并由液体计和电磁阀自动控制。浸出液注入矿石层时，从压力容器的底部间断或连续排出，通过连接管路，从竖直预埋在矿石中的输液管下端，注入进出池（罐）矿石下部的砾石层。液体将水平地缓慢上升，直至淹没矿石表层为止。密闭封顶的浸出罐内，保持 10～5000kPa 的气压。经过 0～24h 的反应，溶解了金银的浸出液从砾石层中的浅井中抽出，进入金银提取作业。借助于从矿石层底部抽真空或从矿石顶部增加气压的方法，能使矿粒间的游离水基本排尽。金银提取可采取活性炭吸附—离子交换—锌粉置换或锌丝置换法。出金银提取作业的贫液，通过调整药剂浓度后，经过高压容器充氧，注入另一个浸出池继续使用。这样，每两个浸出池一组，浸出液交替循环，完成提取金银的过程。

5.7.6 富氧加压焙烧辉钼矿焙烧工艺

我国是世界上氧化钼生产大国，但目前仍普遍使用反射炉、回转窑等相对落后的设备生产氧化钼，这些焙烧设备不仅资源回收率低、能耗高、污染重、产品附加值低，而且稀释效应明显，所排放的尾气中 SO_2 浓度约为 $2～20g/m^3$，这个浓度相对于常规烟气脱硫方法而言太高，相对于回收制酸工艺而言又太低，治理难度非常大。为避免辉钼矿焙烧烟气污染，国内外先后开展了氧压煮、超声电氧化和氢还原等新工艺研究。但由于设备昂贵、防腐蚀难度大、副产低浓度硫酸或硫酸盐缺乏有效利用途径等原因，这些新工艺并未开始工业应用。

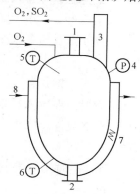

富氧加压焙烧是一项新型的辉钼矿焙烧工艺，其区别于传统工艺的特点为：采用密闭富氧加压反应器（oxygen enriched pressure reactor，OEPR，见图 5-50）提高氧浓度，提高系统压力，有利于氧化辉钼矿的碱溶反应彻底完成，提高氧化钼产品质量；能提高尾气中 SO_2 浓度至 30%～80%，有利于回收 SO_2 或硫酸；采用浓度 80% 以上的富氧代替空气反应，减少了反应体系的 N_2 气量，既有利于缩小气体体积，又减少了 N_2 的热损失，节约能源。

图 5-50 富氧加压焙烧反应器示意图
1—进料口；2—出料口；3—滤尘器；
4—压力计；5—顶部温度；6—底部温度；
7—电加热器；8—空气冷却

5.7.7 含锗物料加压浸出提取锗的工艺方法

该方法通过将含锗、锌电积废液、纯度 70%～90% 的氧气或富氧空气加入加压釜中，并控制浸出温度、压力，直接浸出含锗物料中的锗，得到含锗溶液。将含锗溶液加入中和剂沉锗，控制温度、终点 pH 值，形成锗铁的高聚分子而共沉淀，得到锗的初段富集渣。将得到的锗初段富集渣，用含硫酸锌电积废液，控制进出时间、温度，使锗有效溶出，得到富含锗浸出液；将得到的富含锗浸出液通过萃取、反萃，再次富集得到含锗富集物。加压浸出处理含锗物料是一种高效、低耗、低污染的新型冶炼方法。

加压浸出提取锗的工艺方法步骤为：

（1）将含锗物料、含硫酸 130~200g/L 锌电积废液、纯度 70%~90% 的氧气或富氧空气加入加压釜中，控制浸出温度在 100~150℃，压力 1000~1400kPa 的条件下，直接浸出含锗物料中的锗，得到含锗溶液；

（2）将上述得到的含锗溶液加入中和剂沉锗，控制温度为 60~90℃，在终点 pH=5~5.4 时，形成锗铁的高聚分子而共沉淀，得到锗的初段富集渣；

（3）将上述得到的锗初段富集渣，用含硫酸 130~200g/L 锌电积废液，控制浸出时间为 2~4h，温度为 60~80℃，使锗有效溶出，得到富含锗浸出液；

（4）将上述得到的富含锗浸出液通过萃取、反萃，再次富集得到含锗富集物。

含锗物料中锗的浸出反应式为：

$$GeS_2 + 2H_2SO_4 + O_2 = Ge(SO_4)_2 + 2H_2O + 2S \tag{5-20}$$

$$GeS + H_2SO_4 + 0.5O_2 = GeSO_4 + H_2O + S \tag{5-21}$$

5.7.8　富铟烟尘中氧压提取铟的方法

5.7.8.1　氧压酸浸

将富铟烟尘粉碎至粒度为 100~120 目（0.147~0.122mm），按照液固比（4~10）:1 加入到预先配置质量分数为 10%~30% 的稀硫酸溶液中，其中液固比的单位为 kg/L；在密闭高压反应釜中，通入工业氧气；控制反应浸出温度 120~180℃，氧气压力 0.6~1.5MPa，反应时间 2~5h；反应结束后经冷却、泄压后打开反应釜，将反应后的料浆进行液固分离，得分离渣和氧压酸浸滤液；分离渣用热水洗涤 1~2 次后送铅冶炼综合回收铅、锡和银。

5.7.8.2　还原除杂

将氧压酸浸滤液置入反应池中，按 1.0~5.0g/L 的量加入新鲜细碎铁屑，在温度为 40~50℃ 条件下搅拌反应 1~2h 后进行过滤，得除杂液和滤渣；滤渣经洗涤，返送铅冶炼综合回收。

5.7.8.3　铟的萃取与精炼

A　萃取

将除杂液经澄清 8~10h 后，在室温下采用体积混合比 30% P_2O_4 +70% 磺化煤油萃取体系进行萃取，过程控制条件为：四级萃取；相比 O/A=1:（10~15），混合时间 3~5min，三级洗涤：其中用 80~100g/L 的 H_2SO_4 先进行两级酸洗，再一级水洗，相比 O/A=（2~5）:1，分离时间 5min；四级反萃；相比 O/A=（3~10）:1，其中反萃剂采用 6~8mol/L 的 HCl 溶液，混合时间 3~5min。

B　置换

将反萃液在通风的条件下用 NaOH 调 pH 值，控制溶液 pH=1.5~2.0，溶液澄清过滤后用盐酸回调溶液 pH=1.0，然后加入溶液相当含铟量 5~8 倍重量的新鲜锌片进行置换，反应时间 24~72h，当置换液含铟小于 0.001g/L 时，分离海绵铟和置换液；置换液送回收锌产品。

C 海绵铟碱熔

将分离的海绵铟经洗涤、压团后，在苛性钠覆盖下于 $200\sim300℃$ 条件下熔融，除浮渣，即得到含量为 99% 以上的粗铟；浮渣返回按 5.7.8.1 节氧压酸浸工序循环酸浸。

D 电解精炼

将粗铟熔铸成粗铟阳极，在通直流电条件下进行电解，电解控制条件为：电解温度 $25\sim30℃$，电流密度 $50\sim80A/m^2$，槽电压 $0.2\sim0.3V$，电解周期 $5\sim7$ 天；电解得到的精铟在熔融状态下经甘油碘化法除杂后铸锭，得到 99.995% 以上的精铟产品。

参 考 文 献

[1] 傅崇说. 有色冶金原理 [M]. 2 版. 北京：冶金工业出版社，2005.

[2] 毛月波，祝明星，刘益芳，等. 富氧在有色冶金中的应用 [M]. 北京：冶金工业出版社，1988.

[3] 彭容秋. 重金属冶金学 [M]. 长沙：中南工业大学出版社，2000.

[4] 北京有色设计研究总院. 重有色金属冶炼设计手册：铜镍卷 [M]. 北京：冶金工业出版社，2007.

[5] 朱祖泽，贺家齐. 现代铜冶金学 [M]. 北京：科学出版社，2003.

[6] 有色冶金炉设计手册编委会. 有色冶金炉设计手册 [M]. 北京：冶金工业出版社，2004.

[7] 邱竹贤，等. 冶金学（下卷）：有色金属冶金 [M]. 沈阳：东北大学出版社，2001.

[8] 肖安雄，摘译. 当今最先进的镍冶炼技术——奥托昆普直接镍熔炼工艺 [J]. 中国有色冶金，2009（3）：1~7.

[9] F. 哈伯锡，廖德华，刘汉钊，等. 加压湿法冶金 [J]. 国外金属矿选，2006，43（11）：10~13.

[10] 刘清漓. 密闭鼓风炉富氧熔炼生产实践探讨 [J]. 新疆有色金属，2007（11）：25~30.

[11] 周松林. 祥光"双闪"铜冶炼工艺及生产实践 [J]. 有色金属（冶炼部分），2009（2）：11~15.

[12] 黄贤盛，王国军. 金峰铜业有限公司双侧吹熔池熔炼工艺试生产总结 [J]. 中国有色冶金，2009（2）：10~13.

[13] 胡广生. 诺兰达炉系统设备及其运行实践 [J]. 有色设备，2005（2）：8~16.

[14] 余旦新. 白银富氧熔池熔炼工艺的生产实践与最新进展 [C]. 见：中国首届熔池熔炼技术及装备专题研讨会论文集，2007：57~65.

[15] 张雷，惠兴欢，陈习堂，等. 顶吹熔池熔炼技术生产实践 [C]. 见：中国第二届熔池熔炼技术及装备专题研讨会论文集，2007：170~177.

[16] 万黎明，骆祎，张建国，等. 澳斯麦特炉开炉及试生产实践 [C]. 见：中国第二届熔池熔炼技术及装备专题研讨会论文集，2007：230~234.

[17] 张洪常，尤廷晏，孙子虎. 富氧侧吹熔池熔炼的工业生产实践 [J]. 中国有色冶金，2009（6）：12~15.

[18] 杨晋国. 瓦纽科夫熔池熔炼技术综述 [J]. 新疆有色金属，2009（4）：42~44.

[19] 李样人. 澳斯麦特工艺——21 世纪的铜生产工艺 [J]. 中国有色冶金，2005（1）：6~10.

[20] 范巍，杨新国. 赞比亚谦比希铜冶炼艾萨炉技术集成化创新项目及成果运用. 谦比希铜冶炼有限公司内部资料，2011.

[21] Robert Matusewicz, Joe Sofra. Ausmelt Technology – Developments in Copper Converting. Robert Matusewicz, Joe Sofra. Proceedings of EMC 2005.

[22] 赞比亚谦比希铜冶炼厂初步设计，中国恩菲工程技术有限公司（内部资料），2006.

[23] 李卫民，摘译. 以奥托昆普粗铜闪速熔炼工艺 [J]. 中国有色冶金，2010（3）：1~6.

[24] 文辉煌. 闪速炉炼铜工艺混氧计算及富氧浓度控制 [J]. 有色冶金设计与研究, 2008, 29 (5): 11 ~ 14.

[25] 任鸿九, 等. 有色金属熔池熔炼 [M]. 北京: 冶金工业出版社, 2001.

[26] Moskalyk R R, Alfantazi A M. Review of copper pyrometallurgy practice: today and tomorrow [J]. Minerals Engineering, 2003, 16: 893 ~ 919.

[27] Brierley J A, Brierley C L. Present and future commercial applications of biohydrometallurgy [J]. Hydrometallurgy, 200, 159: 233 ~ 239.

[28] 郭亚惠, 摘译. 铜湿法冶金现状及未来发展方向 [J]. 中国有色冶金, 2006 (4): 1 ~ 6.

[29] Bergh L G, Yianatos J B. Current status and limitations of copper SX/EW plants control [J]. Mineral Engineering, 2001, 14 (9): 875 ~ 985.

[30] Sridhar R, Toguri J M, Simeonov S. Copper Losses and Thermodynamic Considerations in Copper Smelting [J]. Metallurgical and Materials Transactions B, 1997, 28B (4): 191 ~ 200.

[31] 彭容秋. 镍冶金——重有色金属冶炼工厂技术培训教材 [M]. 长沙: 中南大学出版社, 2005.

[32] 何焕华. 中国镍钴冶金 [M]. 北京: 冶金工业出版社, 2009.

[33] 王志刚. 富氧侧吹熔炼——转炉吹炼生产高冰镍工艺设计 [J]. 工程设计与研究, 2009, 126 (6): 14 ~ 20.

[34] 吴东升. 镍火法熔炼技术发展综述 [J]. 湖南有色金属, 2011, 27 (1): 17 ~ 20.

[35] 蒋继穆. 论重有色冶炼设备的发展趋势 [J]. 有色设备, 2010 (6): 1 ~ 4.

[36] 刘燕庭, 许怀军. 富氧侧吹熔池熔炼铜镍矿 [J]. 中国有色冶金, 2009 (3): 12 ~ 14.

[37] 张更生. 金川镍闪速炉以煤代油技术的开发应用 [J]. 有色金属 (冶炼部分), 2005 (1): 22 ~ 26.

[38] 万爱东, 李龙平, 陈军军. 闪速熔炼工艺处理多种镍原料 [J]. 有色金属 (冶炼部分), 2009 (2): 36 ~ 41.

[39] 张振民, 陆志方. 金川镍闪速炉的技术发展 [J]. 有色金属 (冶炼部分), 2003 (1): 6 ~ 8.

[40] 周民, 万爱东, 李光. 镍精矿富氧顶吹熔池熔炼技术的研发与工业化应用 [J]. 中国有色冶金, 2010, (1): 9 ~ 14.

[41] 盛广宏, 翟建平. 镍工业冶金渣的资源化 [J]. 金属矿山, 2005, 10 (10): 68 ~ 71.

[42] Archana Agrawal, Sahu K K. Problems, prospects and current trends of copper recycling in India: An overview [J]. Resources, Conservation and Recycling, 2010, 54: 401 ~ 416.

[43] 王玮, 高晓艳. 澳斯麦特镍精矿富氧顶吹熔池熔炼技术与实践 [J]. 有色冶金设计与研究, 2010, 31 (6): 9 ~ 11.

[44] 彭容秋. 铅冶金 [M]. 长沙: 中南大学出版社, 2004.

[45] 铅锌冶金学编委会. 铅锌冶金学 [M]. 北京: 科学出版社, 2003.

[46] 雷霆, 王吉坤. 熔池熔炼-连续烟化法处理有色金属复杂物料 [M]. 北京: 冶金工业出版社, 2008.

[47] 张乐如, 管国平. 铅冶炼烧结烟气污染与治理 [J]. 有色金属 (冶炼部分), 1998 (2): 2.

[48] 何蔼萍, 魏昶, 黄波, 等. 面向 21 世纪我国铅冶炼技术的改造和发展思考 [J]. 有色金属 (冶炼部分), 2000 (6): 2.

[49] 李东波, 张兆祥. 氧气底吹熔炼——鼓风炉还原炼铅新技术及应用 [J]. 有色金属 (冶炼部分), 2003 (5): 12 ~ 17.

[50] 李贵. 铅氧气底吹熔炼新工艺 [J]. 中国有色金属, 2008 (4): 67 ~ 68.

[51] 李卫锋, 张晓国, 郭学益, 等. 中国铅冶炼技术新进展 [J]. 矿冶, 2010, 19 (3): 54 ~ 57.

[52] 陈会成, 孔祥征, 张小国. 豫光炼铅法 (YGL) 的研发历程及生产实践 [C]. 见: 有色金属工业低碳发展——全国有色金属工业低碳经济及冶炼废气减排学术研讨会论文集, 2010: 79 ~ 81.

[53] 李卫锋, 陈会成, 李贵, 等. 低碳环保的豫光炼铅新技术——液态高铅渣直接还原技术研究 [J]. 有色冶金节能, 2011 (2): 14 ~ 18.

［54］李卫锋，杨安国，陈会成，等. 液态高铅渣直接还原试验研究［J］. 有色冶金（冶炼部分），2011（4）：10～13.

［55］周远翔，李栋. 液态铅渣的直接还原技术［C］. 见：锌加压浸工艺与装备国产化及液态铅渣直接还原专题研讨会论文集，中国有色金属学会重冶学委会，2009：1～7.

［56］杨华锋，翁永生，张义民. 氧气底吹-侧吹直接还原炼铅工艺［J］. 中国有色冶金，2010（4）：13～16.

［57］张立，蔺公敏，宾万达，等. 氧气侧吹还原炉及高铅渣熔融还原过程研究［C］. 见：全国第二届熔池熔炼技术及装备专题研讨会论文集，2011.

［58］王成彦，郜伟，尹飞，等. 铅冶炼技术现状及我国第一台铅闪速熔炼炉试产情矿［J］. 有色金属（冶炼部分），2010（1）：9～13.

［59］汪金良，吴艳新，张文海. 铅冶炼技术的发展现状及旋涡闪速炼铅工艺［J］. 有色金属科学与工程，2011，2（4）：14～18.

［60］刘庆华. 旋涡柱连续炼铅工艺原理及设计探讨［J］. 有色冶金设计与研究，2011，32（1）：4～8.

［61］陈海清，马兆华，刘亚雄. QSL炼铅法在我国的工业实践及主要操作参数的研究［J］. 湖南有色金属，2006，22（6）：12～16.

［62］李志强，李胜利. 富氧顶吹炼铅试生产实践［J］. 中国有色冶金，2010（2）：14～18.

［63］原和平. 铅鼓风炉富氧熔炼的生产实践［J］. 中国有色冶金，2004（6）：21～24.

［64］袁培新，李初立. SKS炼铅工艺降低鼓风炉熔渣含铅生产实践［C］. 见：中国首届熔池熔炼技术及装备专题研讨会论文集，2007.

［65］姚素平. 旋涡柱连续炼铅工艺的特点及产业化应用［J］. 中国有色冶金，2010，31（3）：8～10.

［66］刘庆华. 旋涡柱连续炼铅工艺原理及设计探讨［J］. 有色冶金设计与研究，2011，32（1）：4～8.

［67］Slobodkin L V，Sannikov Y A，Grinin Y A，et al. Kivcet Treatment of Polymetallic Feeds［C］. In：Lead－Zinc 2000 Symposium as Held at the TMS Fall Extraction and Process Metallurgy Meeting，Pittsburgh，PA，USA，2000：687～691.

［68］Myung Bae Kim，Woll Seung Lee，Yong Hack Lee. QSL Lead Slag Fuming Process Using an Ausmelt Furnace［N］. Lead－Zinc 2000，2000：331～343.

［69］梅光贵，等. 湿法炼锌学［M］. 长沙：中南工业大学出版社，2001.

［70］张乐如. 铅锌冶炼新技术［M］. 长沙：湖南科学技术出版社，2006.

［71］中南大学. 从含硫的铂族金属物料中氧压浸出铂族金属的生产方法：中国，ZL200910309985.3［P］. 2012-05-12.

［72］云南冶金集团股份有限公司技术中心. 钼镍共生原矿加压浸出法：中国，ZL 200910235314.9［P］. 2010-12-01.

［73］金创石，张延安，曾勇，等. 难处理金精矿的加压氧化-氯化浸出实验［J］. 东北大学学报，2011，32（6）：26～31.

［74］唐庚年，符金开. 锌精矿直接浸出研究［J］. 湖南冶金职业技术学院学报，2007，7（1）：88～90.

［75］李友刚，李波. 锌氧压浸出工艺现状及技术进展［J］. 中国有色冶金，2010（3）：26～29.

［76］徐志峰，邱定蕃，卢惠民. 锌精矿氧压酸浸过程的研究进展［J］. 有色金属，2005，57（2）：101～105.

［77］董巧龙. 锌精矿常压浸出与加压浸出工艺比较［J］. 中国有色冶金，2007（4）：24～26.

［78］陈永强，张寅生，尹飞. 锌铅混合精矿加压浸出过程研究［J］. 有色金属，2003，55（4）：58～61.

6   氧气在煤化工中的应用

6.1   概述

　　煤炭是世界一次能源的重要组成部分。自 19 世纪中叶产业革命到现在，煤炭一直占据着世界能源的首位。在未来的 50 年内，世界能源的发展趋势是以化石燃料为主导，煤炭能源仍将是世界主要能源。我国是世界上最大的煤炭生产国和消费国，也是世界仅有的几个以煤为主要能源的国家之一。煤炭是我国分布最广，储量最多的能源资源，在国民经济和社会发展中占有极其重要地位。据统计，2011 年我国产煤量高达 21.8 亿吨。约占能源消费量的 70%，预计到 2020 年煤炭在我国一次能源消费结构中，仍将会占到 60% 左右。

　　我国煤炭约 80% 原煤用于直接燃烧，燃烧排放出大量的有害气体和烟尘，使生态环境遭到严重破坏。统计表明，我国每年排入大气的污染物中有 80% 的烟尘、87% 的 SO_2、67% 的 NO_x 来源于煤的燃烧。到 2020 年氮氧化物排放量将达到 2639 万吨。因此，提高改进我国的能源结构，发展洁净煤技术，提高煤炭利用效率，减少煤炭利用带来的环境污染是必然的选择。解决这些问题的根本途径是研制和推广应用煤炭优化利用技术，应用煤炭汽化技术是减少环境污染、节能、发展工业的重要措施。

　　洁净煤技术（clean coal technology，CCT）的提出源于美国，是关于减少污染和提高效率的煤炭洗选加工及燃烧转化、烟气净化等一系列新技术的总称。20 世纪 80 年代以来，美国、日本、英国及欧共体等都成立了专门机构，并投入巨资用于此项技术开发和推广。1997 年中国国务院批准了《中国洁净煤技术"九五"计划和 2010 年发展纲要》，将发展洁净煤技术列为中国今后一个时期的战略主攻方向。我国中长期科学和技术发展规划纲要（2006~2020）指出："进入 21 世纪，能源科学与技术重新升温，为解决世界性的能源与环境问题开辟新的途径"。在国民经济发展第十一个五年规划中提出："发展煤化工，开发煤基醇醚燃料，有序推进煤炭利用示范工程建设，促进煤炭深度加工转化"。所以，开发利用煤炭能源，推广洁净煤技术已成为我国能源多元化战略的重要内容。

　　中国洁净煤技术是以煤炭洗选为源头，以煤炭汽化为先导，以煤炭洁净燃烧和发电为核心的技术体系。煤炭汽化、煤炭汽化联产、烟气脱硫技术和低 NO_x 燃烧技术被列为国家洁净煤发展的重点。

　　煤汽化是将煤炭转化为煤气的技术，是洁净、高效利用煤炭的先导技术和主要途径之一，是燃料电池、煤气联合循环发电技术等许多能源高新技术的关键技术和重要环节。煤气的应用领域非常广泛，包括燃料气（工业燃气或民用燃气）、化工原料气、煤气联合循环发电、燃料电池和液体燃料等。Gyar 在《汽化技术：21 世纪的洁净、低成本能源之路》一文中指出：煤汽化技术具有原料和产品灵活、近零污染物排放、热效率高、二氧化碳容易捕集、原料和操作维护费用低的特点，预计在 21 世纪将成为新一代能源工业的核心。中国适于汽化的煤炭资源约占全部煤炭资源的 80%，因此发展煤炭汽化技术在我国很有必要、很有优势。

煤汽化普遍采用富氧空气或氧气，如煤汽化的几个主要工艺就采用了氧气，如果按照氧煤比 0.8kg/kg 计算，我国 2020 年煤制油产能将达到 3600~3900 万吨（每吨耗煤 6.4吨），甲醇 3000~4000 万吨（每吨耗煤 1.65 吨，中国环保总局，《煤汽化技术在中国煤化产业中应用现状调查》（2007）），化肥 6027 万吨（2011 年数据，每吨耗煤 1.66 吨），耗煤总量将达到 3.67 亿吨，如果全部通过汽化，氧气消耗 2.9 亿吨，折合 $2.03×10^{10}m^3$，氧气用量巨大，因此煤化工是氧气的另一个主要的应用领域。

6.2 我国煤化工产业发展状况

6.2.1 焦化

6.2.1.1 冶金焦

在煤炭化学转化技术中，焦化是发展最为成熟的煤炭化学加工方法，其主要目的是制取冶金用焦炭，同时副产煤气和其他化学品等；焦炭是钢铁工业的主要炭质还原剂，焦化工业的发展主要依赖于钢铁工业的发展。

我国焦炭工业主要分布在炼焦煤产地和钢铁大省。目前，全国共有焦炭生产企业约1400 家，生产能力处于过剩状态。据中国炼焦行业协会统计，2007 年我国焦炭产总量约为 3.4 亿吨，占全球焦炭总量的近 60%。其中焦炭产能超过 1000 万吨的省份有山西、河北、山东、河南及辽宁。

"十五"规划以来，按照结构调整的要求，产品结构和产业集中度有所改观，现代化大型机焦比重得到了大幅度提升。

随着我国拉动内需促进增长的积极经济政策的影响，近期内我国焦炭消费有望回升并仍将保持一定水平的增加。

从发展趋势上看，国内钢铁工业用焦比例将达到 85%~90%，逐步接近发达国家钢铁工业的焦炭消耗水平。据资料预测到 2011 年国内钢铁产量达到 6.8 亿吨，若平均用焦比率按 300kg/t（钢）计算，届时对焦炭的需求约为 2.04 亿吨。铸造、化工、有色冶金、铁合金等其他行业消耗焦炭约可达到 9000 万吨以上。

6.2.1.2 半焦

20 世纪 80 年代后期，随着神府煤田的开发，以侏罗纪不黏和弱黏煤为主要原料，应用低温干馏的方法生产炭质还原剂。半焦的性能完全可以满足铁合金、电石、合成氨等行业的需求，而且半焦的价格低，已成为这些行业的专用焦。以不黏煤为原料生产半焦替代冶金焦用于铁合金、电石、合成氨等行业，对于缓解我国炼焦煤短缺，充分有效地利用煤炭资源具有重要意义。

半焦产地主要分布在晋、陕、蒙、宁四省区交界地带，目前年生产能力大约 3000 万吨，副产焦油 280 万吨左右。据 2010 年相关数据，铁合金领域将需焦炭和半焦 1800 万吨/年；电石领域需要焦炭或半焦 600 万吨/年；高炉喷吹领域半焦需求量至少在1000 万吨/年以上；合成氨用半焦需求量至少 1000 万吨/年。另外，固定床汽化需要 500万吨/年以上，活性焦需要 100 万吨/年以上，无烟燃料至少需要 100 万吨/年。因此，半焦的需求量可达到 5000 万吨/年以上的规模。伴随产业结构的调整优化和大型企业的介入，半焦产业集中度将得到有效提高，其市场空间也必将得到实质性拓展。

6.2.2　煤汽化及化学品合成

煤炭汽化是发展煤基化学品、煤基液体燃料、IGCC 发电、多联产系统、制氢等工艺过程的共性技术和关键技术。煤汽化是主要的用氧部门。

由于合成氨、甲醇、二甲醚、煤制油、煤制烯烃等产业的快速发展，我国煤炭汽化工艺正由老式的 UGI 炉块煤间歇汽化迅速向先进的粉煤汽化工艺过渡，呈现出对各类粉煤汽化技术装备的强劲需求。

（1）煤汽化——合成氨。

近年来，国内化肥市场产销两旺。随着农村经济、农业生产发展和需求增长，国内化肥市场和价位持续走高，除氮肥以外，磷肥、钾肥近年来也有较大发展，直接推动了国内合成氨的较快发展。

目前新建或改造的合成氨生产能力以 15~30 万吨/年的规模较多，原料分为煤炭、石油、天然气，受国内石油和天然气资源制约，以煤为原料生产合成氨是今后发展的方向，预计占到 60% 以上。

国内先进煤汽化技术研究开发近年来也有进展，四喷嘴水煤浆气流床汽化技术正在进行工业示范，已开展千吨级工业运行试验；干煤粉气流床汽化技术正在进行试开发；加压流化床汽化技术正在进入工业开发。国内煤汽化技术的发展将为我国自有知识产权的煤基合成氨产业提供技术支持，推动煤基合成氨产业技术的全面进步。

（2）煤汽化——甲醇。

目前，甲醇生产能力正处于快速发展阶段，新建或拟建项目较多，规模大多在 10~60 万吨/年，生产能力将超过 700 万吨/年。

煤炭是国内生产甲醇的主要原料，煤基甲醇产量约占总产量的 70% 以上。今后甲醇消费仍然以化工需求为主，需求量稳步上升；作为汽油代用燃料，主要方式以掺烧为主，局部地区示范和发展甲醇燃料汽车，消费量均有所增加。预计几年后中国国内甲醇生产、消费量将达到平衡，国内生产企业之间、国内甲醇与进口甲醇之间的竞争将日趋激烈，降低生产成本对市场竞争显得更为重要。

发展甲醇下游产品将是未来煤基甲醇发展方向。甲醇是重要的基础化工原料，其下游产品有：醋酸、甲酸等有机酸类；醚、酯等各种含氧化合物；乙烯、丙烯等烯烃类；二甲醚、合成汽油等燃料类。结合市场需求，发展国内市场紧缺特别是可以替代石油化工产品的甲醇下游产品是未来大规模发展煤基甲醇生产、提高市场竞争能力的重要方向。

（3）煤汽化——联产烯烃、二甲醚。

近年来，中国是世界上聚烯烃生产和消费发展最快的国家，聚乙烯、聚丙烯生产量、消费量、进口量均以较快速度增长。据相关资料，2010 年国内乙烯需求总量在 2100 万吨以上，生产能力也有较大增长。目前，中国石化行业的乙烯生产基本为石脑油法，国内聚乙烯工业处于供不应求、继续发展的态势，发展煤基甲醇-乙烯-聚乙烯工业生产路线有多方面的作用和意义。

目前合成气制烯烃已成为 F-T 合成化学中新的研究方向之一。一些研究结果已显示出诱人的工业化前景。中科院大连化物所进行的甲醇裂解制烯烃的研究居世界领先地位，甲醇转化率达到100%，对烯烃的选择性高达85%~90%。国内外对于将甲烷摆脱造气工序直接氧化脱氢生成乙烯的研究也颇为重视。中科院兰州化物所通过3年多的努力，取得了甲烷转化率25%~35%，对C2（含有两个碳原子的有机化合物）的选择性为70%~80%的可喜进展，目前该项研究已被列为科技部科技攻关重点项目。但是，由于还存在一些在转化过程中的核心问题有待解决，因此，该类项研究距离实际工业化尚有一定距离。

煤制甲醇脱水生产二甲醚的技术是成熟的。二甲醚作为汽车燃料的研究和试验正在进行，替代LPG作为城镇民用燃料被认为是更容易实现的利用途径。由于目前尚缺乏二甲醚运输、储存、燃烧等配套方法及装备的系列标准，一些企业在二甲醚生产能力建设方面持由小逐渐扩大的谨慎态度。

6.2.3　煤液化

煤制油包括煤炭直接液化和间接液化。其产品以汽油、柴油、航空用油以及石脑油、烯烃等为主，产品市场潜力广阔。对低温浆态床合成油（间接液化）中试装置，已经进行了长周期试验运行，开发出了配套铁系催化剂；完成了10万吨/年和100万吨/年级示范工厂的工艺软件包设计和工程研究。低温浆态床合成油可以获得约70%的柴油，十六烷值达到70以上，其他产品有LPG（5%~10%）及含氧化合物等。

煤直接液化始于19世纪中叶，至20世纪60年代，特别是1973年石油大幅度提价后，煤直接液化工作又受到重视，对新工艺研发一直持续到现在，积累了从基础工艺研究到中间试验的大量经验。

目前我国在建和拟建煤制油的公司主要包括神华集团、兖矿集团、潞安矿业集团和内蒙古伊泰集团。神华煤直接液化百万吨级示范工程于2008年12月30日开始投煤试车，打通了全厂生产工艺流程，生产出合格的石脑油和柴油等目标产品；这标志着我国成为世界上唯一掌握百万吨级煤直接液化关键技术的国家；目前，神华煤直接液化工艺技术已经在美国、德国、日本等13个国家申请了专利保护，并取得俄罗斯、乌克兰等国家的专利授权。兖矿集团1998年开始煤制油研发，2006年4月21日，山东兖矿集团榆林煤制油项目开工奠基，项目主要分两期建设，一期工程计划于2013年建成年产500万吨油品的规模；二期建设规模是年产油品1000万吨。潞安矿业集团的16万吨/年煤制油示范项目两台汽化炉于2008年9月15日成功点火，标志着项目具备化工投料试车条件。

国内煤制油技术和工业化尚处于发展初期，采用技术引进和自主开发两条途径推动发展速度。预计到2020年期间，中国将基本建成煤制油工业产业，并在国内发动机燃料供应和替代石油化工品方面起到重要作用。以下将重点介绍用氧最大的煤汽化技术。

6.3　煤汽化技术

6.3.1　煤的汽化反应

煤汽化是通过不完全燃烧，将煤转化为含 H_2、CO、CH_4 等有效成分的气态物质的过程。一般将煤汽化过程的化学反应分成两种类型：（1）非均相的气固反应，气相可能是最初的汽化剂，也可能是汽化过程的产物，固相指煤中的碳；（2）均相的气相反应，反应物可能是汽化剂，也可能是汽化产物。煤汽化的化学反应主要包括下列反应：

（1）非均相反应。

1）部分燃烧：　　　　　　$C+1/2O_2 \rightleftharpoons CO$　　　　$\Delta H = -139.2 \text{kJ/mol}$　　　　（6-1）

2）完全燃烧：　　　　　　$C+O_2 \rightleftharpoons CO_2$　　　　$\Delta H = -392.9 \text{kJ/mol}$　　　　（6-2）

3）碳与水蒸气反应：　　　$C+H_2O \rightleftharpoons CO+H_2$　　$\Delta H = 162.6 \text{kJ/mol}$　　　　（6-3）

4）Boundouard 反应：　　$C+CO_2 \rightleftharpoons 2CO$　　　$\Delta H = 160.5 \text{kJ/mol}$　　　　（6-4）

5）加氢反应：　　　　　　$C+2H_2 \rightleftharpoons CH_4$　　　$\Delta H = -87.3 \text{kJ/mol}$　　　　（6-5）

（2）气相燃烧反应。

1）　　　　　　　　　　　$H_2+1/2O_2 \rightleftharpoons H_2O$　　　$\Delta H = -571.6 \text{kJ/mol}$　　　　（6-6）

2）　　　　　　　　　　　$CO+1/2O_2 \rightleftharpoons CO_2$　　　$\Delta H = -283.0 \text{kJ/mol}$　　　　（6-7）

（3）均相反应。

1）均相水煤气反应：　　　$CO+H_2O \rightleftharpoons H_2+CO_2$　$\Delta H = -4.2 \text{kJ/mol}$　　　　（6-8）

2）甲烷化反应：　　　　　$CO+3H_2 \rightleftharpoons CH_4+H_2O$　$\Delta H = 205.6 \text{kJ/mol}$　　　　（6-9）

上述式中列出的焓变（即吸放热值）为 25℃，100kPa 状态下的吸放热值。

在非均相反应中，以水蒸气与碳的反应（式 6-3）和 CO_2 与碳的反应（式 6-4）这两个反应的意义最大，因为煤气有效成分（CO 和 H_2）的含量主要取决于 CO_2 还原反应和水蒸气分解反应，水蒸气和碳反应，生成 CO 和 H_2，这个反应需要吸收大量的热。CO_2 和碳反应生成 CO，这个反应又被称为 Boundouard 反应，也是一个吸热反应。碳与 H_2 反应直接转变成 CH_4 的加氢汽化反应（式 6-5），对于制取合成天然气很重要。碳与氧的部分燃烧反应（式 6-1）或完全燃烧反应（式 6-2）和非均相的水煤气反应（式 6-3）结合在一起，对自热式过程有重大意义。

在均相反应中，一个重要的反应是式 6-8（均相水煤气变换反应），在这个反应中 CO 与水蒸气反应转变成 CO_2 和 H_2，因此在工艺过程中，往往利用这个反应，把 CO 全部或部分转变成 H_2，而使得 CO 和 H_2 之间达到合适的比例。另一个重要的反应是甲烷化反应见式 6-9，使 CO 和 H_2 转变成 CH_4。这两个反应都是在有催化剂存在时进行。

从反应动力学上讲，增大反应界面，有利于反应的快速进行，所以粉煤汽化是发展方向。

6.3.2　国内外煤汽化技术发展概况

早在 20 世纪 20 年代，世界上就出现了常压固定床煤气发生炉，20 世纪 30 年代到 50 年代，用于煤汽化的加压固定床鲁奇炉（Lugri）、常压流化床温克勒炉（Wiknler）和常压气流床 K-T 炉先后实现了工业化，这批煤汽化炉型一般称为第一代煤汽化技术。

第二代煤汽化技术开发于 20 世纪 60 年代，由于当时国际上石油和天然气资源的开采及利用，制取合成气技术进步很快，大大降低煤气制造成本，使煤炭汽化技术开发进程受阻。20 世纪 70 年代全球出现石油危机后，又促进了煤汽化新技术开发工作的进程，到 20 世纪 80 年代，开发的煤汽化新技术，有的实现了工业化，有的完成了示范试验，具有代表性的炉型有德士古（Texaco）水煤浆加压汽化炉、熔渣鲁奇炉、高温温克勒炉（HTW）及谢尔（Shell）干粉煤加压汽化炉等。第二代煤汽化技术的主要特点是：提高汽化炉的操作压力和温度，提高单炉生产能力，扩大原料煤的品种和粒度使用范围，改善生产的技术经济指标，减少污染以满足环保要求。

煤汽化技术在中国已有近百年的历史。全国有近万台各种类型的汽化炉在运行，其中以固定床汽化炉为最多。如氨肥工业中应用的 UGI 水煤气炉就达 4000 多台；生产工业燃气的汽化炉近 5000 台，其中还包括近年来引进的两段汽化炉和生产城市煤气和化肥的 Lugri 炉、Winkler、U-Gas 流化床汽化和 Texaco。气流床汽化等先进技术则多用于化肥工业，但数量有限。就总体而言，中国煤汽化以传统技术为主，工艺落后，环保设施不健全，煤炭利用效率低，污染严重。

近 40 年来中国在研究与开发、消化引进技术方面进行了大量工作。20 世纪 50 年代末到 80 年代初进行了仿 K-T 汽化技术研究与开发，煤炭科学研究院煤炭化学研究所在 20 世纪 60 年代开始进行流化床汽化技术的研究工作，从"六五"起连续承担了国家科技攻关项目，进行加压固定床和加压流化床汽化技术的研究工作，"八五"期间与上海发电设备成套研究所联合攻关，进行了流化床汽化技术的工艺试验，同时开展了低热值煤气补燃试验和燃气轮机叶片磨蚀试验。"九五"期间，华东理工大学洁净煤技术研究所、兖矿鲁南化肥（水煤浆汽化及煤化工国家工程研究中心）和中国天辰化学工程公司共同承担了国家"九五"科技攻关项目——新型（多喷嘴对置）气流床汽化炉，利用喷嘴对置形成的撞击流加强和优化汽化过程，由此取得了在相同工艺条件下各项技术指标均普遍优于 Texaco 炉的成果，目前多喷嘴对置式气流床汽化炉由水煤浆进料形态拓展到干煤粉，并具备工业化条件。

现阶段我国先进的煤汽化装置基本为引进技术，国内开发的技术还缺乏工业化应用检验。

6.3.3 煤汽化技术分类及特点

煤气炉有很多种类型。按气、固在汽化炉中的运动状态，可将汽化方法分为：移动床（Moving-bed，因实际煤的下行速度很慢，也有称为固定床，Fixed-bed）汽化；流化床（Fluidized-bed）汽化；气流床（Entrained-bed）汽化；熔融床（Molten-bath）汽化。

（1）移动床汽化炉内气、固逆流接触，其冷煤气效率高于流化床和气流床。但汽化能力低，要求用块煤或型煤为原料。由于炉出口温度低，煤中挥发物质不易分解，甲烷含量高，要求设置焦油、酚水处理系统，环保费用高。随着现代化机械采煤技术的进步，优质块煤的产量越来越少，价格也越来越高，常压固定床汽化技术的燃料供应问题日益突出，发展受到了一定的限制。

（2）气流床汽化炉内的气、固停留时间在 1s 左右，但由于其汽化温度高（1400 ~ 1600℃），煤粉颗粒直径小（小于 $100\mu m$），所以反应速度快，汽化能力大。由于操作温度较高，因而氧耗较高；大量煤转化为热能，而不是化学能，其冷煤气效率低。除尘系统庞大，废热回收系统昂贵，备煤系统复杂，耗电量大，对炉衬的耐火材料要求高。

（3）熔融床汽化炉对设备材质要求较高，设备投资大，目前没有形成工业规模。

（4）流化床具有汽化炉结构简单，操作温度适中，操作方便，处理能力高，产品气不含焦油、酚类，适用煤种广，可使用碎煤为原料等优点。随着采煤机械化程度的提高，粉煤日渐增多。流化床这种方法由于可直接利用煤矿生产的 10mm 以下碎煤，因而受到世界各国的重视，并得到迅速发展。在近期开发的煤汽化方法中，流化床炉型占据一定比例，流化床汽化的优越性被越来越多的人所认识。但由于存在稀相段，所以该工艺过程按单位容积计的汽化强度不高；由于气泡的存在，导致气固接触不良；煤气中粉尘含量高；碳转化率比固定床和气流床汽化炉低。

常压流化床汽化技术操作温度较低，对原料煤的汽化反应性有严格的要求。循环流化床汽化技术采用高效分离器将飞灰分离，进一步提高了能量转化的效率，降低了对于反应性的要求。但是，由于流化床汽化技术整体操作温度较低，其碳转化率较其他形式的汽化炉要低，这是流化床汽化技术亟需解决的问题。气流床汽化炉在高温高压的反应条件下可以实现煤的高效转化，目前典型的气流床汽化技术的碳转化率均大于 98%，冷煤气效率一般均大于 70%，是目前煤汽化技术特别是大型煤汽化技术的发展方向。但气流床汽化技术也有一些问题，如投资成本较高、关键部件寿命较短导致可用率较低等。因此，目前的汽化技术或多或少还存在一些需要解决的问题，这也是目前煤汽化技术发展完善的目标之一。

高压煤汽化技术的发展是目前煤汽化技术发展的重要方向。一般来说，在高压条件下汽化炉的处理量和汽化性能较常压汽化技术有较大提升。操作压力为 3MPa 时汽化炉的处理量为常压操作条件的 5 倍左右，因此在相同处理量的情况下可以大大减小设备的尺寸，同时，加压操作也利于后续的净化合成等操作。以 GE 气流床汽化技术为例，由于采用水煤浆给料，操作压力可以达到 8.3MPa，这意味着在化工合成中（如合成氨工艺为 7MPa）不需要对汽化气进行增压即可输送至合成工段进行合成，从而简化了合成工艺流程。在固定床汽化领域，针对常压固定床汽化炉汽化强度低的弱点发展的加压固定床汽化技术目前已经成熟，是目前加压煤汽化中应用最多的炉型，并已完全国产化，主要用于大规模煤化工项目。加压的液态排渣固定床汽化技术是在干法排渣加压固定床汽化炉的基础上发展起来的，液态排渣汽化炉汽化温度更高，处理能力得到大幅度的提高，同时通过将粒度较小的粉煤和废液通过喷嘴喷入炉内的方法，提高了煤的利用率，是目前非常有应用前景的一项汽化技术。加压流化床汽化技术主要有 HTW、U-GaS 和 KRW 三种。主要以活性高的煤为原料生产合成气。

采用加压汽化技术提高了流化床汽化炉的碳转化率，但相对于固定床汽化炉和气流床汽化炉，加压流化床汽化炉汽化效率仍较低。由于飞灰在反应器内的停留时间较短，虽经过多次循环仍然无法达到较高的转化率，这也是限制其大规模应用的主要障碍之一。因此，飞灰的合理利用是提高流化床汽化炉碳转化率的关键。在此基础上发展起来的流化床汽化联合流化床燃烧方式将未完全汽化的灰渣和飞灰送到流化床燃烧，解决了流化床汽化炉碳转化率低的问题，已经成为目前研究和技术开发的热点。加压气流床汽化技术目前的主要发展方向主要在提高汽化炉的可用率方面，如对汽化炉喷嘴和耐火砖进行完善，提高喷嘴的使用寿命，从而减少停炉次数，提高运行的经济性。

从以上分析可以看出，各种汽化工艺都存在着固有的优缺点，因此都有其存在和发展的空间，即各种汽化方法在特定的条件下都有适宜的应用领域。所以在第二代煤气技术中既有移动床（如 Brtiishoas urgi）和流化床（如 HTW，U-Gas，K-W），也有气流床（如 Texaco，Shell）。从当前煤汽化技术发展趋势看，大型化、加压、适应多煤种、低污染、易净化是煤汽化发展的方向。具体表现为倾向以煤粉或水煤浆为原料，以高温、高压操作的气流床和流化床炉型为主的趋势。

6.3.4 典型煤汽化技术

大规模高效煤汽化技术是发展煤基化学品生产、煤基液体燃料（合成油品、甲醇、二甲醚等）、先进的 IGCC 发电、多联产系统、制氢、燃料电池、直接还原炼铁等过程工业的基础，是这些行业的公共技术、关键技术和龙头技术。

煤汽化技术种类繁多，这里仅介绍在国内已工业化、技术成熟的典型煤汽化技术。分固定床汽化、流化床汽化和气流床煤汽化技术三大类（典型技术见图 6-1），从汽化炉炉型、技术参数、原料煤的要求、应用情况等方面进行介绍。

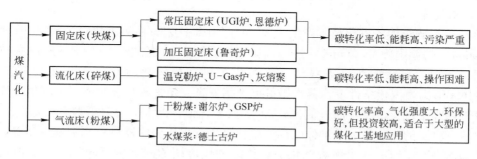

图 6-1 典型煤汽化技术

6.3.4.1 固定床汽化技术

固定床煤汽化技术主要有间歇固定床汽化炉（UGI）、鲁奇（Lurgi）炉和 BGL（鲁奇改进）汽化炉，技术参数见表 6-1。

表 6-1 三种固定床汽化炉的技术参数

汽化炉型	操作温度/℃	操作压力/MPa	$CO+H_2$ 含量/%	碳转换率/%	冷煤气效率/%	比氧耗（标态）/$kg \cdot m^{-3}$（$CO+H_2$）	比煤耗（标态）/$kg \cdot m^{-3}$（$CO+H_2$）	单台炉加煤量/t	排渣方式	专利商
Lurgi	900~1050	3.0	>65	90	93	2.2×10^5		1000	固态排渣	德国
BGL	1400~1600	2.5~4.0	>88	99.5	89	$(1.9~2.3) \times 10^5$	$(4.6~4.8) \times 10^5$	1200	液态排渣	美国
UGI	950~1250	常压	68~72	59~62	41		3.3×10^5	60	固态排渣	

注：比煤耗、比氧耗的数量仅作参考，主要与多用煤种的煤质有直接关系。

（1）UGI 常压固定床汽化技术的优点是操作简单、投资少，但技术落后，能力和效率低，污染严重，以常压（0.053MPa）的汽化炉为例，单台炉投煤量仅为60t/d，且原料为 25~80mm 的无烟块煤或焦炭。

（2）Lurgi 碎煤加压汽化技术。Lurgi 碎煤加压汽化技术产生于 20 世纪 30 年代，由联邦德国鲁奇公司开发，属第一代煤汽化工艺。Lurgi 加压煤汽化是一个自热式、逆流移动床生产工艺，采用氧气-水蒸气为氧化剂。块煤通过顶部的闸斗仓进入煤锁中，然后煤进入加压汽化炉，依次经历干燥、干馏、汽化、燃烧、灰渣排出等物理化学过程之后，生产的灰渣经过炉箅子的刮刀排向灰锁。汽化剂通过喷嘴进入汽化炉底，经炉箅分布均匀后与煤逆流接触和反应。生成的粗煤气从汽化炉上部煤裙外围环形空间出来，进入洗涤冷却器。Lurgi 碎煤加压汽化炉如图 6-8a 所示。鲁奇（Lurgi）固定床汽化工艺成熟可靠，汽化温度 900～1050℃，包括焦油在内的汽化效率、碳转化率、汽化热效率都较高，氧耗是各类汽化工艺中最低的，原料制备、排渣处理成熟。煤气热值是各类汽化工艺中最高的，它最适合生产城市煤气。若选择制合成气存在以下问题：煤气成分复杂，合成气中含有甲烷7%～10%，如果将这些甲烷转化为 H_2 和 CO，势必增大投资，成本高，有大量污水需要处理。污水中含大量焦油、酚、氨、脂肪酸、氰化物等，因此要建焦油、酚、氨回收装置和生化处理装置，会增加投资和原材料消耗，该汽化技术需 15～50mm 的块煤。块煤价格高，将增加成本。

（3）BGL 碎煤熔渣汽化技术产生于20世纪70年代末，由英国煤气公司（British Gas Corporation）与德国鲁奇（Lurgi）公司合作开发。BGL 炉是在鲁奇（Lurgi）炉基础上的改进型，由固态排渣改为液态排渣，该汽化炉可直接汽化含水量大于 20% 的煤，在1400～1600℃高温汽化条件下，蒸汽用量可大幅下降，90%～95% 的蒸汽在汽化过程中分解，不仅提高了汽化效率，而且使汽化废水量减少 80% 以上，可降低脱酚、脱氨装置的规模，减少废水的排放量。该炉体结构简单，采用常规压力容器材料和常规耐高温炉衬及循环冷却水夹套。BGL 碎煤熔渣汽化炉炉体结构比传统的固态排渣固定床加压汽化炉简单，煤锁和炉体的上部结构和固态排渣的鲁奇炉大致相同，不同的是用渣池代替了炉箅。煤通过顶部的闸斗仓进入加压汽化炉，当煤逆着向上的气流在汽化炉中由上向下移动时，依次经历干燥、干馏、汽化、燃烧过程。在汽化炉的下部设有喷嘴，喷嘴将汽化剂喷入燃料层底部，形成一个处于扰动状态的燃烧空间，并生成一个高温区，高温可以使灰熔化，并提供热量以支持汽化反应。生成的粗煤气从汽化炉上部煤裙外围环形空间出来，进入洗涤冷却器。液态灰渣先排到炉底收集池里，然后再自动排入水冷装置形成熔渣状固体，最后排出。BGL 碎煤熔渣汽化炉如图 6-8b 所示。

3 种固定床汽化炉对原料煤的要求和适合煤种见表 6-2。

表 6-2　3 种固定床汽化炉对原料煤的要求和适合煤种

汽化炉型	对原料煤的要求	适合煤种
Lurgi	15～50mm 粒煤，灰含量小于 25%，抗碎强度>65%，热稳定性>60%	褐煤、长焰煤和烟煤
BGL	煤的灰熔点 1400～1600℃	泥煤、褐煤、烟煤、贫煤
UGI	25～50mm 的煤块或煤球、煤棒	无烟煤、不黏结烟煤、焦炭、煤球等

如今国家原则上已不允许新建固定床汽化炉。

6.3.4.2　流化床汽化技术

流化床汽化技术主要有恩德汽化炉、U-GAS 汽化炉和灰熔聚汽化炉等，技术参数见表 6-3。

（1）恩德炉由温克勒汽化炉演变而来，来自朝鲜，目前主要用于生产燃料气和合成氨等。适应于褐煤、长焰煤等，对煤的灰分不是特别敏感，使用含水 12% 以下的小于

10mm 的粉煤，汽化炉温度控制在 $1000 \sim 1050 ℃$，汽化炉底部为特殊形状的锥形，以布风喷嘴取代了炉箅，在汽化炉出口有旋风除尘器和返料装置，旋风除尘器后是废热锅炉，减少了煤气中带出飞灰对废热锅炉炉管受热面的磨损。不足之处是常压汽化，汽化效率和碳转化率有待提高。

（2）U-Gas 汽化技术。U-Gas 流化床汽化工艺产生于 1974 年，由美国燃气工艺研究所（GII）自主研发，属于单段循环流化床粉煤汽化工艺。汽化炉内借助吹入的 O_2、蒸汽、CO_2 等汽化剂，使粉煤固体在床层中沸腾流化。

在高温条件下，汽化剂与粉煤充分混合接触，发生煤的热解和氧化还原反应，最终达到煤的汽化。煤灰在汽化炉内中心高温区黏聚形成灰球，借助煤和灰的密度差，使灰球与煤粉分离并从炉底排出。同时，随粗煤气带出的煤粉尘，经旋风除尘分离器分离后再返回汽化炉内与新加入的煤粉一起进行汽化反应，从而提高煤的利用率和碳转化率。U-Gas 汽化炉如图 6-8c 所示。

（3）灰熔聚流化床技术是中科院山西煤化所开发的煤汽化技术，汽化压力分别为 $0.3MPa$、$0.5MPa$、$1.0MPa$，单台汽化炉处理煤的能力为 $100 \sim 500t/d$，目前有企业采用该技术。

表 6-3　三种流化床汽化炉的技术参数

汽化炉型	操作温度 /℃	操作压力 /MPa	CO+H_2 含量/%	碳转换率 /%	冷煤气效率 /%	比氧耗（标态，CO+H_2）/kg·m^{-3}	比煤耗（标态，CO+H_2）/kg·m^{-3}	单台炉日加煤量 /t	排渣方式	专利商
恩德	1000 ~ 1050	常压	>68	92	76	$(1.9 \sim 2.1) \times 10^5$	5.8×10^5	500 ~ 600	固态排渣	辽宁恩德公司
U-GAS	950 ~ 1050	0.25 ~ 1.0	68 ~ 74	88 ~ 95	80	$(3.2 \sim 3.6) \times 10^5$	$(5.7 \sim 6.4) \times 10^5$	300 ~ 1200	固态排渣	美国 SES 公司
灰熔聚	1050 ~ 1100	0.3、0.5、1.0	>70	86	73	3.67×10^5	5.53×10^5	100 ~ 500	固-液态排渣	中科院煤化所

注：比煤耗、比氧耗的数量仅作参考，主要与多用煤种的煤质有直接关系。

不同流化床技术对煤质的要求见表 6-4。

表 6-4　流化床汽化炉对原料煤的要求和适合的煤种

汽化炉型	对原料煤的要求	适合煤种
U-GAS	外水低于 4%，内水无要求，灰含量低于 40%，≤6mm 煤料	褐煤、长焰煤和不黏结烟煤
恩德	水分低于 12%，灰含量低于 40%，≤10mm 煤料	褐煤、长焰煤和不黏结烟煤
灰熔聚	水分低于 7%	褐煤、长焰煤、烟煤、无烟煤

6.3.4.3　气流床汽化技术

典型的气流床汽化技术，国外有美国德士古（现属于 GE）公司水煤浆汽化（Texaco）炉、荷兰壳牌（Shell）粉煤汽化炉和德国西门子公司的 GSP 粉煤汽化炉，国内有多喷嘴对置式水煤浆汽化炉、两段干煤粉加压汽化炉、国产新型四喷嘴干煤粉加压汽化炉、多料浆单喷嘴顶置汽化炉（MCSG）和 HT–L 航天炉。

A　Texaco 水煤浆加压汽化技术

Texaco 煤汽化工艺特点为：Texaco 煤汽化工艺以水煤浆为原料，纯氧为汽化剂，液态排渣，其加压汽化过程属于气流床并流反应过程。Texaco 汽化炉炉体为直立圆筒形钢制耐压容器，炉膛内衬高质量耐火砖，防止炽热炉渣和粗煤气热侵蚀。耐火砖使用寿命一般为 1 ~ 2 年。在中国 Texaco 汽化炉已有 16 年的运行经验。

Texaco 水煤浆汽化过程主要包括磨煤、煤浆的制备和输送、汽化和废热回收、灰水处理和公用工程等工序。原料煤块经碎煤机粉碎成直径小于 10mm 的碎煤，碎煤经计量后与一定量的水混合并进入磨煤机磨成细颗粒，将煤粉加水制成浓度为 65% ~ 70% 的水煤浆（若原料煤灰熔点高，需在进磨煤机前加一定比例的助溶剂、添加剂等）。通过滚筒筛滤去大颗粒后，流入磨机出口槽，最后经磨机出口槽泵和振动筛送进煤浆储槽中。煤浆储槽中的煤浆由高压煤浆给料泵输送至汽化炉喷嘴，与空分装置来的 O_2 一起喷入汽化炉。水煤浆经烧嘴在高速 O_2 流的作用下破碎、雾化喷入汽化炉膛。O_2 和水煤浆在 1350 ~ 1400℃ 高温的炉膛内，迅速预热、水分蒸发、煤干馏、挥发物裂解燃烧以及碳的汽化等一系列复杂的物理、化学过程。生成以 CO、H_2、CO_2 和水蒸气为主的粗煤气，经汽化炉底部的激冷室激冷后，气体和固渣分开。粗煤气经喷嘴洗涤器进入碳洗塔，冷却除尘后，进入 CO 变换工序。汽化炉出口灰水经灰水处理工段四级闪蒸处理后，部分灰水返回碳洗塔作洗涤水，经泵进入汽化炉，部分灰水送至废水处理。熔渣被激冷固化后进入破渣机。Texaco 煤汽化工艺流程见图 6-2。

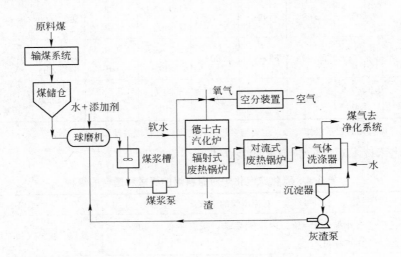

图 6-2　Texaco 煤汽化工艺流程

20 世纪 50 年代，美国德士古公司成功开发了 Texaco 水煤浆加压汽化技术。该技术中，将原料煤、水及添加剂等送入磨机磨成水煤浆，由高压煤泵送入汽化炉喷嘴，与来自空气的 O_2 经烧嘴一并送入炉中，在高温高压条件下发生部分氧化反应。离开汽化炉的粗合成气和熔渣进入激冷室，粗合成气经第一次洗涤被水淬冷后，温度降低，被水蒸气饱和后出汽化炉；煤灰在炉内高温熔融成液体，经下降管进入激冷室，被水激冷成粒状玻璃体，然后排出。

目前 Texaco 水煤浆加压汽化工艺仍是广泛应用的煤汽化技术之一，Texaco 水煤浆汽化炉如图 6-8e 所示。它是以氧气为汽化剂与水煤浆混合雾化后一起高速通过喷嘴进入气流床反应器（也称为汽化炉），并在高温下发生不完全氧化反应，最终生成 H_2、CO 合成气体，可用于生产合成氨、甲醇二甲醚、醋酸等化学品和循环发电。汽化过程为达到较高碳转化率，采用部分氧化反应释放大量热能，维持反应器内温度在煤灰熔点温度以上。

国内已在渭河、鲁南、上海焦化、淮南等地引进了多套装置。除含水分高的褐煤以外，大部分烟煤、石油焦等均可作为德士古煤汽化炉的汽化原料，制成 60% ~ 65% 浓度的水煤浆，煤中灰分含量以不超过 20% 为宜。工业装置使用汽化压力在 2.8 ~ 6.5MPa，汽化温度在 1300 ~ 1400℃，$CO+H_2$ 含量达到 80% 以上。

B Shell 煤汽化工艺

壳牌粉煤汽化是壳牌公司开发的独具特色的洁净煤汽化工艺。Shell 公司在渣油汽化技术取得工业化成功经验的基础上，于 1972 年开始从事煤汽化研究。1978 年第 1 套中试装置在德国汉堡建成并投入运行。1987 在美国休斯敦建成的日投煤量 250 ~ 400t 的示范装置投产。1993 年在荷兰的丹马克电厂建成投煤量 2000t/d 的大型煤汽化装置。该装置用于联合循环发电，为单系列操作，装置开工率达 95% 以上。

（1）Shell 煤汽化工艺特点。Shell 煤汽化工艺以干煤粉为原料、纯氧作为汽化剂，液态排渣。Shell 煤汽化工艺是荷兰壳牌公司开发的一种洁净煤汽化工艺技术。从高级烟煤至褐煤、石油焦均可作为原料制成合成气，操作弹性大。壳牌粉煤汽化对煤种适应性更广，从较差的褐煤、次烟煤、烟煤到石油焦均可使用。即使是高灰分、高水分、高硫煤对汽化影响也不大，还可将两种煤掺混运行。对煤的灰熔点适应范围比其他汽化工艺更宽。壳牌汽化温度一般在 1400 ~ 1550℃，合成气中有效组分高，$CO+H_2$ 达到 90% 以上。因而汽化消耗煤量可降低。

Shell 汽化炉采用膜式水冷壁技术，液态排渣。利用熔渣在水冷壁上冷却硬化形成一层薄渣层保护炉壁不受高温磨损，汽化炉壁利用水管产生中压蒸汽以调节温度，是煤汽化炉和锅炉概念的结合，超过 Texaco 的汽化常规反应温度 1350℃左右，使汽化炉能够在 3.5 ~ 4.0MPa，1400 ~ 1700℃的温度范围内运行，形成渣包碳的反应模型，提高碳的高转化率，同时，膜式水冷壁技术确保汽化炉更易大型化。

（2）Shell 汽化炉工艺流程。原料煤粉经破碎到合格粒度（粒度不大于 30mm），由贮运系统通过带式输送机送入碎煤仓。碎煤仓中的原料煤通过称重给煤机送到煤磨机中研磨，同时，根据原料煤的流量，按比例加入石灰石粉。从热风炉（燃料一般为合成气或甲醇施放气）产生的热烟气在热风炉中与循环气、低压 N_2 混合并调配到需要的温度，该热惰性气体送到磨煤机中。磨机出口处设置旋转分离器将粗颗粒煤粉返回磨机中，干燥后合格的煤粉吹入煤粉袋式收集器分离收集，分离收集的煤粉经旋转给料器、螺旋输送机送入煤粉贮仓中贮存。分离后的尾气经循环风机加压后大部分循环至热风炉循环使用，部分排入大气。

粉煤从磨煤和干燥系统输送至粉煤贮罐，煤烧嘴循环管和气体中夹带的煤粉也把煤返回此罐。粉煤贮罐、粉煤喷吹罐由重力流动来填充。填充完成后，喷吹罐将与其他所有的低压设备隔离，并通入高压 CO_2 至 4.7MPa 后，打开下阀使煤粉自流进入煤粉给料罐中，卸完后关闭下阀，排出 CO_2 气体，锁斗内降至常压再重复上述流程。

煤粉给料仓中的煤粉由管道并与 O_2 和水蒸气混合后通过成对烧嘴送入汽化炉喷嘴。粉煤、O_2 和水蒸气在汽化炉内，在 4.0MPa 的压力下进行燃烧反应，反应后的高温合成气（1400～1700℃）在汽化炉出口被约 209℃、4.06MPa 的冷合成气激冷至约 900℃，然后，经合成气冷却器冷却至 340℃ 后进入除灰工序。煤灰熔化并以液态形式排出。高温汽化后，1600℃ 的熔融状炉渣和灰分向下流入汽化炉底部的灰渣激冷工序。最终将排出的渣运到废渣场。Shell 煤汽化工艺流程见图 6-3。

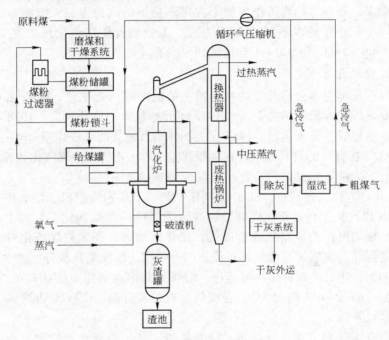

图 6-3　Shell 煤汽化工艺流程

C　GSP 干煤粉汽化技术

GSP 干煤粉汽化技术始于 20 世纪 70 年代，由前民主德国的德意志燃料研究所开发。GSP 汽化炉与 Texaco、Shell 汽化工艺一样，其工艺过程也主要由给料系统、烧嘴、冷壁汽化室和激冷室、粗煤气洗涤系统组成，即由备煤、汽化、除渣三部分组成，属于加压气流床。

（1）GSP 煤汽化工艺特点。该技术中，煤炭原料被碾磨成煤颗粒，经过干燥，通过浓相气流输入系统送至烧嘴。汽化原料与汽化剂经烧嘴同时喷入汽化炉内的反应室，并快速发生汽化反应，产生热粗煤气。高温气体与液体渣一起离开汽化室向下流动直接进入激冷室，被喷射的高压激冷水冷却，液态渣在激冷室底部水浴中成为颗粒状，定期从排渣锁斗中排出。从激冷室出来的达到饱和的粗合成气经两级文氏管洗涤，达到要求后送入下一工段。GSP 汽化技术采用以渣抗渣原理，在汽化过程水冷壁内形成的固态渣层可自动调节，始终保持稳定的厚度。该技术直接向激冷室内喷入激冷水来冷却粗合成气。

（2）GSP 汽化炉工艺流程。原料煤被磨煤机研磨成粒度在 0～15mm 范围内，经过热风炉干燥后，通过 N_2/CO_2 气流输送系统送至煤烧嘴。原料煤与 O_2、水蒸气经烧嘴混合后，同时喷入汽化炉顶部的反应室，在 1400～1600℃、4MPa 条件下发生快速汽化反应，产生以 CO 和 H_2 为主要成分的热粗煤气。汽化原料中的矿物形成熔渣。热粗煤气和熔渣一起通过反应室底部的排渣口进入下部的激冷室。激冷室是由上部圆形筒体和下部缩小圆筒组成的空腔。热粗煤气经过喇叭口形状的排渣口进入激冷室，激冷水由喇叭口的下端环行水管喷出。洗涤后的粗煤气被冷却至接近饱和，从激冷室中部排出去洗涤系统。向激冷室内喷入激冷水要求过量，以保证粗煤气均匀冷却，并能在激冷室底部形成水浴。渣粒固化成玻璃状颗粒，通过锁斗系统排出；溢流出的激冷水送污水处理系统。汽化温度的选择是由原料煤的物理化学性质决定的，汽化压力的确定主要取决于产品煤气的利用工艺。GSP 汽化工艺流程见图 6-4。GSP 干煤粉汽化炉如图 6-8d 所示。

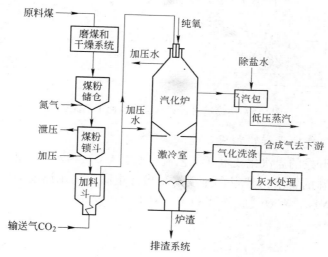

图 6-4　GSP 汽化工艺流程

D　多喷嘴对置式水煤浆汽化技术

华东理工大学与山东兖矿合作开发，属国家 863 计划开发项目，已于 2005 年在兖矿国泰工业示范装置成功运行 4 年，各项指标均达到设计要求。该技术采用水煤浆进料，汽化温度与德士古炉相同。其工艺流程见图 6-5。

E　两段干煤粉加压汽化炉

西安热工院研究开发的煤汽化技术，汽化炉炉膛采用水冷壁结构，分为上炉膛和下炉膛两段。下炉膛是第一反应区，用于输入煤粉、水蒸气和氧气的喷嘴设在下炉膛的两侧壁上，渣口位于下炉膛底部，采用液态排渣。上炉膛为第二反应区，高度较高，在上炉膛的侧壁上设有二次煤粉和水蒸气喷嘴。运行时，由汽化炉下段喷入干煤粉、氧气以及水蒸气，所喷入的煤粉量占总煤量的 80%～85%，在上炉膛喷入水蒸气和煤粉，喷入煤粉占总的 15%～20%。上炉膛的作用：其一是替代循环合成气使温度达到 1400℃ 的煤气降温至约 900℃；其二是利用下炉膛的煤气显热进行煤的热裂解和部分汽化，以提高总的冷煤气效率和热效率。

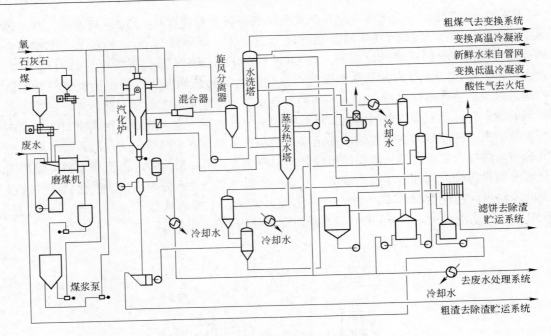

图 6-5　多喷嘴对置式水煤浆汽化工艺流程

F　国产新型四喷嘴干煤粉加压汽化炉

华东理工大学开发的煤汽化技术（工艺流程见图6-6）与水煤浆相比，粉煤加压汽化系统对仪表有更特殊的要求，其安全连锁控制指标更高。汽化温度为 1300 ~ 1600℃，压力为 3.0MPa、4.0MPa，有效气成分为 89% ~ 93%。

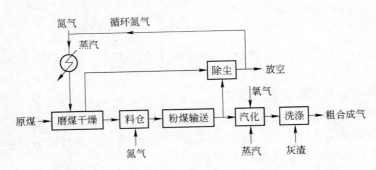

图6-6　多喷嘴对置式干粉煤加压汽化中试装置单元流程

G　多料浆单喷嘴顶置汽化技术（MCSG）

由西北化工研究院开发的大型煤汽化技术，在完成中间试验和工业化示范试验基础上，于 2001 年实现工业应用，其结构见图6-7。该技术采用湿法气流床汽化概念，以煤、石油焦、石油沥青等含碳物质和油（原油、重油、渣油等）、水等经优化混配形成多元料浆，料浆与氧通过喷嘴混合后瞬间汽化，具有原料适应性广、汽化指标先进、技术成熟可靠、投资费用低等特点，整套工艺以及料浆制备、添加剂技术、喷嘴、汽化炉、煤气后续处理系统等已获得 8 项国家专利。目前，多料浆汽化技术已在十多套工业装置上应用，包括300kt/a合成氨、200~600kt/a甲醇和500kt/a煤制油装置,已有3套工业装置平稳运行。

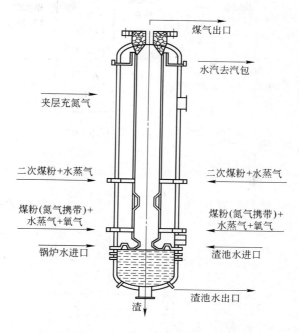

图6-7 两段式干煤粉加压汽化炉结构

H　HT-L航天炉

原航天十一所借鉴荷兰Shell、德国GSP、美国Texaco煤汽化工艺先进经验,配置自己研发的盘管式水冷壁汽化炉而形成的一套结构简单、有效实用的煤汽化工艺。该工艺煤种适应性广,从褐煤、烟煤到无烟煤均可汽化,对于高灰分、高水分、高硫的煤种同样适用。烧嘴设计同GSP,采用单烧嘴顶烧式汽化,汽化炉采用Texaco激冷工艺,汽化温度1400~1600℃,汽化压力2.0~4.0MPa。该炉的烧嘴是原航天十一所自己制造,与德国GSP汽化烧嘴相似,只是煤粉喷入的方向有一些改变。目前的技术所有者为北京航天万源煤化工工程公司。

不同气流化床的技术参数见表6-5。

表6-5　气流床汽化炉的技术参数

汽化炉型	操作温度/℃	操作压力/MPa	CO+H₂含量/%	碳转换率/%	冷煤气效率/%	比氧耗(标态,CO+H₂)/kg·m⁻³	比煤耗(标态,CO+H₂)/kg·m⁻³	单台炉日加煤量/t	排渣方式	专利商
Texaco汽化炉	1250~1600	4.0,6.5,8.7	>80	98	70~76	4.2×10⁵	6.3×10⁵	2000	液态排渣	美国GE
Shell汽化炉	1400~1600	4.0	>90	99	80~85	3.37×10⁵	5.25×10⁵	2000	液态排渣	荷兰壳牌

汽化炉型	操作温度/℃	操作压力/MPa	CO+H_2含量/%	碳转换率/%	冷煤气效率/%	比氧耗（标态，CO+H_2）/kg·m⁻³	比煤耗（标态，CO+H_2）/kg·m⁻³	单台炉日加煤量/t	排渣方式	专利商
GSP	1350~1750	4.0	>80	99	80~83	$3.6×10^5$	$6.75×10^5$	2000	液态排渣	北京杰斯菲克
多喷嘴对置式水煤浆汽化炉	1250~1600	4.0, 6.5	83~86	98	80	$(3.3~3.8)×10^5$	$(5.3~6.0)×10^5$	1150	液态排渣	华东理工大学
多料浆单喷嘴顶置汽化炉	1400	1.3~6.5	80~86	95~98	76	$(3.6~4.1)×10^5$	$(4.85~6.2)×10^5$	750~1800	液态排渣	西北化工研究所
四喷嘴干煤粉加压汽化炉	1300~1600	3.0, 4.0	>98~99	98~99	84	$(3.0~3.2)×10^5$	$(5.3~5.4)×10^5$	360~1080	液态排渣	华理与兖矿集团
HT-L航天炉	1400~1600	2.0~4.0	>90	99	80~83	$(3.3~3.6)×10^5$	$(4.9~6.0)×10^5$	2000	液态排渣	北京航天万源煤化工
两段干煤粉加压汽化炉	1400~1700, 1000~1200	3.0~4.0	>90	99	83	$(3.0~3.2)×10^5$	$(5.3~5.4)×10^5$	360~1080	液态排渣	西安热工院

6.3.4.4　已工业化应用的煤汽化工艺比较

A　汽化炉结构的区别

不同汽化炉对煤种的要求见表 6-6。

Texaco 汽化炉喷嘴是设在炉体顶部的下喷式单一喷嘴，其喷嘴中心线与排渣口中心线重合，Shell 煤汽化炉有 4 个对列式微斜向上的喷嘴，设在汽化炉体下部炉壁上。

GSP 汽化炉烧嘴是 1 种内冷式 6 层通道的组合式汽化烧嘴，由喷嘴循环冷却系统来强制冷却。

表 6-6　汽化炉对原料煤的要求和适合的煤种

汽化炉型	对原料煤的要求	合适煤种
Texaco 汽化炉	灰含量低于 8%，内水低于 4.5%。灰熔点一般低于 1350℃，哈氏可磨系数 50~60，黏度 800~1200mPa·s	大部分的烟煤
Shell 汽化炉	灰熔点一般低于 1450℃，硫含量低于 2%，灰含量低于 15%	无烟煤、烟煤、褐煤、石油焦等

续表 6-6

汽化炉型	对原料煤的要求	合适煤种
GSP 汽化炉	所有煤种,包括高灰煤,高硫煤,灰熔点低于1500℃	泥煤、褐煤、贫煤、无烟煤等
四喷嘴水煤浆汽化炉	灰含量低于8%,内水低于4.5%,灰熔点一般低于1350℃,哈氏可磨系数50~65黏度800~1200mPa·s,热值6000×4.18J	大部分的烟煤
多料浆单喷嘴顶置汽化炉	料浆灰含量低于8%	各种煤和石油焦及油料混合物
四喷嘴干煤粉加压汽化炉	适应性强,灰含量一般低于25%	各种煤和石油焦
HT-L 航天炉	煤粒度:20~90μm,灰含量低于25%	褐煤、烟煤、无烟煤等
两段干煤粉加压汽化炉	煤的灰熔点低于1350℃,挥发分不高于25%,内水低于15%	泥煤、褐煤、烟煤、贫煤、无烟煤、石油焦等

B 进料方式不同

与 Shell 和 GSP 汽化炉相比,Texaco 汽化炉进料方式不同。Texaco 采用水煤浆进料,Shell 和 GSP 煤汽化工艺采用干粉加压进料,所以 Texaco 工艺中的原料煤制备工艺完全不同。

C 冷却方式不同

Texaco 汽化炉需要耐火砖衬里,并对向火面的耐火砖要求很高。汽化炉热粗合成气先经过水淬冷,再用废热锅炉回收热量。热量利用率较低。Shell 汽化炉设置膜式水冷壁,能够副产中压蒸气,再经过合成气冷却器回收热量,热量利用合理。GSP 汽化炉在底部设计了激冷室,激冷室中的环形管直接向热粗合成气中喷水,在经换热器回收热量。热效率介于 Texaco 和 Shell 之间。

Shell 与 Texaco、GSP 的工艺差异及性能指标见表 6-7~表 6-10。

表 6-7 3 种典型煤汽化工艺参数一览表

名　称	Texaco	Shell	GSP
原料要求	烟煤、无烟煤、油渣,粒径40%~45%的小于200目(0.074mm),水煤浆质量分数大于60%,灰熔点温度小于1350℃,灰分小于15%	褐煤到无烟煤全部煤种石油焦、油渣等物质。粒径90%的小于100目(0.147mm),含水量小于2%(褐煤8%)的干煤粉,灰熔点温度小于1500℃,灰分8%~20%	褐煤到无烟煤全部煤种石油焦、油渣等物质。粒径在250~500μm,含水量小于2%(褐煤8%)的干煤粉,灰熔点温度小于1500℃,灰分1%~26%
汽化温度	1300~1400℃	1450~1600℃	1450~1600℃
汽化压力	6~8MPa	4MPa	4MPa
耐火砖或水冷壁寿命	1a	25a	20a
喷嘴寿命	60d	2a	10a(前端0.5~1a)
60×10⁴t 所需汽化炉数量	4台+1台备用	1台	2台
除尘冷却方式	洗涤	干法+湿洗	分离+湿洗

名　称	Texaco	Shell	GSP
出汽化界区温度	210℃	40℃	220℃
碳转化率	96%~98%	>99%	>99%
冷煤气效率	约80%	90%~94%	90%~94%
有效气体含量	—	—	—
总热效率	86%（含变换）	88%（含变换）	98%（含变换）
操作弹性	70%~110%	70%~110%	50%~110%
技术成熟性	高	中	低

表6-8　壳牌粉煤汽化与德士古水煤浆汽化主要差异

序号	项　目	壳牌汽化工艺	德士古汽化工艺
1	煤种中的灰分/%	5.7~35	<20
2	进料方式	干煤粉	60%~65%水煤浆
3	汽化系列配置	单系列、无备用炉	多系列、有备用炉
4	原料输送方式	氮气送贮藏、高压氮气送汽化炉喷嘴	低压泵送煤浆槽、高压煤浆泵送汽化炉喷嘴
5	喷嘴配置，使用寿命	多喷嘴、对称布置、可调节、8000h	单喷嘴、三流道、固定式、非可调、1500h
6	炉壁冷却	水冷壁、挂渣、无耐火砖衬里	热壁炉、2层特种耐火砖
7	热回收	煤气冷激、合成气废锅	辐射废锅、对流废锅；喷水冷激
8	除尘	袋式过滤器干法+湿法洗涤塔	激冷室+文丘里+高效洗涤塔

表6-9　煤汽化工艺主要性能评价指标

项　目	壳牌粉煤汽化	德士古水煤浆汽化
适用煤种	褐煤、烟煤、石油焦	烟煤、石油焦
汽化压力/MPa	2.0~4.0	4.0~6.5
汽化温度/℃	1400~1600	1300~1400
单炉最大投煤量/t·d^{-1}	2000	2000
耗氧量/m^3·km^{-3}（CO+H$_2$）	330~360	380~430
碳转化率/%	约99	95~98
冷煤气效率/%	80~85	70~76

表6-10　煤汽化工艺典型气体组分　　　　　　　　　（%）

气体成分	壳牌粉煤汽化	德士古水煤浆汽化
H$_2$	27.23	35.92
CO	64.57	47.54
CO$_2$	1.53	12.93
N$_2$	4.18	0.84
CH$_4$		0.12

气体成分	壳牌粉煤汽化	德士古水煤浆汽化
Ar	1.16	1.46
H_2S	1.23	1.19
$H_2 + CO$	91.80	83.46

（1）汽化炉结构。汽化炉是煤汽化技术的核心。不同类型的典型煤汽化炉结构如图 6-8 所示。

（2）部分类型及规模典型汽化技术比较。由于国内目前仍有大量的小型汽化装置在运行，在此对不同类型及规模的汽化技术参数等给予介绍（图6-8，表6-11），以便于对比分析。

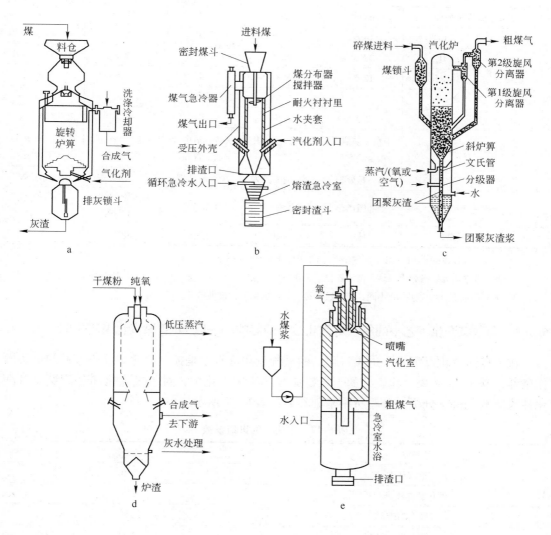

图 6-8　5 种汽化炉结构

a—Lurgi 汽化炉；b—BGL 汽化炉；c—U-Gas 汽化炉；d—GSP 汽化炉；e—Texaco 汽化炉

汽化技术的指标及投资对比见表 6-11。

表 6-11　5 种汽化对比

汽化技术		Lurgi	BGL	U-Gas	GSP	Texaco
反应床		固定床	固定床	流化床	气流床	气流床
汽化温度/℃		700~1100	1400~1600	1100~1150	1350~1750	1360~1450
汽化压力/MPa		2~4	2~4	1~2	2.5~4.0	2.6~8.5
合成气出口温度/℃		约40	约220	约200	约220	约210
原料煤粒度/mm		5~50	5~50	<6	干煤粉<0.2	水煤浆
汽化剂		纯氧+水蒸气	纯氧+水蒸气	O_2+CO_2+水蒸气	纯氧+水蒸气	O_2
碳转化率/%		90	≥99	>92	≥98	≥96
有效气体积分数/%		65.3	90.7	79	88.8	77.45
粗煤气组成/%	CO	14.5	55.5	39	56.2	40.2
	H_2	38.3	28.9	38	32.5	37.2
	CH_4	12.5	6.3	2	0.1	0.05
	CO_2	32	7.8	19	6.7	21.8
	其他	2.7	1.5	2	4.5	0.8
排渣		干粉，灰渣含碳量约5%	液态，渣中几乎不含碳	灰渣，渣中几乎不含碳	液态，渣中几乎不含碳	熔渣，渣中几乎不含碳
废水		多，难处理	少，较难处理	少，易处理	少，易处理	少，易处理
国产化水平		全部国产化	国产化率>95%	全部引进	关键技术设备引进	关键技术设备引进
相对投资比较		低	最低	较高	最高	高

注：1. 天然气主要成分为 CH_4，故合成气中含有的 CH_4 可视为有效气；

　　2. 表中数据均为以褐煤为原料，国内煤化工企业汽化数据；

　　3. 因煤质的差别及数据出处不同，表中数据存在一定的偏差，仅供参考。

6.3.5　大型煤汽化工艺中的氧气对汽化效果的影响——以 Shell 煤汽化工艺为例

在干煤粉汽化过程中，进入汽化炉的氧气量和蒸汽量是控制汽化炉反应过程的重要操作条件，基于 Shell 煤汽化工艺的干煤粉加压气流床汽化炉，对氧气煤比和蒸汽煤比对汽化性能影响进行了分析。分析所用基础参数如表 6-12 所示。

表 6-12　汽化炉的进口参数

给煤量/t·d⁻¹	2897
给煤温度/℃	80
汽化炉耗氧量/t·d⁻¹	2390
氧气温度/℃	150
氧气压力/MPa	3.85
氧气体积分数 $\varphi(O_2)$/%	95

续表6-12

蒸汽量/t·d^{-1}	343
蒸汽温度/℃	300
蒸汽压力/MPa	4.75
输送氮气量/t·d^{-1}	63
氮气温度/℃	80
氮气压力/MPa	4.75
氮气体积分数 $\varphi(N_2)$/%	99

（1）对煤气成分的影响。图6-9~图6-12所示的是氧气煤比和蒸汽煤比变化对汽化炉出口煤气主要成分的影响情况。在煤气成分中，CO和H_2是煤气中的两种最主要的成分，这两种成分之和所占煤气的比例也是考核汽化炉性能的重要指标之一。

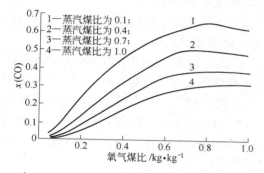

图6-9　氧气煤比与蒸汽煤比对CO含量的影响

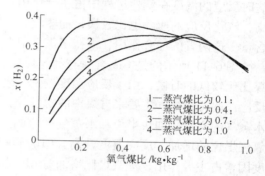

图6-10　氧气煤比与蒸汽煤比对H_2含量的影响

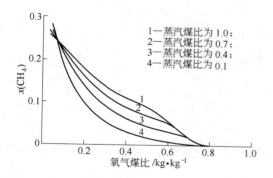

图6-11　氧气煤比与蒸汽煤比对CH_4含量的影响

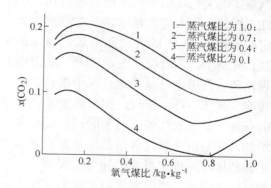

图6-12　氧气煤比与蒸汽煤比对CO_2含量的影响

从图6-9可以看到，煤气中CO_2的含量随着氧气煤比的增加，先呈上升趋势，在达到最高值后，开始下降，这是由于在氧气煤比比较低的条件下，煤气中CO的生成占主要部分，而随着碳转化率达到最高值后，如果继续提高氧气煤比，煤气中的CO就会转变成CO_2，这时煤气中的CO含量就下降，从图6-9也可以看到蒸汽煤比的变化对CO的影响，随着蒸汽煤比的增加，汽化炉出口的煤气中CO含量呈下降趋势，这是因为在汽化过程中与水蒸气相关的反应均为吸热反应，随着蒸汽煤比的增加，降低了反应的温度，使汽化反应的速度减慢，从而使 CO 的含量降低，同时由于水蒸气含量的增加，也会使 CO 含量降低。

从图 6-10 可以看到，在汽化炉出口的煤气成分中，H_2 含量随氧气煤比增加呈比较明显的先上升后下降的趋势，这是由于在氧气煤比比较低的条件下，随着氧气煤比的增加，加快了半焦的反应速度以及气相燃烧反应的速度，使反应温度提高，随着反应温度的提高，半焦与水蒸气反应的速度加快，H_2 的含量增加。当氧气煤比达到某一定值时，H_2 与 O_2 反应占优，如果继续提高氧气煤比，H_2 的含量则降低。在图 6-10 中还可以看到，在氧气煤比一定的条件下，蒸汽煤比增加，煤气中 H_2 的含量变化分成两种趋势：在氧气煤比比较低的时候，H_2 的含量随蒸汽煤比的增加而降低；当氧气煤比达到一定值后，H_2 的含量随蒸汽煤比的增加而略有增加。这是由于在氧气煤比比较低的条件下，由于反应温度较低，而增加蒸汽煤比会进一步降低反应温度，这就使汽化反应速度变慢，H_2 的含量降低，这时反应的温度在汽化过程中占主导作用；当氧气煤比达到一定值时，汽化反应温度比较高，汽化反应的速度也比较快，而蒸汽煤比的增加虽然降低了反应温度，但增大了蒸汽的含量，这两者的综合作用，维持了煤气中 H_2 含量略微增加的趋势。

图 6-11 所示的是 CH_4 含量与氧气煤比和蒸汽煤比的关系。从图中可以看到，在氧气煤比比较低的时候，由于反应温度较低，碳转化率比较低，煤在汽化过程中主要发生热解反应。此时，煤气主要来自煤中的挥发分，CH_4 的含量比较高，蒸汽煤比的增加可以提高水蒸气的含量，加快半焦和水蒸气反应的速度，增加 H_2 的含量，提高 CH_4 的含量。随着氧气煤比的增加，反应温度升高，CH_4 分解反应速度提高，CH_4 含量降低，此时，由于温度因素占主导作用，蒸汽煤比增加对 CH_4 提高不起作用。

从图 6-12 中 CO_2 含量与氧气煤比和蒸汽煤比的关系可以看到，随着蒸汽煤比的增加，煤气中 CO_2 的含量增加，在蒸汽煤比一定的条件下，CO_2 的含量随着氧气煤比的增加，先减少，后增加。图 6-13 所示的是氧气煤比和蒸汽煤比对煤汽化过程中碳转化率的影响，从图中可以看到，在相同的蒸汽煤比的条件下，当氧气煤比增加时碳转化率相应增加，这是由于氧气含量的增加加快了半焦中碳燃烧以及汽化反应的速度，提高了气固相反应的温度，相应地提高了碳转化率。在

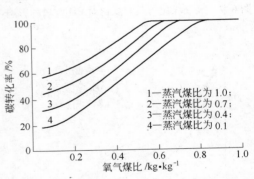

图 6-13　氧气煤比与蒸汽煤比对碳转化率的影响

相同的氧气煤比条件下，提高蒸汽煤比，碳转化率也有所增加，这是由于水蒸气含量的增加，促进了半焦与水蒸气反应的速度，从而提高了碳转化率。因此，提高蒸汽煤比可以降低煤汽化过程的氧气耗量。另外，从图 6-13 中也可以看到，氧气煤比对碳转化率的影响要大于蒸汽煤比对碳转化率的影响，这是由于氧气与半焦发生燃烧和汽化反应是放热过程，使气固相反应温度升高，反应速度加快，而蒸汽与半焦反应是吸热过程，使气固相反应温度下降，抑制反应的速度。由于提高氧气煤比和蒸汽煤比都会增加汽化炉的运行成本，这就需要在系统设计时对此进行优化。

（2）对煤气热值的影响。在蒸汽煤比和氧气煤比比较低的条件下，汽化炉内的反应温度较低，煤的碳转化率较低，煤处于干馏热分解状态，煤气中的可燃成分主要是 CH_4 和 H_2，CO 的含量较低，相应地煤气热值比较高。随着氧气煤比的提高，燃烧反应和汽化反应占主导作用，汽化炉内的反应温度提高，煤气中的主要成分是 CO 和 H_2，CH_4 含量减少，相应的煤气热值的变化比较平稳。如果继续提高氧气煤比，汽化炉内的氧气过量，煤气中的 CO 和 CO_2 含量增加，煤气热值降低。

从图 6-14 中可以看到，煤气的热值先随氧气煤比的增加而降低，然后保持比较平稳，如果继续提高氧气煤比，则煤气的热值降低，而蒸汽煤比提高，煤气的热值降低。

（3）对煤气温度的影响。煤气温度随着氧气煤比的增加而增加，随着蒸汽煤比的增加而降低。这是由于氧气煤比的提高促进了半焦的燃烧和汽化反应，随着反应的进行，放出的热量越多，汽化炉内的温度也越高，煤气的温度就越高。当蒸汽煤比增加时，半焦与蒸汽反应会吸收大量的热，使汽化炉内的温度下降。因此，可以通过调节蒸汽煤比来控制汽化炉内煤气的温度。图 6-15 给出了氧气煤比和蒸汽煤比对煤气温度影响的关系曲线。

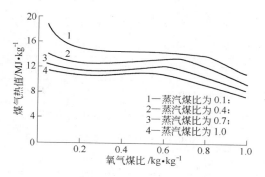

图 6-14　氧气煤比与蒸汽煤比对煤气热值的影响　　　图 6-15　氧气煤比与蒸汽煤比对煤气温度的影响

（4）对冷煤气效率的影响。冷煤气效率是反映 IGCC 电站中汽化炉设备性能的重要指标，它的高低直接影响整个 IGCC 电站系统的效率。图 6-16 给出的是氧气煤比与蒸汽煤比对冷煤气效率影响的关系曲线，由图可见，当蒸汽煤比一定时，冷煤气效率一开始是随氧气煤比的增加而增加，直至最大值。之后，随氧气煤比的增加冷煤气效率就下降了。对于同样的氧气煤比，随着蒸汽煤比的增加，冷煤气效率是增加的。有趣的是，较小的

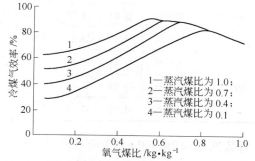

图 6-16　氧气煤比与蒸汽煤比对冷煤气效率的影响

蒸汽煤比所对应的冷煤气效率与氧气煤比关系曲线的下降段正好位于较大蒸汽煤比所对应曲线的下降段上。这就表明，当蒸汽煤比一定时，随着氧气煤比的增加，碳转化率提高，在煤气的有效成分增加，因而冷煤气效率就提高。在氧气煤比达到一定值后，过量的氧气

会使燃烧反应的速度增加，煤气中的无效成分 CO_2 和 H_2O 含量提高，冷煤气效率随之下降，在低氧气煤比的条件下，提高蒸汽煤比可以提高冷煤气效率，在高氧气煤比的条件下则影响不大，这是由于在低氧气煤比的条件下，提高蒸汽煤比有利于提高碳转化率，相应地提高冷煤气效率，而在高氧气煤比条件下，碳转化率的变化主要由氧气煤比控制，蒸汽煤比的影响不明显。

6.3.6　氧气在煤炭地下汽化中的应用

近年来，我国的煤炭地下汽化发展较快。由于常规的固定床汽化与地下汽化工艺相近，如都有干燥层、干馏层、还原层、氧化层和灰渣层，所以在实验室采用固定床以不同煤种进行了常压富氧及纯氧的汽化特性试验，结果见表6-13。

表 6-13　3 种煤富氧及纯氧汽化煤气的组成和热值

汽化剂氧体积分数/%	煤样	煤气各组分的体积分数/%								低热值/MJ·m⁻³
		H_2	CO	CH_4	CO_2	N_2	O_2	C_mH_n	H_2S	
30	协庄煤	18.82	29.88	2.73	7.81	39.89	0.40	0.43	0.04	7.07
	鄂庄煤	23.73	23.26	2.21	11.64	38.91	0.60	0.32	0.06	6.52
	张庄煤	24.80	24.11	2.69	10.09	36.35	0.96	0.43	0.57	6.97
40	协庄煤	28.25	32.80	2.76	11.39	23.43	0.80	0.49	0.08	8.50
	鄂庄煤	28.43	25.32	2.74	13.75	28.76	0.48	0.44	0.08	7.55
	张庄煤	27.32	26.58	3.23	13.71	27.52	0.55	0.45	0.64	7.78
50	协庄煤	33.14	33.91	3.31	10.83	16.91	0.96	0.89	0.04	9.64
	鄂庄煤	31.09	27.96	3.29	17.03	19.68	0.44	0.40	0.11	8.56
	张庄煤	31.69	28.10	3.48	15.22	19.63	0.71	0.50	0.71	8.56
60	协庄煤	35.67	27.79	3.48	19.70	12.01	0.41	0.89	0.04	9.22
	鄂庄煤	35.51	29.65	3.26	17.10	13.20	0.50	0.70	0.08	9.23
	张庄煤	34.93	29.25	3.94	15.89	14.11	0.63	0.50	0.74	9.23
100	协庄煤	42.21	33.07	2.53	20.80	0.89	0.17	0.33	0.06	9.86
	鄂庄煤	43.88	33.80	3.56	17.20	0.77	0.19	0.50	0.10	10.64
	张庄煤	41.74	32.45	3.95	19.42	0.79	0.20	0.54	0.90	10.41

对数据整理得到图 6-17 所示的关系图。可以看出，不同氧浓度时生成煤气的组成和热值的明显不同，随着汽化剂中氧气体积分数的提高，煤气中的 H_2 含量不断提高，氮含量不断降低，煤气热值不断提高。以协庄煤为例，汽化剂中氧气体积分数由 30% 提高到 100% 时，煤气中 H_2 含量由 18.82% 提高到 42.21%，氮含量由 39.89% 降低到了 0.89%，煤气热值由 $7.07MJ/m^3$ 提高到 $9.86MJ/m^3$，为设计地下富氧或纯氧汽化作参考。

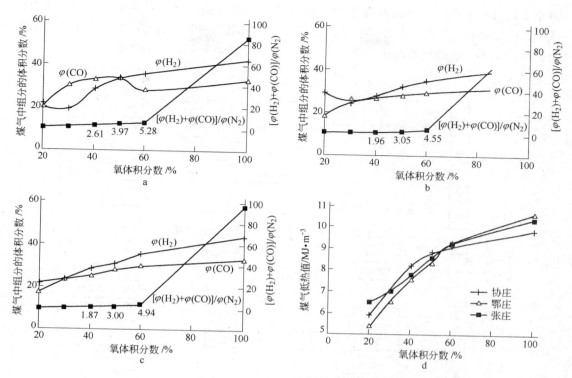

图 6-17　煤地下汽化过程富氧浓度对煤气组成的影响

a—协庄煤不同富氧浓度对煤气组成的影响；b—张庄煤不同富氧浓度对煤气组成的影响；
c—鄂庄煤不同富氧浓度对煤气组成的影响；d—3 种煤样不同富氧浓度时的煤气低热值

6.4　煤化工产品生产

　　煤化工十一个大的家族，其构成及基本工艺如图 6-18 所示。在所有的利用途径中，煤汽化及其深加工是核心。现代煤化工技术分为三个层次：第一层次为煤制合成气，水煤浆或干粉煤经过部分氧化生成合成气（$CO+H_2$）；第二层次为合成气加工，主要包括三条路线，即醇类、烃类和其他碳氧化合物的合成；第三层次为深加工，深度加工甲醇和烯烃的下游产品最多，是化工行业的支柱。以煤汽化为核心的煤炭利用途径见图 6-19。

　　通过选用不同的汽化方法可以制得不同热值的煤气，适用于不同的用能需求。煤汽化制取工业燃料气广泛地应用于冶金、化工、建材等部门，用来加热设备和产品。工业燃料气一般为低热值煤气，热值在 5024～10048kJ/m³ 之间。煤汽化制取民用燃料气由于其热值较低，单独作为城市煤气不经济，一般需经过净化和甲烷化或者通过混配天然气或焦炉煤气等措施以调节燃气组成并提高煤气热值。

　　煤汽化制取燃料气的另一个重要用途是煤汽化先进发电技术。煤汽化制取的中低热值燃料气经过净化后燃烧通过燃气轮机或者联合循环系统进行电力生产。与常规的燃煤电站相比，先进的煤汽化发电技术更为清洁、高效。采用煤气燃烧前污染物脱除方法实现可资源化污染物的化工净化及回收工艺处理，可以实现 99% 以上的 SO_2 脱除效率和硫产品的回收，同时大幅度降低了 NO_x 的排放。先进的煤汽化发电技术结合了多种热力循环的优点，减小了热力系统平均吸热温度与平均放热温度之间的温差，发电效率可达到 50% 以上。此外，随着燃料电池技术的发展，采用煤汽化与燃料电池相结合的先进发电方式摆脱了热力循环的束缚，直接将燃汽化学能转化为电能，有望实现更高的发电效率。

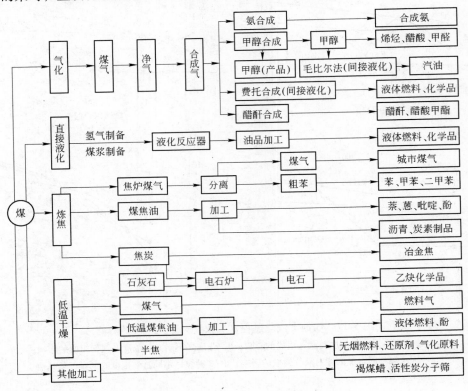

图 6-18   煤化工工艺路线图

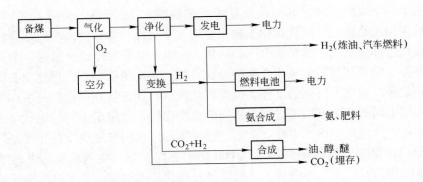

图 6-19   以煤汽化为基础的煤炭利用

煤汽化制取化工合成气已经广泛地应用于合成氨、氯化学产品、液体燃料等的生产，煤汽化制取化工合成气制取化学品的技术路线图如图 6-20 所示。由于对不同的目标产品，合成工段对合成气的组成有不同的要求，同时煤气中的 H_2S 和 COS 等气体一般有害于合成工段。因此，煤汽化制取的原料气需经过净化、水煤气变换等工序以除去合成气中的

H_2S、COS 等有害气体并调节合成气的气体组成以满足合成工序的要求。

合成气是以氢气、一氧化碳为主要组分供化学合成用的一种原料气。由含碳矿物质如煤、石油、天然气以及焦炉煤气、炼厂气等转化而得。按合成气的不同来源、组成和用途，它们也可称为煤气、合成氨原料气、甲醇合成气（见甲醇）等。合成气的原料范围极广，生产方法甚多，用途不一，组成（体积分数,%）有很大差别：H_2 32% ~ 67%，CO 10% ~ 57%，CO_2 2% ~ 28%，CH_4 0.1% ~ 14%，N_2 0.6% ~ 23%。

制造合成气的原料含有不同的 H/C 摩尔比：对煤来说约为 1:1；石脑油约为2.4:1；天然气最高，为 4:1。由这些原料所制得的合成气，其组成比例也各不相同，通常不能直接满足合成产品的需要。例如：作为合成氨的原料气，要求 $H/N_2=3$，需将空气中的氮引入合成气中（见合成氨原料气）；生产甲醇的合成气要求 $H_2/CO \approx 2$ 或 $(H_2-CO_2)/(CO+CO_2) \approx 2$；用羰基合成法生产醇类时，则要求 $H_2/CO \approx 1$；生产甲酸、草酸、醋酸和光气等则仅需要一氧化碳。为此，在合成气制得后，尚需调整其组成，调整的主要方法是利用水煤气反应（变换反应）：以降低一氧化碳，提高氢气的含量。

合成氨是化肥工业的基础之一。随着石油和天然气价格的逐年上升，合成氨工业逐渐由以油气为原料的向以煤炭为原料转变。煤汽化后制取原料气，经过各种净化方法除去气体中的颗粒物、H_2S、COS、CO 和 CO_2 等有害杂质，然后通过混配 N_2 获得合成氨所要求配比的合成气，经过加压后送至合成工段进行合成。随着煤汽化技术的发展，加压汽化技术正逐渐取代合成氨工业中普遍应用的常压固定床工艺，逐渐降低了吨氨成本，提高了合成氨工业的技术水平。

氯化学品生产是现代煤化工工业的重要分支之一。通过煤汽化制取合成气并进一步得到氯化学产品以替代部分石油和天然气生产的基本有机化工产品可以降低对石油和天然气的依赖，是目前煤化工工业发展的重要方向。目前，煤汽化合成气制取氯产品的技术路线主要有醇类合成、烃类合成和碳基化合物合成等。醇基合成包括合成气制甲醇、二甲醚（DimethylEther, DME）、乙醇、低碳混合醇，或者进一步合成乙二醇等化工产品；烃类合成则主要为合成气制取烷烃、烯烃以及芳烃等化学品；碳基化合物合成则包括碳基化制取醋酸、醋酐等重要化工原料。甲醇是制取其他化工原料（DME、醋酸、烯烃、汽油等）的重要基础化工原料，许多的煤基化学产品需通过甲醇合成或者转化得到。甲醇的制备工艺如图 6-20 所示。

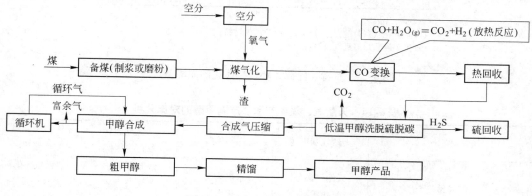

图 6-20 以煤制甲醇工艺流程

　　"以煤代油、以煤制油"是解决液体燃料短缺的主要途径，其技术龙头就是煤的大规模高效汽化。大规模汽化技术是一条煤炭综合、高效、洁净的转化途径，对我国实施的能源战略、环境战略和可持续发展战略具有重大的现实意义。

6.5　煤炭现代化利用战略方向——多联产

　　煤基多联产，具体来讲就是以煤、渣油或石油焦为原料，汽化后生成粗合成气，再经净化的合成气用来实现电、化、热、气的联产，即在发电的同时，联产包括液体燃料在内的多种高附加值的化工产品、城市煤气等。它是将清洁煤发电和煤化工技术耦合的能源系统。其中的清洁煤发电技术被称为整体煤汽化联合循环（简称 IGCC）发电，是洁净的煤汽化技术与高效的联合循环技术的结合。

　　基于煤汽化的多联产系统是将 IGCC 和煤化工技术耦合的，集资源、能源、环境一体化的能源系统（见图 6-21），具有包括电力和化工产品的多种产品输出，所以多联产是推动 IGCC 发展的重要途径。多联产系统还是多维度梯级利用系统，其过程相互耦合，实现能量流、物质流、有效能等的总体优化，达到氢碳比合理优化利用、尽量减少"无谓"的化学放热过程、热量的梯级利用（过程内部和燃气/蒸汽联合循环）、压力潜力的充分利用（高压反应、各种膨胀）、物质的充分利用（如，CO_2）。表 6-14 给出了天然气、煤单产和联产制甲醇不同技术系统的比较。

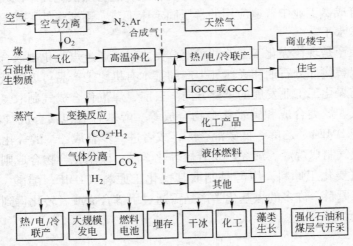

多联产产品：
(1) 城市煤气；(2) 电力；(3) 热/冷；(4) 液体燃料；
(5) 化工产品；(6) 氢气；(7) 纯 CO_2

图 6-21　资源、能源、环境一体化的能源系统表

表 6-14　天然气、煤单产和联产制甲醇的对比分析

单产/联产	天然气制甲醇	煤制甲醇	天然气和煤联产制甲醇	天然气和煤联产制甲醇
工　艺	天然气部分氧化重整	水煤浆汽化水	煤浆汽化+天然气部分氧化重整	干煤粉汽化+天然气部分氧化重整

甲醇/t·a^{-1}	50×10^4	50×10^4	50×10^4	50×10^4
天然气耗量（标态）/m^3·a^{-1}	4.33×10^8	—	3.32×10^8	2.74×10^8
煤耗量/t·a^{-1}	—	70.33×10^4	20.56×10^4	30.04×10^4
CO_2排放量/t·a^{-1}	7.48×10^4	99.67×10^4	24.70×10^4	39.07×10^4
煤气与天然气热比值	—	—	0.50	0.89
热效率/%	59.33	45.93	54.83	53.01
天然气耗量（标态）/m^3·t^{-1} (MeOH)	867		664	548
煤耗量/t·t^{-1} (MeOH)	—	1.41	0.41	0.60
氧耗（标态）/m^3·t^{-1} (MeOH)	520	689	600	581
CO_2排放量/t·t^{-1} (MeOH)	0.15	1.99	0.49	0.78

由此可见，多联产模式是综合解决中国能源问题的重要方案。由于联合生产多种产品，提高生产效率，有助于减少能源总量需求，采用高硫煤拓展煤炭资源的利用，缓解能源总量要求。

利用煤炭大规模地生产甲醇、二甲醚、F-T合成油和氢等替代燃料，还有助于缓解石油进口压力，解决液体燃料短缺问题。

总之，把建立以煤汽化为核心的多联产系统作为中国能源产业发展的战略方向，结合中国以煤为主的特殊条件，造就多联产能源系统，开创新型工业化道路，实现自主创新、跨越式发展具有很大的潜力。多联产是解决中国能源、环境、液体燃料短缺等问题的重要战略方向。

2005年，太原理工大学煤科学与技术重点实验室在完成"973"项目"煤的热解、汽化和高温净化过程的基础性研究"和"以煤洁净焦化为源头的多联产工业园构思"基础上，提出了"汽化煤气、热解煤气共制合成气的多联产新模式"（简称"双气头"多联产），新提出的多联产工艺和技术总体框架图见图6-22。

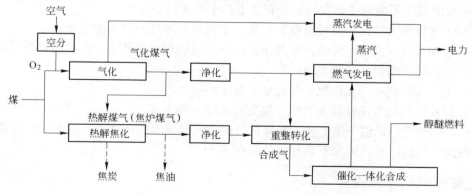

图6-22　煤热解、汽化新型多联产工艺和技术总体框架图

　　"双气头"多联产系统选择了现有的有可能形成自主知识产权的大规模煤汽化技术，将汽化煤气富碳、焦炉煤气（热解煤气）富氢的特点相结合，采用创新的汽化煤气与焦炉煤气共重整技术，进一步使汽化煤气中的 CO_2 和焦炉煤气中的 CH_4 转化成合成气，是一个在气头上创新的多联产模式。

　　其中焦炉煤气制备合成气采用的是高温炭体系 CH_4 和 CO_2 重整反应。将焦炉煤气中 CH_4 和汽化煤气中 CO_2 重整来调整气体产物中的 H_2 和 CO 的比例，制备过程无需进行水煤气变换反应，从而实现 CO_2 减排。在高温炭体系中，焦炉煤气和汽化煤气中 CH_4、CO_2、CO、H_2、H_2O 和 C 等物种形成了一个复杂反应体系。其特点是高温、多组分、多杂质（焦油和硫）和多反应。

6.6　富氧干馏技术

6.6.1　富氧干馏的技术背景

　　我国晋陕宁蒙交接地区及新疆等地，有大量的低变质侏罗纪煤弱黏或不黏煤，具有煤质好、低灰、低硫、低磷、高挥发分的特点。如何高效利用这些煤质特性，使其得到有效利用是一个具有战略意义的问题。用热解的方式提取煤中的气体、液体燃料和精细化学品是该煤种高效利用的主要方向。

　　兰炭也称为半焦，其生产属于煤的中低温干馏范畴，是在隔离空气的情况下将煤加热，得到半焦、焦油和煤气的方法。利用这种非炼焦煤低温干馏生产兰炭可以有效回收利用其中的焦油，并产出兰炭和煤气，有利于资源的综合利用，提高低变质煤的附加值。目前陕北（包括部分其他地区）大规模工业化应用的低温干馏生产主要采用直立内热炉，以块煤为原料，中低温热解。虽然近年来取得了很大进步，目前尚存在三个方面的问题：一是低温干馏目前主要采用内热工艺，即采用了炉内空气和煤气燃烧直接加热块煤的方式，燃烧废气混入了煤气中，既降低了煤气的热值，增大了净化系统的处理能力，而且不利于综合利用；二是产生的低热值煤气没有合理的利用途径，煤气以直接燃烧排放比例仍然很大；三是粉煤和兰炭碎屑仍未合理利用。这些仍然是大型清洁兰炭生产新工艺迫切需要解决的问题。按照每吨兰炭产生低热值煤气 $600m^3$ 计，我国兰炭产能 6000 万吨/a，低热值煤气产出量约 $360×10^9 m^3/a$。除部分企业用于金属镁生产及发电外，仍有大量的富余低热值煤气有待利用。

　　近年来的低温干馏的主要发展趋势有如下几个方面：
（1）干馏设备大型化。通过设备大型化，实现环保等配套设备的完整化。
（2）进一步研究低温干馏的内在规律，提高焦油的产出率和化工产品的回收利用率。
（3）提高煤气质量，减少无效组分。
（4）进一步研究和开发适用的煤化联产技术。
（5）以快速高效节能减排为目标，提高资源综合利用率。
　　因此，围绕现行低温干馏工艺，开发符合煤化联产要求的新技术、新工艺，改善煤气质量，提高煤气的综合利用水平具有重要的意义。

6.6.2　富氧干馏工艺及技术

　　从提高煤汽化工利用可行性及提高热值方面看，降低煤气中的氮是关键。合成气组成（体积分数，%）一般为：H_2 32% ~ 67%，CO 10% ~ 57%，CO_2 2% ~ 28%，CH_4 0.1% ~ 14%，N_2 0.6% ~ 23%。陕北某兰炭厂的典型煤气成分如表6-15所示。可以看出，煤气中的氮含量远高于作为合成气的成分要求，也是煤气热值低的主要原因。

表6-15 陕北某兰炭厂煤气工业组成

成分	H_2	CH_4	CO	C_mH_n	CO_2	N_2	O_2
体积分数/%	12.1	14.2	10.6	0.4	6.5	54.8	1.4

现有兰炭生产工艺由于现在采用的内热工艺以空气作为助燃物，导致干馏炉煤气中含有大量的氮气，大大地降低了煤气热值，直接影响到煤气的综合利用价值，也成为限制这种低温干馏工艺发展的限制性环节。据实际检测，现行工艺煤气热值在 $7MJ/m^3$ 左右。降低加热介质，即助燃空气中的氮，将可望从根本上解决上述问题，为此，提出了以富氧空气或氧气替代空气助燃（氧气体积分数为21% ~ 100%），通过与冷煤气配气以满足低温干馏工艺要求的富氧干馏的技术思路，即以富氧或纯氧与煤气配合在炉内燃烧产生高温废气，作为煤干馏所需基础热源，通过和干馏过程产生的低温干馏煤气（脱除焦油后的冷煤气）混合，配制成符合煤低温干馏要求温度的高温还原性循环气，对炉内的煤进行加热，实现低温干馏，改变因鼓入空气燃烧带来的煤气有效成分含量低，氮含量高，煤气热值低，产出量大，进而带来的综合利用困难等问题，为过程煤气的综合利用尤其是作为下游化工产品等的高效利用奠定基础。

富氧干馏基本工艺如图6-23所示。该技术可以和现有内热低温干馏工艺结合，比较容易实施。

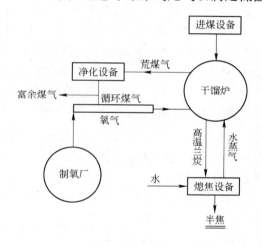

图6-23 富氧干馏示意图

6.6.3 富氧干馏理论分析

具体计算条件如下：

（1）计算假定以1000kg湿煤为基准；

（2）完全忽略过程的化学分解；

（3）煤气、空气、废气及组成都以标况下的体积 m^3 计。富氧比为助燃气体中氧气的体积分数，其余为氮气；

（4）富氧比（采用氧气的体积分数表示）选择在20% ~ 100%进行计算。

首先确定煤气中的挥发分组成，任取一组初始煤气成分，再经过多次循环计算，直至得到一个稳定的煤气成分，为最终煤气成分。

所用煤种工业组成和元素分析见表6-16。

加热煤气的成分以神木某兰炭厂的煤气成分为准，如表6-15所示。

计算所得不同富氧节点时的最终煤气成分如表6-17所示。

表 6-16　榆阳区常乐堡煤种工业分析和元素组成

工业分析/%					元素分析/%			
M_{ad}	A_{ad}	V_{ad}	S_{ad}	F_C	C_{ad}	H_{ad}	N_{ad}	O_{ad}
3.32	4.08	36.58	0.36	56.02	74.42	4.9	1.09	10.26

表 6-17　不同富氧比最终煤气成分表　　　　　　　　　（%）

富氧比	H_2	CH_4	CO	C_mH_n	CO_2	N_2	O_2
20%	18.91	12.41	8.22	0.64	8.16	50.38	1.28
30%	22.92	12.42	6.87	0.78	9.40	47.40	1.21
50%	35.65	13.54	7.88	1.34	11.30	26.36	1.44
100%	43.22	20.31	13.52	1.94	13.10	6.28	1.63

可以看出，随着富氧比的增加，煤气成分中的氮气含量明显减少，但是同时一氧化碳和二氧化碳的量却会随着富氧比的增加而有所增加。富氧干馏可大幅度提高煤气有效成分（氢气从 12.1% 提高到 43.22%，甲烷从 14.2% 提高到 20.31%，一氧化碳从 10.6% 提高到 13.52%），降低煤气中的氮含量（54.8% 降低到 6.28%），提高煤气热值（从 8.02MJ/m^3 提高到 15.03MJ/m^3）。

物料平衡的收入项包括入炉煤量以及煤带入的水分，还有就是进入炭化室的空气量。物料平衡的支出项包括：半焦量、化工产品的量（包括焦油量、粗苯量和氨量）、水量和产生的煤气量和差值。

经过理论计算，可以得到最终的一个物料平衡表，如表 6-18a 所示。

表 6-18a　富氧比在 20% 时的物料平衡

收　入			支　出		
名　称	质量/kg	百分比/%	名　称	质量/kg	百分比/%
干煤	966.8	38.26	半焦	661.73	26.19
入炉煤带入水	33.2	1.31	焦油	56.96	2.25
空气	672.8	26.63	煤气	1636.30	64.76
回炉煤气	853.8	33.79	化合水	47.18	1.87
			入炉煤带入水	33.2	1.31
			差值	91.23	3.61
合　计	2526.6	100	合　计	2526.6	100

而在热量平衡计算中，热量的收入项则包括加热煤气热量、进入炉内的煤带入的显热和空气的显热（如果是富氧操作，那么还得考虑到氧气的显热）。热量支出过程中自然是由半焦带走的热量和化工产品（包括焦油、粗苯和氨）带走的热量及煤气和水分带走的热量所组成。此外，还有少量的热解吸热和炉体散热所构成。经计算，在富氧比为 20% 时，也就是没有富氧进行时，可以得到一个热量平衡，如表 6-18b 所示。

表 6-18b 富氧比在 20%时的能量平衡

	热 收 入				热 支 出		
		数 值				数 值	
序号	项 目	热量/MJ·t⁻¹	百分比/%	序号	项 目	热量/MJ·t⁻¹	百分比/%
1	加热煤气的燃烧热	1844.6	94.88	1	兰炭带走热量	598.47	30.78
2	煤气带入的显热	76.42	3.93	2	焦油带走热量	97.28	5.00
3	空气显热	8.17	0.42	3	煤气带走热量	270.26	13.90
4	干煤带入的显热	12.22	0.63	4	水分带走热量	419.95	21.60
5	煤中水分带入的显热	2.67	0.14	5	炉体表面总散热量	237.32	12.21
				6	煤热解吸热	320.89	16.51
	总 计	1944.08	100		总 计	1944.08	100

在富氧节点分别为 50%和 100%的时候，其物料平衡和能量平衡分别如表 6-19a、表 6-19b、表 6-20a、表 6-20b 所示。

表 6-19a 富氧比在 50%时物料平衡

	收 入			支 出	
名 称	质量/kg	百分比/%	名 称	质量/kg	百分比/%
干煤	966.8	41.34	半焦	661.73	28.29
入炉煤带入水	33.2	1.42	焦油	56.96	2.44
空气	159.37	6.81	煤气	1448.61	61.93
氧气	106.12	4.54	化合水	47.18	2.02
回炉煤气	1073.44	45.89	入炉煤带入水	33.2	1.42
			差值	91.25	3.90
合 计	2338.93	100	合 计	2338.93	100

表 6-19b 富氧比在 50%时能量平衡

	热 收 入				热 支 出		
		数 值				数 值	
序号	项 目	热量/MJ·t⁻¹	百分比/%	序号	项 目	热量/MJ·t⁻¹	百分比/%
1	加热煤气的燃烧热	1842.45	93.82	1	兰炭带走热量	598.47	30.47
2	煤气带入的显热	103.57	5.27	2	焦油带走热量	97.28	4.95
3	空气显热	1.93	0.10	3	煤气带走热量	259.61	13.22
4	干煤带入的显热	12.22	0.62	4	水分带走热量	436.21	22.21
5	煤中水分带入的显热	2.67	0.14	5	炉体表面散热量	251.65	12.81
6	氧气显热	0.97	0.05	6	煤热解吸热	320.89	16.34
	总 计	1963.81	100		总 计	1963.81	100

表 6-20a　富氧比在 100% 时物料平衡

收　入			支　出		
名　称	质量/kg	百分比/%	名　称	质量/kg	百分比/%
干煤	966.8	42.28	半焦	661.73	28.94
入炉煤带入水	33.2	1.45	焦油	56.96	2.49
氧气	143.17	6.26	煤气	1396.48	61.07
回炉煤气	1143.63	50.01	化合水	47.18	2.07
			入炉煤带入水	33.2	1.45
			差值	91.25	3.99
合　计	2286.8	100	合　计	2286.8	100

表 6-20b　富氧比在 100% 时能量平衡

热　收　入				热　支　出			
		数　值				数　值	
序号	项　目	热量/MJ·t⁻¹	百分比/%	序号	项　目	热量/MJ·t⁻¹	百分比/%
1	加热煤气的燃烧热	1848.69	93.23	1	兰炭带走热量	598.47	30.18
2	煤气带入的显热	118.08	5.95	2	焦油带走热量	97.28	4.91
3	氧气显热	1.31	0.07	3	煤气带走热量	346.64	17.48
4	干煤带入的显热	12.22	0.62	4	水分带走热量	430.84	21.73
5	煤中水分带入显热	2.67	0.13	5	煤热解吸热	320.89	16.18
				6	炉体表面散热量	188.85	9.52
	总　计	1982.97	100		总　计	1982.97	100

由计算数据可以看出，回炉煤气会随着富氧比的增加而增加，而产出煤气量会随着富氧比的增加减少，两者的差值就是富余的煤气量。也就是说，富余煤气量会随着富氧比的增加而减少（图 6-24）。采用高富氧比后，富余出来煤气质量会有一个飞跃，煤气可以用下游的其他产业消耗。

从热量平衡中对富氧干馏工艺的热效率做计算，以年产半焦为 200 万吨，富氧比为 100% 时的能量收支作一个计算。计算过程如下：

干馏炉热效率是指干馏炉吸收热量与供给热量的百分比。如果供给干馏炉的全部热量为 Q，部分传给了炉体本身，也就是炉子吸收的热量，另一部分则由排出的煤气带走，假设为 Q_f。那么，干馏炉热效率 η' 可以用下述公式计算：

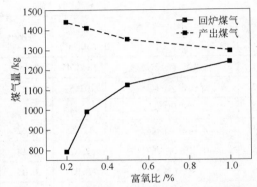

图 6-24　不同富氧比产出煤气与回炉煤气变化趋势图

$$\eta' = \frac{Q - Q_f}{Q} \times 100 = \frac{59.87 - (0.37 + 0.08) - 10.47}{59.87 - (0.37 + 0.08)} \times 100\% = 82.38\% \quad (6\text{-}10)$$

若考虑干馏炉表面散热损失 Q_s,那么干馏炉热工效率 η'' 为:

$$\eta'' = \frac{Q - (Q_f + Q_s)}{Q} \times 100 = \frac{59.87 - (0.37 + 0.08) - 10.47 - 5.67}{59.87 - (0.37 + 0.08)} \times 100\% = 72.84\%$$

$$(6\text{-}11)$$

传统干馏炉热效率(η')为 79 % ~ 85 %,热工效率(η'')为 70 % ~ 75 %。由计算可知,富氧干馏炉热效率和热工效率要比传统焦炉效率更好一些。

年产半焦量为 30 万吨、120 万吨和 200 万吨的工业平衡见表 6-21 ~ 表 6-23。

表 6-21　富氧比为 20%时的工业平衡

规　模	30 万吨	120 万吨	200 万吨
每小时需气量/m³	10420	41680	69465
耗煤/万吨	43.83	175.32	292.05
入炉煤带入水/万吨	1.51	6.04	9.99
回炉煤气/万吨	38.71	154.84	257.92
产出煤气/万吨	74.18	296.72	494.33
产出焦油/万吨	2.58	10.32	17.17

表 6-22　富氧比为 50%时的工业平衡

规　模	30 万吨	120 万吨	200 万吨
每小时需气量/m³	4168	16672	27786
耗煤/万吨	43.83	175.32	292.05
入炉煤带入水/万吨	1.51	6.04	9.99
回炉煤气/万吨	48.66	194.64	324.4
产出煤气/万吨	65.67	262.68	437.8
产出焦油/万吨	2.58	10.32	17.17

表 6-23　富氧比为 100%时的工业平衡

规　模	30 万吨	120 万吨	200 万吨
每小时需气量/m³	2084	8336	13893
耗煤/万吨	43.83	175.32	292.05
入炉煤带入水/万吨	1.51	6.04	9.99
回炉煤气/万吨	51.84	207.36	345.6
产出煤气/万吨	63.31	253.24	422.07
产出焦油/万吨	2.58	10.32	17.17

注:1. 进行富氧干馏后,仅仅是需氧量和煤气量的变化。

　　2. 整个过程由于入炉煤本身含有水分,所以并无外界水的进入。这一部分水分足以对过程进行净化、洗涤、冷却和熄焦。

　　3. 富氧之后煤气的成分发生了变化,然而煤气的有效热值并未发生改变。

不难看出在物料平衡中，主要是煤气的变化。

由上述几个表中的数据绘制出在不同年产半焦量时，其耗氧量和煤气变化的趋势图，如图 6-25 ~ 图 6-27 所示。

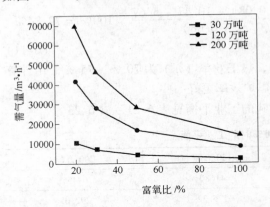

图 6-25　不同年产量下富氧比不同时的需气量

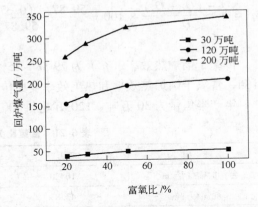

图 6-26　不同年产量下富氧比不同时回炉煤气量的变化

可以看出，随着富氧比的增加需氧量会逐渐减少。回炉煤气量会逐渐增加，而产出煤气量会逐渐减少。也就是说，富余煤气量会随着富氧比的增加逐渐减少。

6.6.4　富氧干馏工业试验

具体如下：

（1）试验设备。根据试验要求，在已经成功应用的年产 5 万吨兰炭单体炉的基础上，设计和建设了处理量为 1t（煤）/h 的低温干馏装置半工业模拟装置（见图 6-28）。

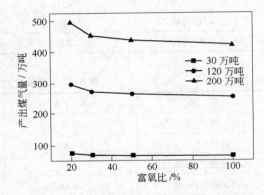

图 6-27　不同年产量下富氧比不同时产出煤气量的变化

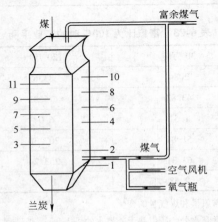

图 6-28　半工业试验装置示意图

1 ~ 11—热电偶温度测点分布

通过调节空气风机和氧气瓶管道上的流量计及压力表可达到不同的富氧比。

数据采集采用自动记录仪对炉体状况进行测定，包括：入炉各种气体（煤气、氧气、助燃空气）流量、压力和温度测定；炉顶煤气的温度、压力、成分（取样测定），进行流量测定；炉身各点的温度（沿炉身高度，设置11组测点）

记录煤耗、兰炭产量和焦油产量，并取兰炭和焦油试样待进一步检测分析。

（2）试验用原料。试验用煤为神木地方产块煤，成分如表6-24所示。

表6-24 入炉煤工业分析表 （%）

全水 M_t	水分 M_{ad}	灰分 A_{ad}	挥发分 V_{ad}	固定碳 F_{cad}	硫 S_{ad}
11.04	1.88	6.54	34.88	56.70	0.26

（3）试验结果。产品兰炭的分析检测结果及试验时的煤气成分见表6-25、表6-26。

表6-25 兰炭成分分析检测结果 （%）

检验项目	鼓入空气状态下，兰炭成分实测结果	富氧条件下兰炭成分实测结果
全水 M_t	24.98	29.70
水分 M_{ad}	1.83	3.59
空干基灰分 A_{ad}	18.60	11.73
空干基挥发分 V_{ad}	6.06	4.54
固定碳 F_{cad}	73.51	80.14
硫 S_{ad}	0.70	0.51

表6-26 不同富氧比条件下煤气主要成分分析检测结果 （体积分数,%）

项 目	空气（20%）	富氧比30%	富氧比50%	富氧比100%
氮气	50.10	43.46	26.33	5.85
一氧化碳	14.49	16.32	22.53	25.04
二氧化碳	7.41	10.68	11.87	12.46
氢气	20.99	23.08	29.32	40.49
甲烷	5.68	5.43	8.59	14.65

从煤气成分表中可以看出，随富氧比的提高，煤气热值和有效成分含量大幅度提高。热值由原来空气助燃干馏的 6.86MJ/m³，可提高到 14.18MJ/m³；氮含量可由原来的 50.1%，降低到 5.85%。另外，氢、甲烷等含量也大幅度提高。

煤气成分变化趋势及煤气热值变化见图6-29、图6-30。可以看出，试验过程随着富氧比的增高，煤气中可燃组元，尤其是氢含量大幅度提高，热值明显增大。试验得到的煤气成分和理论计算结果基本一致。

富氧干馏煤气可为过程煤气的综合利用尤其是作为下游化工产品等的高效利用奠定基础。但其中的 CO、CO_2 含量仍然偏高，且是随富氧比的提高有所提高。甲醇制备对气头的要求见表6-27。

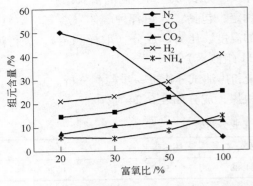
图 6-29　富氧比与煤气成分含量关系图

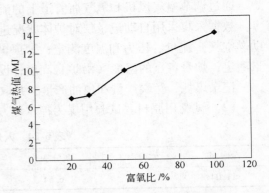
图 6-30　富氧比与煤气热值关系图

表 6-27　制甲醇要求的煤气成分和试验所的煤气成分比较

项　目	煤气组成（体积分数）/%			备　注
	$\varphi(H_2)+\varphi(CO_2)/$ $\varphi(CO_2)+\varphi(CO)$	$\varphi(CO)/\varphi(CO_2)$	$\varphi(O_2)$	$\varphi(N_2)$
目标值	2.1~3.0	2.0~1.43	小于 0.4	$\varphi(N_2)$ 越低越好
空气助燃（富氧比20%）	0.62	1.96	0.50	50.10
富氧比100%	0.74	2.0	0.26	5.85

可以看出，甲醇制备的要求相比，氢含量仍然不足，或者说富氧干馏的结果大大提高了煤气的热值和可燃组元的有效含量，但同时使煤气中的 CO、CO_2 含量有所升高，$[\varphi(H_2)+\varphi(CO_2)]/[\varphi(CO_2)+\varphi(CO)]$ 并没有大幅度提高，需要在后续工序中，对 CO_2 作进一步脱除或转化。

由于循环煤气量的加大，放散煤气量大幅度减少，由原来的 $996m^3/t$，减少到 $187m^3/t$。可以大大减轻目前一些干馏企业煤气产出量大，无法有效利用的问题。

根据试验过程及相关测定结果，可以看出，用本试验方案，实现富氧比在 20% ~ 100% 的稳定干馏过程是完全可行的。试验过程干馏炉运行过程稳定，富氧比可灵活调整。在富氧干馏工艺设计中考虑到了保持炉内干馏介质总量与原空气助燃干馏工艺一致，以及氧气总量的一致，使得试验对比炉次炉内的温度场分布基本一致。

半工业试验结果表明，在现有的干馏工艺和设备条件下，采用富氧干馏技术是可行的。工艺过程稳定可调，可以实现工业应用。

参 考 文 献

[1] 陈元春，金小娟. 我国煤化工产业发展状况评述 [J]. 煤炭工程，2009 (5)：90，91.

[2] 郝临山，等. 洁净煤技术 [M]. 北京：化学工业出版社，2005.

[3] 谢克昌. 煤化工发展与规划 [M]. 北京：化学工业出版社，2005.

[4] 王同章. 煤炭汽化原理与设备 [M]. 北京：机械工业出版社，2001：3，4.

[5] 李金柱. 合理能源结构与煤炭清洁利用 [M]. 北京：煤炭工业出版社，2002：12~15.

[6] 李仲来. 煤汽化技术综述 [J]. 小氮肥设计技术，2002，23 (3)：7~17.

［7］刘镜远．合成气工艺技术与设计手册［M］．北京：化学工业出版社，2002：13~48．

［8］武利军，周静，刘璐．煤汽化技术进展［J］．洁净煤技术，2002，8（1）：31~34．

［9］张东亮．中国煤汽化工艺（技术）的现状与发展［J］．煤化工，2004（2）：1~5．

［10］陈家仁，董耀．国内外煤炭汽化的动向与中国特色的洁净煤技术［J］．工厂动力，2003（3）：33~40．

［11］张双全．煤化学［M］．北京：中国矿业大学出版社，2004：48~50．

［12］郭小杰，李文艳，张国杰，等．现代煤汽化制合成气的工艺［J］．能源与节能，2011（7）：14~17．

［13］赵麦玲．煤汽化技术及汽化炉的应用［J］．化工设计，2011，21（3）：6~9．

［14］刘增胜．大型煤制合成气技术进展［J］．化肥工业，2010，37（4）：5~10．

［15］汪寿建．洁净煤汽化工艺浅析［J］．化肥设计，2004，42（3）：16~18．

［16］王永康，李正平，任文平，等．Texaco煤汽化工艺的影响因素［J］．洁净煤技术，2010，16（1）：47~49．

［17］蔡东方，王黎，徐静，等．煤制天然气煤汽化技术的研究现状及分析［J］．洁净煤技术，2011，17（5）：44~47．

［18］徐越，吴一宁，危师让．基于Shell煤汽化工艺的干煤粉加压气流床汽化炉性能研究［J］．西安交通大学学报，2003，37（11）：1133~1136．

［19］戢绪国，步学朋，邓一英，等．煤常压富氧及纯氧固定床汽化的研究［J］．煤气与热力，2005，25（4）：9~12．

［20］倪维斗．建立以煤汽化为核心的多联产系统［J］．山西能源与节能，2009（4）：1~6．

［21］谢克昌，张永发，赵炜．"双气头"多联产系统基础研究——焦炉煤气制备合成气［J］．山西能源与节能，2008（2）：10~12．

［22］申毅．陕北低变质煤干馏特性及应用研究［D］．西安：西安建筑科技大学，2006．

［23］Gustavo Kronenberg，Fredi Lokiec，Low-temperature distillation processes in single- and dual-purpose plants［J］．Desalination，2001：189~197．

［24］郭树才．褐煤新法干馏［J］．煤化工，2000，8（3）：6~9．

［25］张仁俊，曾福吾．煤的低温干馏［M］．北京：当代中国出版社，2004．

［26］王永军，王育霞，闫冬，等．煤干馏生产半焦煤焦油及干馏炉煤气的发展前景［J］．石油化工应用，2008，27（6）：1~3．

［27］兰新哲，杨勇，宋永辉，等．陕北半焦炭化过程能耗分析［J］．煤炭转化，2009，32（2）：18~22．

［28］Yardim M F，Ekinci E，Minkova V，et al．Formation of porous structure of semicokes from pyrolysis of Turkish coals in different atmospheres［J］．Fuel，2003，82：459~463．

［29］麻林巍，付峰．新型煤基能源转化技术发展分析［J］．煤炭转化，2008，31（1）：82~88．

［30］袁媛．富氧低温干馏生产兰炭的试验研究［D］．西安：西安建筑科技大学，2008．

［31］赵俊学，袁媛，李慧娟，等．低变质煤低温富氧干馏研究［J］．燃料与化工，2012，4（1）：14~17．

［32］华建设，王强，赵俊学，等．煤富氧低温干馏实验研究［J］．煤炭转化，2011，34（2）：1~4．

［33］赵俊学，刘军利，李小明，等．低变质煤低温富氧干馏技术开发［C］．见：第三届能源科学家论坛论文集．北京：环境科学出版社，389~392．

［34］刘军利．低变质煤低温富氧干馏应用研究［D］．西安：西安建筑科技大学，2012．

冶金工业出版社部分图书推荐

书　　名	定价(元)
高炉生产知识问答（第 3 版）	46.00
铁合金冶炼工艺学	42.00
铁合金生产知识问答	28.00
新编制氧工问答	54.00
制氧技术（第 2 版）	96.00
炼钢氧枪技术	58.00
缺氧环境制氧供氧技术	62.00
铁合金生产实用技术手册	149.00
高炉炼铁生产技术手册	118.00
热镀锌实用数据手册	108.00
钒钢冶金原理与应用	99.00
含铌钢板（带）国内外标准使用指南	138.00
高炉喷煤技术	19.00
高炉喷吹煤粉知识问答	25.00
高炉热风炉操作与煤气知识问答	29.00
高炉炼铁基础知识	38.00
现代铸铁学（第 2 版）	59.00
实用高炉炼铁技术	29.00
高炉炼铁理论与操作	35.00
高炉操作	35.00
炼铁工艺	35.00
炼铁原理与工艺	35.00
炼铁学（上册）	38.00
炼铁学（下册）	36.00
钢铁冶金学（炼铁部分）	29.00
高炉布料规律（第 3 版）	30.00
高炉炼铁设计原理	28.00
炼铁节能与工艺计算	19.00
高炉过程数学模型及计算机控制	28.00
高炉炼铁过程优化与智能控制系统	36.00
炼铁生产自动化技术	46.00
冶金原燃料生产自动化技术	58.00
炼铁机械（第 2 版）	38.00
炼焦生产问答	20.00
耐火材料手册	188.00